中 国 国 家 标 准 汇 编

543

GB 28589～28624

（2012 年制定）

中国标准出版社　编

中国标准出版社

北　京

图书在版编目(CIP)数据

中国国家标准汇编:2012年制定.543:
GB 28589～28624/中国标准出版社编.—北京:
中国标准出版社,2013.9
ISBN 978-7-5066-7274-0

Ⅰ.①中… Ⅱ.①中… Ⅲ.①国家标准-
汇编-中国-2012 Ⅳ.①T-652.1

中国版本图书馆CIP数据核字(2013)第186302号

中 国 标 准 出 版 社 出 版 发 行
北京市朝阳区和平里西街甲2号(100013)
北京市西城区三里河北街16号(100045)

网址 www.spc.net.cn
总编室:(010)64275323 发行中心:(010)51780235
读者服务部:(010)68523946
中国标准出版社秦皇岛印刷厂印刷
各地新华书店经销

*

开本 880×1230 1/16 印张 38 字数 1 170 千字
2013年9月第一版 2013年9月第一次印刷

*

定价 220.00 元

出 版 说 明

1.《中国国家标准汇编》是一部大型综合性国家标准全集。自1983年起，按国家标准顺序号以精装本、平装本两种装帧形式陆续分册汇编出版。它在一定程度上反映了我国建国以来标准化事业发展的基本情况和主要成就，是各级标准化管理机构，工矿企事业单位，农林牧副渔系统，科研、设计、教学等部门必不可少的工具书。

2.《中国国家标准汇编》收入我国每年正式发布的全部国家标准，分为"制定"卷和"修订"卷两种编辑版本。

"制定"卷收入上一年度我国发布的、新制定的国家标准，顺延前年度标准编号分成若干分册，封面和书脊上注明"20××年制定"字样及分册号，分册号一直连续。各分册中的标准是按照标准编号顺序连续排列的，如有标准顺序号缺号的，除特殊情况注明外，暂为空号。

"修订"卷收入上一年度我国发布的、被修订的国家标准，视篇幅分设若干分册，但与"制定"卷分册号无关联，仅在封面和书脊上注明"20××年修订-1，-2，-3，……"字样。"修订"卷各分册中的标准，仍按标准编号顺序排列(但不连续)；如有遗漏的，均在当年最后一分册中补齐。需提请读者注意的是，个别非顺延前年度标准编号的新制定的国家标准没有收入在"制定"卷中，而是收入在"修订"卷中。

读者配套购买《中国国家标准汇编》"制定"卷和"修订"卷则可收齐由我社出版的上一年度我国制定和修订的全部国家标准。

3.由于读者需求的变化，自1996年起，《中国国家标准汇编》仅出版精装本。

4.2012年我国制修订国家标准共2 101项。本分册为"2012年制定"卷第543分册，收入国家标准GB 28589～28624的最新版本。

中国标准出版社

2013年8月

目　　录

ICS 07.040;35.240.70
A 75

中华人民共和国国家标准

GB/T 28589—2012

地理信息　定位服务

Geogreaphic information—Positioning services

(ISO 19116:2004,MOD)

2012-06-29 发布　　2012-10-01 实施

中华人民共和国国家质量监督检验检疫总局
中国国家标准化管理委员会　发布

前　言

本标准依照 GB/T 1.1—2009 给出的规则起草。

本标准采用重新起草法修改采用国际标准 ISO 19116:2004《地理信息　定位服务》。

本标准与 ISO 19116:2004 的技术差异如下:

——原文规范性引用文献 ISO 19111:2003 Geographic information—Spatial referencing by coordinates 已用最新版 ISO 19111:2007 取代;

——第 4 章名词术语部分凡引用 ISO 19111:2003 的词条及其释义均按最新版修正,并将词条出处标记为[ISO 19111:2007];

——第 5.1 的内容(符号和缩略语)分为两条,分别为 5.1.1 符号和 5.1.2 缩略语;

——图 4 中增加了本标准与 GB/T 19710—2005《地理信息　元数据》的关系;

——6.2 中的 DQ_QualityMeasure 改为 DQ_DataQualityMeasure,原因是与 GB/T 21336—2008《地理信息　质量评价过程》(ISO 19114:2003,MOD)保持一致;

——7.4.2.3.4.3 条中的 PS_OrientationAxis 改为 PS_MotionAxis,原因是原文的错误;

——图 10、图 11、图 12、图 13 及相关文字说明中的 SC_CoordinateSystemAxis 改为 CS_CoordinateSystemAxis,以便与 ISO 19111 Saptial reference by coordinates 协调一致;

——8.2.3.1 中 PS_Augmentation 改为 PS_CorrectionMethod,以便与图 18 和 8.2.3.5 一致;

——全文中以 PS_QualityMode 取代 PS_QualityElement,原因是:原国际标准从 CD.2 版本到 CD 版本时,其模型协调会上(ISO/TC211 N 1231)已将"定位服务主要数据类的 UML 描述"(图 5)中的 PS_QualityElement 改为 PS_QualityMode,但在文字部分并未全部修正;

——本标准增加了资料性附录 NA:本标准中使用的类名的中英文对照。

本标准还作了以下编辑性修改:

——用"本标准"代替"本国际标准"";删除了该国际标准的"封面"、"目次"和"前言";

——引言中删除了北美基准 NAD27 Virginia State Plane,North Zone,US Survey feet,并用中国的基准 CGCS 2000 代替,增加了我国卫星导航系统的简要说明;

——由于国际标准 ISO/TS 19103:2005《地理信息　概念模式语言》(Geographic information—Conceptual schema language)已经出版,在本标准规范性引用文件中删除了原国际标准中标识的"即将出版"的角标,并在本标准编号后补充了它的出版年代;

——为阅读本标准的需要,在 5.3 中补充了一种构造型《Type》及其描述;

——根据图 5,将 6.2 中的所有 mode 改为 observation mode;

——将图 6 中 desiredMode 改为 desiredObeservationMode;MD_QualityElement 改为 DQ_Element,原因是与 GB/T 19710—2005《地理信息　元数据》(ISO 19115:2003,MOD)相协调;

——6.3 中的 newMode 改为 newObservationMode;getMode 改为 getObservationMode;PS_Operating mode 改为 PS_OperatingMode;

——7.2.2.2 中 PS_System capability 改为 PS_SystemCapability;

——7.2.2.4 中 PS_Referencing 改为 PS_ReferencingMethod;

——7.4.2.3.1 中的 CS_CRS 改为 SC_CRS;PS_Reference system 改为 PS_ReferenceSystem;

——7.4.2.3.3.2 中 PS_OrientationReference system 改为 PS_OrientationReferenceSystem;

——7.4.3.1 +qualityResult[0... *]中的"+"删除;

——7.4.3.2.1 中 PS_Offset vector 改为 PS_OffsetVector;

——8.2.3 的标题 PS_ComputationalConditions 改为 PS_ ComputationConditions；

——8.2.3.3 中 PS_PositionSolutionMethod 改为《CodeList》PS_PositionSolutionMethod，以便与图 18 一致和与其他类似的条的描述一致。

本标准由国家测绘地理信息局提出。

本标准由全国地理信息标准化技术委员会(SAC/TC 230)归口。

本标准起草单位：武汉大学测绘遥感信息工程国家重点实验室、国家卫星定位系统工程研究中心、中国武汉吉奥公司、中国地质大学(武汉)空间科学技术研究中心。

本标准起草人：杜道生、高文秀、章红平、邓跃进、邹蓉。

引　言

0.1　概要

定位服务是ISO 19119确定的处理服务之一。处理服务包括面向计算的和对来自模型域的元素进行操作的服务,而不是指直接集成在模型域自身的那些服务。本标准对定位服务进行了定义和描述。该领域的其他服务还有坐标变换、单位换算、格式转换、语义解释等。

定位服务运用多种定位技术为各种应用提供位置及其相关信息,如图1所示。尽管这些技术在很多方面有差别,但是它们提供的一些重要信息项是相同的,如位置数据、观测时间及其准确度等,并且这些技术服务于相似的需求领域。当然,有些信息项,如信号强度、几何因子和原始观测值,不仅只应用于专门技术,且有时是为了正确使用定位结果的需要。因此,本标准不仅包括了适用于各种定位服务的一般数据元素,而且包括了与专门技术相关的特定元素。

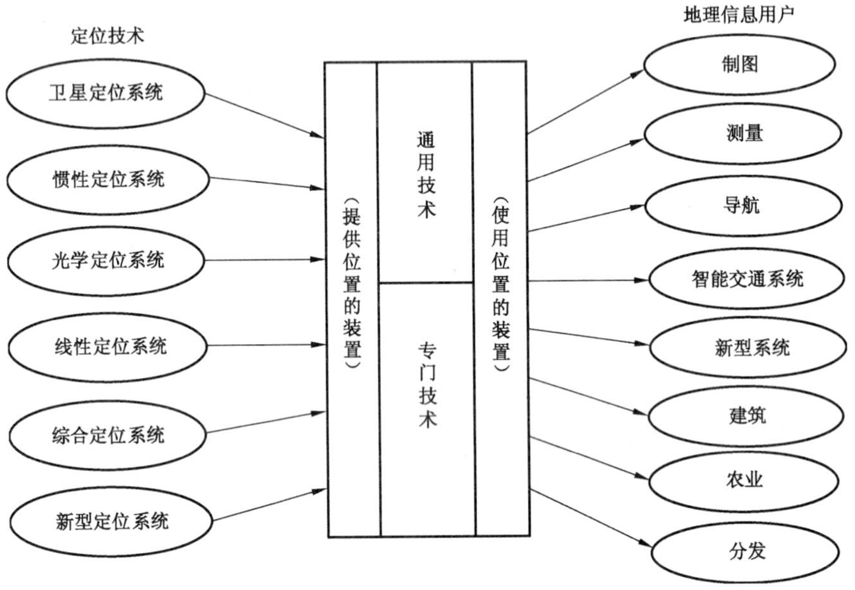

图1　定位服务接口允许多种定位技术和各种用户之间进行位置数据通信

现代电子定位技术能够快速准确地测量地球表面或近地空间位置的坐标,因此可为地理信息系统提供任意数量的对象。然而,诸多的定位技术至今没有统一的表达式来表示位置信息及其准确度。本标准规定的定位服务接口提供了多种数据结构和操作,使得空间信息系统(如GIS)可以更有效地利用这些技术进行各种实现与多种定位技术之间的互操作。

这个接口适用于生产位置信息的系统和使用位置信息的系统的任何部件之间的通信。该系统可以将一种提供位置更新的仪器与一个或多个使用位置信息的设备集成在一起,进行数据处理、存储和显示。例如,一个导航显示系统可以包括存储设备、处理工具和显示装置。存储设备记录车辆运动轨迹的信息;处理工具根据计划路线和实际记录的储航路点对导航信息进行更新;显示装置为导航员提供当前位置、已计算的导航信息及根据存储的坐标信息生成地图。本标准规定了可以在不同部件间传送位置和相关信息的接口,并且足以实现定位装置和任何与之连接的使用位置信息的设备间的通讯。在这样的系统中可能存在另外的接口,例如对存储的坐标信息进行制图图示表达的接口,但这已超出本标准的范围。

标准定位服务给客户端系统提供按统一方式访问定位结果和相关信息的各种操作，将客户端从多种可用来与定位仪器通信的协议中独立出来。例如，通过本标准规定的标准接口，一种已实现的定位服务可与使用众所周知的NMEA 0183协议的GNSS接收机进行通信、解释信息，并能向地理信息显示的客户端提供定位结果；另一种已实现的定位服务可与使用厂商特有的二进制协议的GNSS接收机进行通信。通过使用标准化的定位服务接口，使得硬件通信协议对客户应用程序变得透明。

完全遵循本标准描述的数据结构的新通信协议的研发也是可以预料的。这种通信标准将有效地满足该定位服务接口的信息需求，并使定位技术组件的模块互换更容易。

0.2 定位服务的潜在应用

对于本标准的应用，可以通过用户从GNSS接收机获取位置坐标这一简单的例子来说明，如图2所示。

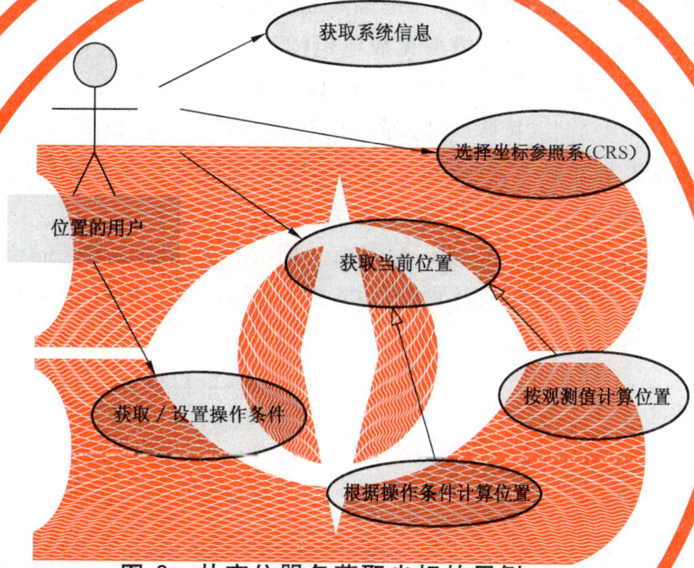

图2　从定位服务获取坐标的用例

首先，定位服务装置发射系统识别数据，以便使用户能确定定位系统的类型(本用例中是GNSS接收机)和确定这个系统是否可操作。

其次，用户通过setObservationMode(设置观测模式)操作设定GNSS接收机，使其能够提供指定坐标参照系(CRS)的坐标信息。例如，坐标参照系可以设置CGCS2000(国家大地坐标系2000)。值得注意的是，为避免用户使用指定基准和地图投影定义坐标参照系的复杂性，用户应使用与ISO 19111结构一致的公认的CRS，此时系统会解释并自动装载预先定义的参数集。

通过执行专门技术的操作setOperatingConditions(设置操作条件)，用户还可以设置系统的某些操作条件以便系统按需要的方式确定位置。例如，用户可以设置GNSS接收机的卫星截止高度角，以便将低高度角卫星(其信号传输更易受大气影响)剔除。某些其他操作条件，如可用卫星的当前实际位置都不受用户控制，而是由系统确定。

然后，系统根据来自GNSS卫星信号的操作条件进行测量，并用这些测量结果去计算在特定坐标参照系中的位置。

最后，通过PS_Observation(PS_观测)数据对象将计算的结果报告给用户。

为了帮助用户决定是否使用该定位结果，定位系统还给出某些观测条件，如反映可见卫星几何结构的精度衰减因子(DOP)的值等。

该信息是通过标准数据结构传输给用户的显示设备，它再将这些信息图示表达给用户。

0.3 我国卫星导航定位系统的说明

目前，世界上现有的 GNSS 包括美国的 GPS、俄罗斯的 GLONASS、中国的 CNSS、欧盟的 GALILEO 系统，还有日本、印度等国家也准备建立卫星导航定位系统。在 2020 年左右，我们的生活中将出现 4 大卫星导航系统并存的情况，可用的卫星数目达到 100 颗以上。目前，除了 GPS 外，其他卫星导航系统均在建设中。

CNSS(Compass Navigation Satellite System)是中国正在实施的自主研发、独立运行的全球卫星导航系统，英文名叫“COMPASS”，中文名叫“北斗”。我国正在实施北斗卫星导航系统建设，自 2000 年成功发射北斗卫星开始，已成功发射七颗北斗导航卫星。根据系统建设总体规划，2012 年左右，系统将首先具备覆盖亚太地区的定位、导航和授时以及短报文通信服务能力；2020 年左右，建成覆盖全球的北斗卫星导航系统。

CNSS 包括“北斗”卫星导航试验系统(“北斗一号”)和“北斗”卫星导航定位系统(“北斗二号”)。北斗卫星导航定位系统在 ITU 登记的频段为无线电定位业务频段，上行为 L 波段(频率为 1 610 MHz ～1 626.5 MHz)，下行为 S 波段(频率为 2 483.5 MHz ～2 500 MHz)，它们分别用于发射和接收。它将在全球卫星导航系统国际委员会(ICG)和国际电信联合会(ITU)框架下，使北斗卫星导航系统与世界各卫星导航系统实现兼容与互操作，使所有用户都能享受到卫星导航发展的成果。

目前，全球导航卫星系统呈现多极化的发展趋势。每个导航系统各有自身的特点，参数和操作条件也不尽相同。以系统的频段标识为例，如 GALILEO 用 En 标识，北斗用 Bn 标识。本标准中 GNSS 的频段的标识采用 Ln(L 代表波段，n 代表波段中指频段)，但不失一般性。在具体执行时本标准时可根据不同的系统采用不同的频段标识。

地理信息　定位服务

1　范围

本标准规定了用于位置提供装置和位置使用装置之间进行通信的接口的数据结构和内容，以便位置使用装置能获取并明确解译位置信息，并使用户能确定其结果是否满足使用的需求。地理位置信息的标准化接口允许将各种定位技术获取的位置信息集成到各种地理信息应用中，例如测量、导航和智能交通系统。本标准适用于那些位置信息更为重要的各种应用。

2　一致性

本标准定义了两个级别的一致性：基本的(任何执行应该满足)和扩展的(与定位系统相关的技术说明数据)。任何声称与本标准相一致的定位服务的实现或产品都应该满足附录A中相应抽象测试套件的全部要求。

3　规范性引用文件

下列文件对于本文件的应用是必不可少的。凡是注日期的引用文件，仅注日期的版本适用于本文件。凡是不注日期的引用文件，其最新版本(包括所有的修改单)适用于本文件。

GB/T 3100—1993　国际单位制及其应用(eqv ISO 1000:1992)

GB/T 19710—2005　地理信息　元数据(ISO 19115:2003,MOD)

GB/T 21336—2008　地理信息　质量评价过程(ISO 19114:2003,MOD)

GB/T 21337—2008　地理信息　质量原理(ISO 19113:2002,IDT)

GB/T 22022—2008　地理信息　时间模式(ISO 19108:2002,IDT)

ISO/TS 19103:2005　地理信息　概念模式语言(Geographic information—Conceptual schema language)

ISO 19111:2007　地理信息　基于坐标的空间参照(Geographic information—Spatial referencing by coordinates)

4　术语和定义

下列术语和定义适用于本文件。

4.1

准确度　accuracy

测试结果与公认的参考值间的接近程度。

注：对定位服务来说，测试结果是一个被测值或被测值的集合。

[ISO 3534-1:1993]

4.2

姿态　Attitude

一个物体的定向，由物体的坐标系(4.5)的轴和外部坐标系(4.5)的轴之间的夹角来描述。

注：在定位服务中，通常是指用户平台方位，如航天器、船舶或汽车。

4.3

坐标　coordinate

在 n 维空间中定义一个点的位置的有序的 n 个数值中的一个。

注：在一个坐标参照系中，这些数值应由单位限定。

[ISO 19111：2007]

4.4

坐标参照系　Coordinate reference system

通过**基准**(4.6)与**对象**相关联的**坐标系**(4.5)。

注：对大地基准和垂直基准而言，对象是地球。

[ISO 19111：2007]

4.5

坐标系　coordinate system

规定如何给点赋予**坐标**(4.3)的数学规则集。

[ISO 19111：2007]

4.6

基准　datum

定义**坐标系**(4.5)原点位置、比例尺和定向的参数或参数集合。

[ISO 19111：2007]

4.7

椭球高　ellipsoidal height

大地高　geodetic height

h

沿从椭球面到点的法线方向量测的该点到椭球面的距离，向上或向外为正。

注：仅用作三维椭球坐标系的一部分，从不单独使用。

[ISO 19111：2007]

4.8

大地基准　geodetic datum

描述2维或3维**坐标系**(4.5)与地球关系的**基准**(4.6)。

[ISO 19111：2007]

4.9

重力高　gravity-related height

H

基于地球重力场的**高度**(4.10)。

注：特别地，正高或正常高都是一个点与平均海平面距离的近似值。

[ISO 19111：2007]

4.10

高度　height

h，H

某点到从所选参照面的垂直距离。

[ISO 19111：2007]

注1：见**椭球高**(4.7)和**重力高**(4.9)。

注2：参照面外的点的高度为正值，负高度指定为深度。

4.11

惯性定位系统　inertial positioning system

利用加速度计、陀螺仪和计算机作为集成组件的定位系统，用于确定点或对象与已知参照点的相对坐标。

4.12

集成定位系统　integrated positioning system

包含两种或多种定位技术的**定位系统**(4.21)。

注：集成定位系统中每个定位技术产生的量测结果可以是任意位置、运动或姿态中的任何一个。可以有冗余的量测结果。当把它们合并在一起时，就确定了一个统一的位置、运动或姿态。

4.13

线性定位系统　linear positioning system

从参照点开始沿路径测量距离的**定位系统**(4.21)。

示例：用事先确定的英里或千米为起点的汽车里程表，汽车沿着一条路径前进就可以为一个位置提供一个线性参照。

4.14

线性参照系　linear reference system

通过参照线性地理要素的路段及沿该路段到给定点距离进行定位的参照系。

注：线性参照系广泛用于交通领域，例如高速公路名称和英里或千米的里程碑。

4.15

地图投影　map projection

从大地**坐标系**(4.5)到平面坐标系的**坐标**(4.3)转换。

[ISO 19111：2007]

4.16

运动　motion

一段时间内某对象位置的改变，用相对于特定参照框架的**坐标**(4.3)值的变化来表达。

示例：这可以是装在车辆或其他平台上的位置传感器的运动，或定位系统正在跟踪的对象的运动。

4.17

操作条件　operating conditions

定位系统(4.21)中影响确定**坐标**(4.3)值的参数。

注：野外获得的量测结果受到仪器和环境等诸多因素的影响，包括气象条件、计算方法和约束条件、不完善的仪器结构、不完全的仪器校正或他们的共同影响，以及在光学量测系统的情况下观察者个人的习惯。位置的解算结果可能受到观测数据和/或处理软件中所使用的数学模型之间的几何关系的影响。

4.18

光学定位系统　optical positioning system

借助光学特性确定对象位置的**定位系统**(4.21)。

示例：全站仪：通常用作集成光学定位系统的代名词，它集电子经纬仪和电子测距仪于一体，并带有一个用于自动计算的内部微处理器。

4.19

性能指标　performance indicator

定位系统(4.21)的内部参数，表示该系统达到的性能水平。

注：性能指标能用作定位系统和/或定位解算结果质量控制的证据。内部质量控制可包括这些因素，如接受的无线电信号的强度(信噪比(SNR))、电波探测器探测系统中的几何约束引起的精度衰减因子(DOP)标志数，以及特定系统的最优值(FOM)。

4.20

位置准确度　positional accuracy

在一个特定的参照系中,**坐标**(4.3)值与真值或可接受值之间的接近程度。

注:有时用"绝对准确度"来描述位置准确度这个概念,以便区别于相对位置准确度。在那些坐标真值不完全知道的地方,通常通过与最能被接受为真值的那些值的比较来测试准确度。

4.21

定位系统　positioning system

由仪器和计算部件构成的用于确定位置的系统。

注:例子包括惯性的、集成的、线性的、光学的和卫星定位系统。

4.22

精度　precision

对一组观测值的再现性的度量。

注:精度通常表示为一组重复观测值的统计值,如样本均值的标准偏差。

4.23

相对位置　relative position

一个点相对于其他点的位置。

注:一个点与其他点的空间关系可以是1维、2维和3维。

4.24

相对位置准确度　relative positional accuracy

在一个特定的参照系中,**坐标**(4.3)差值与真值或可接受值之间的接近程度。

注:许多国家、单位和应用团体也使用相近的相关的术语,如逻辑准确度。在那些使用这些术语的场合应提供这些术语的描述。

4.25

卫星定位系统　satellite positioning system

基于接收卫星播发信号的**定位系统**(4.21)。

注:在本文中,卫星定位意味着使用从地球轨道上"主动式"人造物体发射并被在地表上或接近地表上的仪器"被动式"接收的无线电信号来确定一个对象的位置、速度和/或姿态。例如GPS和GLONASS。

4.26

不确定性　uncertainty

与测量结果相关的一个参数,描述由被测变量引起的值的离差特性。

注:当定量地表示量测值(如坐标)的准确度或精度的质量时,质量参数是量测结果不确定性的一个估计。因为准确度是一个定性的概念,因此不应定量地使用它。它不应与具体的数字相关联,而不确定性的度量才与数字相关联。

[引自 the Expression of Uncertainty in Measurement (GUM),1995]

4.27

度量单位　unit of measure

选自单位等价组的参照量。

注:在定位服务中,通常的量测单位不是角度单位就是线性单位。定位服务的实现应清楚地区分SI单位和非SI单位。当使用非SI单位时,应说明它与SI单位的关系。

[源于 ISO 31-0,2.1]

4.28

垂直基准　vertical datum

描述**重力高**(4.9)或深度与地球的关系的**基准**(4.6)。

注：在多数情况下，垂直基准与平均海平面相关。椭球高与参照大地基准的三维椭球面坐标系相关。垂直基准包括测深基准(用于海道测量目的)，在这种情况下，高度可以为负高或深度。

[ISO 19111:2007]

5 符号、缩略语和 UML 标记

5.1 符号和缩略语

下列符号和缩略语适用于本文件。

5.1.1 符号

C/A　由 GPS、GLONASS 和 DB 的粗码/捕获码传送 (Coarse / Acquisition code transmissions of the GPS,GLONASS and DB)

Ln　无线电频谱 L 波段中指定部分的信号传输；下标“*n*”说明适合于指定频率的波段部分，如 GPS L1 或 GLONASS L1(Signal transmission in a specified portion of the L band of the radio spectrum; suffix “n” indicates portion of the band for a defined frequency such as GPS L1 or GLONASS L1)

5.1.2 缩略语

CRS　坐标参照系 (Coordinate Reference System)

DOP　精度衰减因子(Dilution of Precision)

DGPS　差分 GPS(Differential GPS)

FOM　灵敏值(Figure of Merit)

GDOP　几何精度衰减因子(Geometric Dilution of Precision)

GIS　地理信息系统(Geographic Information System)

GLONASS　全球导航卫星系统(俄罗斯联邦) (GLObal NAvigation Satellite System(Russian Federation))

GNSS　全球导航卫星系统(一般)(Global Navigation Satellite System(generic))

GPS　全球定位系统(美国)(Global Positioning System(USA))

HDOP　水平精度衰减因子(Horizontal Dilution of Precision)

ITRF　国际地球参考框架(International Terrestrial Reference Frame)

GIS　地理信息系统(Geographic Information System)

GLONASS　全球导航卫星系统(俄罗斯联邦)(GLObal NAvigation Satellite System(Russian Federation))

GNSS　全球导航卫星系统(一般)(Global Navigation Satellite System(generic))

GPS　全球定位系统(美国)(Global Positioning System(USA))

HDOP　水平精度衰减因子(Horizontal Dilution of Precision)

ITRF　国际地球参考框架(International Terrestrial Reference Frame)

Ln　无线电频谱 L 波段中指定部分的信号传输；下标“n”说明适合于指定频率的波段部分，如 GPS L1 或 GLONASS L1(Signal transmission in a specified portion of the L band of the radio spectrum; suffix “n” indicates portion of the band for a defined frequency such as GPS L1 or GLONASS L1)

LORAN-C　远程无线电双曲线定位系统(LOcation and RANging radiolocation system)

CGCS2000　2000 国家大地坐标系(China Geodetic Coordinate system,2000)

NMEA	国家航海电子协会(National Marine Electronics Association)
PDOP	位置精度衰减因子(Positional Dilution of Precision)
PPS	全球导航卫星系统的精密定位服务(Precise Positioning Service of a Global Navigation Satellite System)
RAIM	接收机自主完好性监测(Receiver Autonomous Integrity Monitoring)
RINEX	与接收机无关的交换格式(Receiver INdependent EXchange Format)
RMS	均方根 (Root Mean Square)
RMSE	均方差(Root Mean Square Error)
SI	国际单位制 (System of Units)
SNR	信噪比(Signal to Noise Ratio)
SV	空间运载工具(Space Vehicle)
TDOP	时间精度衰减因子(Time Dilution of Precision)
UML	统一建模语言(Unified Modeling Language)
UTM	通用横轴墨卡托投影(Universal Transverse Mercator)
UTC	协调世界时(Coordinated Universal Time)
VDOP	垂直精度衰减因子(Vertical Dilution of Precision)
WAAS	广域增强系统(Wide Area Augmentation System)

5.2 UML 标记

本标准中出现的结构图均用统一建模语言(UML)描述。UML 标记的主要元素如图 3 所示。

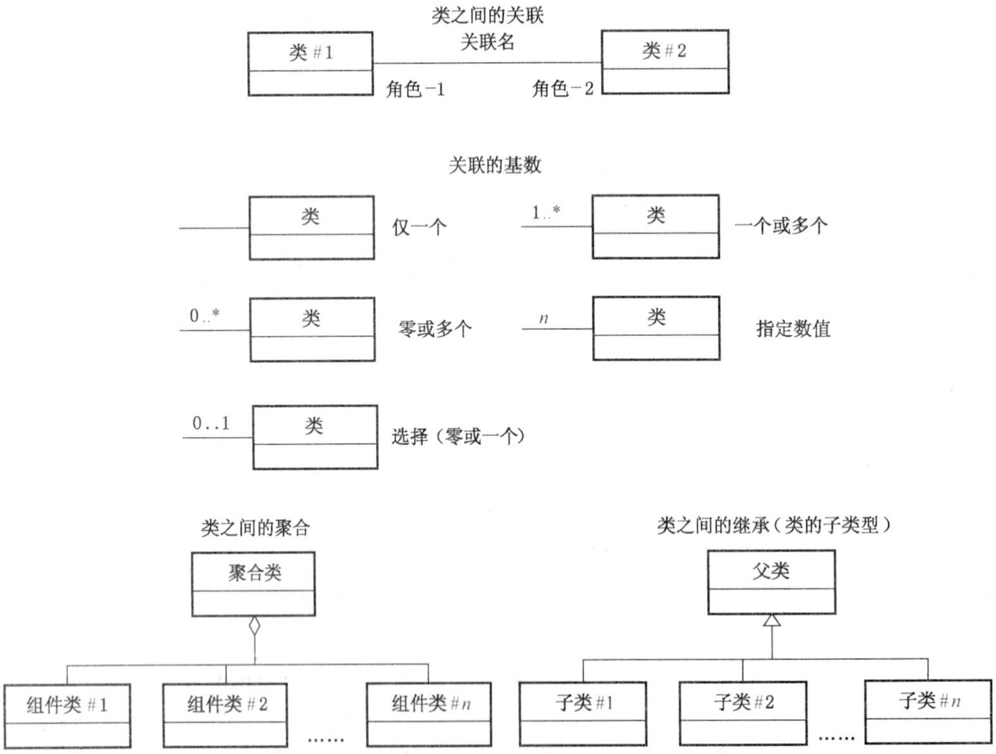

图 3 UML 标记

5.3 UML 模型构造型

UML 构造型是现有 UML 概念的扩展机制。它是用于对其他 UML 元素进行分类(或标记)的模型元素,因此在某些方面它们相当于类似新的虚拟元模型类或伪元模型类的实例,其构成基于现有基本元模型类。构造型在嵌入式 UML 元模型类层次结构的基础上扩充了分类机制。以下是本标准中使用的构造型的简短说明,详见 ISO/TS 19103:2005。

本标准使用如下构造型:

a)	＜＜DataType＞＞(＜＜数据类型＞＞)	一组没有标识(独立存在且可能存在边缘效应)值的描述符。数据类型包括基本的预定义类型和用户可定义的类型。这样,DataType 是一个具有少量操作或没有操作的类,其主要目的是保持其他类的抽象状态。
b)	＜＜CodeList＞＞(＜＜代码表＞＞)	一个灵活的枚举,用于描述一个开放列表。在表示潜在值的长表时,＜＜CodeList＞＞(代码表)是非常有用的。如果完全知道该表的元素的值,则应使用枚举;如果只知道该表元素的可能值,则应使用代码表。
c)	＜＜Abstract＞＞(＜＜抽象类＞＞)	不能直接实例化的类(或其他类元)。该类的 UML 标记用斜体字表示其名称。
d)	＜＜Interface＞＞(＜＜接口＞＞)	命名的操作集,描述元素的行为。
e)	＜＜Package＞＞(＜＜包＞＞)	逻辑上相关组分的群集,包含子包。
f)	＜＜Type＞＞(＜＜类型＞＞)	一组抽象的属性和关联。抽象意味着其规范不一定应作为实例变量具体实现。

5.4 包的缩写

用两个字母的缩写表示包含类的包。这些缩写放在类的名称前,用一个符号"_"连接。这些包的缩写及其所在的国际标准和国家标准(标注在圆括号内)如下:

CC	变换坐标(Changing coordinates)	(ISO 19111:2007)
CI	引用(Citation)	(GB/T 19710—2005)
DQ	数据质量(Data quality)	(GB/T 19710—2005,GB/T 21336—2008)
EX	范围(Extent)	(GB/T 19710—2005)
MD	元数据(Metadata)	(GB/T 19710—2005)
PS	定位服务(Positioning services)	(本标准)
RS	参照系(Reference system)	(GB/T 19710—2005)
SC	空间坐标(Spatial coordinates)	(ISO 19111:2007)
CS	坐标系(Coordinate system)	(ISO 19111:2007)
TM	时间(Temporal)	(GB/T 21336—2008)

6 定位服务模型

6.1 概述

定位服务提供了获取点或对象位置信息的方法。与定位服务的数据通信应由 3 个类构成:

a) 系统信息——包含在 PS_System(PS_系统)类中,用于标识系统及其能力。

b) 时段信息——包含在 PS_Session(PS_时段)类中,用于标识系统操作时段。

c) 模式信息——包含在 PS_ObservationMode(PS_观测模式)类中,用于标识每个操作模式中使用的配置、定位观测(结果)和所有关联的质量信息。

这些类使用国家标准和其他ISO标准中定义的元素，图4以UML包的形式描述这些元素之间的相互关系。

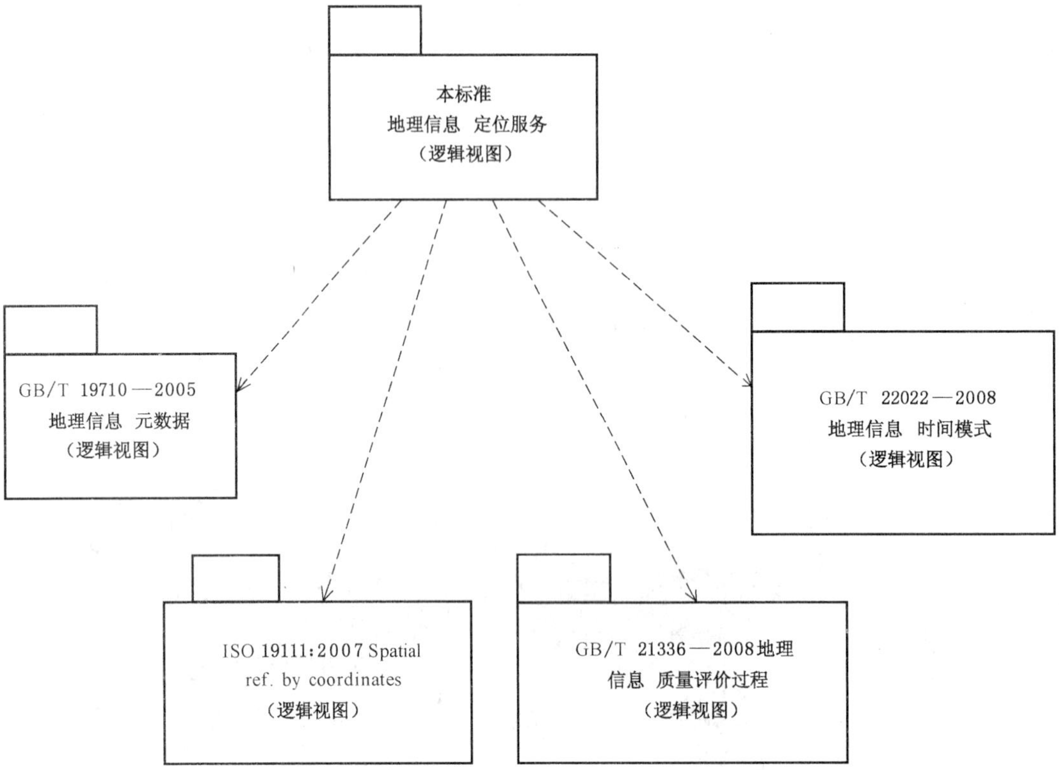

图4 说明与国家标准和其他ISO标准中元素关系的包图

6.2 定位服务类的静态数据结构

对服务的访问是通过一个接口进行的，该接口实现对这些数据类的操作，必要时创建和删除实例，以及设置和获取定位服务所需的信息。本标准可以作为一个系统内各软件模块间或不同系统间的接口来实现。这些类的相互关系如图5所示，这些类的细节在第7章中论述。

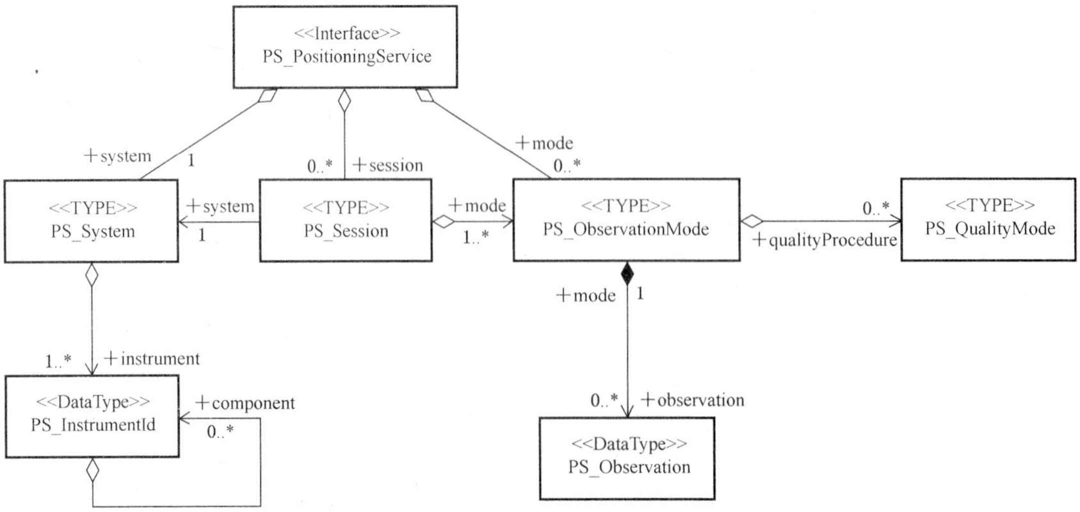

图5 定位服务的主要数据类的UML描述

系统信息(PS_System)规定了定位服务所使用的观测仪器的标识和特性,以便为后续操作和历史元数据提供任何必要的细节。

观测模式信息(PS_ObservationMode)囊括了所有的设备配置信息设置参数,包括计算观测结果所需的空间参照系和时间参照系。与该模式关联的可以是数据质量结构信息,它包含在描述如何评价和表达质量结果的 PS_QualityMode(PS_质量元素)类中。

定位服务可以产生几种类型的观测:位置、方位(姿态)、运动和旋转(角动)。因为每种类型的观测都应依赖于各自的参照系,所以要为每种观测类型创建一个单独的 PS_ObservationMode 类的实例,而且该类型是该观测模式的一个属性。

观测值被聚合到每个观测模式中,以便使需要解释的信息同每个观测值关联起来。定位服务可以创建许多模式实例以满足各种观测值类型和参照系的需要。许多观测结果可以属于每个观测模式。

聚合到观测模式(PS_ObservationMode)的观测值可以进一步聚合在 PS_Session 中。当为土地测量或 GIS 应用记录定位观测值时,常常会用到观测时段这个概念。时段把观测值同系统信息、时段属性和全部操作模式联系起来,这些操作模式用于产生定位观测值的离散群以及任何相关质量信息。不记录观测结果的定位服务,例如某种导航系统,可以不必实现 PS_Session 类。

当定位服务产生大量观测值时,为了避免过多的重复配置,应该把定位结果信息同配置信息分开。同样,质量结果信息应按与定位结果同等级的方式分开,以便能报告许多按相同过程评价的相同类型的质量,而无需重复元素标识和评价过程引用。

质量结果直接与定位观测结果相关联,且保留在 DQ _DataQualityMeasure(DQ _度量)类的子类 PS_ObservationQuality(PS_观测质量)类中。

6.3 定位服务操作

6.3.1 定位服务操作的定义

为了传送配置信息和观测信息,定位服务接口规定了创建、设置、获取和需要时终止类的实例的各种操作,如图 6 所示。

<<Interface>>
PositioningSystem

+setSystemInfo(initialization:PS_System)
+getSystemInfo():PS_System
+getInstrumentID(PS_instrumentIDInfo:PS_Session)
+newSession(SessionID:CharacterString)
+setSessionInfo(SessionID:CharacterString,sessionInfo:PS_Session)
+getSessionInfo(SessionID:CharacterString):PS_Session
+endSession(SessionID:CharacterString)
+newObservationMode(name:CharacterString)
+setObservationMode(name:CharacterString,desiredObservationMode:PS_ObservationMode)
+getObservationMode(name:CharacterString):PS_ObservationMode
+endObservationMode(name:CharacterString)
+setQualityElement(PS_ObservationMode.name:CharacterString,desiredQualityElement:DQ_Element)
+getQualityElement(PS_ObservationMode.name:CharacterString,):DQ_Element
+getPositionQuality(PS_QbservationMode.name:CharacterString,):Record
+setOperatingConditions(instrumentName,desiredOperationConditions)
+getOperatingConditions(instrumentName)
+getPerformanceIndicators(instrumentName)
+getMeasurementConditions(instrumentName)

图 6 定位服务的各种操作

这些定位服务操作描述如下：

a) setSystemInfo(initialization)(设置系统信息(初始化))应使定位服务将有关定位服务自身描述的当前信息设置为 PS_System 类中的一个变量"initialization"的值。

b) getSystemInfo()(获取系统信息())应使定位服务返回 PS_System 类的一个结果对象，该对象带有反映有关定位服务自身描述的当前信息的属性值。

c) getInstrumentID()(获取仪器标识符信息())应使定位服务返回 PS_InstrumentID(PS_仪器标识符)类的一个结果对象，该结果对象带有反映关于标识测量仪器的当前信息的属性值，定位服务利用该测量仪器确定定位观测值。因为测量仪器的标识常用于测量结果的追踪和认证，所以标识参数(如模式和序列号)的设置是由制造商或者被授权的操作员使用 ISO 定位服务接口范围以外的方法来完成的。

d) newSession(sessionID)(新时段(时段标识符))应使定位服务创建 PS_Session 类某个数据对象的一个实例，带有标识该服务的一个操作时段的若干参数的当前值，并将其 sessionID 属性的当前值赋给 CharacterString 类型的"sessionID"参数。如此创建的 PS_Session 类的对象能够在其内聚合一个或多个 PS_OperatingMode(PS_操作模式)对象实例，而且由此在每个 PS_OperatingMode 对象中又能够聚合一个或多个定位观测值及质量度量值。

e) setSessionInfo(sessionID, sessionInfo)(设置时段信息(时段标识符，时段信息))应使定位服务将描述 PS_Session 类的一个对象的当前信息赋给包含在 sessionInfo 参数中的值，其中 seesionID 参数的值对应于 PS_Session 类的 sessionID 属性值，而 sessionInfo 参数也属于 PS_Session 类。

f) getSessionInfo(sessionID:CharacterString)(获取时段信息(时段标识符:字符串))应使定位服务获得描述 PS_Session 类的一个对象的当前信息。

g) endSession(sessionID)(结束时段(时段标识符))应使定位服务停止将操作模式类的对象聚合到 PS_Session 类对象的实例，PS_Session 类对象的 sessionID 属性值对应于该操作的 sessionID 参数的值，而且该操作使 PS_ObservationMode 对象的所有实例停止聚合定位观测值和质量度量。

h) newObservationMode(name)(新观测模式(名称))应使定位服务创建一个 PS_ObservationMode 类的实例，并且将该操作的 name 参数值赋给该实例的 name 属性值，并将该实例与当前存在的 PS_Session 类的活动实例之间建立关联，使其能够聚合 1 个或多个 PS_Observation 对象并与 0 个或多个 PS_QualityMode 对象建立关联，而 PS_QualityMode 对象又聚合了若干 PS_QualityResult(PS_质量结果)对象，这些对象又作为 resultQuality(结果质量)与若干 PS_Observation 对象相关联。

i) setObservationMode(name, desiredObeservationMode)(设置观测模式(名称，理想的观测模式))应使定位服务所用定位仪器的操作模式参数设置成参数 desiredObeservationMode 的值，并设置 PS_ObeservationMode 的属性值以反映实际完成的操作模式。

j) getObservationMode(name)(获取观测模式(名称))应使定位服务返回 PS_ObservationMode 类的一个结果对象，该对象的属性值即是 PS_ObservationMode 实例的当前值，该实例的 name 属性值与 name 参数值相同。

k) endObservationMode(name)(结束观测模式(名称))应能使定位服务使具有与 name 参数值相同 name 属性值的 PS_ObservationMode 的实例终止与 PS_Observation 对象聚合，并且终止其与 PS_QualityMode 对象和任何已经被聚合的 PS_QualityResult 对象之间的关联，删除 PS_ObservationMode 的该实例。

l) getObservation(PS_ObservationMode. name)(获取观测(PS_观测模式的名称))应使定位服务返回 PS_Observation 类型的一个结果对象,其属性值反映了包括观测日期时间和结果向量的当前位置观测值。该观测值可以选择性地与通过 getPositionQuality 操作得到的 PS_QualityResult(s)相关联。

m) setQualityElement(PS_ObservationMode. Name, desiredQualityElement)(设置质量元素(PS_ObservationMode. Name,理想的质量元素))应使定位服务创建 PS_QualityMode 类的一个实例(其属性值包含在 desiredQualityElement 参数值中),将该实例和具有与 PS_ObservationMode. name 参数值相同的 name 属性值的 PS_ObservationMode 实例相关联,并作用于定位服务的仪器和计算部件,依照 desiredQualityElement 参数影响定位观测值的质量评价性能。

n) getQualityElement(PS_ObservationMode. name)(获取质量元素(PS_ObservationMode. name))应使定位服务返回 PS_QualityMode 类的一个结果对象,其属性反映了当前被选择的质量评价参数,该参数和具有与 PS_ObservationMode. name 参数值相同 name 属性值的 PS_ObservationMode 实例相关联。

o) getPositionQuality(PS_ObservationMode. name)(获取观测质量(PS_ObservationMode. name))应使定位服务返回 PS_QualityResult 类的一个结果对象,其属性反映了针对当前关联的 PS_Observation 实例实施质量评价的结果,所实施的质量评价过程是在与 PS_ObservationMode 实例相关联的 PS_QualityMode 实例中指定的。

p) SetOperatingCondition(instrument. Name, disiredOperatingCondition)(设置操作条件(仪器名称,理想的操作条件))应使定位服务将具有与 instrument. Name 参数值相同名称的仪器的用户可调整参数赋给 desiredOperatingCondtitions 参数包含的值。注意,技术上的和制造厂商的考虑不在本标准的范围内,所以不是所有专门技术的操作条件都需要用户使用 SetOperationConditions 操作来调整。

q) getOperatingCondition(instrument. Name)(获取操作条件(仪器名称))应使定位服务返回 PS_OperatingCondition(PS_操作条件)类的一个结果对象,其属性反映了具有与 instrument. Name 参数值相同名称的仪器的当前操作条件。

r) getPerformanceIndicators(instrument. Name)(获取性能指标(仪器名称))应使定位服务返回 PS_PerformanceIndicator(PS_性能指标)类的一个结果对象,其属性反映了具有与 instrument. Name 参数值相同名称的仪器的当前性能指标。

s) getMeasurementCondition(instrument. Name)(获取测量条件(仪器名称))应使定位服务返回 PS_MeasurementCondition(PS_测量条件)类的一个结果对象,其属性反映了具有与 instrument. Name 参数值相同名称的仪器的当前测量条件。

6.3.2 应用定位服务操作

定位服务的基本操作之一是 getObservation,它返回一个 PS_Observation 实例。在 PS_Observation 类的属性包括定位结果值、偏移量和对象标识等。PS_Observation 类也可以与包含质量结果的一个或多个 PS_ObservationQuality 类相关联。专门技术数据在观测的 operatingConditions 属性中描述。本标准不要求按照任何规定顺序来执行这些操作,因为各种不同的实现将按系统不同用途所对应的顺序执行操作。如果被请求的操作的顺序不合逻辑或定位服务的实现不支持,则该服务将返回一个空结果而无需中断操作。

定位服务不直接提供 GB/T 19710—2005 规定的元数据结构，但提供数据类，需要时根据数据类很容易导出这样的标准元数据。支持解释位置值的元数据由 getSystemInfo 操作和 getObservationMode 操作提供，它们分别返回 PS_System 和 PS_ObservationMode 类。在 PS_System 类中是说明所用定位测量仪器的技术类型的值，即该仪器如何表示位置和标识所使用的特定仪器。在 PS_ObservationMode 类中是关于特定类型定位结果产生的配置参数，如时间参照系和空间参照系。同 PS_ObservationMode 关联的可以是持有质量评价和报告配置信息的 PS_QualityMode 实例。

支持位置值来源引用的附加元数据由 setSessionInfo 和 getSessionInfo 操作进行处理，这两个操作分别用于设置和获取 PS_Session 类的属性。在 PS_Session 类中是为了标识获取位置信息的机构、任务和观测者的那些值。

6.4 基本信息和扩展信息

正如表 1 所列，来自定位服务的基本信息包括系统信息(PS_System)、时段信息(PS_Session)，观测模式(PS_ObservationMode)、观测信息(PS_Observation)和观测质量信息 (PS_ObservationQuality)。符合本标准的数据集应包括足够的信息，以便接收者知道如何将这些信息与通过 PS_ReferencingMethod(PS_参照方法)和 PS_ReferenceSystem(PS_参照系)数据元素规定的通用参照框架联系起来。例如坐标参照系的陈述应包括参照框架、度量单位、投影信息等。

表 1 定位服务信息结构

基本信息(全部技术，见第 7 章)	系统信息(PS_System)	系统类型 系统性能 参照方法 仪器标识
	时段标识(PS_Session)	时段标识 数据集初始化 观测者标识
	观测模式(PS_ObservationMode) (PS_QualityMode)	定位参照系 与参照系连接 采用的坐标转换方法 质量元素和子元素
	观测 (PS_Observation) (PS_ObservationQuality)	观测日期 结果 对象 ID 偏移量 质量结果
扩展信息(专门技术，见第 8 章)	GNSS 技术(PS_Observation)	操作条件 测量条件 性能指标 解向量 原始观测值

为了保持数据结构的通用性，将诸如 DOP、SV 选择、信号强度等专门技术信息归类为扩展信息，从而与一致性测试的基本信息分开。这可使本标准适用于从 GNSS 到全站仪等各种提供位置的设备。

因为定位服务可利用各种技术，所以当 getObservation 返回 PS_Observation 类时，它可以包含 operatingConditions 属性中的专门技术信息。例如，当用 GNSS 定位时，可以提供诸如精度衰减因子的值、卫星选择和性能指标等信息。

7 基本信息的定义和描述

7.1 概述

定位服务提供的基本信息从结构上分为三个主要元素：

a) 系统信息——标识系统信息的类型和性能；

b) 时段信息——标识特定仪器、任务和时段；

c) 定位模式信息——包含配置和结果值。

一个对象的瞬间位置完全可以由一个三维的位置向量和一个三维的方位（姿态）向量来确定。同样，该对象位置随时间的变化率也可以由一个三维运动（速度）向量和一个三维旋转（角速度）向量来确定。定位服务可以提供这四种类型的观测或其子集。

定位观测信息元素为这四种类型观测的定位结果，以及用户为了清楚地解释它们所需要的关联辅助信息提供数据结构，这些辅助信息包括参照系、与参照框架的连接和质量参数的观测质量元素报告。

7.2 系统信息

7.2.1 概述

系统信息数据元素（PS_System）标识定位数据源、使用的技术类型及其能力。

根据系统能力的代码可以查询能力属性信息（PS_System. capability），以便确定有哪些数据类型可以使用，这有利于用户请求和解释相应类型的位置观测值。

可以查询定位技术属性（PS_System. positioningTechonology），使用户能运用适合于相应技术的解释方法。例如，GNSS 接收机的准确度受反射的无线电信号（多路径）的影响，然而惯性系统不受影响，因为它们不使用无线电接收。不过，由于陀螺漂移，初始化后随着时间的推移惯性系统准确度会下降，而 GNSS 系统与这类漂移无关。因此，用户可能需要知道使用的是哪种类型的技术，以便了解可能出现的误差类型。

参照方法属性（PS_System. referencingMethod）标识定位服务表示位置所用的方法，用户应了解该方法以便解释这些结果。例如，道路交叉点的位置可以由坐标参照系中的一对坐标确定或者由线性参照系的一条道路编号及其距离确定。尽管这些方法是通过一对数字的方法确定同样的位置，但是从根本上讲这些数据的解释方法是不同的。

仪器标识类（PS_InstrumentID）提供定位服务用来获得定位结果所使用设备的详细信息，并可以产生关于数据集来源的元数据，或可被软件用来调整模型和操作细节对应的版本。仪器标识数据可以在需要的多个系统组件中重复使用。

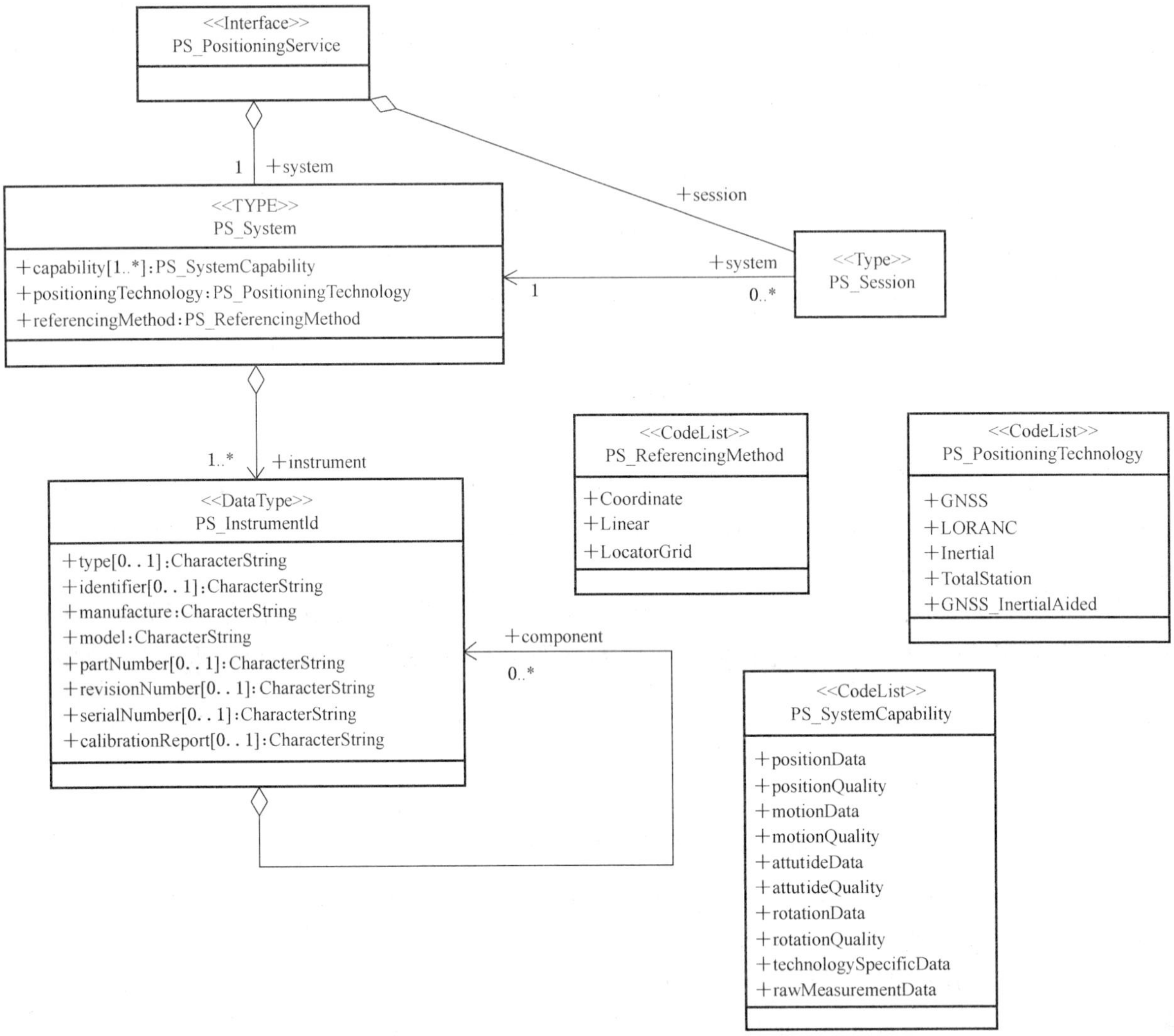

图 7 **PS_System 和 PS_InstrumentID 类及其属性的 UML 描述**

7.2.2 PS_System

7.2.2.1 概述

a) 类名:PS_System

b) 属性和描述:

——capability(能力)[1..*]	PS_SystemCapability (PS_系统能力)— 标识性能的代码;
——positioningTechnology(定位技术)	PS_PositioningTechnology (PS_定位技术)—标识技术类型的代码;
——referencingMethod(参照方法)	PS_ReferencingMethod—标识参照方法的代码。

c) 关联:

——instrument	定位系统进行定位观测需使用的一种仪器,其特征由 PS_InstrumentID 类的信息进行描述。

7.2.2.2 系统能力

系统能力简要说明已实现的定位服务是否提供特定数据元素。每个代码详细说明一个数据元素或子元素的有效性。为了表示被实现系统的全部性能,要求提供许多系统性能代码的实例。

系统能力用于指示特定数据元素是否由被实现的定位服务来提供。每个代码详细说明一个数据元素或子元素的有效性。为了表示被实现系统的全部性能,要求提供许多系统性能代码的实例。

a) 类名:<<CodeList>> PS_SystemCapability

PS_SystemCapability 是一系列代码,由此标识定位服务的能力。

b) 属性和描述:

——positionData(位置数据) 该服务能够提供位置数据;

——positionQuality(位置质量) 该服务能够提供位置质量数据;

——motionData(运动数据) 该服务能够提供运动数据;

——motionQuality(运动质量) 该服务能够提供运动质量数据;

——attitudeData(姿态数据) 该服务能够提供姿态数据;

——attitudeQuality(姿态质量) 该服务能够提供姿态质量数据;

——rotationData(旋转数据) 该服务能够提供旋转数据;

——rotationQuality(旋转质量) 该服务能够提供旋转质量数据;

——technologySpecificData(专门技术数据) 该服务能够提供专门技术数据;

——rawMeasurementData(原始测量数据) 该服务能够提供原始测量数据。

c) 关联:无。

7.2.2.3 定位技术

因为各种定位技术的性能和行为特征彼此不同,所以使用定位结果的用户需要了解所使用的技术。例如,当 GNSS 接收装置在建筑物或隧道内时,其接收的信号就会衰减或被闭锁,但是惯性导航系统能够在这样的环境中连续工作;不过,惯性导航系统需要在已知点上初始化,而 GNSS 不需要。同样地,GNSS 的定位仪器准确度依赖的因素不同于惯性导航系统和远程无线电定位系统,如 LORAN-C。

当使用 PS_PositioningTechnology 代码表中未定义的定位技术时,用户可自定义附加代码,但它们不能与本标准中定义的代码发生冲突。这些代码日后可以通过对本标准的技术修正案进行标准化。

a) 类名:<<CodeList>> PS_PositioningTechnology

用于标识定位服务所使用的定位技术的代码表。

b) 属性和描述:

——GNSS 全球导航卫星系统;

——LORANC LORAN-C 远程无线电双曲线定位系统;

——Inertial 惯性导航系统;

——TotalStation 全站仪;

——GNSS_InertialAided 具有惯性辅助的 GNSS 系统。

c) 关联:无。

7.2.2.4 参照方法

了解定位系统使用的参照方法对定位结果的解释是必要的。尽管很多实用的定位系统使用基于坐标的空间参照,但其他参照方法也是可用的。例如,在交通网络中广泛采用基于路径和距离(英里或公里的里程碑)对的线性参照。交通网络中某点的线性参照同坐标一样很明确,而且可能更适合于特别的用途。这种情况下,可以使用线性参照方法操作的定位系统。随着技术的进步,有可能实现其他的参照方法，例如，使用汽车传感器和地图匹配方法的系统可以报告街名、街道交叉口和偏移量等信息。为此，这将需要新参照方法的代码。

当使用 PS_PositioningTechnology 代码表中没有标识的定位技术时，附加的代码可以由用户自定义，但不能与本标准规定的代码发生冲突。随后，这些代码可以通过对本标准的技术修正案进行标准化。

a) 类名：<<CodeList>> PS_ReferencingMethod

PS_ReferencingMethod 是代码表，用其标识定位服务使用的参照方法。

b) 属性和描述：

—— Coordinate　　坐标参照；

—— Linear　　线性参照；

—— LocatorGrid　　字母数字表示位置的格网。

c) 关联：无。

7.2.3 仪器标识

标识所使用的专门定位服务仪器是必须的，以便能追踪测量数据的来源和使用位置的系统能够采用那些与设备特性（或设备的版本）有关的信息。许多定位系统会使用一个接收装置，如 GNSS 的天线，在系统的精确校准过程中，特定的型号对其是重要的。所以，如果需要标识各个部件的话，可以重复使用该仪器标识。

a) 类名：PS_InstrumentID

为了进行定位观测，定位系统要使用一种仪器，其特点信息在 PS_InstrumentID 类中描述。如果仪器有需要标识的部件，那么就重复这个类。

b) 属性和描述：

——type（类型）[0..1]　　CharacterString—标识仪器类型；

——identifier（标识符）[0..1]　　CharacterString—赋予特定仪器的标签或编号；

——manufacturer（制造商）　　CharacterString—标识仪器制造商；

——model（模型）　　CharacterString—模型名称、编号、或产品类型标识符；

——partNumber（部门编号）[0..1]　　CharacterString—标识产品版本的制造商的部门编号；

——revisionNumber（版本号）[0..1]　　CharacterString—仪器版本或版本标识符；

——serialNumber（系列号）[0..1]　　CharacterString—仪器序列号；

——calibrationReport（校准报告）[0..1]　　Citation—标识关于仪器的校准报告。

c) 关联：

——component（部件）　　标识使用的仪器。PS_InstrumentID 可以重复使用来描述附加部件。

7.3 时段

7.3.1 概述

定位服务生成的观测值可以被聚合成时段，对用户来说它可能相当于任何有意义的时间区间，如提供 GIS 主题的数据采集时段，起点与目的地之间的导航时段，或每小时、每天或其他被记录为信息单元的观测文件。时段信息包括一个标识符、起始和结束时间、使命或任务的确定以及对观测者或可以承担责任的部门的标识，如图 8 所示。这些信息可用于提供关于数据源的补充元数据项和历史元数据。这些数据元素的实现是可选的。

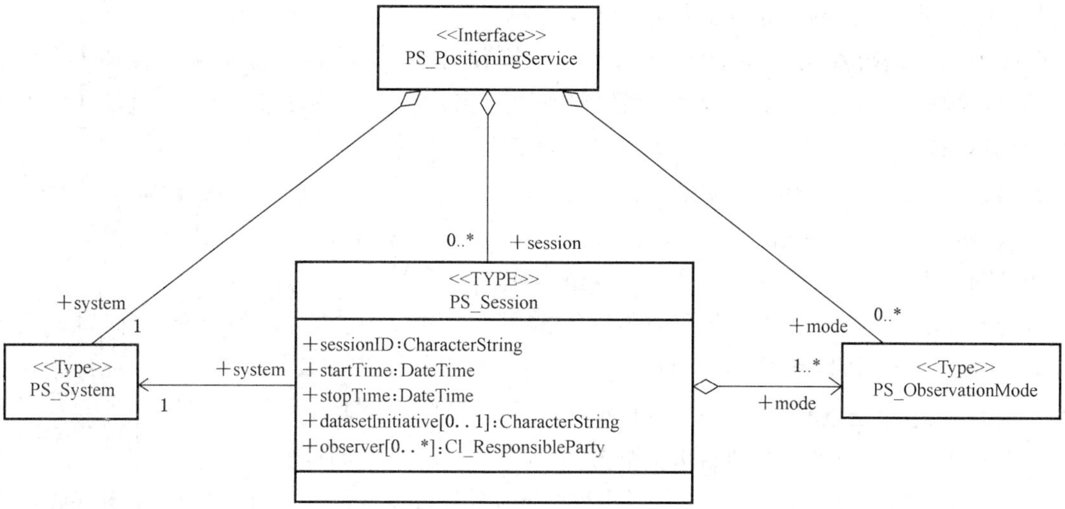

图 8　PS_Session 的属性与关联的 UML 描述

7.3.2　PS_Session

a)　类名：PS_Session

标识一个观测时段，并把该时段获得的观测值与其关联的系统信息及观测模式聚合起来。

b)　属性和描述：

——sessionID(时段标识符)：	CharacterString—用编号、名称或其他标识符标识时段；
——startTime(开始时间)	DateTime—时段开始的日期和时间；
——stopTime(结束时间)	DateTime—时段终止的日期和时间；
——datasetInitiative(数据集初始化)[0..1]	CharacterString—标识代理和任务或使命；
——observer(观测者)[0..*]	CI_ResponsibleParty(CI 负责方)—标识观测者、操作者、管理者或对该时段负责方。

c)　关联：

——system	保存该时段使用的定位系统的规格参数表；
——mode	保存用于管理该时段的操作模式的特征并把相应的观测聚合到每一个模式。

7.4　操作模式

7.4.1　概述

定位观测值可以用很多方式表达：使用各种不同的基准、投影、度量单位等。操作模式类详细说明特定观测值集合的表达方式，而且操作模式的信息应包括所有关于结果表示的细节，以便结果能被明确地解释。这些信息包括：

——模式名称；

——测量类型；

——位置参照系；

——时间参照系；

——定位服务访问参照系的连接；

——施加于测量值的坐标变换和坐标转换的操作。

例如，如果观测结果为45.75和－108.5，且没有任何说明，那么用户就不知道这两个数到底指的是什么，因为它们可能是指经度和纬度的度数、局部坐标格网上的米数、速度（米/秒）和进向（离开真北方向的度数）。如果它们是坐标，那么就应该知道它们所基于的大地基准。包含在PS_ObservationMode类中的信息详细已说明了观测结果的意义，因此接收者在解释定位结果时不会面临不清楚的问题。PS_ObservationMode类中的信息既可以用于实时应用，也可作为与定位服务获得的数据集一起存储的元数据的基础。

尽管本标准没有规定一个系统每隔多长时间应提供一次定位服务数据元素，但许多系统在一个时段的前期都会传送mode数据，为该时段建立元数据和为接收者解释定位数据流做准备。这些定位观测的大量事务和（可选的）质量结果可以根据应用的需要进行处理。

每个操作模式可以选择性地给出一个名称，便于引用配置值的全集。

一些定位仪器不仅测量点的位置，而且测量物体的方位及其运动，所以应确定每种操作模式的测量类型，例如：位置、方位（姿态）、运动（速度）或旋转（角速度）。如上所述，如果不了解观测结果各自的参照系，它们就无法对它们进行解释，所以时间参照系和空间参照系的标识是必选的。

定位服务通过连接访问其参照系，因此可以选择性地提供连接的详细信息。当用户需要高准确度时或当用户需要追溯测量结果或准确度报告时，常常需要这样的信息。

用于产生定位结果的（连接）坐标变换和转换操作的标识也可选择性地被提供。当寻求高准确度测量结果时，如大地测量，常常需要这个信息。

能够同时报告几个测量类型（如位置和运动）的定位服务应为每种类型提供一个操作模式的实例。不同测量类型的测量坐标轴和度量单位可以互不相同，例如，位置可以以经度和纬度的度数表示，而运动则以速度（米/秒）和进向（偏离真北方向的度数）表示。

7.4.2 PS_ObservationMode

7.4.2.1 概述

a) 类名：PS_ObservationMode：

PS_ObservationMode类保存关于定位服务的配置信息，以提供特定类型的定位结果。定位服务可以创建许多PS_ObservationMode实例，以提供用户所需的各种类型的结果。一个PS_ObservationMode实例保存每组配置信息，不管几种类型的结果（位置、运动和方位）是同时呈现还是一种类型的结果按几个不同参照系（如按大地纬度和经度并按UTM投影表示位置）呈现，见图9。

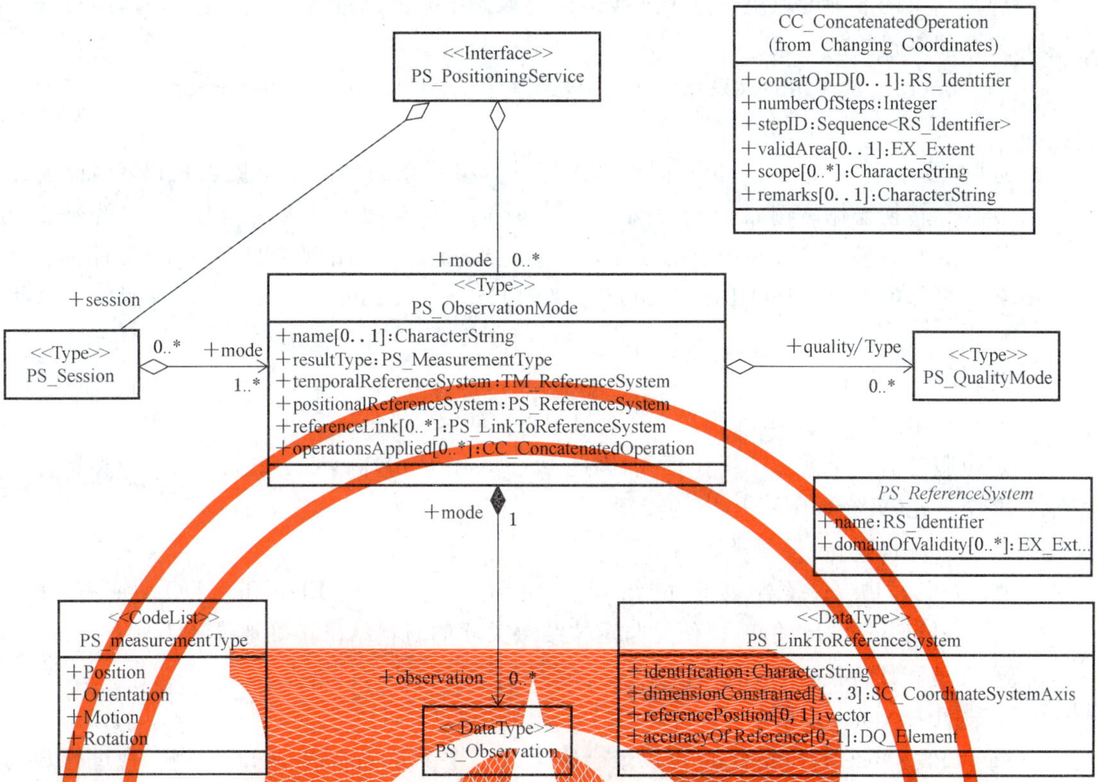

图 9 PS_ObservationMode 类的属性、关联和有关数据类型的 UML 描述

b) 属性和描述：

——name(名称)[0..1] CharacterString—标识操作模式的单词和短语：

为引用配置值的完整集，该服务可以为操作模式选择性地提供名称。

——resultType(结果类型) PS_MeasurementType(PS_测量类型)—标识这个模式中测量类型的代码：

测量类型是指位置、运动、方位和旋转。

——temporalReferenceSystem(时间参照系) TM_ReferenceSystem (TM_参照系)—使用的时间参照系：

时间参照系应按 GB/T 21336—2008 规范进行定义。

——positionReferenceSystem(位置参照系) PS_ReferenceSystem—计算定位结果所采用的空间、运动、方位或旋转参照系：

定位参照系是依据定位测量类型进行描述的。如果是位置测量，则应依据 ISO 19111:2007 来描述定位参照系，否则就应根据本标准定义的类进行描述。

——referenceLink(参照系连接)[0..*] PS_LinkToReferenceSystem (PS_与参照系连接)—标识定位服务访问参照系(位置的或时间)的连接：

在任何定位服务的实现中都有一个或多个连接，定位服务通过该连接访问坐标参照系和时间参照系。这些连接可能是测量控制的标石、可提供预报星历表的一组 GNSS 地面站、差分信标台或者惯性导航系统的初始化点。访问时间参照系可以通过某个能被精确调整的参考时钟，例如 GNSS 卫星或 UTC 广播信标台的时钟；或者只能通过近似的时钟，如 PC 系统的时钟。结果的准确度取决于这个连接。当要取得结果的高准确度或可追踪时,用户就可能需要与参照系连接的记录。

——operationsApplied(采用的操作)[0.. *] CC_ConcatenatedOperation 一应用的坐标变换和转换。

通常,要求定位服务在一个不同于其内部计算参照系的参照系中提供结果,因此要使用坐标变换和转换操作。例如,为了表示与一个所需的基准相关的大地坐标,通常就要使用坐标转换。这些转换可能存在固有的误差,所以当要求追踪或高准确度结果时,就可能需要所进行的各种操作的记录。ISO 19111:2007 定义的 ConcatenatedOperation 类详细规定了这些操作的标识。

c) 关联:

——mode:

定位服务有一个或多个操作模式,因此 PS_PositioningService(PS_定位服务)类聚合了一个或多个 PS_ObservationMode 的实例;

——qualityType(质量类型):

如果定位服务报告其定位结果的质量信息,DQ_Element(DQ_元素)应同 PS_ObservationMode 关联,以便将与定位结果关联的质量结果正确地描述为质量元素类型、子元素类型和评价描述符;

——observation(观测):

每个 PS_ObservationMode 可以聚合零个或多个 PS_Observations 实例。在进行观测前 PS_ObservationMode 应被实例化;所以,PS_ObservationMode 实例可以不出现任何观测。在一个特定的操作模式中可以进行任何数量的观测,但是一个 PS_Observation 实例只有跟 PS_ObservationMode 实例相关联才能成为明确的观测。

7.4.2.2 **PS_MeasurementType**

a) 类名:<<code list>> PS_MeasurementType

PS_MeasurementType 是一个代码表,通过它标识定位服务提供的测量类型。

b) 属性和操作:

——position(位置)　　报告位置的操作模式;

——orientation(方位)　　报告方位的操作模式;

——motion(运动)　　报告运动的操作模式;

——rotation(旋转)　　报告旋转的操作模式。

c) 关联:无。

7.4.2.3 **PS_ReferenceSystem**

7.4.2.3.1 概述

图 10 描述 PS_ReferenceSystem 它是 4 个子类的超类。

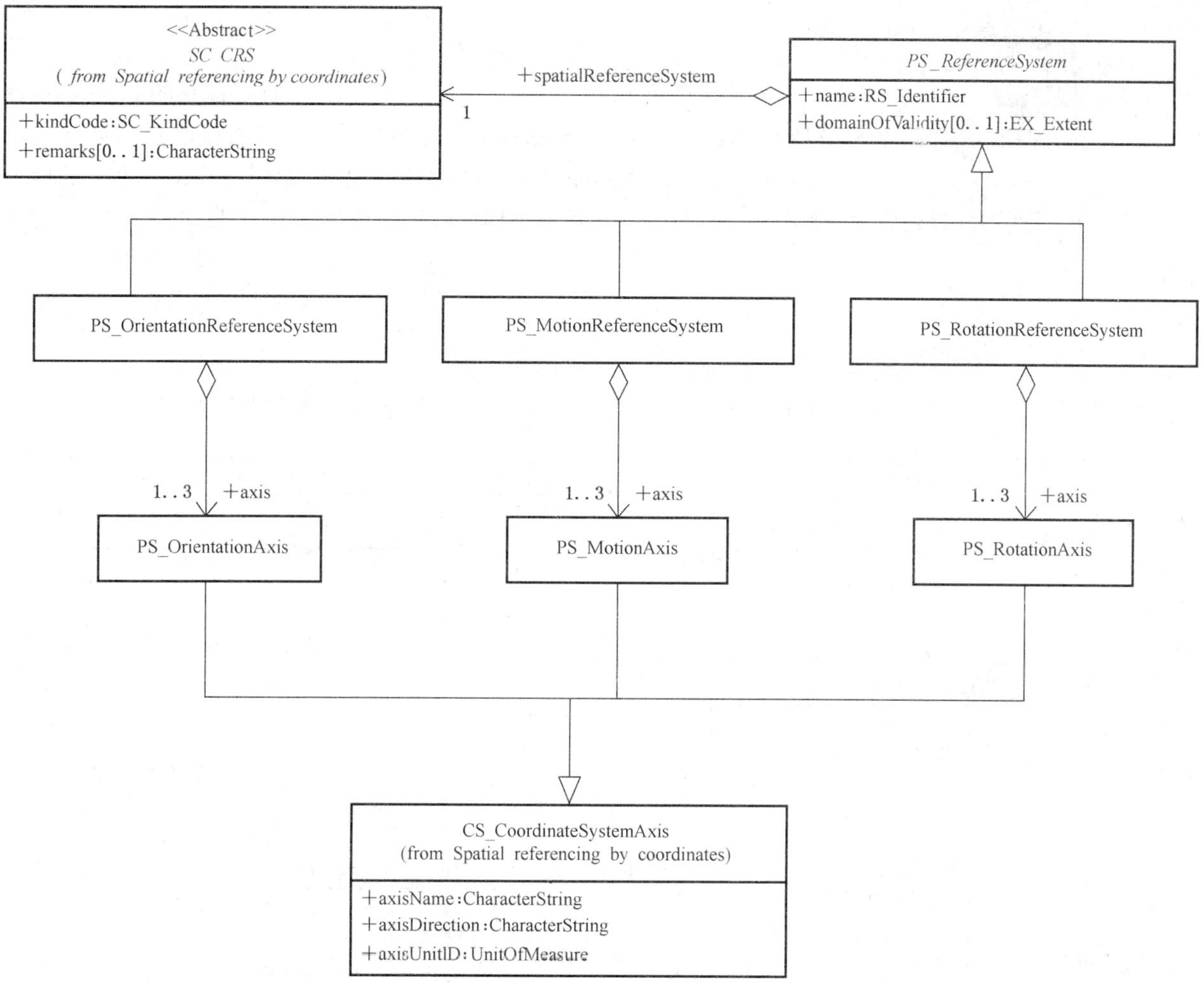

图 10 PS_ReferenceMode(PS_参照模式)的 UML 描述

a) 类名:PS_ReferenceSystem

PS_ReferenceSystem 是对适用于各种不同测量类型的 4 种类型参照系的统称:

——SC_CRS(SC_坐标参照系),更多的信息见 ISO 19111:2007;

——PS_MotionReferenceSystem(PS_运动参照系);

——PS_OrientationReferenceSystem(PS_方位参照系);

——PS_RotationReferenceSystem(PS_旋转参照系)。

当进行位置测量时,它们指 SC_CRS 坐标参照系,而且当进行其他类型的测量时,它们指相应类型的参照系。

b) 属性和操作:

——name (名称) RS_Identifier(RS_标识符)—标识参照系;

——domainOfValidity(有效域)[0..1] EX_Extent(EX_地理范围)—参照系有效的范围。

参照系的有效范围可以是全球性的(像地心大地基准的情况),区域性的(像某些国家大地基准和某些地图投影的情况),或局部的(像移动平台上的格网的情况,例如船)。当有效范围不是全球性的,建议详细说明其范围。

c) 关联:

——spatialReferenceSystem(空间参照系) PS_ReferenceSystem 由基于坐标空间参照的抽象类 SC_CRS 中的 kindCode 标识。

7.4.2.3.2 **坐标参照系(SC_CRS)**

在定位服务的一个时段内使用的坐标参照系,应依照 ISO 19111:2007 空间坐标参照系的方式构成,而且应与 GB/T 19710—2005 要求一致的 RS_Identifier 来标识。如果 RS_Identifier 没有唯一地和明确地定义坐标参照系中的元素(例如,基准和投影信息、度量单位等等),那么应该根据 GB/T 19710—2005 的要求标识基准和投影信息,以便陈述 GB/T 19710—2005 结构中采用的标识符或实际值。

7.4.2.3.3 **方位参照**

7.4.2.3.3.1 **概述**

PS_OrientationReferenceSystem 类表示计算方位结果的参照系标识和特征并在图 11 中描述。

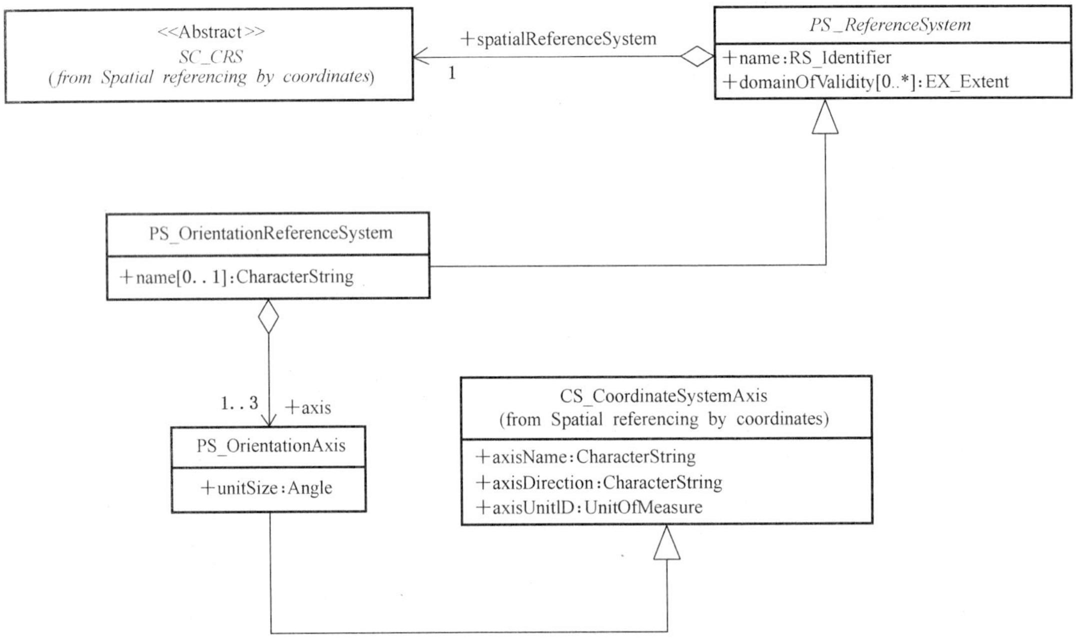

图 11 PS_OrientationReferenceSystem 及其属性和关联的 UML 描述

7.4.2.3.3.2 **方位参照系**

方位是两个空间参照系之间的角度关系。这两个参照系:一个是与兴趣对象(例如车辆)关联的空间参照系,另一个是与参照体(例如地球)关联的空间参照系。在该类中,由 SC_CRS 指定的空间参照系与该参照体关联,并且与由 PS_OrientationAxis(PS_方位轴)指定轴的描述集与兴趣对象关联。

a) 类名:PS_OrientationReferenceSystem

PS_OrientationReferenceSystem 类是由一个(空间)坐标参照系和 1~3 个轴的描述信息组成,这些轴是 CS_CoordinateSystemAxis(CS_坐标系轴)的子类,其单位尺度限定为角度。

b) 属性和描述:

——name[0..1] CharacterString—方位参照系的标识符。

c) 关联:

——axis(轴) PS_OrientationReferenceSystem 聚合 1~3 个 PS_OrientationAxis 实例;

——spatialReferenceSystem 描述位置的系统。

7.4.2.3.3.3 方位轴

如图 12 所描述的那样，PS_OrientationAxis 是 CS_CoordinateSystemAxis 的子类并继承它的属性。

1～3 个方位轴被指定为坐标系统轴（在 ISO 19111:2007 中定义）的实例，坐标轴的单位尺度应为角度。

a) 类名：PS_OrientationAxis

b) 属性和描述：

——axisName（轴名） CharacterString—标识轴，例如，"标题"；

——axisDirection（轴向） CharacterString—标识轴的方位（方向或指向），例如，"从真北方向顺时针"；

——unitID（单位标识符） UnitOfMeasure（度量单位）—标识轴上的度量单位，例如，"度"；

——unitSize（单位尺度） Angle（角度）—坐标轴上使用的角度单位尺度，它与 GB/T 3100—1993 规定的单位相一致。

7.4.2.3.4 运动参照

7.4.2.3.4.1 概述

PS_MotionReferenceSystem 类及其属性和关联如图 12 所示。

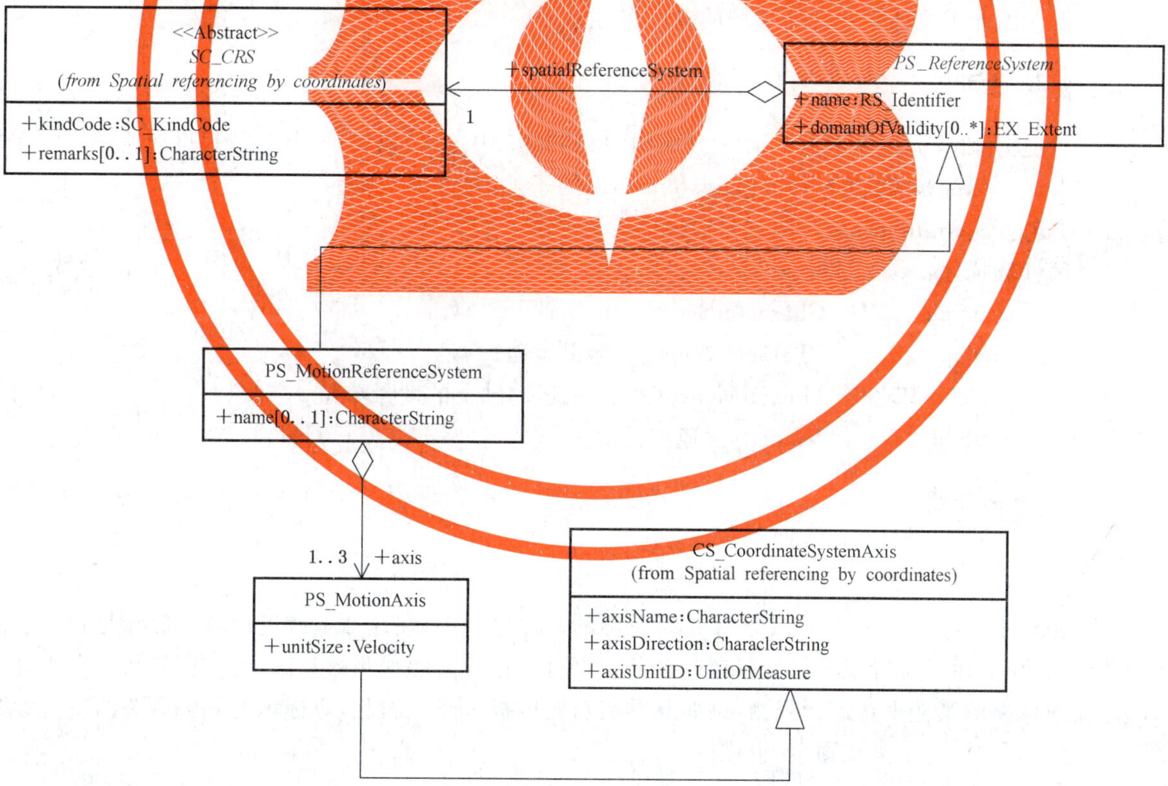

图 12 PS_MotionReferenceSystem 类及其属性和关联的 UML 描述

7.4.2.3.4.2 运动参照系

运动指两个空间参照系之间位置关系(平移)的变化率:一个空间参照系与兴趣对象(例如车辆)关联,另一个空间参照系与参照体(例如地球)关联。在这个情况下,由 SC_CRS 指定的空间参照系与参照体有关,并且由 PS_MotionAxis(PS_运动轴)指定的轴描述集与兴趣对象关联。这个类的描述如图 13 所示。

a) 类名:PS_MotionReferenceSystem

PS_MotionReferenceSystem 类是一个(空间)坐标参照系和 1-3 个轴的描述的聚合,这 3 个轴的描述是 CS_CoordinateSystemAxis 的子类,轴的单位尺度应为速度。

b) 属性和描述:

——name[0..1]　　CharacterString　—运动参照系的标识符。

c) 关联:

——Axis

PS_MotionReferenceSystem 聚合了 1～3 个运动轴的描述,标识运动所在的轴。PS_MotionAxis 是 CS_CoordinateSystemAxis 的子类,其单位尺度应为速度。

——SpatialReferenceSystem

只有相对于某些空间参照系,运动才是可观测的。按照惯例,在地球上的运动是相对于地面参照系的,所以用于位置观测的坐标参照系通常可以作为运动观测的基础。但是,应当考虑到飞行器的空速和地速的不同。尽管每个速度都是有用的,但是它们不能被混淆或出现领航的错误。因此需要标识运动所参照的空间参照系。

7.4.2.3.4.3 运动轴

1～3 个运动轴被指定为坐标系轴(在 ISO 19111:2007 中定义)的实例,其单位尺度应为速度。

PS_MotionAxis 是 CS_CoordinateSystemAxis 的子类,并继承其属性。

a) 类名:PS_MotionAxis

b) 属性和描述:

——axisName　　CharacterString—标识轴;

——axisDirection　　CharacterString—标识运动;

——axisUnitID　　UnitOfMeasure—标识运动轴上的度量单位;

——unitSize　　Velocity—速度的度量。

7.4.2.3.5 旋转参照

7.4.2.3.5.1 概述

只有相对于某些空间参照系,旋转才是可观测的。按照惯例,在地球上或近地球的旋转是相对于地面参照系的,所以用于位置观测的坐标参照系通常也可以作为运动观测的基础。但是,旋转也能相对于非固定在地球上的其他平台进行观测,例如起重机与船甲板之间。因此,应标识与旋转有关的空间参照系,且它是强制的。这个类在图 13 中描述。

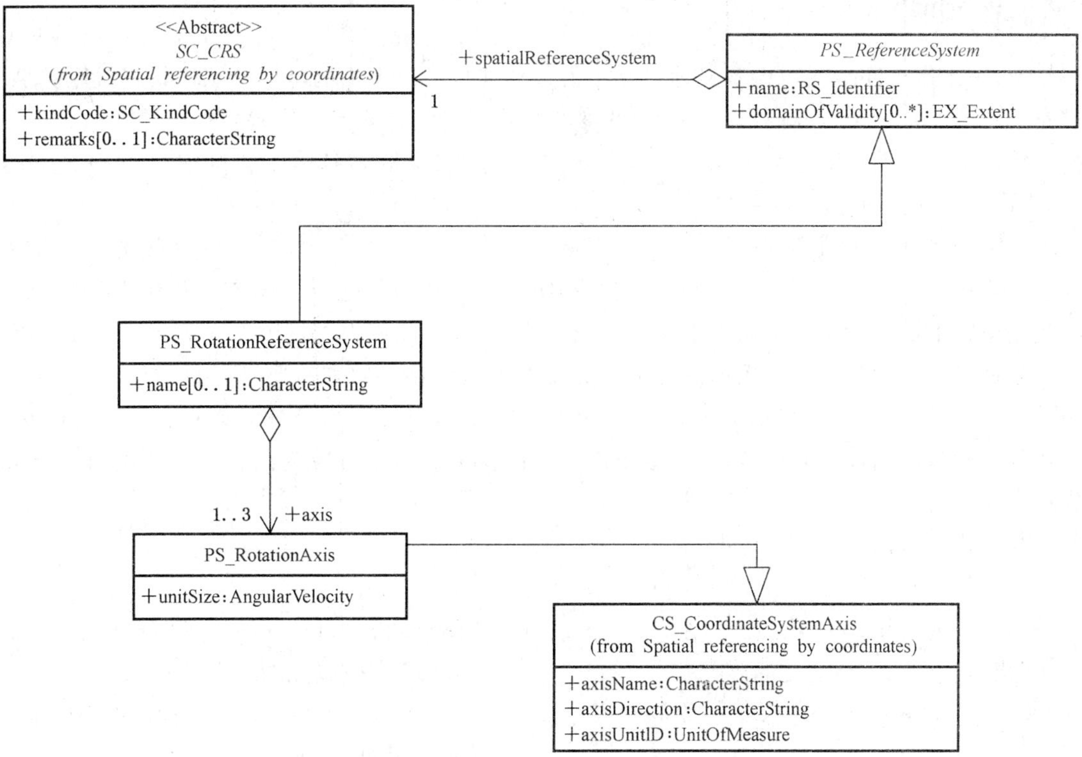

图 13 PS_RotationReferenceSystem 类及其属性和关联的 UML 描述

7.4.2.3.5.2 旋转参照系

a) 类名：PS_RotationReferenceSystem

b) 属性和描述：

——name[0..1] CharacterString—旋转参照系的标识符。

c) 关联：

——Axis：

PS_RotationReferenceSystem 聚合 1～3 个旋转轴的描述，它标识旋转的轴。PS_RotationAxis(PS_旋转轴)是 CS_CoordinateSystemAxis(CS_坐标系轴)的子类，轴的单位应是角速度。

——SpatialReferenceSystem：

标识描述旋转的空间参照系。

7.4.2.3.5.3 旋转轴

旋转轴被指定为坐标系轴(在 ISO 19111:2007 中定义)的实例，其单位尺度应为角速度。PS_RotationAxis 是 CS_CoordinateSystemAxis 的子类，并继承其属性。

a) 类名:PS_RotationAxis

b) 属性和描述：

——axisName： CharacterString—标识坐标系轴惯用名称；

——axisDirection： CharacterString—标识坐标系轴的方位(方向或指向)；

——axisUnitID： UnitOfMeasure—标识坐标系轴的度量单位；

——unitSize： AngularVelocity— 在旋转轴上使用的速度的度量。

7.4.2.4 与空间参照系的连接

一般地，一个定位系统完成的观测通过其中的某种连接与所要求的坐标参照框架相关联。例如，可以通过光学仪器所在的某个控制点、差分 GPS 参照站或通过线性测量系统起始点来建立这种连接。关于该连接的信息应存储在 PS_referenceLink（PS_参照连接）类的零到多个实例中，它是 PS_ObservationMode 的一个属性，如图 9 所示。

为了正确地估计位置值的准确度，就需要知道该连接的准确度。为了验证该连接的合理使用或者为了探测和改正应用误差，应指定连接的识别码和实际的连接值。这个数据结构提供那种信息。当使用网络或其他大范围的参照方法而不是单个点的参照方法时，应该提供这个方法的名称或标识符。

这个数据结构可以为质量元数据的历史数据元素提供信息。如果需要，应用可以重复这个数据结构。例如，每当改变 DGPS 参考信标台时，GNSS 接收机实现的定位服务就可以报告连接点的标识、参照坐标及其准确度的估计。同样地，定位服务使用全站仪进行测量时应为测量中使用的每个已知控制点报告一个连接记录。

a） 类名：PS_LinkToReferenceSystem

b） 属性和描述：

——identification（标识）	CharacterString—标识参照连接点，例如差分 GNSS 广播服务的参考站；
——dimensionsConstrained（维的约束）[1..3]	CS_CoordinateSystemAxis—标识坐标轴（例如，纬度、经度、高度）；
——referencePosition（参照位置）	vector（向量）—访问参照系的点的坐标；
——accuracyOfReference（参照的准确度）	DQ_QualityMeasure—参照坐标在其指定参照系中的准确度。

c） 关联：无。

7.4.2.5 连接操作

定位系统可以使用连接在一起的操作把一个坐标参照系的坐标值变成另一个坐标参照系的坐标值。连接在一起的操作数据元素标识已用于获得观测结果的那些操作，以便接收者能知道如何完成坐标变换和坐标转换操作及其估计准确度。

把一个坐标系的坐标值变换到另一个坐标系的坐标值的某些操作是由解析数学函数定义的。例如，某些国家系统可以被定义成一个特定时期的国际地球参考框架实现。其他大地基准之间的联系仅仅是通过对固定点的观测进行统计上的优化来实现，所以它们之间的坐标转换使用固定的参数。因此，重要的一点是，使用变换后坐标的用户应该能够知道如何进行坐标变换及其估计准确度。只有通过这些信息，才能确定不同数据集之间的某些类型的位置差异。

对位置数据进行坐标转换的定位服务可以报告所用操作的标识和准确度。所使用的那些操作被赋予适合于报告的标识标签，并由引用被实现系统的文件中的大地测量文献进行明确地标识。

如果源自引用中描述的方法的一个操作已被修改，例如，计算系列或其他近似值的截断，那么这个修改应被明确地标识。

关于 CC_ConcatenatedOperation（CC_联接操作）类的更准确的描述，见 ISO 19111:2007。

7.4.3 观测

7.4.3.1 概述

如图 14 所示，定位观测的结果在 PS_Observation 类中报告，其中实例聚合在 PS_

ObservationMode 实例下，该模式保留该集合中所有观测数据都通用的操作模式的描述符。PS_Observation 属性包括定位观测日期和时间，以及与有关的 PS_ ObservationMode 中指定的参照系相一致的结果向量。在该类中还有观测的附加信息，包括被测对象的标识、定位传感器和感兴趣对象之间的偏移量以及任何与技术说明有关的操作信息。使用 7.5 条中描述的 PS_ObservationQuality 类可以报告与每个观测相关的质量信息。

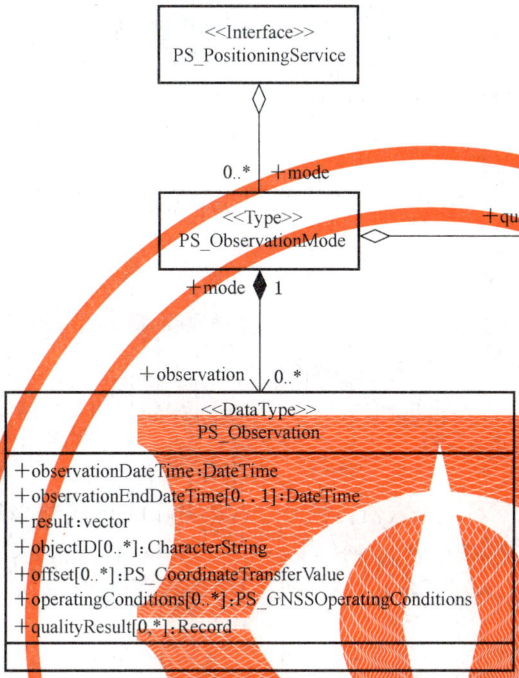

图 14　PS_Observation 类的 UML 描述

ObjectID 标识符提供一种方法，可以把位置数据连接到其他地理对象的属性，如航海的航向点、地理要素、控制点或者航空摄影的曝光点。该标识符是可选的，因为当前使用的很多定位仪器，如 GNSS 接收机不能为导航用的每个点位提供标识符。然而，在测量和 GIS 的开发中可能使用一个或多个这样的标识符。实现时可以使用单个 ObjectID 作为索引或与另一个描述符表有关的关键字，或者使用多个 ObjectID 作为索引或作为与其他多个描述符表有关的关键字。例如，第一个 ObjectID 实例可能用于列举观察到的位置，第二个 ObjectID 实例可能用于标识多个序列或者多组观测值，如共同表示车行道各路段中心轴线的几组点。

当定位服务将结果报告为一个相对位置向量(如 GNSS 中静态的、运动的或实时运动的相对定位)时，objectID 应该标识向量的终点，并且由 PS_ObservationMode 的 linkToReferenceSystem 应标识该向量的起点。

当定位服务报告的结果是通过间隔观测计算得到而不是通过估计瞬间位置得到时，observationDateTime 应该说明结果中所使用的观测的开始日期和时间，并且由 observationEndDateTime 说明结束日期和时间。

a) 类名:PS_Observation

b) 属性和描述:

——observationDateTime(观测日期和时间)	DateTime—进行(或着手)观测的日期和时间;
——observationEndDateTime(观测结束日期和时间)[0..1]	DateTime—测量结束(如果不是瞬间的)的日期和时间;

——Result(结果)　vector—包含结果值的向量；

——objectID(对象标识符)[0..n]　CharacterString—标识相关对象或事件；

——offset(偏移量)[0..*]　PS_CoordinateTransferValue(PS_坐标转换值)—建立结果与相关对象关系的值；

——operatingConditions[0..*]　PS_GNSSOperatingCondition(PS_GNSS 操作条件)—专门技术信息的操作条件数据；

——qualityResult [0..*]　Record—质量结果的容器，在 PS_QualityMode(PS_质量模式)描述。

c) 关联：

——mode：

PS_Observation 的每个实例属于 PS_ObservationMode 实例，所以，时间和定位值完全与它们各自的参照系关联。

——observationQuality(观测质量)：

如果有定位服务报告质量信息，则每个质量结果与观测结果关联。

7.4.3.2 坐标偏移量

7.4.3.2.1 概述

由于定位服务传感器装置的要求或为了操作方便，可以对偏离实际的点或感兴趣对象的一个位置进行位置量测，如图 15 所示。在这种情况下，要通过 PS_CoordinateTransferValues 进行从测量点到期望点的坐标转换的规定，如图 16 所示。GPS L1 天线的相位中心和高准确度大地测量中使用的固定点之间的位置偏移量可能不同

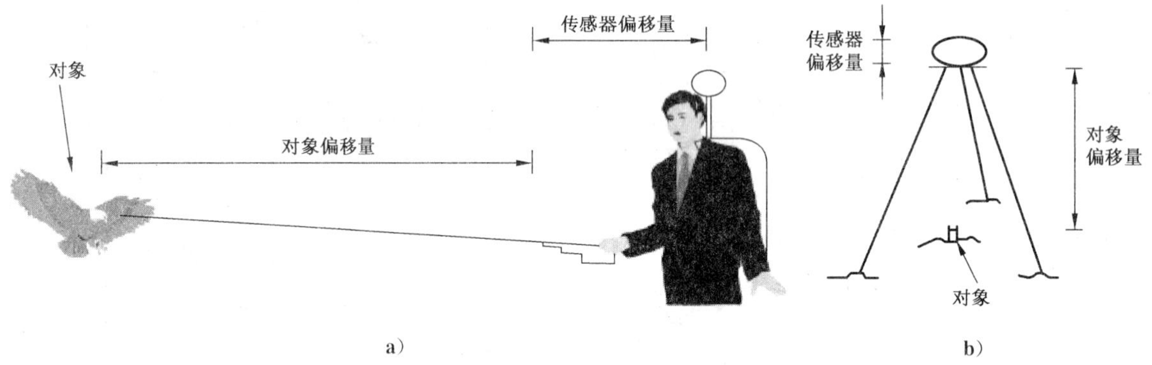

图 15 传感器偏移量和对象偏移量

当传感器位置和兴趣点之间的偏移量比较重要时，用户需要获取并保存有关的值。这些值由传感器偏移量和对象偏移量组成。传感器偏移量的值用于保存实际测量点(如 GNSS 天线的相位中心)和代表测量系统或平台的参照点之间的任何偏移量。例如，若干团体公布的适合于许多制造商的 GNSS 天线模型的天线偏移量值。对象偏移量值用于保存参照点和兴趣对象点(如地理要素)之间的任何偏移量。例如，对象偏移量可以是某一标志上方的天线高度，或者可以是到由激光测距仪或罗盘测得的远距离对象的偏移量。

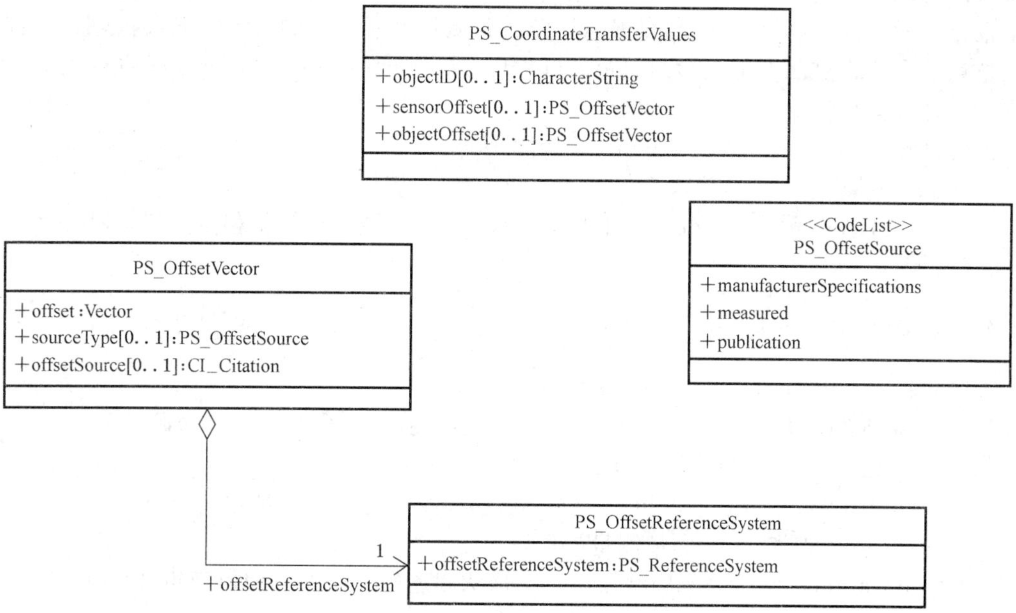

图 16 PS_CoordinateTransferValues 类及其属性和关联的 UML 描述

a) 类名:PS_CoordinateTransferValues

这些值说明空间关系,根据此关系 PS_CoordinateTransferValues 类可以把传感器的坐标转换为兴趣点或兴趣对象的位置。这些值由感应元素与使用仪器的基准点之间的偏移量和从基准点到兴趣对象的偏移量组成。

b) 属性和描述:

——objectID[0..1] CharacterString—兴趣对象的标识符;

——sensorOffset(传感器偏移量)[0..1] PS_OffsetVector(PS_偏移量向量)—基准点到仪器感应点的偏移量;

——objectOffset(对象偏移量)[0..1] PS_OffsetVector—仪器上的基准点到兴趣点或对象的偏移量。

7.4.3.2.2 偏移量向量

a) 类名:PS_OffsetVector

保存偏移量值并标识它们的来源。

b) 属性和描述:

——Offset Vector —保存偏移量向量值。

——sourceType(来源类型)[0..1] PS_OffsetSourceType(PS_偏移量来源类型)—获取偏移量向量来源的类型。

——offsetSource[0..1] CI_Citation (CI_引用)—偏移量向量来源的引用。

c) 关联:

——OffsetReferenceSystem(偏移量参照系):

计算偏移量向量的空间参照系。

7.4.3.2.3 偏移量参照系

PS_OffsetReferenceSystem(PS_偏移量参照系)类规定计算偏移量向量的空间参照系。这与计算定位结果的参照系可能相同也可能不同,因为有些偏移量的测量同初始的定位测量是分开进行的。例如,使用 GNSS 传感器的定位服务在接收天线相位中心和天线架设的地面基准点之间可能存在偏移量。尽管可以以毫米精度来测量基准点之上或下的偏移量，而且它的轴可调整为局部垂直，但服务可能以经纬度报告坐标。此外，如果用经纬仪或激光测距仪测量到感兴趣的对象的偏移量，那么仪器可能报告其从测站点沿真北或磁北方位上量测的距离（以 m 为单位）和从局部水平面起算的高度角，而把大地测量中进一步计算偏移量的应用留给系统。

a） 类名：PS_OffsetReferenceSystem

b） 属性和描述：

——offsetReferenceSystem：PS_ReferenceSystem—规定计算偏移量向量的参照系。

c） 关联：无。

7.4.3.2.4 PS_OffsetSourceType

a） 类名：<<CodeList>>PS_OffsetSourceType

PS_OffsetSourceType 是一个代码表，用于标识已获取偏移量向量的来源类型。

b） 属性和描述：

——manufacturerSpecifications（制造商规范）—从制造商的说明书中获取的值。

——measured（被测量）—已被测量的值。

——publication（出版物）—从出版物而不是从制造商的说明书中已获得的值。

c） 关联：无。

7.5 质量信息

7.5.1 概述

定位服务可以（可选）提供与位置观测有关的质量信息，如图 17 所示。质量信息可以用来确定观测结果对于某种应用的适用性，例如，观测结果仅能用于土地测量，或在它们的准确度满足项目规范的要求时用于具有地理要素的 GIS 中。观测质量信息也可以与数据一起用于更大的数据集的质量评价。

定位服务通常以实时或近实时报告定位观测值，因此质量评价与 GIS 主题或类似的空间数据集是有些不同的。它可以对每个观测值或者对短间隔观测取得的几组值进行质量评价。因此，许多质量的度量可在一个时段内用相同的质量评价程序算出并报告。

可以认为在测量值中存在某些不确定性，所以重复观测将产生分布在一定范围内的值。不确定性陈述声明，提供的观测值是不精确的而且可以尝试定量地表达这种不确定性。结果的不确定性大小是其质量的一个最重要方面。

通常，不能直接确定不确定性，但是应用合适的质量评价过程来估计它。不确定性的估计可以基于统计学的方法、以前使用该系统的经验，或者在考虑到测量方法、外业条件、设备性能、计算方法和其中的几何特征的知识进行专业判断。当质量的度量与定位结果关联时，用于质量评价的方法应依照 GB/T 21336—2008。

根据最可接受的值作为近似的真值进行不确定性估计时，用“准确度”或“绝对准确度”来表达这种不确定性。

在一个数据集或定位系统内，根据最近似的真值的差值进行不确定性估计时，用“相对准确度”来表达这种不确定性。

根据在类似条件下进行的、彼此之间或与可接受为真值的近似值不存在可比性的重复量测的一致性进行不确定性估计时，此时这种不确定性表达被称之为“精度”。

理想的情况下，定位观测值的准确度可以由对残差不确定性的估计值来报告，但是在定位服务自身中，这不总是切实可行的。通常，不能实时访问用于比较的高准确度值的独立来源。

在这种情况下，有可能估计观测值精度（例如测量的可重复性）而不估计实际准确度。基于这个原因，需要为定位服务定义附加的质量子元素—精度。附加质量子元素也可以由用户依据 GB/T 21337—2008 定义，用于定位服务的实现。

为了避免信息重复，需要把 PS_QualityMode 类同 PS_ObservationMode 关联起来，以便在规定操作模式配置信息时，保证报告配置的相应质量可以同配置信息相关联。这允许特定操作模式中完成的定位观测与特定评价方法获得的质量度量明确地联系起来。

PS_QualityMode 类或 DQ_DataQualityMeasure 类中可以保存评价描述符，但在定位服务中，由于操作符与操作模式有关，正常情况下该描述符包含在 PS_QualityMode 类中。

数据质量结果可以是量化的结果或一致性的结果，而且这两种结果都可以用到定位观测中。例如，准确度和精度的值是量化的结果，而编码的性能指标和系统完整性监测指标是质量一致性的结果。

因为定位计算的复杂性，在定位服务中特别重要的是明确规定获取质量结果的评价过程。这包括详细说明质量是否属于水平、垂直或三维误差。当报告三维误差值时，应区分：是用每个维各自的质量值报告，还是用单个值报告误差椭球质量估计。应陈述所使用的统计质量的特性，如均差、概率（中）误差、或标准误差（RMS），并区分统计量本身是否基于一维、二维或三维分布函数。在进行准确度和精度评价时，清楚地标识比较值的来源也是必要的。

定位服务可以基于内部证据进行质量评价，例如，小间距的重复观测、信号特征和几何因子，或者由多余观测值的计算结果之间的比较。这种情况下，精度或由一些用户定义的子元素比准确度更适合质量量度。

当既不能获得独立的比较源也不能获得内部证据时，定位服务可以基于相同环境下有代表性的性能来报告质量信息。在这种情况下，应该清楚地说明这个报告的基础和有效测试的特征。

定位服务的实现可以在系统所附带的产品文档中提供评价过程信息的实质性部分，并通过引用的方式把参照信息传递到符合质量数据结构的文档。

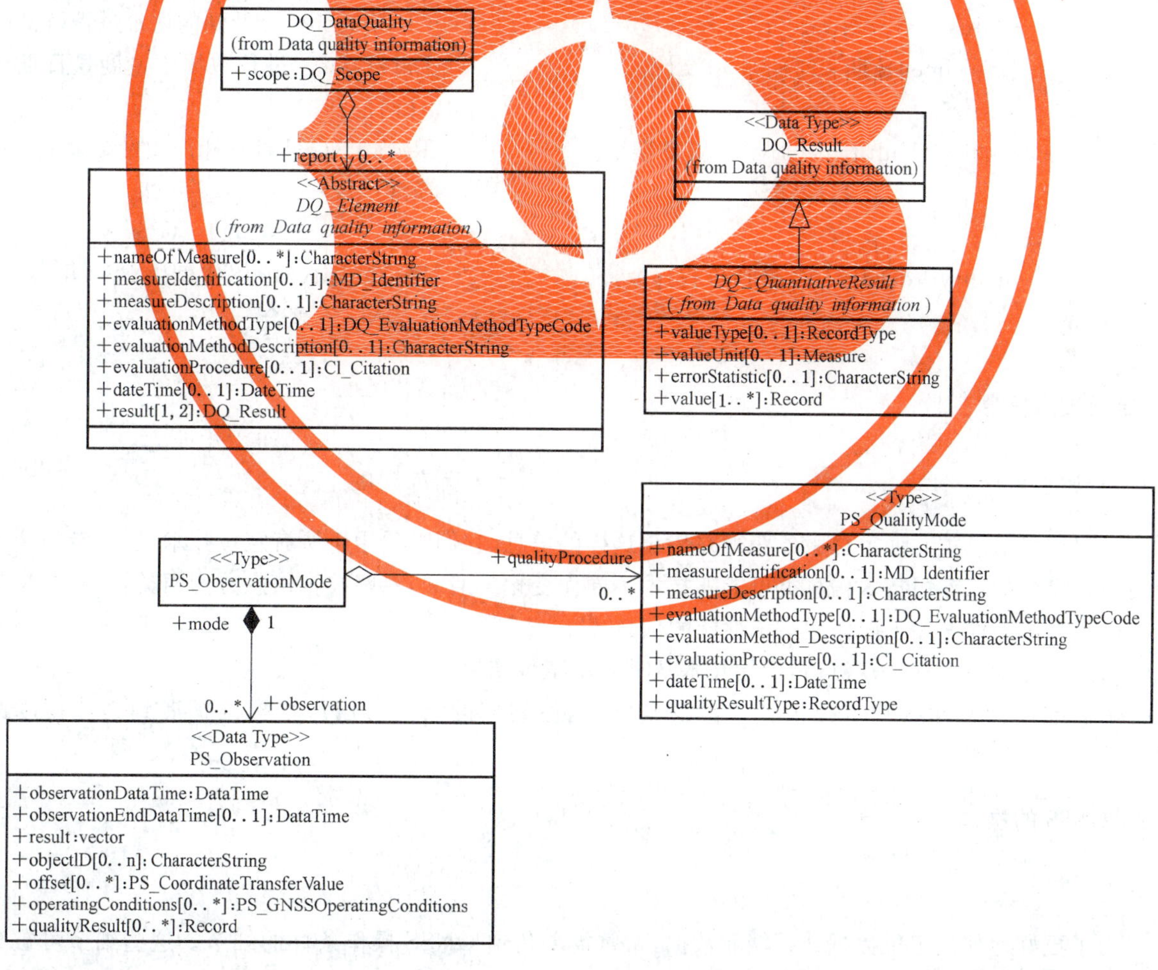

图 17　定位服务质量报告类的 UML 描述

7.5.2 PS_QualityMode

a) 类名：PS_QualityMode

PS_QualityMode 包含类似于在 GB/T 19710—2005 中描述的 DQ_Element 的那些属性，它标识被报告的数据质量元素及其用于质量评价的评价过程。这个信息可以用于产生 DQ_Element 元数据或类似的报告，或用于需要观测结果质量信息的自动决策过程。

b) 属性和描述：

——nameOfMeasure(度量的名称)[0.. *]	CharacterString—对数据进行测试的名称；
——measureIdentification(度量标识符)[0..1]	MD_Identifier(MD_标识符)—标识已注册的标准过程的代码；
——measureDescription(度量的描述)[0..1]	CharacterString—正在被确定的度量的描述；
——evaluationMethodType(评价方法类型)	DQ_EvaluationMethodTypeCode(DQ_评价方法类型代码)—用于数据集质量评价方法的类型；
——evaluationMethodDescription(评价方法描述)[0..1]	CharacterString—评价方法的描述；
——evaluationProcedure(评价程序)[0..1]	CI_Citation—涉及到的评价过程信息；
——dateTime(日期和时间)[0..1]	DateTime—进行数据质量度量日期或日期范围；
——qualityResultType(质量结果类型)	RecordType—标识相应质量结果记录的元素。

c) 关联：

——qualityProcedure(质量评价程序)	PS_QualityMode 实例由 PS_ObservationMode 聚合。

8 专门技术信息

8.1 概述

专门技术信息类允许定位服务获得并传送这样的信息，它们不适用于所有定位技术，但在专门技术应用中是需要的。专门技术信息类可能随技术不同而变化。通常，专门技术信息分为两类：

a) 操作条件—关于操作和系统性能的信息；

b) 原始测量数据—观测值，应用技术从其导出定位结果。

本标准仅为 GNSS 技术提供各个类及其定义，但它们的结构可用作本标准扩展到其他技术的基础。

8.2 GNSS 的操作条件

8.2.1 概述

为了更好地使用定位数据或存档元数据，常常需要传递 GNSS 操作条件的细节。这些细节可被分成三个部分：第一部分指明位置模式或有关的计算（用于导出派生结果的数学模型）；第二部分是指明测量条件（导出结果的原始数据的质量）；第三部分是指那些编码的性能指标。它们将这些特定信息归纳成一个更简单的指标，以便指导操作者决定是否使用这些结果。通过某些实现将这些相同的值用于准确度和精度的估计，但不必表示准确度。

图 18 说明适用于 GNSS 的操作条件。

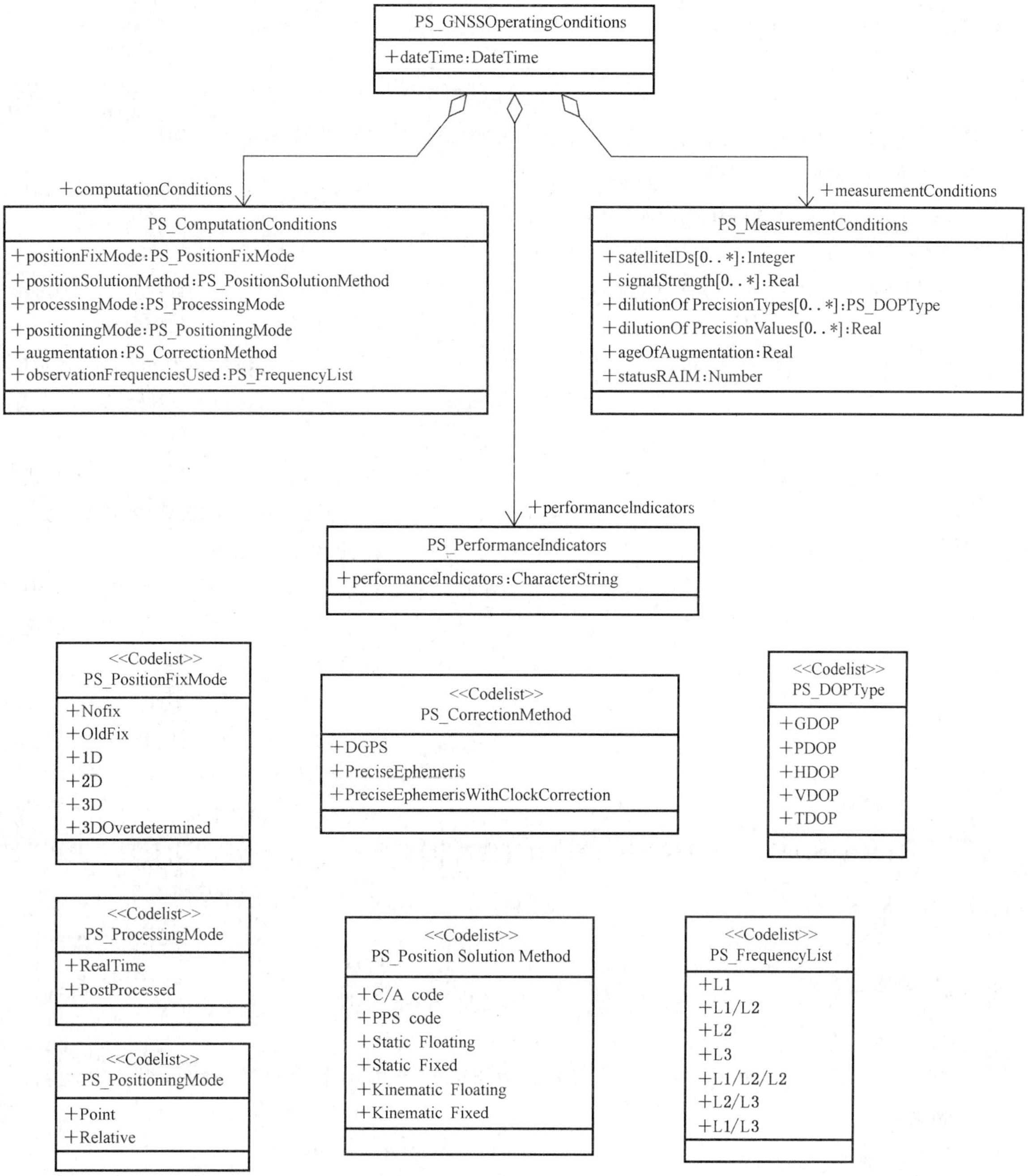

图 18　PS_GNNSOperatingConditions 类及其属性的 UML 描述

8.2.2　PS_GNSSOperatingConditions

a)　类名：PS_GNSSOperatingConditions

b)　属性和描述：

——dateTime：　　　　　　DateTime—操作条件有效的日期和时间；

c)　关联：

——computationConditions(计算条件)　　为指明位置计算方法而提供的参数；

——performanceIndicators(性能指标)　为指明系统性能等级或质量而提供的参数;
——measurementConditions(测量条件)　为指明已完成测量的条件而提供的参数。

8.2.3 PS_ComputationConditions

8.2.3.1 概述

计算条件数据提供定位服务装置的参数,为用户或应用解释其位置计算模式。例如,指明是否已经获得一个三维位置,以便可以使用位置数据中的高度值。

a) 类名:PS_ComputationConditions
b) 属性和描述:
——positionFixMode(位置固定模式)　PS_PositionFixMode(PS_位置固定模式)—指明定位解算结果的类型;
——positionSolutionMethod(位置解算方法)　PS_PositionSolutionMethod(PS_位置解算方法)—指明 GNSS 定位解算方法的类型;
——processingMode(处理模式)　PS_ProcessingMode(PS_处理模式)-指明 GNSS 定位解算的类型(实时解算、后处理解算);
——positioningMode(定位模式)　PS_PositioningMode (PS_定位模式)-指明定位模型的类型(单点定位、相对定位);
——augmentation(增强)　<<CodeList>> PS_CorrectionMethod (PS_改正方法)—指明正在使用的观测量误差改正方法的类型(差分 GNSS、精密星历、精密钟差);
——observationFrequenciesUsed(使用的观测频率)　PS_FrequencyList(PS_频率表)—适用于定位观测的频率。
c) 关联:无。

8.2.3.2 位置固定模式

a) 类名:<<CodeList>> PS_PositionFixMode
根据空间维数指定定位方案类型,空间维数可以根据可用于计算时间的一组独立观测值来确定。
b) 属性和描述:
——No fix　没有足够的观测量可用于位置解算;
——Old fix　获取的位置信息不是当前解算的结果;
——1D　获取的观测量可用于时间比对;
——2D　获取的观测量可用于解算二维位置信息;
——3D　获取的观测量可用于解算三维位置信息;
——3D 多余观测　获取的观测量可用于解算三维位置信息,且有冗余观测量计算定位结果的统计信息。
c) 关联:无。

8.2.3.3 位置解算方法

a) 类名：＜＜CodeList＞＞PS_PositionSolutionMethod

b) 属性和描述：

——C/A code(C/A 码)　GNSS 粗码/捕获码(C/A 码)绝对定位解算；

——PPS code(PPS 码)　GNSS 精码(P 码或 P(Y)码)绝对定位解算；

——Static Floating(静态浮点)　GNSS 静态相对定位载波相位双差整周模糊度浮点解算；

——Static Fixed(静态固定)　GNSS 静态相对定位载波相位双差整周模糊度固定解算；

——Kinematic Floating(动态浮点)　GNSS 动态相对定位载波相位双差整周模糊度浮点解算；

——Kinematic Fixed(动态固定)　GNSS 动态相对定位载波相位双差整周模糊度固定解算。

c) 关联：无。

8.2.3.4 定位模式

a) 类名：＜＜CodeList＞＞ PS_PositioningMode

指派定位系统与其参照系连接类型的代码。

b) 属性和描述：

——Point

单点定位—在参照系中由已知的系统参数和观测量直接确定待定点位置，例如，自主的 GNSS 定位和天文观测定位。

——Relative

相对定位—定位系统使用参照系中其他点位信息确定待定点位置，例如，惯性定位，双差 GNSS 向量定位(静态或动态)和用经纬仪或全站仪定位。

c) 关联：无。

8.2.3.5 误差改正方法

a) 类名：＜＜CodeList＞＞ PS_CorrectionMethod

b) 属性和描述：

——DGPS　差分 GPS 改正；

——PreciseEphemeries　精密星历；

——PreciseEphemeriesWithClockCorrection　具有钟差的精密星历。

c) 关联：无。

8.2.3.6 频率表

a) 类名：＜＜CodeList＞＞ PS_FrequencyList

GNSS 定位系统中被用来获取位置信息所用的频段及其组合的标识符。

b) 属性和描述：

——L1　单独使用 L1 观测数据的定位结果。

——L2　单独使用 L2 观测数据的定位结果。

——L3　单独使用 L3 观测数据的定位结果。

——L1/L2　使用 L1 和 L2 观测数据的定位结果。

——L2/L3　使用 L2 和 L3 观测数据的定位结果。

——L1/L3　使用 L1 和 L3 观测数据的定位结果。

——L1/L2/L3　使用 L1、L2 和 L3 观测数据的定位结果。

c) 关联：无。

8.2.4 性能指标

有些系统提供由某些指标(通常是数字的)进行编码的性能指标信息，它把系统操作条件和测量条件合并成一个单一的性能指标。因此，在指导操作者决定该系统是否适合使用时，与解释很多操作和测量条件值相比，利用性能指示信息没有那么复杂。由于这些指标是用于专门技术和专门实现，所以不能对它们的含义和解释进行标准化，只能由制造商和用户协商。但是，他们的通信规则是标准化的。

a) 类名：PS_PerformanceIndicators

b) 属性和描述：

——performanceIndicator：　CharacterString—系统的性能指标值。

c) 关联：无。

8.2.5 测量条件

8.2.5.1 概述

特定位置或者有关测量是在一定的条件下完成的，这些条件对于判断结果质量、问题的诊断和/或如何获得特定结果的存档是非常有用的。因此，这些条件以一种标准化的形式传送。因为重要的测量条件随技术变化而变化，所以这些子元素被规定为相应的专门技术术语。

在GNSS定位服务的情况下，被接收的卫星信号强度和卫星的几何参数是影响定位结果质量的最重要的条件。另外，增强数据(如差分改正数)的选择和有效期表明定位结果的质量。某些实现包括接收机自主完好性监测(RAIM)性能，为操作员指出利用GNSS进行定位服务的任何整体性故障。

8.2.5.2 定位测量条件

8.2.5.2.1 概述

a) 类名：PS_MeasurementConditions

b) 属性和描述：

——satelliteIDs(卫星标识符)[0.. *]　sequence<integer>—卫星编号；

——signalStrengths(信号强度)[0.. *]　sequence<real>—标识信号强度编号；

——dilutionOfPrecisionTypes(DOP类型)[0.. *]　sequence<PS_DOPType>(<PS_DOP类型>—精度衰减因子参数的标识；

——dilutionOfPrecisionValues(DOP)[0.. *]　sequence<real>—精度衰减因子的参数值；

——ageOfAugmentation(增强期)　real—最近一次增强信息更新的间隔，以秒为单位；

——statusRAIM(RAIM状态)　Number—接收机自主完好性监测的结果。

c) 关联：无。

8.2.5.2.2 精度衰减因子类型

a) 类名：<<CodeList>>PS_DOPType

b) 属性和描述：

——GDOP　几何精度衰减因子；

——PDOP　位置精度衰减因子；

——HDOP　水平精度衰减因子；

——VDOP　垂直精度衰减因子；

——TDOP　时间精度衰减因子。

c) 关联:无。

8.3 原始测量数据

定位系统仪器把原始测量数据传送给数据记录仪,用于进一步处理成位置解算数据。这个处理过程可以是实时解算或事后解算。不论哪一种情况,数据记录仪只负责数据结构的正确存储,而原始测量数据的结构则依赖于定位系统。例如,GPS 原始测量数据由 GPS 观测值、时间、轨道参数、可选的气象资料、验潮仪或倾斜传感器数据等组成。不管是业主指定的规范还是企业使用的规范(如 RINEX),对原始数据均可采用实时解算或事后解算,但解算过程已超出本标准的范围。

附　录　A
（规范性附录）
一　致　性

A.1　一致性

表 A.1　定位服务数据元素（基本数据、扩展数据）一致性的级别

基本数据								扩展数据		
系统信息		时段信息	定位观测信息					技术说明信息		
系统类型	参照信息	时段ID	值量信息	参照系	质量元素报告	连接的参照系	坐标转换信息	操作条件	性能指标	原始观测值
M[a]	M[a]	O[c]	M_1[b]	M_1[b]	O[c]	O[c]	O[c]	O[c]	O[c]	O[c]

[a] M　必选。

[b] M_1　至少应实现一种测量类型：位置、姿态、运动或旋转。

[c] O　可选。

必选元素存在的必要条件是无须做出关于访问这些元素信息内容的声明。大众对某些必选元素的访问可能由本标准的范围外的程序规则进行提供或限制。在访问详细参数值可能受限的那些地方，由本标准支持的名称或其他标识符来引用。

本标准定义两个一致性的类：基本的（任何实现应满足）和扩展的（与定位系统有关的专门技术数据），见表 A.1。声称与本标准一致的任何定位服务的实现或定位服务产品都应该满足下面相应抽象测试套件中描述的全部要求。

A.2　基本一致性抽象测试套件

A.2.1　定位服务设备

a）测试目的：检查定位服务装置与本标准的一致性；

b）测试方法：检验定位服务是否存在；

c）引用标准：本标准，第 6 章；

d）测试类型：基本；

e）测试判定：通过/失败。

A.2.2　系统信息（必选）

a）测试目的：检查系统信息与本标准的一致性；

b）测试方法：

　1）检验系统信息是否存在；

　2）如果存在系统信息，检验定位技术（必选）和参考方法（必选）是否出现且其结构是否与本标准规定的一致；

　3）对于每个内容项，检验内容值是否出现且与本标准提供的定义一致；

c) 引用标准:本标准,7.2 条;
d) 测试类型:基本;
e) 测试判定:通过/失败。

A.2.3 时段识别(可选)

a) 测试目的:检查时段信息与本标准的一致性;
b) 测试方法:
   1) 检验时段信息是否存在;
   2) 如果存在时段信息,检验 SessionID(必选)和 startTime(必选)以及时段其他信息(可选)是否出现且其结构是否与本标准的规定一致;
   3) 对于时段信息,检验内容值是否出现且与本标准提供的定义一致;
c) 引用标准:本标准,7.2 条;
d) 测试类型:基本;
e) 测试判定:通过/失败。

A.2.4 模式信息(必选)

a) 测试目的:检验模式信息与本标准的一致性;
b) 测试方法:
   1) 检验模式信息是否存在;
   2) 识别数据子元素的存在,它们是:结果类(resultType),在 PS_观测模式(PS_ObservationMode)类中执行的时态参照系(TemporalReferenceSystem)和定位参照系(positionalReferenceSystem)(至少实现 PS_ObservationMode 的一个实例),以及来自关联的 PS_观测(PS_Observation)类的观测数据时间(observationDateTime)和结果;
   3) 对于每个被实现的子元素,检验内容项是否存在且其结构是否与本标准提供的定义一致;
   4) 对于每个内容项,检验内容值是否出现且与本标准提供的定义一致;
   5) 确定哪些按本标准确认的可选数据子元素被实现,如果没有出现这些数据子元素,则一致性有效;
c) 引用标准:本标准,7.4 条;
d) 测试类型:基本;
e) 测试判定:通过/失败。

A.3 扩展一致性抽象测试套件

A.3.1 专门技术的操作条件(可选)

a) 测试目的:检查专门技术操作条件与本标准的一致性。
b) 测试方法:
   1) 检验专门技术操作条件(PS_OperatingConditions)是否存在;
   2) 如果存在专门技术操作条件,检验该操作条件是否出现且其结构是否与本标准规定的一致;
   3) 对于每个内容项,检验该操作条件是否出现且与本标准所提供的定义一致。
c) 引用标准:本标准,8.2 条;
d) 测试类型:基本;
e) 测试判定:通过/失败。

A.3.2 专门技术一致性的指标(可选)

a) 测试目的:检验专门技术的性能指标与本标准的一致性。
b) 测试方法:
   1) 检验专门技术的性能指标是否存在;
   2) 如果存在专门技术的性能指标,检验该性能指标是否出现且其顺序是否与本标准规定的一致;
   3) 对于每个内容项,检验性能指标是否出现且与本标准所提供的定义一致;
c) 引用标准:本标准,8.2.4 条;
d) 测试类型:基本;
e) 测试判定:通过/失败。

附 录 B
（资料性附录）
定位服务的精度报告

B.1 概述

定位服务可以报告定位结果的质量，以便使用该信息的设备可能为可用性筛选定位信息，并为产生质量报告元数据存储足够的信息。对专门定位服务的报告任务可采用下列结构，用于说明特定的定位服务专用的各项内容是如何被聚合成数据质量元数据。

B.2 适用于定位服务数据质量子元素的描述符结构

定位准确度子元素描述如下：

a） 数据质量度量，由以下三项构成：
——统计量或指标，如标准偏差、均方差、置信区间(%)、概率误差；
——与关联维数(可以是 1-维、2-维、3-维)的一致性；
——关联的质量度量组成项，如 基本部分(常数误差项)、高次误差项(很少使用，但允许使用)。

b） 数据质量值的类型，由以下三项构成：
——特征量，如布尔量、距离、角度、比率、随时间推移的位置变化；
——关联的度量单位，如果度量是尺度，则度量单位为英尺、厘米、米；
——关联的方位，如垂直的、水平的、球形的、指定的单个轴。

c） 数据质量评估程序，由以下二项构成：
——评估方法，如统计计算程序；
——同关联基础比较，如指定为准确度被参照的基础的短语。

d） 数据质量结果：结果值。

e） 数据质量范围：确定数据质量度量已被应用的范围。

f） 数据质量日期：适用于每个数据质量度量的日期。

表 B.1 说明可能存在的数据质量子元素、质量度量和值域。

表 B.1 说明可能存在的数据质量子元素、质量度量和值域

数据质量子元素	数据质量度量	数据质量值域	适用于数据质量度量的数据质量范围的类型
绝对或外部准确度 ——被报告的坐标值与公认的值或真值的接近程度	通过失败	布尔变量	数据集系列； 数据集； 报告栏—要素

表 B.1（续）

数据质量子元素	数据质量度量	数据质量值域	适用于数据质量度量的数据质量范围的类型
绝对或外部准确度 ——被报告的坐标值与公认的值或真值的接近程度	误差统计量： ——标准偏差、均方差(RMSE)； ——%置信水平误差统计尺度。 误差统计维： ——1-维； ——2-维； ——3-维。 度量组成： ——基本误差； ——比例误差	布尔变量 角度 随时间的推移位置的变化 距离 数值 比率 （见注1和注2）	报告栏—要素属性：仅适用于提供坐标值的要素属性
相对或内部准确度 ——数据集中要素位置关系与公认的关系或真实关系的接近程度	通过/失败	布尔变量	数据集系列； 数据集； 报告组—要素
	误差统计量： —标准偏差、均方差(RMSE)； —%置信水平误差统计尺度。 误差统计维： —1-维； —2-维； —3-维。 度量组成： —基本误差 （见注3）	布尔变量； 角度； 随时间的推移位置的变化； 距离； 数值； 比率 （见注1和注2）	报告栏—要素属性：仅适用于提供坐标值的属性

注1：这些数据质量的值域需要声明该值域的方位，如垂直、水平、球形、指定的轴，等等。

注2：尺寸数据质量的值域，如距离需要声明度量单位，如英尺或米。

注3：数据质量度量应与产品规范中规定的坐标参照系一致。例如，混合坐标系中的数据集可以通过水平数据质量度量和垂直数据质量度量两者进行测试。

B.3 数据集的准确度示例

B.3.1 示例1：地图的准确度

满足国家地图准确度标准的一幅1∶25 000地图，其位置准确度的质量元素可按下列方法报告：

a) 数据质量度量：根据国家地图准确度标准的位置要求的一致性程度来报告结果。

b) 数据质量值域：值域是布尔量(真或假)。

c) 数据质量程序：地图上的位置与从更高准确度的独立原始资料获得的相应要素的位置比较，例如，独立于成图控制点的可辨认点位的地面测量。如果地图派生位置与测试点的地面测量位置之间位置差在距离限差内，且这些点的百分数应达到国家地图准确度标准的规定的数量，则地图的质量符合标准，否则准确度测试失败。

d) 数据质量结果:满足或不满足国家地图准确度标准的要求。

e) 数据质量日期:地图出版日期。

f) 地图质量范围:按数据集的等级报告质量,这里数据集是指地图。为了产生数据质量结果,最好评价容易辨认的那些点。

B.3.2 示例2:测量标志位置的稳定性

测量标志的位置可能随时间的推移而变化,原因如下:

——板块的位移;

——局部或地区的沉陷;

——板结土壤中水分的变化;

——其他因素。

测量标志的移动可以导致已公布的数据准确度(按计算时间确定的)被严重的误解。

为了强调这种情况,一组位置稳定性参数已被推导出来。由于标志的移动,参数显示位置准确度预期降级的比率。各个参数可用于每个坐标轴。注意事项如下:

——参数是基于局部地面条件的认识;

——参数表明相对于所用坐标系的降级程度。这样,如果国家坐标系被固定到构造板块上,那么该板块的移动将不导致位置的降级;

——参数不说明坐标值的实际变化。它们在一定程度上表明已公布的准确度正在降级的比率。

B.3.3 示例3:平面控制网的位置准确度

a) 数据质量度量:根据国家坐标参照系准确度标准中规定的水平置信度区间的要求一致性来报告的结果。

b) 数据质量的值域:测量时适用于坐标的值域是布尔量。值域由位置随时间的变化来限定。

c) 数据质量程序:从测量值推导的坐标准确度取决于指定的置信度水平,如95%,相对误差椭圆由统计上有效的最小二乘平差产生,并将该误差椭圆的长半轴与国家坐标参照系准确度标准中规定的指标进行比较。

d) 数据质量结果:满足或不满足国家坐标参照系准确度标准规定的指标。

e) 数据质量日期:坐标计算的日期。

f) 数据质量范围:按控制网等级报告质量。

B.3.4 示例4:基准之间坐标转换的位置数据准确度

当定位服务给出的数据其坐标参照系不同于国家测量和计算所执行的参照系时,该坐标通常要从该系统的国家坐标参照系转换和变换到位置数据用户想要得到的坐标参照系。大地基准之间的多数坐标转换会降低其结果的准确度。降低的量级有时大于原始观测值固有的误差,所以总准确度应作为可应用的质量值进行报告。

例如,当准确度达到某个等级的位置结果被转换到另一个不同的基准时,如果坐标转换中使用的参数准确度小于原始位置结果的准确度,则不可能保持原始位置结果的准确度。

坐标转换公式包括3-参数和7-参数的相似转换(知名的Molodensky转换和Bursa-Wolf转换)。当坐标转换是在旧的或历史的基准和新的或现代基准之间使用7-参数进行转换时,旧基准或新基准的变形可导致转换坐标准确度降低。

在许多小区域采用同样的坐标转换方法的情况下,不会引入实质性的随机误差。因此,邻近要素的空间关系的准确度大部分可以被保持,但相对于国家基准的转换坐标的准确度可能大大地降低。

作为选择,如果可行的话,旧基准与新基准之间的7-参数转换比3-参数转换版本提供较高的准确度。

附录 NA
（资料性附录）
本标准中类名的中英文对照

本标准中涉及类名的中英文对照见表 NA.1。

表 NA.1 类名的中英文对照表

英 文 名	中 文 名
CC_ConcatenatedOperation	CC_联系在一起的操作
CI_Citation	CI_引用
CI_ResponsibleParty	CI_负责部门
CS_CoordinateSystemAxis	CS_坐标系轴
DQ_DataQuality	DQ_数据质量
DQ_ DataQualityMeasure	DQ_数据质量度量
DQ_Element	DQ_元素
DQ_EvaluationMethodTypeCode	DQ_评价方法类型代码
DQ_Identifier	DQ_标识符
DQ_QualityElement	DQ_质量元素
DQ_QuantitativeResult	DQ_定量结果
DQ_Result	DQ_结果
DQ_Scope	DQ_范围
EX_Extent	EX_地理范围
MD_Identifier	MD_标识符
PS_ComputationConditions	PS_计算条件
PS_CoordinateSystemAxis	PS_坐标系轴
PS_CoordinateTransferValue	PS_坐标转换值
PS_CorrectionMethod	PS_改正方法
PS_DOPType	PS_DOP 类型
PS_FrequencyList	PS_频率表
PS_GNSSOperatingConditions	PS_GNSS 操作条件
PS_InstrumentID	PS_仪器标识符
PS_LinkToReferenceSystem	PS_与参照系连接
PS_MeasurementConditions	PS_测量条件
PS_MeasurementType	PS_测量类型
PS_MotionAxis	PS_运动轴
PS_MotionReferenceSystem	PS_运动参照系
PS_Observation	PS_观测

表 NA.1（续）

英 文 名	中 文 名
PS_ObservationMode	PS_观测模式
PS_ObservationQuality	PS_观测质量
PS_OffsetReferenceSystem	PS_偏移量参照系
PS_OffsetSource	PS_偏移量来源
PS_OffsetSourceType	PS_偏移量来源类型
PS_OffsetVector	PS_偏移量向量
PS_OperatingConditions	PS_操作条件
PS_OperatingMode	PS_操作模式
PS_OrientationAxis	PS_方位轴
PS_OrientationReferenceSystem	PS_方位参照系
PS_PerformanceIndicators	PS_性能指标
PS_PositionFixMode	PS_位置固定模式
PS_PositioningMode	PS_定位模式
PS_PositioningService	PS_定位服务
PS_PositioningTechnology	PS_定位技术
PS_PositionSolutionMethod	PS_位置解算方法
PS_ProcessingMode	PS_处理模式
PS_QualityMode	PS_质量模式
PS_QualityResult	PS_质量结果
PS_referenceLink	PS_参照连接
PS_referenceMode	PS_参照模式
PS_ReferenceSystem	PS_参照系
PS_ReferencingMethod	PS_参照方法
PS_RotationAxis	PS_旋转轴
PS_RotationReferenceSystem	PS_旋转参照系
PS_Session	PS_时段
PS_System	PS_系统
PS_SystemCapability	PS_系统能力
RS_Identifier	RS_标识符
SC_CRS	SC_坐标参照系
SC_KindCode	SC_种类代码
TM_ReferenceSystem	TM_参照系

参 考 文 献

[1] GB/T 17694—2009 地理信息 术语

[2] Datums,Ellipsoids,Grids and Grid Reference Systems,NIMA TM8358. 1,National Imagery and Mapping Agency Technical Report, September 1990. Available at <http://164. 214. 2. 59/GandG/puborder. html>

[3] Geodesy Parameters,EPSG,July 1999. Available at <http://www. epsg. org/>

[4] Geodetic Codes and Parameters,The Digital Geographic Information Exchange Standard (DIGEST), June 1997,draft 3. 0,edition 2. 0,part 3,chapter 6. Available at <http://www. digest. org/html/gp36. htm>

[5] Glossary of the Mapping Sciences,American Society for Photogrammetry and Remote Sensing,American Congress on Surveying and Mapping,and American Society of Civil Engineers,1994. Available at <http://www. asprs. org/publications. html>

[6] Guide to the expression of uncertainty in measurement (GUM),published jointly by BIPM/IEC/IFCC/ISO/IUPAC/IUPAP/OIML,1993 (Corrected and reprinted,1995)

[7] TAYLOR,B. N. ,and KUYALL,C. E. ,Guidelines for Evaluating and Expressing Uncertainty in NIST Measurement Results, National Institute of Standards and Technology NIST Technical Report 1297,1994

[8] ISO 6709:1983 Standard representation of latitude,longitude and altitude for geographic point locations

[9] ISO 8601:2000 Data elements and interchange formats Information interchange Representation of dates and times

[10] ISO 19101:2002 Geographic information Reference model

[11] ISO 19107:2003 Geographic information Spatial schema

[12] ISO 19119-1 Geographic information Services

[13] Recommended Standards for Differential NAVSTAR GPS Service,Version 2. 1,RTCM Paper 194-93/SC 104-STD, RTCM (Radio Technical Commission for Maritime Services),January 1994. Available at <http://www. navcen. uscg. gov/pubs/dgps/rctm104/Default. htm>

[14] GURTNER,Werner,RINEX: The Receiver Independent Exchange Format,Version 2,Astronomical Institute,University of Berne,September 1998. Available at: <ftp://igscb. jpl. nasa. gov/igscb/data/format/rinex2. txt>

[15] NMEA 0183,Standard for Interfacing Marine Electronic Devices,Version 2. 30,National Marine Electronic Association, March 1, 1998. Available at <http://www. nmea. org/pub/0183/index. html>

[16] NIMA TR8350. 2,DoD World Geodetic System 1984—Its Definition and Relationships with Local Geodetic Systems, Third Edition, National Imagery and Mapping Agency Technical Report,July 1997. Available at <http://164. 214. 2. 59/GandG/puborder. html>

[17] Report from the editing committee and disposition of comments received on N 1132:CD 19116. 2 Geographic information—Positioning cervices,ISO/TC 211 N 1231

[18] ISO 32-0:1992 Quantities and units part1:General principles

ICS 07.040
A 75

中华人民共和国国家标准

GB/T 28590—2012

城市地下空间设施分类与代码

Classification and code for urban underground facilities

2012-06-29 发布　　2012-10-01 实施

中华人民共和国国家质量监督检验检疫总局
中国国家标准化管理委员会　发布

前　言

本标准按照 GB/T 1.1—2009 给出的规则起草。

本标准由国家测绘地理信息局提出。

本标准由全国地理信息标准化技术委员会(SAC/TC 230)归口。

本标准起草单位:上海市标准化研究院、上海城市发展信息研究中心、上海博坤信息技术有限公司、北京市测绘设计研究院、重庆市地理信息中心、同济大学。

本标准主要起草人:杨洁明、唐定富、张明兰、倪丽萍、陈倬、江贻芳、潘柯良、耿全强、蒋欣、孔令彦、罗灵军、钱建固、吕玺琳。

城市地下空间设施分类与代码

1 范围

本标准规定了城市地下空间设施的分类原则、编码方法与分类代码。

本标准适用于城市地下空间设施数据的获取、管理、交换、共享和服务。

2 术语和定义

下列术语和定义适用于本文件。

2.1

城市地下空间设施 urban underground facilities

建设在城市地表以下，为满足人类社会生产、生活、交通、环保、能源、安全、防灾减灾、信息与通信等需求而建设的建(构)筑物。

2.2

地下信息与通信设施 underground facilities for information and communication

建设在城市地表以下，以信息获取、传输与交换、处理、控制及存储为主体的各类地下通信、广播电视、交通信号、道路监控等线路设备设施。

2.3

基础 foundation

直接与地基接触用于传递荷载的结构物的下部扩展部分。

3 分类原则

3.1 分类对象

本标准的分类对象为城市地下空间设施，包括电力、信息与通信、给水、排水、燃气等各类地下管线设施以及公共服务、工业、居住、交通、防灾减灾和其他用途的各种建(构)筑物设施。

3.2 分类依据

城市地下空间设施的分类以其主要功能及主特征为分类依据。

3.3 分类方法

城市地下空间设施的分类采用线分类法。

4 编码方法

4.1 代码结构

城市地下空间设施代码为层次码结构，由 3 层、6 位阿拉伯数字组成，代码结构如图 1 所示。其中，第一层为“功能代码”，用于标识城市地下空间设施的主要功能；第二层为“主特征代码”，作为上位类“功能代码”的细分，用于标识“设施功能”的最主要特征；第三层为“实体类代码”，用于标识城市地下空间某种设施功能相对应的设施实体类。

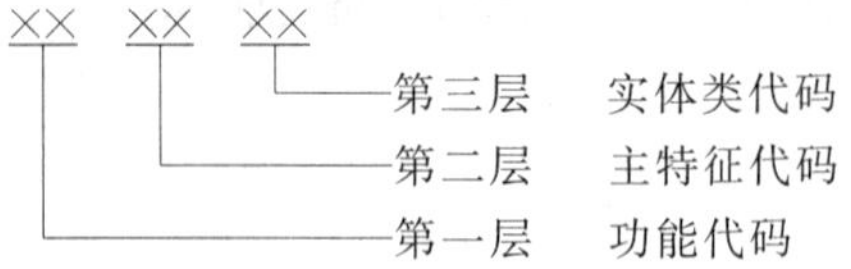

图 1　城市地下空间设施分类的代码结构示意图

4.2　功能代码

功能代码由两位阿拉伯数字组成，从 01 开始，升序排列，中间保留若干码位，便于未来新出现的相近功能设施扩充代码，数字 99 表示收容类目。如用于标识电力功能的“地下电力设施”的代码为 01，具体设施功能分类与代码见表 1。

表 1　城市地下空间设施功能分类代码表

功能代码	设施名称
01	地下电力设施
02	地下信息与通信设施
03	地下给水设施
04	地下排水设施
05	地下燃气设施
06	地下热力设施
07	地下工业管道设施
08	地下输油管道设施
09	地下综合管沟(廊)设施
21	地下固体废弃物输送设施
31	地下公共服务设施
32	地下工业及仓储设施
33	地下防灾减灾设施
34	地下交通设施
35	地下居住设施
41	基础
99	其他

4.3　主特征代码

4.3.1　概述

主特征代码由两位阿拉伯数字组成，数字 90 表示配套设施，数字 99 表示收容类目。如“地下电力设施”的主特征为“埋设方式”，按其主特征可分为直埋供电设施、沟槽供电设施、排管供电设施、隧道供电设施、公用供电设施、电力配套设施与其他地下电力设施七类。具体主特征代码详见表 2～表 17。

4.3.2 地下电力设施主特征

地下电力设施主要以“埋设方式”为主特征来划分，具体见表2。

表2 地下电力设施主特征代码

功能代码	主特征代码	设施名称	说明
01		地下电力设施	
	01	直埋供电设施	
	02	沟槽供电设施	
	03	排管供电设施	
	04	隧道供电设施	
	20	公用供电设施	
	90	电力配套设施	
	99	其他地下电力设施	

4.3.3 地下信息与通信设施主特征

地下信息与通信设施主要以“埋设方式”为主特征来划分，具体见表3。

表3 地下信息与通信设施主特征代码

功能代码	主特征代码	设施名称	说明
02		地下信息与通信设施	
	01	信息与通信管沟设施	
	02	信息与通信直埋设施	
	90	信息与通信配套设施	
	99	其他地下信息与通信设施	

4.3.4 地下给水设施主特征

地下给水设施主要以“水处理程度”为主特征来划分，具体见表4。

表4 地下给水设施主特征代码

功能代码	主特征代码	设施名称	说明
03		地下给水设施	
	01	原水设施	
	02	饮用水设施	
	03	直饮水设施	
	04	中水设施	
	90	给水配套设施	
	99	其他地下给水设施	

4.3.5 地下排水设施主特征

地下排水设施主要以“排水来源和输送动力”为主特征来划分，具体见表5。

表5 地下排水设施主特征代码

功能代码	主特征代码	设施名称	说明
04		地下排水设施	
	01	重力流雨水排水设施	
	02	压力流雨水排水设施	
	03	重力流污水排水设施	
	04	压力流污水排水设施	
	05	重力流雨污合流排水设施	污水与雨水、地表水共用的下水道
	06	压力流雨污合流排水设施	
	20	河道管涵设施	
	90	排水配套设施	
	99	其他地下排水设施	

4.3.6 地下燃气设施主特征

地下燃气设施主要以“传输介质和压力”为主特征来划分，具体见表6。

表6 地下燃气设施主特征代码

功能代码	主特征代码	设施名称	说明
05		地下燃气设施	
	01	天然气长输管线设施	由起源地将净化处理符合天然气气质标准的天然气送到城市或大型用户的管线设施，是一个城市天然气接收首站前的管线。
	02	天然气主干管网设施	城市接收门站或首站至城市各门站的管线系统，负责输送天然气到各个销售公司门站的管线设施。
	03	天然气配送管线设施	从主干管网系统接收天然气，输送到各个用户处的管线设施。
	04	液化石油气主干管网设施	将液化石油气制气源输送到各个销售公司门站的管线设施。
	05	液化石油气输配设施	从主干管网系统接收液化石油气，输送到各个用户处的管线设施。
	06	煤气配送管线设施	人工煤气制气源输送到各个用户处的管线设施
	90	燃气配套设施	
	99	其他地下燃气设施	

4.3.7 地下热力设施主特征

地下热力设施主要以“传输介质”为主特征来划分，具体见表7。

表7 地下热力设施主特征代码

功能代码	主特征代码	设施名称	说明
06		地下热力设施	
	01	蒸汽设施	
	02	热水设施	
	90	热力配套设施	
	99	其他地下热力设施	

4.3.8 地下工业管道设施主特征

地下工业管道设施主要以“传输介质”为主特征来划分，具体见表8。

表8 地下工业管道设施主特征代码

功能代码	主特征代码	设施名称	说明
07		地下工业管道设施	
	01	氢气设施	
	02	氧气设施	
	03	乙炔设施	
	04	乙烯设施	
	05	油料设施	指城市工业区内油料管道设施。
	06	排渣设施	包括排泥设施
	90	工业管道配套设施	
	99	其他地下工业管道设施	

4.3.9 地下输油管道设施主特征

地下输油管道设施主要以“传输介质”为主特征来划分，具体见表9。

表9 地下输油管道设施主特征代码

功能代码	主特征代码	设施名称	说明
08		地下输油管道设施	指产地、储存库、使用单位间的用于输送油类商品介质的管道
	01	原油输送设施	
	02	成品油输送设施	
	03	航油输送设施	
	90	输油管道配套设施	
	99	其他地下输油管道设施	

4.3.10 地下综合管沟(廊)设施主特征

地下综合管沟(廊)设施主要以“管沟(廊)规模”为主特征来划分,具体见表10。

表10 地下综合管沟(廊)设施主特征代码

功能代码	主特征代码	设施名称	说明
09		地下综合管沟(廊)设施	也称为“地下城市管道综合走廊”,即在城市地下建造一个隧道空间,将市政、电力、信息与通信、燃气、给排水等各种管线集于一体,设有专门的检修口、吊装口和监测系统,实施统一规划、统一设计、统一建设和管理。
	01	干线综合管沟(廊)设施	设置于机动车道或道路中央下方,主要输送原站(如自来水厂、发电厂、燃气制造厂等)到支线综合管沟(廊),一般不直接服务沿线地区。其主要收容的管线为电力、信息与通信、给水、燃气、热力等管线,有时根据需要也将排水管线收容在内。
	02	支线综合管沟(廊)设施	主要负责将各种供给从干线综合管沟(廊)分配、输送至各直接用户。其一般设置在道路的两旁,收容直接服务的各种管线。
	03	干支线混和综合管沟(廊)设施	在干线综合管沟(廊)和支线综合管沟(廊)的优缺点的基础上各有取舍,一般适用于道路较宽的城市道路。
	04	缆线综合管沟(廊)设施	主要放置低压电力、信息与通信、小型给水管等埋地管道,缆线沟(廊)一般设置在道路的人行道下面,其埋深较浅,一般在0.3米左右
	20	过路综合管沟(廊)设施	
	99	其他地下综合管沟(廊)设施	

4.3.11 地下固体废弃物输送设施主特征

地下固体废弃物输送设施主要以“设施构成”为主特征来划分,具体见表11。

表11 地下固体废弃物输送设施主特征代码

功能代码	主特征代码	设施名称	说明
21		地下固体废弃物输送设施	
	01	固体废弃物气力输送设施	
	02	固体废弃物收集处理设施	
	90	固体废弃物输送配套设施	
	99	其他地下固体废弃物输送设施	

4.3.12 地下公共服务设施主特征

地下公共服务设施以“业态和类型”为主特征来划分，具体见表12。

表12 地下公共服务设施主特征代码

功能代码	主特征代码	设施名称	说明
31		地下公共服务设施	
	01	商业服务设施	
	02	社会服务设施	
	03	地下综合体	在城市公共活动中心、大型交通枢纽、大型公共建筑集群等区域，将步行、车行、停车等交通功能与商业、文化娱乐服务等功能有机结合，沿三维立体空间发展并进行空间集约与整合形成的大型多功能地下空间设施
	99	其他地下公共服务设施	

4.3.13 地下工业及仓储设施主特征

地下工业及仓储设施以“业态和类型”为主特征来划分，具体见表13。

表13 地下工业及仓储设施主特征代码

功能代码	主特征代码	设施名称	说明
32		地下工业及仓储设施	
	01	工业生产场所	
	02	仓储设施	指充分利用地下空间恒温恒湿、隐蔽封闭、耐震、不占(或少占)地面等环境特性，为规划建设各种物资贮存而开发利用的地下空间设施
	99	其他地下工业及仓储设施	

4.3.14 地下防灾减灾设施主特征

地下防灾减灾设施以“防灾对象”为主特征来划分，具体见表14。

表14 地下防灾减灾设施主特征代码

功能代码	主特征代码	设施名称	说明
33		地下防灾减灾设施	主要指以防御城市自然灾害、战争灾害和其他人为灾害为目的开发利用的地下空间设施
	01	人防工程设施	
	02	消防工程设施	
	03	防爆、抗震设施	
	99	其他地下防灾减灾设施	

4.3.15 地下交通设施主特征

地下交通设施主要以“交通工具运行载体”为主特征来划分，具体见表15。

表15 地下交通设施主特征代码

功能代码	主特征代码	设施名称	说明
34		地下交通设施	
	01	轨道交通设施	包括各类以地下轨道为通行载体的设施
	02	道路设施	
	03	停车设施	包括各类公共地下停车设施及配建停车设施
	99	其他地下交通设施	

4.3.16 地下居住设施主特征

地下居住设施主要以“设施构成”为主特征来划分，具体见表16。

表16 地下居住设施主特征代码

功能代码	主特征代码	设施名称	说明
35		地下居住设施	
	01	地下室	
	90	居住配套设施	
	99	其他地下居住设施	

4.3.17 基础主特征

基础以“埋置深度”为主特征来划分，具体见表17。

表17 基础主特征代码

功能代码	主特征代码	设施名称	说明
41		基础	
	01	浅基础	主要指埋置深度不超过5米的基础
	02	深基础	主要指埋置深度大于5米的基础
	99	其他基础	

4.4 实体类代码

实体类代码由两位阿拉伯数字组成，数字90表示配套或附属设施，数字99表示收容类目。当分类对象无第三层分类时，该层代码补“00”代替，如“地下居住设施”中“地下室”设施无第三层分类，该层代码补“00”。

5 代码表

具体的城市地下空间设施分类与代码详见附录 A。

6 分类与代码的扩展

6.1 新出现设施的编码

由于技术发展而新出现的城市地下空间设施，其编码应遵循第 4 章的编码方法进行编码。其中，第一层“功能代码”应就近升序扩充，并报对口的标准化技术委员会备案。

6.2 设施实体编码的扩充

当附录 A 提供的设施分类与代码仍不能满足分类需要时，可参照本标准编码原则自行向下扩充。

附 录 A
（规范性附录）
城市地下空间设施分类与代码表

城市地下空间设施分类与代码如表A.1所示。

表A.1 城市地下空间设施分类代码表

代码	设施名称	说 明
010000	**地下电力设施**	
010100	直埋供电设施	
010101	110 kV(66 kV)及以下的直埋供电管线	
010102	220 kV的直埋供电管线	
010103	500 kV(330 kV)及以上的直埋供电管线	
010104	工作井	
010199	其他直埋供电设施	
010200	沟槽供电设施	
010201	110 kV(66 kV)及以下的沟槽供电管线	
010202	220 kV的沟槽供电管线	
010203	500 kV(330 kV)及以上的沟槽供电管线	
010204	综合沟槽供电管线	上述3类电压等级的其中2类或3类共同敷设在同一条沟槽内的供电管线。
010205	工作井	
010299	其他沟槽供电设施	
010300	排管供电设施	
010301	110 kV(66 kV)及以下的排管供电管线	
010302	220 kV的排管供电管线	
010303	500 kV(330 kV)及以上的排管供电管线	
010304	综合排管供电管线	上述3类电压等级的其中2类或3类共同敷设在同一条排管内的供电管线。
010305	工作井	
010399	其他排管供电设施	
010400	隧道供电设施	
010401	110 kV(66 kV)及以下的隧道供电管线	
010402	220 kV的隧道供电管线	
010403	500 kV(330 kV)及以上的隧道供电管线	
010404	综合隧道供电管线	上述3类电压等级的其中2类或3类共同敷设在同一条隧道内的供电管线。

表 A.1（续）

代码	设施名称	说明
010405	人行出入通道	从隧道至地面的人行通道。
010406	通风通道	从隧道至地面的空气通道。
010407	工作井	包括排水泵站和交汇口等。
010499	其他隧道供电设施	
012000	公用供电设施	
012001	公共交通供电设施	包括公共交通供电系统地下管线、配电所和开关站等设施。
012002	轨道交通供电设施	包括轨道交通供电系统地下管线、配电所和开关站等设施。
012003	信号灯供电设施	包括信号灯供电系统地下管线和配电箱等设施。
012004	公用照明供电设施	包括路灯、景观灯、绿化照明灯供电系统地下管线和配电箱等设施。
012099	其他公用供电设施	
019000	电力配套设施	
019001	110 kV(66 kV)及以下变电所(站)	包括配电所、开关站等。
019002	220 kV 变电所(站)	包括开关站等。
019003	500 kV(330 kV)及以上变电所(站)	包括开关站等。
019099	其他电力配套设施	
019900	其他地下电力设施	
020000	**地下信息与通信设施**	
020100	信息与通信管沟设施	
020101	信息与通信管道	
020102	人孔	在管线主干路上每隔一定距离设置的，供施工和维护人员进入作业的地下空间设施。
020103	手孔	
020199	其他信息与通信管沟设施	
020200	信息与通信直埋设施	
020201	信息与通信直埋光/电缆	
020202	人孔	
020203	手孔	
020299	其他信息与通信直埋设施	
029000	信息与通信配套设施	
029900	其他地下信息与通信设施	
030000	**地下给水设施**	

表 A.1（续）

代码	设施名称	说　　明
030100	原水设施	
030101	原水管(渠)道	
030102	阀门设施	
030103	计量设施	
030104	排水设施	
030105	排气设施	
030199	其他原水设施	
030200	饮用水设施	
030201	给水管道	
030202	阀门设施	
030203	计量设施	
030204	消防设施	
030205	排水设施	
030206	排气设施	
030299	其他饮用水设施	
030300	直饮水设施	
030301	直饮水管道	
030302	阀门设施	
030303	计量设施	
030304	排水设施	
030305	排气设施	
030399	其他直饮水设施	
030400	中水设施	
030401	中水管道	
030402	阀门设施	
030403	计量设施	
030404	消防设施	
030405	排水设施	
030406	排气设施	
030499	其他中水设施	
039000	给水配套设施	
039001	自来水厂	也叫地下净水厂。
039002	水库	
039003	水库增压泵站	

表 A.1（续）

代码	设施名称	说　明
039004	增压泵站	
039005	深井	
039006	采灌井	
039099	其他给水配套设施	
039900	其他地下给水设施	
040000	**地下排水设施**	
040100	重力流雨水排水设施	
040101	重力流雨水管道	
040102	阀门设施	
040103	检查井	
040199	其他重力流雨水排水设施	
040200	压力流雨水排水设施	
040201	压力流雨水管道	
040202	阀门设施	
040203	检查井	
040299	其他压力流雨水排水设施	
040300	重力流污水排水设施	
040301	重力流污水管道	
040302	阀门设施	
040303	检查井	
040399	其他重力流污水排水设施	
040400	压力流污水排水设施	
040401	压力流污水管道	
040402	阀门设施	
040403	排气设施	
040404	检查井	
040499	其他压力流污水排水设施	
040500	重力流雨污合流排水设施	
040501	重力流雨污合流管道	
040502	阀门设施	
040503	检查井	
040599	其他重力流雨污合流排水设施	
040600	压力流雨污合流排水设施	
040601	压力流雨污合流管道	

表 A.1（续）

代码	设施名称	说　明
040602	阀门设施	
040603	检查井	
040699	其他压力流雨污合流排水设施	
042000	河道管涵设施	
042001	泄洪管道	将雨水或地表水从路面或建筑物引至水道的管道。
042002	连通管道	修建在道路以下的用于连接河道的管道。
042003	人工河道	
042099	其他河道管涵设施	
049000	排水配套设施	
049001	雨水泵站	
049002	污水泵站	
049003	雨污合流泵站	
049004	污水处理厂(站)	
049005	雨水调蓄池	
049006	雨水调蓄管道(隧道)	
049007	溢流井	
049008	检查井	
049009	污泥排放管	
049010	排水出口设施	
049099	其他排水配套设施	
049900	其他地下排水设施	
050000	**地下燃气设施**	
050100	天然气长输管线设施	
050101	天然气长输管道	
050102	阀门设施	
050103	阴极保护	
050104	地下储气库	
050199	其他天然气长输管线设施	
050200	天然气主干管网设施	
050201	天然气主干管道	
050202	阀门设施	
050203	阴极保护	
050299	其他天然气主干管网设施	

表 A.1（续）

代码	设施名称	说　明
050300	天然气配送管线设施	
050301	天然气配送管道	
050302	阀门设施	
050303	阴极保护	
050304	调压器	
050399	其他天然气配送管线设施	
050400	液化石油气主干管网设施	
050401	液化石油气主干管道	
050402	阀门设施	
050403	阴极保护	
050499	其他液化石油气主干管网设施	
050500	液化石油气输配设施	
050501	液化石油气输配管道	
050502	液化石油气储存罐	
050503	阀门设施	
050504	阴极保护	
050599	其他液化石油气输配设施	
050600	煤气配送管线设施	
050601	煤气配送管道	
050602	阀门设施	
050603	阴极保护	
050604	调压器	
050699	其他煤气配送管线设施	
059000	燃气配套设施	
059001	天然气加气站储气罐	
059002	液化石油气加气站储气罐	
059003	液化石油气储存罐	
059004	液化石油气气化设施	
059005	燃气调压站	
059006	阀门设施	
059007	阴极保护	
059099	其他燃气配套设施	
059900	其他地下燃气设施	
060000	**地下热力设施**	

表 A.1(续)

代码	设施名称	说　明
060100	蒸汽设施	
060101	蒸汽管道	
060190	蒸汽管道附属设施	
060199	其他蒸汽设施	
060200	热水设施	
060201	热水管道	
060290	热水管道附属设施	
060299	其他热水设施	
069000	热力配套设施	
069001	供热泵站	
069002	供热调压站	
069003	供热交换站	
069099	其他热力配套设施	
069900	其他地下热力设施	
070000	**地下工业管道设施**	
070100	氢气设施	
070101	氢气管道	
070190	氢气管道附属设施	
070199	其他氢气设施	
070200	氧气设施	
070201	氧气管道	
070290	氧气管道附属设施	
070299	其他氧气设施	
070300	乙炔设施	
070301	乙炔管道	
070390	乙炔管道附属设施	
070399	其他乙炔设施	
070400	乙烯设施	
070401	乙烯管道	
070490	乙烯管道附属设施	
070499	其他乙烯设施	
070500	油料设施	
070501	油料管道	
070590	油料管道附属设施	

表 A.1(续)

代码	设施名称	说　明
070599	其他油料设施	
070600	排渣设施	
070601	排渣管道	
070690	排渣管道附属设施	
070699	其他排渣设施	
079000	工业管道配套设施	
079900	其他地下工业管道设施	
080000	**地下输油管道设施**	
080100	原油输送设施	
080101	原油管道	
080190	原油管道附属设施	
080199	其他原油输送设施	
080200	成品油输送设施	
080201	成品油管道	
080290	成品油管道附属设施	
080299	其他成品油输送设施	
080300	航油输送设施	
080301	航油管道	
080390	航油管道附属设施	
080399	其他航油输送设施	
089000	输油管道配套设施	
089900	其他地下输油管道设施	
090000	**地下综合管沟(廊)设施**	
090100	干线综合管沟(廊)设施	
090101	干线综合管沟(廊)	
090190	干线综合管沟(廊)附属设施	
090199	其他干线综合管沟(廊)设施	
090200	支线综合管沟(廊)设施	
090201	支线综合管沟(廊)	
090290	支线综合管沟(廊)附属设施	
090299	其他支线综合管沟(廊)设施	
090300	干支线混和综合管沟(廊)设施	
090301	干支线混和综合管沟(廊)	
090390	干支线混和综合管沟(廊)附属设施	

表 A.1（续）

代码	设施名称	说　明
090399	其他干支线混和综合管沟(廊)设施	
090400	缆线综合管沟(廊)设施	
090401	缆线综合管沟(廊)	
090490	缆线综合管沟(廊)附属设施	
090499	其他缆线综合管沟(廊)设施	
092000	过路综合管沟(廊)设施	
092001	过路综合管沟(廊)	
092090	过路综合管沟(廊)附属设施	
092099	其他过路综合管沟(廊)设施	
099900	其他地下综合管沟(廊)设施	
210000	**地下固体废弃物输送设施**	
210100	固体废弃物气力输送设施	
210101	固体废弃物气力输送管道	
210102	阀门设施	
210199	其他固体废弃物气力输送设施	
210200	固体废弃物收集处理设施	
210201	固体废弃物收集处理场(站)	
210202	设备房	
210299	其他固体废弃物收集处理设施	
219000	固体废弃物输送配套设施	
219900	其他地下固体废弃物输送设施	
310000	**地下公共服务设施**	
310100	商业服务设施	
310101	商贸场所	包括地下批发零售场所、地下综合商业场所、地下商业步行街、地下超市、地下便利店等。
310102	餐饮场所	包括各类依附于酒店、宾馆、饭店的餐饮场所，独立的地下餐厅、食堂、饭馆，以及酒吧、咖啡屋、茶馆、冷饮店及其配套设施等。
310103	娱乐场所	包括各类地下歌舞厅、卡拉 ok 场所、游戏娱乐场所、电影院及其配套设施等。
310104	商务场所	包括地下商务办公场所、地下商务会议场所及配套等设施。
310190	商业服务配套设施	
310199	其他商业服务设施	

表 A.1（续）

代码	设施名称	说　明
310200	社会服务设施	
310201	文化教育场所	包括地下学校场所、地下展览场所、地下阅览场所、地下档案资料库、地下文化馆及配套设施等。
310202	医疗卫生场所	包括地下医疗场所、地下防疫站、地下康复治疗场所及配套设施等。
310203	科学研究场所	包括地下实验室等。
310204	体育运动场所	包括地下体育场(馆)、地下健身房、游泳馆及配套设施等。
310205	宗教活动场所	
310206	殡葬服务场所	包括地下遗体保存场所、地下遗体火化场所及配套设施等。
310290	社会服务配套设施	
310299	其他社会服务设施	
310300	地下综合体	
319900	其他地下公共服务设施	
320000	**地下工业及仓储设施**	
320100	工业生产场所	
320101	工业生产工厂	
320190	工业生产配套设施	
320199	其他工业生产场所	
320200	仓储设施	
320201	普通仓库	
320202	储油仓库	
320203	储能仓库	
320204	冷冻仓库	
320290	仓储配套设施	
320299	其他仓储设施	
329900	其他地下工业及仓储设施	
330000	**地下防灾减灾设施**	
330100	人防工程设施	该类设施依据保密原则，不进行细分，仅按照《人民防空法》对人防工程设施进行分类和命名。
330101	指挥通信工程	
330102	医疗救护工程	
330103	防空专业队工程	

表 A.1（续）

代码	设施名称	说　　明
330104	人员掩蔽工程	
330190	配套工程	
330199	其他人防工程设施	
330200	消防工程设施	
330300	防爆、抗震设施	
330301	应急避险设施	包括如防御有毒有害气体、暴雨涝灾、强风等灾害的设施。
330399	其他防爆、抗震设施	
339900	其他地下防灾减灾设施	
340000	**地下交通设施**	
340100	轨道交通设施	
340101	轨道交通线路	行车的线路、包含轨道、通信信号设备、地铁区间结构等设施，一般有左右两条线。
340102	轨道交通车站	为地下轨道交通系统提供的供列车停靠的地方，用以搬运货物或让乘客乘车。
340103	轨道交通区间联络通道	在左右两个区间隧道中设的通道，主要目的是为当车辆发生火灾或其他事故时，作为人员疏散的作用，平时也有通风等功能。
340199	其他轨道交通设施	
340200	道路设施	
340201	人行地下通道	仅供人行的地下通道，包括过街地下通道、人行地下连接通道等设施。
340202	车行地下通道	包括供车行的地下通道、人车共行地下通道等。
340290	道路附属设施	
340299	其他道路设施	
340300	停车设施	
340301	自行车库	包括自行车、摩托车、助动车、电动车等。
340302	汽车库	
340399	其他停车设施	
349900	其他地下交通设施	
350000	**地下居住设施**	
350100	地下室	
359000	居住配套设施	
359001	泵站	

表 A.1（续）

代码	设施名称	说明
359002	设备房	
359099	其他居住配套设施	
359900	其他地下居住设施	
410000	**基础**	
410100	浅基础	
410101	无筋扩展基础	指无筋柱下独立基础和无筋墙下条形基础。
410102	扩展基础	包括柱下钢筋混凝土独立基础和墙下钢筋混凝土条形基础。
410103	柱下条形基础	
410104	筏形基础	包括梁板式筏形基础和平板式筏形基础
410105	箱形基础	
410106	壳体基础	
410199	其他浅基础	
410200	深基础	
410201	桩基础	
410202	地下支挡结构	
410203	沉井基础	
410299	其他深基础	
419900	其他基础	
990000	**其他**	

参 考 文 献

[1] GB/T 13923—2006 基础地理信息要素分类与代码
[2] GB/T 18106—2004 零售业态分类
[3] GB/T 21010—2007 土地利用现状分类
[4] GB 50007—2002 建筑地基基础设计规范
[5] CJJ 61—2003 城市地下管线探测技术规程

ICS 07.060
A 47

GB

中华人民共和国国家标准

GB/T 28591—2012

风力等级

Wind scale

2012-06-29 发布

2012-08-01 实施

中华人民共和国国家质量监督检验检疫总局
中国国家标准化管理委员会 发布

前　言

本标准按照GB/T 1.1—2009给出的规则起草。

本标准由中国气象局提出。

本标准由全国气象防灾减灾标准化技术委员会(SAC/TC 345)归口。

本标准起草单位:国家气象中心。

本标准主要起草人:乔林、李延香、符娇兰、钱传海、田翠英。

风 力 等 级

1 范围

本标准规定了风力划分原则与风力等级。

本标准适用于风的观测、预报和预警等业务工作和科学研究，以及其他行业与风相关的领域。

2 术语和定义

下列术语和定义适用于本文件。

2.1

风速 wind speed

单位时间内空气移动的水平距离。

注：常用单位为米/秒(m/s)，也可使用公里/小时(km/h)或海里/小时(knot)。

2.2

风力 wind force

风的强度，气象上常用风级表示，国际上常用蒲福风级表示。

注：蒲福风级是由英国人蒲福(Francis Beaufort，1774—1857)于1805年拟定的，并于1946年又作了扩充。蒲福风力等级参见附录A。

3 风力等级

3.1 划分原则

依据标准气象观测场10 m高度处的风速大小划分。

3.2 等级划分

风力等级依次划分为18个等级。详见表1。

表1 风力等级划分表

风力/级	风速/(m/s)	风力/级	风速/(m/s)
0	0.0～0.2	9	20.8～24.4
1	0.3～1.5	10	24.5～28.4
2	1.6～3.3	11	28.5～32.6
3	3.4～5.4	12	32.7～36.9
4	5.5～7.9	13	37.0～41.4
5	8.0～10.7	14	41.5～46.1
6	10.8～13.8	15	46.2～50.9
7	13.9～17.1	16	51.0～56.0
8	17.2～20.7	17	≥56.1

附 录 A
（资料性附录）
风力等级特征及换算表（蒲福风力等级表）

风力等级	海面状况 海浪高/m		海岸船只征象	陆地地面物征象	相当于空旷平地上标准高度 10 m 处的风速		
	一般	最高			m/s	km/h	knot
0	—	—	静	静，烟直上	0～0.2	小于 1	小于 1
1	0.1	0.1	平常渔船略觉摇动	烟能表示风向，但风向标不能动	0.3～1.5	15	1～3
2	0.2	0.3	渔船张帆时，每小时可随风移行 2 km～3 km	人面感觉有风，树叶微响，风向标能转动	1.6～3.3	6～11	4～6
3	0.6	1.0	渔船渐觉颠簸，每小时可随风移行 5 km～6 km	树叶及微枝摇动不息，旌旗展开	3.4～5.4	12～19	7～10
4	1.0	1.5	渔船满帆时，可使船身倾向一侧	能吹起地面灰尘和纸张，树枝摇动	5.5～7.9	20～28	11～16
5	2.0	2.5	渔船缩帆（即收去帆之一部分）	有叶的小树摇摆，内陆的水面有小波	8.0～10.7	29～38	17～21
6	3.0	4.0	渔船加倍缩帆，捕鱼须注意风险	大树枝摇动，电线呼呼有声，举伞困难	10.8～13.8	39～49	22～27
7	4.0	5.5	渔船停泊港中，在海者下锚	全树摇动，迎风步行感觉不便	13.9～17.1	50～61	28～33
8	5.5	7.5	进港的渔船皆停留不出	微枝拆毁，人行向前，感觉阻力甚大	17.2～20.7	62～74	34～40
9	7.0	10.0	汽船航行困难	建筑物有小损（烟囱顶部及平屋摇动）	20.8～24.4	75～88	41～47
10	9.0	12.5	汽船航行颇危险	陆上少见，见时可使树木拔起或使建筑物损坏严重	24.5～28.4	89～102	48～55
11	11.5	16.0	汽船遇之极危险	陆上很少见，有则必有广泛损坏	28.5～32.6	103～117	56～63
12	14.0	—	海浪滔天	陆上绝少见，摧毁力极大	32.7～36.9	118～133	64～71
13	—	—	—	—	37.0～41.4	134～149	72～80
14	—	—	—	—	41.5～46.1	150～166	81～89
15	—	—	—	—	46.2～50.9	167～183	90～99
16	—	—	—	—	51.0～56.0	184～201	100～108
17	—	—	—	—	56.1～61.2	202～220	109～118

参 考 文 献

[1] GB/T 19201—2006 热带气旋等级.
[2] 《大气科学辞典》编委会.大气科学辞典.北京:气象出版社,1994.
[3] 地面气象观测规范.北京:气象出版社,2003.
[4] 中国气象局第16号令.气象灾害预警信号发布与传播办法.北京,2007年6月12日发布.

ICS 07.060
A 47

中华人民共和国国家标准

GB/T 28592—2012

降 水 量 等 级

Grade of precipitation

2012-06-29 发布

2012-08-01 实施

中华人民共和国国家质量监督检验检疫总局
中国国家标准化管理委员会 发布

前言

本标准按照 GB/T 1.1—2009 给出的规则起草。

本标准由中国气象局提出。

本标准由全国气象防灾减灾标准化技术委员会(SAC/TC 345)归口。

本标准起草单位:国家气象中心。

本标准的主要起草人:乔林、李延香、符娇兰、田翠英、毕宝贵、周庆亮。

降 水 量 等 级

1 范围

本标准规定了降水量等级划分的原则和等级。

本标准适用于降水监测、预报、预警、服务等业务和科研工作，以及其他行业与降水相关的领域。

2 术语与定义

下列术语和定义适用于本文件。

2.1

降水量 precipitation

某一时段内，从天空降落到地面上的液态(降雨)或固态(降雪)(经融化后)降水，未经蒸发、渗透、流失而在水平面上积聚的深度。

3 降水量等级划分的原则

降水量按 24 h，12 h 两个时间段进行划分。

4 降雨量等级划分

降雨分为微量降雨(零星小雨)、小雨、中雨、大雨、暴雨、大暴雨、特大暴雨共 7 个等级。具体划分见表 1。

表 1 不同时段的降雨量等级划分表

单位为毫米

等级	时段降雨量	
	12 h 降雨量	24 h 降雨量
微量降雨(零星小雨)	＜0.1	＜0.1
小雨	0.1～4.9	0.1～9.9
中雨	5.0～14.9	10.0～24.9
大雨	15.0～29.9	25.0～49.9
暴雨	30.0～69.9	50.0～99.9
大暴雨	70.0～139.9	100.0～249.9
特大暴雨	≥140.0	≥250.0

5 降雪量等级划分

降雪分为微量降雪(零星小雪)、小雪、中雪、大雪、暴雪、大暴雪、特大暴雪共 7 个等级。具体划分见表 2。

表 2　不同时段的降雪量等级划分表

单位为毫米

等　级	时段降雪量	
	12 h 降雪量	24 h 降雪量
微量降雪(零星小雪)	<0.1	<0.1
小雪	0.1～0.9	0.1～2.4
中雪	1.0～2.9	2.5～4.9
大雪	3.0～5.9	5.0～9.9
暴雪	6.0～9.9	10.0～19.9
大暴雪	10.0～14.9	20.0～29.9
特大暴雪	≥15.0	≥30.0

参 考 文 献

[1] 《大气科学辞典》编委会.大气科学辞典.北京:气象出版社,1994.
[2] 地面气象观测规范.北京:气象出版社,2003.
[3] 朱炳海,王鹏飞,束家鑫主编.气象学词典.上海:上海辞书出版社,1985.
[4] 中国气象局第16号令.气象灾害预警信号发布与传播办法.北京,2007年6月12日发布.

ICS 07.060
A 47

中华人民共和国国家标准

GB/T 28593—2012

沙尘暴天气预警

Warning of sand and dust storm weather

2012-06-29 发布　　2012-08-01 实施

中华人民共和国国家质量监督检验检疫总局
中国国家标准化管理委员会　发布

前　言

本标准按照 GB/T 1.1—2009 给出的规则起草。

本标准由中国气象局提出。

本标准由全国气象防灾减灾标准化技术委员会(SAC/TC 345)归口。

本标准由国家气象中心负责起草,中国气象局预报与网络司参加起草。

本标准主要起草人:牛若芸、周庆亮、田翠英、鲍媛媛。

沙尘暴天气预警

1 范围

本标准规定了沙尘暴天气预警信号及预警。

本标准适用于沙尘暴天气的监测、预报、预警和防灾减灾应急响应工作，也适用于相关的沙尘暴研究工作。

2 术语和定义

下列术语和定义适用于本文件。

2.1

沙尘暴 sand and dust storm

风将地面大量尘沙吹起，使空气很混浊，水平能见度小于 1 km 的天气现象。

[GB/T 20479—2006，定义 3.3]

2.2

强沙尘暴 severe sand and dust storm

大风将地面尘沙吹起，使空气非常混浊，水平能见度小于 500 m 的天气现象。

[GB/T 20479—2006，定义 3.4]

2.3

特强沙尘暴 extremely severe sand and dust storm

狂风将地面尘沙吹起，使空气特别混浊，水平能见度小于 50 m 的天气现象。

[GB/T 20479—2006，定义 3.5]

3 沙尘暴天气预警信号

3.1 等级划分

沙尘暴天气预警信号等级由弱到强分为三级，依次为沙尘暴黄色预警信号、沙尘暴橙色预警信号和沙尘暴红色预警信号。

3.2 沙尘暴黄色预警信号

预计未来 12 h 内，可能出现沙尘暴天气，或者已经出现并可能持续时发布。

3.3 沙尘暴橙色预警信号

预计未来 6 h 内，可能出现强沙尘暴天气，或者已经出现并可能持续时发布。

3.4 沙尘暴红色预警信号

预计未来 6 h 内，可能出现特强沙尘暴天气，或者已经出现并可能持续时发布。

4 沙尘暴天气预警

4.1 等级划分

沙尘暴天气预警等级由弱到强分为两级,依次为沙尘暴蓝色预警和沙尘暴黄色预警。

4.2 沙尘暴蓝色预警

预计未来24 h,两个及以上行政区的大部地区将出现沙尘暴天气,或者已经出现并可能持续时发布。

4.3 沙尘暴黄色预警

预计未来24 h,两个及以上行政区的大部地区将出现强沙尘暴天气,或者已经出现并可能持续时发布。

参 考 文 献

[1] GB/T 20479—2006 沙尘暴天气监测规范.
[2] 中国气象局第16号局长令,气象灾害预警信号发布与传播办法.
[3] 中国气象局文件,气发[2010]89号.关于印发中央气象台气象灾害预警发布办法的通知.

ICS 07.060
A 47

中华人民共和国国家标准

GB/T 28594—2012

临近天气预报

Nowcasting

2012-06-29 发布 2012-08-01 实施

中华人民共和国国家质量监督检验检疫总局
中国国家标准化管理委员会 发布

前言

本标准按照 GB/T 1.1—2009 给出的规则起草。

本标准由中国气象局提出。

本标准由全国气象防灾减灾标准化技术委员会(SAC/TC 345)归口。

本标准起草单位:山东省气象局。

本标准主要起草人:王建国、张少林、周雪松、杨成芳、王晖、李静、刁秀广、车军辉、王立延。

引　言

临近天气预报是天气预报的重要组成部分。为规范临近天气预报，使临近天气预报科学化、规范化和标准化，提高灾害性天气预报能力，按照国家有关规定，制定本标准。

临近天气预报

1 范围

本标准规定了临近天气预报的预报内容和预报制作流程等。

本标准适用于临近天气预报制作、发布和使用。

2 术语和定义

下列术语和定义适用于本文件。

2.1

临近天气预报 nowcasting

某一区域未来0～2 h天气变化的预先估计和预告。

2.2

预报时效 lead time

预报内容所覆盖的时间长度。单位为小时(h)。

2.3

短时强降水 flash heavy rain

1 h降水量大于等于20 mm的降水。

3 预报内容

3.1 时效

0～2 h。

3.2 空间分辨率

预报区域具体到县(市、区、旗)及以下。

3.3 预报对象

临近天气预报对象主要为短时强降水、冰雹、龙卷、雷电、大风等。

临近天气预报可根据需要增加其他预报对象,如气温、相对湿度、雾、雪、冻雨等。

3.4 要求

具体预报应包括预报对象的强度(等级、量值)、影响区域和影响时间等。

4 预报制作

4.1 制作流程

临近天气预报制作流程如下:

a) 了解预报区域内预报时段的气候背景。

b) 分析近期大尺度环流背景及主要天气系统演变情况，找出影响预报区域的天气系统。

c) 综合利用多普勒天气雷达、卫星云图、自动气象站等实时资料和数值天气预报分析产品，根据相关物理量进行中(小)尺度天气学分析。

d) 综合运用多种天气预报技术和方法，结合预报区域天气预报指标，做出临近天气预报初步意见。

e) 与上下级气象台(站)和邻近气象台(站)进行天气会商、联防。

f) 依托临近天气预报系统，制作临近天气预报产品并发布。

g) 当达到预警(警报)或预警信号标准时，及时发布相应的预警(警报)或预警信号。

h) 随时跟踪监测灾害性天气，实时滚动订正临近天气预报。

4.2 产品

临近天气预报产品含预报、预警(警报)、预警信号，以文本或图表给出。

参 考 文 献

[1] GB/T 20479—2006 沙尘暴天气监测规范
[2] GB/T 20480—2006 沙尘暴天气等级
[3] GB/T 21984—2008 短期天气预报
[4] QX/T 8—2002 气象仪器术语
[5] QX/T 48—2007 地面气象观测规范 第4部分:天气现象观测

ICS 11.020
C 61

中华人民共和国国家标准

GB 28595—2012

地方性砷中毒病区消除

Elimination of the endemic arsenism areas

2012-06-29 发布　　2012-11-01 实施

中华人民共和国国家质量监督检验检疫总局
中国国家标准化管理委员会　发布

前　言

本标准的全部技术内容为强制性。

本标准由中华人民共和国卫生部提出并归口。

本标准起草单位：内蒙古自治区地方病防治研究中心、贵州省疾病预防控制中心、山西省地方病防治研究所、陕西省地方病防治研究所。

本标准主要起草人：夏雅娟、安冬、王三祥、武克恭、白广禄。

地方性砷中毒病区消除

1 范围

本标准规定了地方性砷中毒病区消除的指标。

本标准适用于以行政村或自然村为单位的地方性砷中毒病区消除的判定。

2 规范性引用文件

下列文件对于本文件的应用是必不可少的。凡是注日期的引用文件，仅注日期的版本适用于本文件。凡是不注日期的引用文件，其最新版本(包括所有的修改单)适用于本文件。

GB 2762 食品中污染物限量

GB/T 3058 煤中砷的测定方法

GB/T 5009.11 食品中总砷及无机砷的测定

GB 5749 生活饮用水卫生标准

GB/T 5750.6 生活饮用水标准检验方法 金属指标

WS/T 211 地方性砷中毒诊断标准

WS 277 地方性砷中毒病区判定和划分标准

3 术语和定义

下列术语和定义适用于本文件。

3.1

地方性砷中毒新发病例 new case of endemic arsenism

落实防控措施后，在已判定的病区村居民中新发生的地方性砷中毒病例。

4 消除指标

根据附录A基本技术要求，同时具备以下两项者，可判定为病区达到消除水平：

a) 环境指标 饮水型地方性砷中毒病区村饮水砷含量符合GB 5749的规定。

燃煤污染型地方性砷中毒病区家庭不再燃用砷含量＞40 mg/kg的煤，或烘烤食物(如辣椒、玉米等)含砷量符合GB 2762的规定，或全部有效落实了改良炉灶措施。

b) 病情指标 除与砷相关的癌症患者外，无地方性砷中毒新发病例。

附 录 A
（规范性附录）
基本技术要求

A.1 在落实防控措施3年及以上的地方性砷中毒病区，开展病区消除的考核评估工作，病区判定按WS 277执行。

A.2 在被考核的病区村，对95%以上的既往高砷暴露人群进行病情检查，病人诊断按WS/T 211执行。

A.3 在被考核的饮水型地方性砷中毒病区村，对集中式供水的地区，采集末梢水5户，进行水砷含量测定，水砷含量测定方法按GB/T 5750.6执行。

A.4 在被考核的燃煤污染型地方性砷中毒病区村，采集不同来源的煤样，每种煤样采集5户，进行煤砷含量测定，或采集5户的烘烤辣椒、玉米样品，进行食品中砷含量测定，同时检查所有居民户的炉灶质量及使用情况。煤砷含量测定按GB/T 3058执行，食品中砷含量测定按GB/T 5009.11执行。

ICS 83.140.01
Y 28

中华人民共和国国家标准

GB/T 28596—2012

内壁碳涂层聚对苯二甲酸乙二醇酯瓶

Internal carbon coated polyethylene terephthalate (PET) bottle

2012-06-29 发布　　　　2013-07-01 实施

中华人民共和国国家质量监督检验检疫总局
中国国家标准化管理委员会　发布

前　言

本标准按照 GB/T 1.1—2009 给出的规则起草。

本标准由中国轻工业联合会提出。

本标准由全国食品直接接触材料及制品标准化技术委员会(SAC/TC 397)归口。

本标准起草单位:轻工业塑料加工应用研究所、远纺工业(苏州)有限公司、西得乐机械(上海)有限公司、广州达意隆包装机械股份有限公司、中国标准化协会、青岛啤酒股份有限公司。

本标准主要起草人:赖思源、陈家琪、徐艳秋、张颂明、邹大群、刘巧、高妹芬、李重荣、李世元。

内壁碳涂层聚对苯二甲酸乙二醇酯瓶

1 范围

本标准规定了内壁碳涂层聚对苯二甲酸乙二醇酯(PET)瓶(以下简称“瓶”)的术语和定义、分类、要求、试验方法、检验规则、标志、包装、运输和贮存。

本标准适用于以聚对苯二甲酸乙二醇酯树脂为原料,经注塑、拉伸、吹塑成型,并对内壁涂覆碳层的高气体阻隔食品包装瓶。

2 规范性引用文件

下列文件对于本文件的应用是必不可少的。凡是注日期的引用文件,仅注日期的版本适用于本文件。凡是不注日期的引用文件,其最新版本(包括所有的修改单)适用于本文件。

GB/T 2828.1 计数抽样检验程序 第1部分:按接收质量限(AQL)检索的逐批检验抽样计划

GB 9685 食品容器、包装材料用添加剂使用卫生标准

GB/T 10792 碳酸饮料(汽水)

GB 13113 食品容器及包装材料用聚对苯二甲酸乙二醇酯成型品卫生标准

GB 13114 食品容器及包装材料用聚对苯二甲酸乙二醇酯树脂卫生标准

GB/T 16288 塑料制品的标志

GB 17931 瓶用聚对苯二甲酸乙二醇酯(PET)树脂

GB/T 19789 包装材料 塑料薄膜和薄片氧气透过性试验 库仑计检测法

3 术语和定义

下列术语和定义适用于本文件。

3.1

灌注点 filling point

从瓶口平面到液面距离一定的点。

3.2

垂直度 perpendicularity

瓶几何中心轴线与底平面的垂直轴线的偏差值。

4 分类

4.1 按盛装内容物种类分为:酒类瓶和饮料类瓶。

4.2 按盛装内容物对氧气阻隔性能要求分为:高氧气阻隔性瓶和低氧气阻隔性瓶。

4.3 按盛装内容物压力分为:压力瓶和非压力瓶。

4.4 按盛装内容物是否含气体分为:含二氧化碳(CO_2)瓶和不含二氧化碳(CO_2)瓶。

4.5 按瓶颜色分为:无色瓶和有色瓶。

5 原材料

PET 树脂应符合 GB 17931、GB 13114 的要求，添加剂应符合 GB 9685 的要求。

6 要求

6.1 外观

外观应符合表 1 的规定。

表 1 外观

部位	要　求
瓶口	瓶口端面平整，螺纹应圆滑，无崩缺，溢料毛边不超过 0.13 mm
瓶体	成型饱满，色泽均匀，表面光滑，无气泡、冷斑、污点、流痕、刮痕、夹伤以及雾状发白
瓶底	呈弧形，注塑口不超过底平面、无拖尾，站立稳固

6.2 质量偏差

瓶的质量偏差应为标称质量的±0.5 g。

6.3 尺寸偏差

6.3.1 部位示意

瓶的各部位示意图见图 1，应不仅局限于此种瓶的形状。

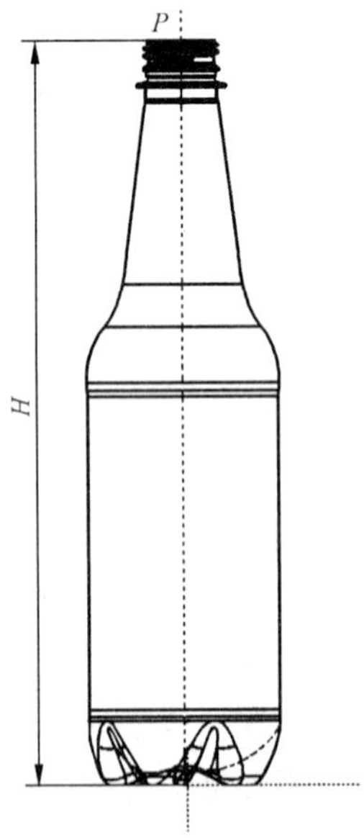

H——高度；
P——垂直度。

图 1 瓶示意图

6.3.2 尺寸偏差

瓶的各部位尺寸偏差应符合表 2 的规定。

表 2 尺寸偏差

单位为毫米

高　　度	偏　　差	
	高度 H	垂直度 P
<150	±1.0	≤3.0
150～300	±1.5	≤4.5
>300	±1.8	≤6.4

6.4 容量偏差

瓶的容量偏差应符合表 3 的规定。

表 3 容量偏差

公称容量 mL	个别偏差 %	平均偏差 %
250～400	±3.0	≥0
401～500	±3.0	≥0
501～700	±1.5	≥0
701～1000	±1.5	≥0
1001～1500	±1.5	≥0

6.5 瓶口尺寸

6.5.1 瓶口尺寸示意

按照供需双方合同或协议规定瓶口基本尺寸，瓶口尺寸示意图见图 2。

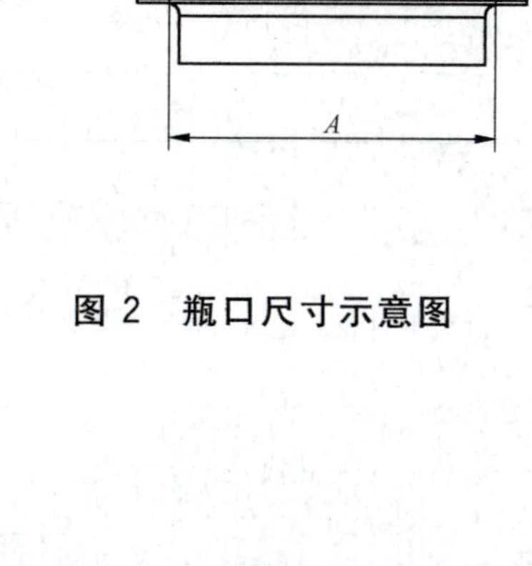

T——螺纹外径；
F——瓶口外径；
A——锁环外径；
D——锁环至瓶口高度。

图 2 瓶口尺寸示意图

6.5.2 瓶口尺寸偏差

瓶口尺寸偏差应符合表 4 的规定。

表 4 瓶口尺寸偏差

单位为毫米

基本尺寸	偏差
螺纹外径 T	±0.13
瓶口外径 F	±0.13
锁环外径 A	±0.15
锁环至瓶口高度 D	±0.20

6.6 热稳定性

压力瓶热稳定性应符合表 5 的规定。

表 5 热稳定性

项目		指标				
		公称容量 250 mL～400 mL	公称容量 401 mL～500 mL	公称容量 501 mL～700 mL	公称容量 701 mL～1 000 mL	公称容量 1 001 mL～1 500 mL
热稳定性	高度变化率 %	≤3.0	≤3.0	≤3.0	≤3.0	≤3.0
	直径变化率 %	≤2.5	≤2.5	≤2.5	≤2.5	≤3.0
	凸底	不允许				

6.7 物理力学性能

物理力学性能应符合表 6 的规定。

表 6 物理力学性能

项目	指标	
	压力瓶	非压力瓶
耐内压试验 MPa	≥1.0	—
跌落试验	不渗漏	
垂直载压 N	≥160	≥100
耐寒性(−20 ℃)	—	无变化

6.8 氧气透过率

氧气透过率应符合表 7 的规定。

表 7 氧气透过率

单位为立方厘米每瓶天

项目	类别	指标				
		公称容量 250 mL～400 mL	公称容量 401 mL～500 mL	公称容量 501 mL～700 mL	公称容量 701 mL～1 000 mL	公称容量 1 001 mL～1 500 mL
氧气透过率（温度 23 ℃±2 ℃、相对湿度 50%±10%、1 个大气压）	高氧气阻隔性瓶	≤0.002 5	≤0.003 5	≤0.005 0	≤0.007 0	≤0.010 0
	低氧气阻隔性瓶	≤0.005 0	≤0.007 0	≤0.010 0	≤0.014 0	≤0.020 0

6.9 二氧化碳损失率

二氧化碳损失率应符合表 8 的规定。

表 8 二氧化碳损失率

项目	分类	指标
二氧化碳损失率（温度 23 ℃±2 ℃、相对湿度 50%±10%、6 个月）	含二氧化碳酒类瓶	≤10%
	含二氧化碳饮料类瓶	≤16%

6.10 卫生指标

卫生指标应符合 GB 13113、GB 9685 的规定。

7 试验方法

7.1 试验环境和状态调节

试验环境温度 23 ℃±2 ℃、相对湿度 50%±10%，状态调节时间不少于 4 h。

7.2 外观

在自然光或 40 W 检视灯下目测，必要时用 10 倍放大镜进行测量，溢料毛边用精度 0.02 mm 的测量工具测量。

7.3 质量偏差

用精度为 0.01 g 天平称量，记录并计算结果。

7.4 高度偏差

随机取 10 个不同模号的样品瓶，高度用精度为 0.02mm 的测量工具测量，记录每只样品瓶垂直高度的最大值。依瓶子主要需求检测及标明各测量部位之直径，记录并计算结果。

7.5 垂直度

随机取 10 个不同模号的样品瓶，使用精度为 0.02 mm 轴偏差测试仪，见图 3，或类似结构的其他仪器，将瓶固定在仪器上，旋转样品超过 360°，记录每个样品转偏的最大值。

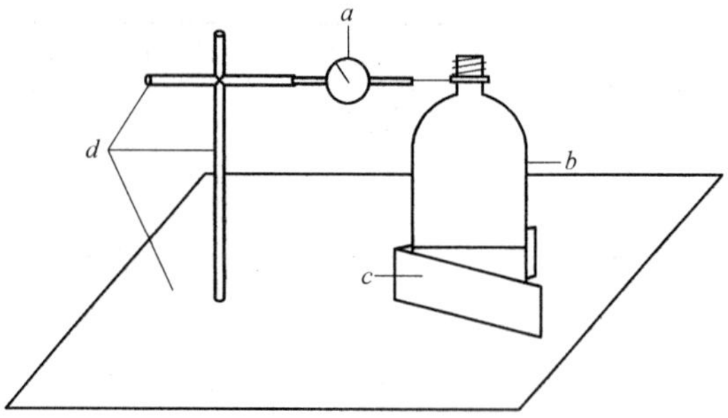

a ——千分表；

b ——样瓶；

c ——夹具；

d ——测试仪架。

图 3 垂直度检测示意图

7.6 容量偏差

7.6.1 随机取 10 个不同模号的样品瓶，称量空瓶质量，注水至灌注点，称取瓶和水的总质量，精确到 0.1 g，测量水温，从附录 A 中查出水的密度，按式(1)计算体积：

$$V=\frac{m_1-m_0}{D} \qquad \cdots\cdots(1)$$

式中：

V ——容量，单位为毫升(mL)；

m_1——瓶和水的总质量，单位为克(g)；

m_0——空瓶的质量，单位为克(g)；

D ——一定温度下水的密度，单位为克每毫升(g/mL)。

7.6.2 容量偏差按式(2)计算：

$$\Delta V=\frac{V-V_0}{V_0}\times 100\% \qquad \cdots\cdots(2)$$

式中：

ΔV ——容量偏差，%；

V ——测量的容量，单位为毫升(mL)；

V_0 ——公称容量，单位为毫升(mL)。

7.7 瓶口尺寸偏差

随机取 10 个不同模号的样品瓶，用放大倍数不低于 10 倍的投影仪(仲裁)，或用精度为 0.02 mm 的其他测量工具测量。

7.8 热稳定性

随机取 10 个不同模号的样品瓶，向瓶内充填 23 ℃±2 ℃含碳酸水溶液，用不易变形的盖密封，使瓶内产生碳酸气压力，二氧化碳含量应符合表 9 的规定。

表 9 二氧化碳量含量

类　型	充二氧化碳量
碳酸饮料瓶	4.0 倍±0.1 倍体积(GV)
啤酒瓶	3.0 倍±0.1 倍体积(GV)

在 23 ℃±2 ℃放置 1 h 后，测量高度、瓶体中部直径测量，并在测量部位做记号，再转入 38 ℃±1℃恒温箱内存放 24 h，取出后再一次测量高度、瓶体中部直径，计算前后检测值的变化比率。

试验后的样品需保留，再次放入恒温箱进行凸底试验，共持续 120h，取出观测底部注塑口处是否超出瓶的底部平面，记录结果。

7.9 耐内压试验

随机取 10 个不同模号的样品瓶，注满水后，以不大于 0.07 MPa/s 速率加压，直至瓶爆裂测试结束，记录每个瓶爆裂时所充的压力数值。

7.10 跌落试验

7.10.1 压力瓶：随机取 10 个不同模号的样品瓶，向瓶内按 7.8 充填碳酸水，瓶口向上，以瓶底距地面 2.0 m 高度自由落下到平坦的混凝土地面或与之等效的平面上，检查并记录是否渗漏。

7.10.2 非压力瓶：随机取 10 个不同模号的样品瓶，按公称容量注入 23 ℃±2 ℃的水，旋紧瓶盖，瓶口向上，以瓶底距地面 1.8 m 高度自由落下到平坦的混凝土地面或与之等效的平面上，检查记录是否破裂。

7.11 垂直载压

随机取 10 个不同模号的样品瓶，瓶口向上垂直放置压力试验机上，以 500 mm/min 恒定的速度对样品瓶施加压力，记录瓶所能承受的初始最大载荷。

7.12 耐寒性能

随机取 10 个不同模号的样品瓶，放置－20 ℃±2 ℃的冷冻箱中，8 h 后取出，自然恢复到室温，目测其外观变化。

7.13 氧气透过率

方法见附录 B。

7.14 二氧化碳损失率

7.14.1 常规检测法(仲裁法)

7.14.1.1 原理

由于环境之改变，在 PET 瓶中二氧化碳对碳酸水之溶解度及透气性的稳定度，由每个固定时间测定空瓶内残存的压力与原充填碳酸水之初压值，检测其相互关系。

7.14.1.2 仪器

7.14.1.2.1 具备测温功能的穿刺式压力表。

7.14.1.2.2 恒温烘箱。

7.14.1.3 步骤

按表9的要求将碳酸水充入样品瓶中，并迅速封盖。放于23 ℃±2 ℃恒温箱静置24 h后取部分样品测出压力和水温，按GB/T 10792查出充填所含二氧化碳气体实际容积，取平均值；将上列剩余样品存放于23 ℃±2 ℃恒温箱6周后取数瓶检测压力和水温，查得溶解残存在水中二氧化碳气体容积值，取平均值，按式(3)计算即可得到二氧化碳损失率。

$$X_V = \frac{V_0 - V_1}{V_0} \times 100\% \qquad \cdots\cdots(3)$$

式中：

X_V——存放6周二氧化碳损失率，%；

V_0——放置24 h二氧化碳体容积数平均值，单位为毫升(mL)；

V_1——存放6周之后二氧化碳体容积数平均值，单位为毫升(mL)；

由此计算出存放6个月(24周)二氧化碳损失率，记录结果。

7.14.2 快速检测法

方法见附录C。

7.15 卫生指标

按GB 13113或其他相关食品安全国家标准规定的检验方法进行。

8 检验规则

8.1 检验分类

8.1.1 出厂检验

出厂检验的项目为：外观、容量偏差、高度偏差、垂直载压、跌落试验、耐内压试验。

8.1.2 型式检验

型式检验项目为本标准要求中的全部项目。有下列情况之一，应进行型式检验：

a) 新产品或老产品转厂生产的试制定型时；

b) 正式生产后，改变生产工艺或使用新原料生产，而又可能影响产品性能时；

c) 正式生产时，半年至少进行一次型式检验时；

d) 产品停产三个月以上再恢复生产时；

e) 出厂检验结果与上次型式检验有较大差异时；

f) 国家质量监督部门提出进行型式检验要求时。

8.2 组批和抽样

8.2.1 组批

产品以批为单位进行检验。以同一牌号的原料、同一工艺连续生产的同一类、同一规格产品为一批，每批不得超过100万个，不足100万个的以不超过3天产量为一批。

8.2.2 抽样

外观、规格、质量偏差采用 GB/T 2828.1 随机抽样，采用正常一次抽样方案，特殊检查水平 S-4，AQL 为 4.0，按表 10 的规定。物理力学性能以批为单位，在每批中抽取 50 个样品瓶进行检验。

表 10 抽样方案

单位为个

批量	样本量	接收数 Ac	拒收数 Re
91～150	8	1	2
151～280	13	1	2
281～500	13	1	2
501～1 200	20	2	3
1 201～3 200	32	3	4
3 201～10 000	32	3	4
10 001～35 000	50	5	6
35 001～150 000	80	7	8
150 001～500 000	80	7	8
≥500 001	125	10	11

8.3 合格批的判定

8.3.1 外观、规格、质量偏差判定数组见表 10。

8.3.2 6.6～6.9 检验结果，若其中一项不合格，应在原批中抽取双倍样品复验不合格项，复检结果全部合格，整批合格。

8.3.3 6.10、6.11 检验结果，若其中一项不合格，则整批不合格。

9 标志、包装、运输和贮存

9.1 标志

9.1.1 每件产品的瓶底或瓶身应有符合 GB/T 16288 要求的永久标志。

9.1.2 产品外包装箱上应有如下标志：产品名称、类别、规格、数量、商标、批号、生产日期、生产厂家全称及厂址、包装箱外形尺寸、运输及贮存注意事项的标志标准代号及贮存期等。

9.2 包装

包装应能保证产品在运输、贮存过程中，不受损坏，不受外来物污染。

9.3 运输

在运输中要防止重压、侧压、摔落、倒置与坚硬物体碰撞，应避免在高温下运输。

9.4 贮存

应贮存在通风、阴凉、干燥、无有毒有害物品污染的仓库内。

附　录　A
（资料性附录）
水的温度-密度对照表

水的温度-密度对照表见表A.1。

表A.1　水的温度-密度对照表

温度 ℃	密度 g/mL	温度 ℃	密度 g/mL
0	0.998 73	32	0.994 04
1	0.998 79	33	0.993 72
2	0.998 84	34	0.993 39
3	0.998 87	35	0.993 05
4	0.998 88	70	0.976 74
5	0.998 87	71	0.976 17
6	0.998 85	72	0.975 59
7	0.998 82	73	0.975 00
8	0.998 77	74	0.974 41
9	0.998 71	75	0.973 82
10	0.998 63	76	0.973 22
11	0.998 54	77	0.972 61
12	0.998 43	78	0.972 00
13	0.998 32	79	0.971 39
14	0.998 19	80	0.970 07
15	0.998 05	81	0.970 14
16	0.997 90	82	0.969 51
17	0.997 73	83	0.968 88
18	0.997 56	84	0.968 24
19	0.997 37	87	0.966 28
20	0.997 37	88	0.965 62
21	0.996 97	89	0.964 97
22	0.996 75	90	0.964 29
23	0.996 52	91	0.963 62
24	0.996 28	92	0.962 94
25	0.996 03	93	0.962 25
26	0.995 78	94	0.961 56
27	0.995 51	95	0.960 87
28	0.995 23	96	0.960 17
29	0.944 95	97	0.959 47
30	0.994 65	98	0.958 76
31	0.994 35	99	0.958 03

附　录　B
（规范性附录）
氧气透过率试验方法（等压法）

B.1　原理

利用氧气在样品两边的恒定的浓度差作为渗透的推动力。样品两侧压力相等，一侧通入载气（氮气），另一侧通入氧气（或在已知含量氧气的大气环境中），当氧气渗透穿过包装壁进入到氮气载气，它会被带到库仑计检测器从而产生电流。信号的大小与单位时间进入检测器的氧气数量成正比，见图 B.1。

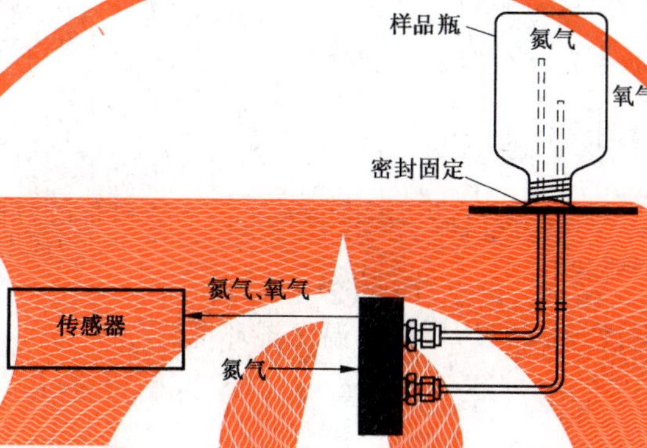

图 B.1　氧气透过率原理图

B.2　仪器

按照 GB/T 19789 中描述相似的库仑计氧气传感器和相关的设备。

B.3　检测环境要求

温度 23 ℃±2 ℃、相对湿度 50%±10% 的恒温恒湿环境大气中；对载气的要求：干燥纯氮气与 0.5%～3% 的氢气的混合气体。

B.4　试验步骤

B.4.1　取 5 个样品瓶，将样品如图 B.1 固定密封在测试装置上并在测试环境中使其达到平衡。

B.4.2　开始通入氮气气流，对样品瓶内进行吹洗，把内部空气充分排出，然后进入测试程序。

B.4.3　不同类型、同类型不同体积的样品检测时间不同，以结果平衡（一般以连续 5 个数据波动在 5% 以内为平衡）判定检测终了，以连续 5 个数据平均值为检测结果，记录每个瓶子的检测结果。

B.4.4　瓶透氧性测试数据的表示方法：瓶的氧气透过率单位为 cm^3/(瓶·d)、cm^3/(pkg·d)、cm^3/(pkg·d)，是指每天透过每只瓶表面氧气总量，pkg 是 package 缩写。

附　录　C
（规范性附录）
二氧化碳损失率快速检测法

C.1　原理

样品模拟充填生产充入含二氧化碳的碳酸水溶液，将充填后样品放在密闭的腔内，由于二氧化碳会吸收特定波长的红外能量，所以渗透出的二氧化碳通过传感器感知红外能量的损失并且产生电信号，从而测量出样品瓶内每天透出到腔内的二氧化碳量。

C.2　仪器

含红外传感器可密闭的检测设备。

C.3　检测环境要求

温度 23 ℃±2 ℃、相对湿度 50%±10%的恒温恒湿环境。

C.4　样品预处理

使用该快速检测方法必须进行样品预处理。样品预处理即为按表 9 的要求充含二氧化碳的碳酸水溶液的样品瓶放置检测环境中恒定，样品处理的具体时间应先进行确认，一般为 1 d～5 d。检测方法及步骤。

C.5　检测方法及步骤

C.5.1　首先把预处理样品瓶装入密闭的检测腔，检测腔内的气体被送至传感器，测试出的二氧化碳浓度的增加是瓶内气体渗透出的直接结果，测试 24 h。

C.5.2　以结果平衡（一般以连续 5 个数据波动在 5%以内为平衡）判定检测终了，记录测试结果，测两个样品取平均值。

C.5.3　样品中渗透出的二氧化碳实际量可用立方厘米每天（cm^3/d）来表示。计算公式见式（C.1）：

$$CO_2TR=\frac{(V_{capture}-V_{bottle,ex})X}{100t} \quad\cdots\cdots\cdots\cdots(C.1)$$

式中：

CO_2TR ——样品中渗透出二氧化碳的量，单位为立方厘米每天（cm^3/d）；

$V_{capture}$ ——测试舱体积（实际为：检测腔总体积-瓶子体积），单位为立方厘米（cm^3）；

$V_{bottle,ex}$ ——瓶子的外体积，单位为立方厘米（cm^3）；

X ——传感器读数；

t ——检测时间，单位为天（d）。

根据检测的 CO_2TR 结果，计算出 6 个月的损失率，记录结果。

ICS 91.140.90
Q 78

中华人民共和国国家标准化指导性技术文件

GB/Z 28597—2012

地震情况下的电梯和自动扶梯要求
汇编报告

Lifts and escalators subject to seismic conditions—Compilation report

(ISO/TR 25741:2008,MOD)

2012-12-31 发布　　　　2013-06-01 实施

中华人民共和国国家质量监督检验检疫总局
中国国家标准化管理委员会　发布

前　言

本指导性技术文件依据 GB/T 1.1—2009 给出的规则起草。

本指导性技术文件修改采用 ISO/TR 25741:2008《地震情况下的电梯和自动扶梯要求　汇编报告》(英文版)。

本指导性技术文件与 ISO/TR 25741:2008 的主要差异及其原因如下：

——删除了 ISO/TR 25741:2008 附录 B,因该附录是日本《电梯抗震设计与施工指南(1998 年版)》的资料性补充文件,其涉及内容已增加至日本《电梯抗震设计与施工指南(2009 年版)》中,故本指导性技术文件附录 A 增加了相应内容;

——ISO/TR 25741:2008 引用了美国标准 ASME A17.1—2004《电梯和自动扶梯安全规范》,包括 ASME A17.1a—2005 附录,本指导性技术文件引用了美国标准 ASME A17.1—2010,因 ASME A17.1—2010 已替代了 ASME A17.1—2004,包括 ASME A17.1a—2005 附录;

——ISO/TR 25741:2008 引用了日本《电梯抗震设计与施工指南(1998 年版)》,本指导性技术文件引用了日本《电梯抗震设计和施工指南(2009 年版)》,因日本《电梯抗震设计与施工指南》(1998 年版)已被修订为日本《电梯抗震设计和施工指南(2009 年版)》。

为了便于使用,本指导性技术文件对 ISO/TR 25741:2008 做了编辑性修改：

——根据我国国情,删除了 ISO/TR 25741:2008 的前言及引言中不适用的条款,因其存在与否对本指导性技术文件的理解和使用没有任何影响;

——更新了引言的表 2 和第 5 章的图 1,即增加了 2006 年至 2011 年间世界范围内最强烈地震的区域和震级;

——引言的 0.5 增加了汶川地震对电梯损坏的相关内容,增加了表 4;

——根据 ASME A17.1—2010,修改了本指导性技术文件第 2 章的 2.1,将“8.4.11.2 限速阀”增补为“8.4.11.2 限速阀和柱塞钳”;同时将 2.1、2.7 和参考文献中的“ASME A17.1—2004,包括 ASME A17.1a—2005 附录”改为“ASME A17.1 —2010”;

——根据日本《电梯抗震设计和施工指南(2009 年版)》修改了本指导性技术文件第 3 章的 3.1、3.2 和 3.3,在附录 A 中增加了日本《电梯抗震设计和施工指南(2009 年版)》中涉及 ISO/TR 25741:2008 附录 B 的条款,以便保持 ISO/TR 25741:2008 的完整性和对应性;

——删除了 ISO/TR 25741:2008 参考文献中的[8]、[12]和[15],并重新依次编号;

——增加了参考文献中的[36]、[37]。

本指导性技术文件由全国电梯标准化技术委员会(SAC/TC 196)提出并归口。

本指导性技术文件负责起草单位:广东省特种设备检测院。

本指导性技术文件参加起草单位:中国建筑科学研究院建筑机械化研究分院、日立电梯(中国)有限公司、奥的斯电梯(中国)投资有限公司、蒂森电梯有限公司、上海三菱电梯有限公司、上海永大电梯设备有限公司、上海市特种设备监督检验技术研究院、华升富士达电梯有限公司、通力电梯有限公司、东芝电梯(中国)有限公司。

本指导性技术文件主要起草人:卜四清、佘昆、陈凤旺、黄柏成、林曼青、莫礼、常达、涂长祖、钱洪、杜运猛、任陇锋、赵文刚。

引　言

0.1　当发生地震时，地震会以波的形式释放能量，这些波是从地震源向各个方向传播出来的。不同形式的能量波以不同的方式振动地表，同时以不同的速度穿越地层。最快的波，即首先到达指定场所的波被称为P波。P波或者称压缩波，在其传播方向交替地压缩和拉伸物质。S波慢于P波，紧随着P波到达，S波在其传播方向的垂直方向上下和前后振动地表。表面波会跟随P波和S波到来。来源：NEIC[13]。

0.2　地震的强度通过不同的度量方式来衡量，即里克特震级和修正的麦加利地震烈度，里克特震级被认为是更精确的。近似值见表1。

表1　里克特震级

里克特震级	麦加利地震烈度	加速度 (×g)	可感知的近似半径 km	影　响
8.5	Ⅻ	>1.0	—	全部遭受破坏
8	Ⅺ	0.8	580	普遍的破坏
7	Ⅸ-Ⅹ	0.5	385	相当大的损坏
6	Ⅶ-Ⅷ	0.15	210	令人恐惧；烟囱断裂；不牢固的建筑物破坏
5	Ⅵ-Ⅶ	0.05	145	所有的人都能感觉得到；墙体表面部分脱落；烟囱损坏
4	Ⅴ	0.01	130	多数人能感受得到；部分窗户损坏；墙体表面出现裂纹
3	Ⅲ	—	15	在户内明显能感觉得到
2	Ⅰ-Ⅱ	—	0	几乎不能感觉到

注：表1来源于加利福尼亚技术学院地震研究所[14]和WIEGEL[12]。

0.3　地震震级由地震波振幅的对数确定，地震波的振幅由地震仪记录。地震等级每增加一个里克特单位相当于10倍更大强度的地面振动；增加两个单位相当于100倍更大强度的地面振动；依此按对数的序列类推。

0.4　上个世纪以来，通过里克特震级测量的最强烈的地震包括在表2和第5章的图1中。

表2　最强烈的地震

区　域	年　份	震　级
智利	1960	9.5
美国阿拉斯加州	1964	9.2
俄罗斯	1952	9.0
印尼班达亚齐	2004	9.0

表 2（续）

区　　域	年　　份	震　　级
日本本洲东海岸附近	2011	9.0
美国阿拉斯加州	1957	8.8
千岛群岛	1958	8.7
美国阿拉斯加州	1965	8.7
印度	1950	8.6
智利	1922	8.5
印尼	1938	8.5
印尼南苏门答腊	2007	8.5
日本关东	1923	8.3
印度古加拉	2001	8.1
墨西哥	1985	8.0
秘鲁	2007	8.0
秘鲁南部	2001	7.9
汶川	2008	7.9[a]
美国旧金山	1906	7.8
新西兰南岛西海岸远海	2009	7.8
玻利维亚	1994	7.7
萨尔瓦多	2001	7.7
印尼南爪哇	2006	7.7
台湾	1999	7.6
唐山	1976	7.5[b]
俄罗斯萨哈林岛(库页岛)	1995	7.5
台湾	1935	7.4
土耳其利兹米特	1999	7.4
海地	2010	7.3
意大利南部	1980	7.2
日本福井	1948	7.2
日本宫城	2005	7.2
新西兰基督城	2010	7.2

注：表 2 来源于美国地质勘测。

[a] 2008 年 5 月 12 日汶川地震由中国地震局勘测的震级为 8.0 级，而美国地质勘测的震级为 7.9 级。

[b] 1976 年 7 月 28 日唐山地震由新华社公布的震级为 7.8 级，而美国地质勘测的震级为 7.5 级。

0.5　地震引起的地面振动可能会对建筑物支撑结构、电梯和自动扶梯的运行和物理完整性产生不利的影响。

1971 年 2 月在美国加利福尼亚的圣费尔南多发生的里克特 6.6 级地震对建筑物、电梯和自动扶梯造成了严重的损坏，最主要的损坏见表 3。

表 3 美国加利福尼亚地震对电梯的损坏

类　型	电梯数量(台)
对重脱离导轨	674
对重脱离导轨且轿厢损坏	109
轿厢损坏	102
钢丝绳系统损坏	100
电机移位或转子损坏	174
对重导轨支架断裂或损坏	174
滚动导靴断裂或松动	286
注：表 3 来源于世界电梯的年度研究——地震和电梯[11]。	

2008 年 5 月在汶川发生的里克特 8.0 级地震对 20041 台电梯造成了不同程度损坏或运行受到影响，经过对其中的 10390 台电梯统计分析，遭到不同程度损坏的电梯有 1008 台，最主要的损坏见表 4。

表 4 汶川地震对电梯的损坏

类　型	电梯数量(台)
对重导轨损坏	77
对重导轨支架断裂或损坏	230
控制柜倾覆	2
电机移位	1
对重脱离导轨	270
对重导靴损坏	135
轿厢脱离导轨	9
轿厢导靴损坏	8
对重架与轿厢撞击	22
对重块松动	34
对重块从对重架脱落	13
悬挂钢丝绳脱槽	29
补偿链(绳)缠绕、勾挂	59
补偿链(绳)导向轮严重变形或损坏	9
随行电缆缠绕、勾挂	2
感应器损坏	18
限速器损坏	10
层门变形	8
对重运行区域的刚性隔障防护损坏	109
其他损坏	133
注：表 4 来源于四川 5.12 地震中电梯技术状况与电梯抗震技术分析研究[37]。	

0.6　针对各个国家的不同地震经历，一些国家的标准中已涉及了一定等级的抗震保护要求。ISO/TC 178认为在电梯的设计和制造过程中考虑地震影响，有利于在世界范围内提供统一的指导，以确保人员以及设备的安全。这些国家具有在抗震方面的经验，本指导性技术文件将为电梯行业提供参考。

0.7　本指导性技术文件所涉及的范围是：为确保在一般地震灾害情况下(如非毁灭性的地面振动所引起的灾害)地震区域的电梯和自动扶梯能够安全运行而对其所作的特殊规范进行汇编。

0.8　本指导性技术文件提供了不同地理区域的电梯和自动扶梯现行抗震设计规则或规范，而这些区域的经验已证明提供合理程度的抗震保护是有效的。仅包括这些电梯安全标准中的抗震要求。

0.9　本指导性技术文件不包括建筑规范中的相关要求。然而，也参考了一些适用的建筑规范要求。

地震情况下的电梯和自动扶梯要求汇编报告

1 范围

本指导性技术文件是在地震情况下对使用者与电梯、自动扶梯提供保护的相关安全标准的汇编。

2 美国

2.1 ASME A17.1:2010[1]

ASME A 17.1:2010[1)] 规定了所有带对重的电梯、直接作用式液压电梯以及自动扶梯和自动人行道的安全要求,以上设备安装在设计和建造均符合建筑规范 2 级或更高级别地震区域的建筑物中。除非有其他规定,ASME A17.1 中 8.4 和 8.5 是其他章节的附加要求。有关地震要求的要点按 ASME A17.1 的条款号和标题在下面列出。要了解完整的内容,可参考 ASME A17.1:2010[1]。

根据影响整个 90 年代后期的原建筑规范,美国分为 5 个地震区域,用 0 至 4 级来描述这些地震区域的危险程度,0 级表示最低,4 级表示最高。考虑到该等级和地面振动所产生的加速度情况,ASME A17.1 给出了各等级地震危险区域所对应的加速度值。

ASME A17.1 第 8.4 节

2 级及以上等级地震危险区域的电梯安全要求

8.4.1 轿厢和对重水平间距

8.4.1.1 轿厢、对重和对重护板之间的间隙

8.4.2 机械设备和滑轮的承重梁、支撑物、基座

8.4.2.1 承重梁和支撑物

8.4.2.2 顶梁和地板

8.4.2.3 紧固件和应力

8.4.3 设备防护

8.4.3.1 钢丝绳防脱槽装置

图 8.4.3.1.3 包角对应的弧长

8.4.3.2 勾挂点的防护

8.4.4 轿壁、轿门和轿厢照明

8.4.4.1 轿顶紧急出口

8.4.5 轿厢架和轿厢底

8.4.5.1 导向装置和位置保持装置

8.4.5.2 轿厢架、导向装置和位置保持装置的设计

8.4.6 轿厢和对重安全保护装置

1) ASME 是美国机械工程师协会的注册商标。所列的 A17.1 条款号和标题摘自美国标准 ASME A17.1—2010,版权归美国机械工程师学会所有。

8.4.11.6 油箱的支座
8.4.11.7 液压电梯布置图信息
8.4.11.7.1 垂直于导轨 x-x 轴的力(见 8.4.8.9)
8.4.11.7.2 垂直于导轨 y-y 轴的力(见 8.4.8.9)
8.4.12 电梯的设计资料和计算公式
8.4.12.1 每对导轨上的最大受力
8.4.12.1.1 垂直于导轨 x-x 轴的力(见 8.4.8.9)
8.4.12.1.2 垂直于导轨 y-y 轴的力(见 8.4.8.9)
8.4.12.2 导轨惯性矩
8.4.12.2.1 垂直于导轨 x-x 轴的力(见 8.4.8.9)
8.4.12.2.2 垂直于导轨 y-y 轴的力(见 8.4.8.9)
表 8.4.12.2.2 最大允许挠度
8.4.13 地面振动参数
8.4.13.1 美国建筑规范的应用
8.4.13.2 加拿大建筑规范的应用

ASME A17.1 第 8.5 节

2 级及以上等级地震危险区域的自动扶梯和自动人行道的安全要求

8.5.1 扶手装置的结构
8.5.2 桁架构件
8.5.2.1 横向力
8.5.2.1.1 地震区域和 NEHRP 地图
8.5.2.2 垂直力
8.5.2.3 桁架计算
8.5.3 桁架和建筑物之间的支撑连接
8.5.4 地震保护装置

2.2 建筑物地震时的安全性

以下缩写被定义为：

FEMA	联邦应急管理局
NEHRP	国家抗震救灾委员会
NFPA	国家火灾保护协会
NIST	国家标准与技术研究院
NSF	国家科学基金会
USGS	美国地质勘探局

美国的建筑规范(The Model Building Codes)在建筑物的构造质量和如何抵抗自然力方面比 NEHRP 的其他任何活动更有影响力。

在过去的 20 年中,美国国家科学基金会(NSF)和美国地质勘探局(USGS)在地震工程、地球科学和地震学领域做了很多重要的基础调研工作。这些基础调研工作和由 USGS 所使用的地震监测网络为 USGS 完成详细的地震危险分布图和 NSF 开发重要的地震工程知识提供了依据。

同时,联邦应急管理局(FEMA)和美国国家标准与技术研究院(NIST)直接吸收 NIST、NSF 和 USGS 的先进科学成果,发展并完善了 NEHRP 推荐性规定,即关于地震结构设计的指导文件。由

USGS开发的地震危险分布图被直接引用在NEHRP推荐性规定中，NSF的研究成果也被引用到推荐性规定中。在工程学专业范围内该指导性文件被认为是具有最新技术水平的地震设计指导文件。

美国新设计标准被建筑法规所采用而强制执行。FEMA和USGS与州、当地政府以及多个州的财团合作以提高危险的识别能力，并促使处在地震危险中的区域和州采用建筑法规。另外，NEHRP的推荐性规定作为《国际建筑物规范》[5]、《国际住宅规范》以及NFPA5000《建筑物施工和安全规范》[6]中有关地震设计要求的基础。

2.3 地震管理分析与规划系统

国家抗震救灾委员会(NEHRP)是美国联邦政府的委员会，工作目标是降低地震引起的生命和财产风险。国家抗震救灾委员会是由联邦应急管理局(FEMA)、美国国家标准与技术研究院(NIST)、国家科学基金会(NSF)、美国地质勘探局(USGS)所组成，美国国家标准与技术研究院(NIST)为负责单位。

2.4 新建筑物应用NEHRP和FEMA的地震文件

NEHRP对新建筑物地震条例的推荐性规定[15][16]

NEHRP建筑物抗震设计推荐性规定(1991年版)的应用指南[17]

NEHRP非技术性解释的推荐性规定[18]

地震思考:社区风险[19]

地震思考:公寓式建筑物[20]

地震思考:小学和中学 [21]

地震思考:卫生保健设备[22]

地震思考:旅馆和汽车旅馆 [23]

地震思考:办公楼 [24]

社会影响:精选读物 [25]

2.5 现有建筑物中应用NEHRP和FEMA的地震文件

NEHRP地震后建筑物重建指南 [26][27]

NEHRP案例研究:地震后建筑物重建指南的评价 [28]

地震后重建计划:社会问题 [29]

NEHRP地震后建筑物重建指南的应用示例 [30]

NEHRP地震后现有建筑物重建技术手册 [31]

NEHRP地震后现有建筑物评估手册 [32]

现有建筑物降低地震危险的行动计划 [33]

2.6 土木工程设计标准

ASCE 7-02[3]给出了对静载荷、动载荷、土壤、洪水、风、雪、雨、冰和地震载荷以及这些载荷的组合的通用要求，这些对载荷的要求包含在相应的建筑规范和其他文件中。

当前版本的ASCE 7-02中，关于地震载荷的规定首次被《国际建筑物规范(2003年版)》[5]、NFPA5000《建筑物施工和安全规范》[6]所引用。所有其他的ASCE 7规定继续被《国际建筑物规范(2003年版)》引用。该标准中也包含了详细的注释，这些注释是一些帮助建筑委员会和法规部门进行解释的附加信息。

该标准为建筑师、结构工程师和从事于制定和管理当地建筑规范的人员提出了关于结构负载的要求。该标准使用SI单位和英制单位。

2.7 参考出版物

ASME A17.1—2010 电梯和自动扶梯安全规范[1],美国机械工程师协会
AISC 建筑物钢结构的设计、制造和安装规范[2],美国钢结构学会
ASCE 7-02 建筑物和其他结构的最小设计载荷[3],美国土木工程师协会
NEHRP 地图[4],建筑物地震安全委员会和美国联邦应急管理局
国际建筑物规范(2003 年版)[5],国际规范委员会
NFPA 5000 建筑物施工和安全规范(2002 年版)[6],国家火灾保护协会

2.8 获取信息

2.8.1 American Institute of Steel Construction

1 East Wacker Drive, Suite 3100
Chicago, IL 60601
USA
Tel: ++ 312-670-2400
Web: http://www.aisc.org

2.8.2 American National Standards Institute, Inc.

25 West 43rd Street
New York, NY 10036
USA
Tel: ++ 212-642-4900
Web: http://www.ansi.org

2.8.3 American Society of Civil Engineers

ASCE Publications
1801 Alexander Bell Drive
Reston, VA 20191
USA
Tel: ++ 800-548-2723
Web: http://www.asce.org

2.8.4 American Society of Mechanical Engineers

ASME Order Department
22 Law Drive
Box 2300
Fairfield, NJ 07007-2300
USA
Tel(US & Canada): 800-843-2763, ext. 848
Tel(Outside North America): ++ 973-882-1167, ext. 848
Tel(Mexico): ++ 95-800-843-2763, ext. 848
E-mail: infocentral@asme.org

Web:http://www.asme.org/catalog

2.8.5 **Building Seismic Safety Council**

National Institute of Building Sciences
1090 Vermont Avenue, N.W., Suite 700
Washington, D.C. 20005
USA
Tel: ++ 202-289-7800
Fax: ++ 202-289-1092
Web:http://www.nibs.org
E-mail: bssc@nibs.org

2.8.6 **Federal Emergency Management Agency**

500 C Street, SW
Washington, DC 20472
USA
Tel: ++ 202-566-1600
Web: http://www.fema.gov

2.8.7 **International Code Council**

5203 Leesburg Pike
Suite 600
Falls Church, VA 22041
USA
Tel: ++ 703-931-4533
Web:http://www.iccsafe.org

2.8.8 **National Fire Protection Association(NFPA)**

1 Batterymarch Park
P.0.Box 9101
Quincy, MA 02269-9101
USA
Tel: ++ 617- 770-3000
Web:http://www.nfpa.org

2.8.9 **National Institute of Standards and Technology (NIST)**

100 Bureau Drive, Stop 3460
Gaithersburg, MD 20899-3460
USA
Tel: ++ 301-975-6478
Email: inquiries@nist.gov
Web:http:llwww.nist.gov

2.8.10 U.S. Geological Survey(USGS)

Web：http://www.usgs.gov

3 日本

3.1 电梯抗震设计与施工指南(2009 年版)[7]

本指南适用于安装在建筑物内的电梯和自动扶梯，有关地震要求的要点按照日本《电梯抗震设计与施工指南(2009 年版)》的条款号和标题在下面列出。要了解完整的内容，可参考日本《电梯抗震设计与施工指南(2009 年版)》。

1 基本规定

1.1 适用范围

1.2 抗震的目标

1.3 极限承受能力的要求

2 设计用地震力

2.1 作用于设备的水平地震力

表 1 加载重量的水平当量系数

表 2 用途系数 I

2.2 作用于设备的垂直地震力

2.3 导轨与导轨支架的抗震措施

图 1 导靴或位置保持装置与导轨之间的搭接尺寸

表 3 载荷降低系数 β

2.4 机房设备及悬挂设备的抗震措施

图 2 曳引机的设置示例

图 3 控制柜的设置示例

图 4 防脱槽装置的安装尺寸

图 5 防脱槽装置的安装尺寸

图 6 防脱槽装置的安装尺寸

2.5 防止长条形柔性部件钩住勾挂点的保护措施

表 4 针对勾挂点的保护措施(抗震等级 A_{09})

表 5 针对勾挂点的保护措施(抗震等级 S_{09})

图 7 有机房电梯的勾挂点保护措施设置示例

图 8 无机房电梯的勾挂点保护措施设置示例

2.6 地震时的管制运转

表 6 P 波与 S 波地震感应器的设定值(Gal)

3 其他与建筑物有关的事项

4 自动扶梯的抗震措施

图 9 底座与桁架支撑角钢的固定方法示例(下端固定)

5 在用电梯改造中的抗震措施

3.2 参考出版物

建筑标准法[36]，日本 1981 年 6 月 1 日颁布

3.3 获取信息

3.3.1 日本电梯协会

5-11-2 Minami-Aoyama
Minato-Ku
Tokyo
Japan
Tel：++（81）3-3407-6471
Fax：++（81）3-3407-2259

4 新西兰

4.1 新西兰标准 NZS 4332：1997[8]

该标准规定了乘客电梯和带轿厢控制装置的载货电梯的设计、制造、操作和检测的安全要求，不包括单一单元住宅使用的电梯。其适用于新建筑物和现有建筑物中新装电梯，或者是在用电梯的改装。除非有其他规定，这些要求是新西兰标准 NZS 4332：1997[2)] 其他部分的附加要求。有关地震要求的要点按照新西兰标准 NZS 4332：1997 的条款号和标题在下面列出。要了解完整的内容，可参考新西兰标准 NZS 4332:1997。

第 1 部分　基本要求
2.1　地震载荷
表 2.1　风险要素
第 2 部分　电梯:乘客电梯和载货电梯
5.2　电梯要求
　——地震类别
25.8　地震情况下电梯的运行
25.8.1　主要部件位移检测装置
25.8.2　运行
图 25.1　主要部件位移检测装置
第 3 部分　液压电梯
31.2　图和摘要
　——地震类别
附录 D　地震区域
图 D.1　地震区域

4.2 参考出版物

NZS 4332：1997[8]
NZS 4203:1994[9]
NZS 4203 :1992 CORR1[10]

2） 所列的 NZS 条款号和标题摘自新西兰标准 NZS 4332：1997，本指导性技术文件附录 B 包含了新西兰标准 NZS 4332：1997，版权©归新西兰标准机构所有。

4.3 获取信息

4.3.1 Standards New Zealand

155 The Terrace
Private Bag 2439
Wellington，New Zealand
Tel：++ (04) 498 5990
Tel：++ (04) 498 5991
E-mail：snz@standards. co. nz
Web：http://www. standards. co. nz

5 世界范围内的主要地震

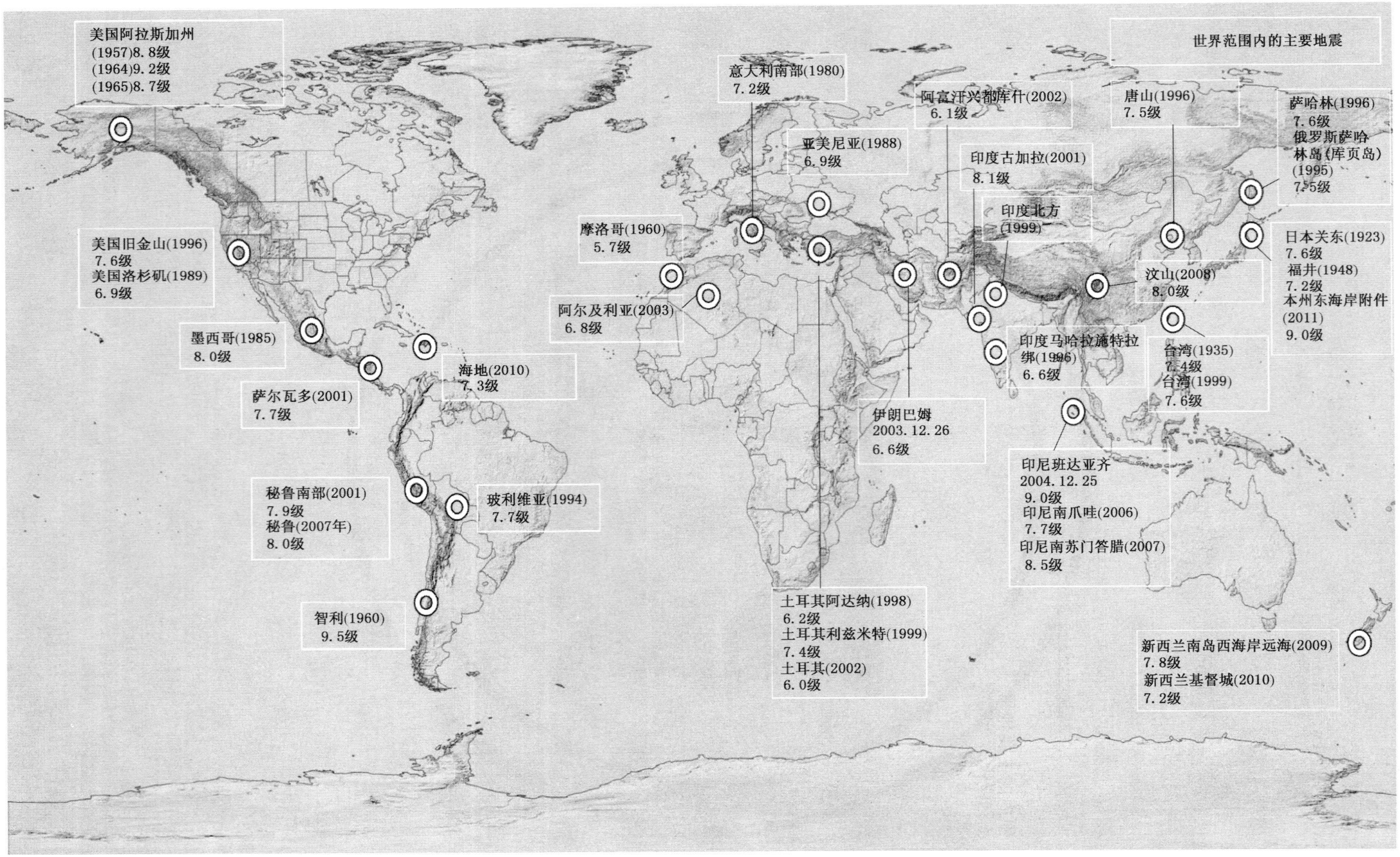

图 1　世界范围内的主要地震

附　录　A
（规范性附录）
日本《电梯抗震设计与施工指南(2009年版)》

A.1　基本规定

A.1.1　适用范围

a)　本指南适用于安装在建筑物里的电梯和自动扶梯；
b)　基于专题研究的抗震设计和施工的建筑物，本指南的部分条款可能不适用。

A.1.2　抗震的目标

a)　对于罕见的地震，要求电梯能够在地震后无故障运行。而对于极为罕见的地震，要求电梯即使出现设备损伤，也能够支撑悬挂的轿厢；
b)　对于极为罕见的地震，要求自动扶梯即使出现设备损伤，也不会脱离建筑物大梁等支撑物而坠落。

A.1.3　极限承受能力的要求

a)　对建筑物的损伤极限承受能力及同等的设计用震度作评价时，设备产生的应力应在使用材料的许用应力以内，构造部位的变形应在许用值以内，才能保证电梯的运行极限承受能力。
b)　电梯在受到安全极限设计范围内的地震影响时，应采取以下措施保证乘客的生命安全。电梯能够保持轿厢的悬挂极限承受能力，并以能救出乘客为目标；
　1)　曳引机、控制柜不会倾倒、移位；
　2)　悬挂轿厢的悬挂钢丝绳不会从曳引轮上脱落；
　3)　无机房电梯的导轨及其支架应具有支撑悬挂轿厢的极限承受能力。
c)　为防止悬挂钢丝绳、限速器钢丝绳、电缆等由于地震时的振动而钩住井道内的勾挂点，应针对勾挂点采取保护措施，防止钢丝绳及电缆被钩住的危险。
d)　当建筑物的楼层间出现层间变形时，自动扶梯的桁架主体不会坠落。

A.2　设计用地震力

注：公式编号与日本《电梯抗震设计与施工指南(2009年版)》相同。

A.2.1　作用于设备的水平地震力

A.2.1.1　设计用水平地震力 F_h

设计用水平地震力 F_h 通过式(A.1)计算，作用点为设备的重心。

$$F_h = K_h \cdot (m_o + \alpha \cdot m_1) \cdot g \quad \cdots\cdots(A.1)$$

式中：

K_h——设计用水平震度；

m_o——对象设备主体的质量，单位为千克(kg)；

α ——加载重量的水平当量系数(参考表A.1)；

m_1——对象设备的加载质量，没有加载物的设备 $m_1=0$)，单位为千克(kg)；

g ——重力加速度(9.8 m/s²)。

表 A.1 加载重量的水平当量系数

对象电梯	水平当量系数 α
乘客电梯、病床电梯[a]	0.25
客货电梯[b]、载货电梯	0.5
自动扶梯	0.25

[a] 行动不便人员使用的垂直升降平台、行动不便人员使用的斜行升降平台与乘客电梯、病床电梯相同，α 为 0.25。轮椅式楼道升降机由于乘客用安全带固定在设备上，α 为 1.0。

[b] 对于客货电梯，在轿厢为“地板下防震橡胶支撑”时，应作为乘客电梯对待，α 为 0.25。

A.2.1.2 设计用水平震度 K_h

设计用水平震度 K_h 按式(A.2)计算。

$$K_h = K_{s,h} \cdot I \cdot Z \qquad \cdots\cdots (A.2)$$

式中：

$K_{s,h}$——设计用水平标准震度；

I ——用途系数(依据表 A.2)；

Z ——地域系数。

在抗震等级 A_{09} 时，$K_{s,h} \cdot I$ 的值为 0.4 以上，在抗震等级 S_{09} 时，$K_{s,h} \cdot I$ 的值为 0.6 以上。而在非抗震结构时，则 $K_{s,h} \cdot I$ 的值为 0.5 以上。

表 A.2 用途系数 I

电梯	设备	
	机房设备	井道设备
乘客电梯、客货电梯、病床电梯	1.0	1.0
载货电梯	1.0	0.75

A.2.1.3 设计用水平标准震度 $K_{s,h}$

设计用水平标准震度 $K_{s,h}$ 按式(A.3)计算。

$$K_{s,h} = A_b \cdot K_b \cdot K_m \cdot D_{s,E} \qquad \cdots\cdots (A.3)$$

式中：

A_b ——建筑物基础部震度；

K_b ——建筑物的应答倍率；

K_m ——设备应答倍率；

$D_{s,E}$ ——与电梯设备安装有关的结构特性系数。

$D_{s,E}$ 用于评价安全极限承受能力时，$D_{s,E}=0.67$；评价运行极限承受能力时，$D_{s,E}=1.0$。

A.2.2 作用于设备的垂直地震力

A.2.2.1 设计用垂直地震力 F_v

设计用垂直地震力 F_v 通过式(A.4)计算,作用点为设备的重心。

$$F_v = K_v \cdot (m_o + m_1) \cdot g \quad \cdots\cdots (A.4)$$

式中:

K_v——设计用垂直震度,通过式(A.5)计算予以规定。

A.2.2.2 设计用垂直震度 K_v

$$K_v = K_{s,v} \cdot I \cdot Z \quad \cdots\cdots (A.5)$$

式中:

$K_{s,v}$——设计用垂直标准震度,通过式(A.6)计算予以规定。

A.2.2.3 设计用垂直标准震度 $K_{s,v}$

$$K_{s,v} = A_{b,v} \cdot K_{b,v} \cdot K_{b,v} \cdot D_{s,E} \quad \cdots\cdots (A.6)$$

式中:

$A_{b,v}$——建筑物基础部垂直震度;

$K_{b,v}$——建筑物的垂直应答倍率;

$K_{b,v}$——设备垂直应答倍率;

$D_{s,E}$——与电梯设备安装有关的结构特性系数。

A.2.3 导轨与导轨支架的抗震措施

对于罕见的地震,为保证导轨不会变形、轿厢与对重不会脱离导轨,导轨与导轨支架应选用合适的强度与结构。对于极罕见的地震,为保证轿厢与对重不会立即脱离导轨,应保证导轨导向部分的搭接尺寸。

A.2.3.1 作用于导轨上的载荷

因地震力而导致轿厢与对重作用于导轨的力可以通过式(A.7)和式(A.8)计算。

$$P_x = F_h \cdot \varepsilon = K_h (m_o + \alpha \cdot m_1) g \cdot \varepsilon \quad \cdots\cdots (A.7)$$

$$P_y = \frac{1}{2} F_h \cdot \varepsilon = \frac{1}{2} K_h (m_o + \alpha \cdot m_1) g \cdot \varepsilon \quad \cdots\cdots (A.8)$$

式中:

P_x——导轨在 x 方向上的力,单位为牛顿(N);

P_y——导轨在 y 方向上的力,单位为牛顿(N);

F_h——设计用水平地震力,单位为牛顿(N);

K_h——设计用水平震度;

m_o——轿厢或者对重的质量,单位为千克(kg);

m_1——轿厢的载重量,单位为千克(kg);

ε ——上方及下方导靴的载荷比率(0.6);

g ——重力加速度(9.8 m/s^2);

α ——加载重量的水平当量系数。

A.2.3.2　导轨强度及其评价标准

电梯轿厢及对重的导轨，因地震力作用而承受的力 P_x 或者 P_y 所对应的应力与挠度可以根据式(A.7)或者式(A.8)计算。而对于导轨、导靴采用包围结构的产品、轮椅式楼道升降机、行动不便人员使用的升降平台等特别结构的电梯，则根据其结构进行计算。

A.2.3.2.1　正常情况下无垂直载荷作用于导轨的情况(有机房电梯)

A.2.3.2.1.1　导轨的应力和挠度的计算

a)　地震力作用点间隔大的导轨情况

对轿厢侧或者对重侧，当地震力的垂直作用点间隔 G_p(导靴或者位置保持装置的间隔)大于或等于导轨支架安装间隔的 1/2 时($G_p \geqslant 1/2$)，导轨应力 σ 与挠度 δ 分别根据式(A.9)和式(A.10)进行计算。

$$\sigma = \gamma_1 \times \frac{7}{40} \times \frac{\beta_1 \beta_2 P_b l}{Z} \qquad \text{(A.9)}$$

$$\delta = \gamma_2 \times \frac{11}{960} \times \frac{\beta_1 \beta_2 P_b l^3}{EI} \qquad \text{(A.10)}$$

式中：

P_b——下方导靴作用于导轨的力，P_x 或者 P_y，单位为牛顿(N)；

l ——导轨支架的安装间隔，单位为毫米(mm)；

Z ——导轨的截面系数，Z_x 或者 Z_y，单位为三次方毫米(mm^3)；

E ——导轨材料的弹性模量，单位为牛顿每平方毫米(N/mm^2)；

I ——导轨截面惯性矩，I_x 或者 I_y，单位为四次方毫米(mm^4)；

β_1 ——使用整体式支架时的载荷降低系数；

β_2 ——使用中间限位件时的载荷降低系数；

γ_1 ——连接板应力系数；

γ_2 ——连接板挠度系数。

b)　地震力作用点间隔小的导轨情况

当地震力的垂直作用点间隔 G_p 小于导轨支架安装间隔的 1/2 时($G_p < 1/2$)，导轨应力 σ 和挠度 δ 分别根据式(A.11)和式(A.12)进行计算。

$$\sigma = \gamma_1 \times \left\{ \frac{\beta_1 P_b}{40Z} \cdot 7l + \frac{\beta_1 P_a}{40Z} \left(7l - 20G_p + \frac{12G_p^2}{l} \right) \right\} \qquad \text{(A.11)}$$

$$\delta = \gamma_2 \times \left\{ \frac{\beta_1 P_b}{960} \cdot \frac{11l^3}{EI} + \frac{\beta_1 P_a}{960} \left(\frac{11l^3 - 84l \cdot G_p^2 + 80G_p^3}{EI} \right) \right\} \qquad \text{(A.12)}$$

式中：

P_a——上方导靴作用于导轨的力，P_x 或者 P_y，单位为牛顿(N)。

A.2.3.2.1.2　导轨的评价标准

导轨的评价标准如下：

a)　导轨应力 $\sigma \leqslant$ 许用应力；

b)　导轨挠度 δ + 导轨支架挠度 $\delta_b \leqslant (A-C)-$(余量：10 mm)。

图 A.1 中：

尺寸 A　　——导轨导向部分搭接尺寸；

尺寸 C　　——位置保持装置间隙的尺寸；

尺寸 A－C ——导靴或者位置保持装置的有效搭接尺寸。

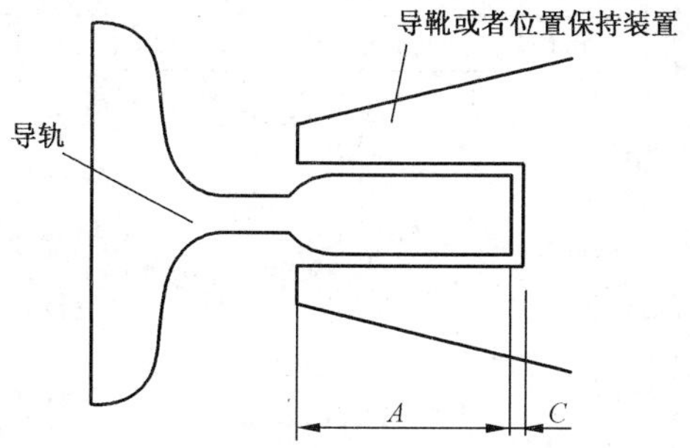

图 A.1 导靴或者位置保持装置与导轨之间的搭接尺寸

A.2.3.2.2 正常情况下有垂直载荷作用于导轨的情况(无机房电梯等)

A.2.3.2.2.1 导轨的应力和挠度的计算

a) 地震力作用点间隔大($G_p \geqslant 1/2$)的导轨情况

压缩应力以及弯曲应力同时作用时的应力判定。压缩应力 σ_{CE} 根据式(A.13)进行计算,弯曲应力 σ_{BE} 根据式(A.14)进行计算。

$$\sigma_{CE}=\frac{F_v+W_R}{A} \qquad \cdots\cdots(A.13)$$

式中:

W_R——作用于导轨的静态垂直力,单位为牛顿(N);

F_v——作用于固定在导轨顶部设备的设计用垂直地震力,单位为牛顿(N);

A——导轨截面积,单位为平方毫米(mm^2)。

$$\sigma_{BE}=\gamma_1\times\frac{7}{40}\times\frac{\beta_1\beta_2P_bl}{Z} \qquad \cdots\cdots(A.14)$$

挠度 δ_x 根据式(A.15)进行计算。

$$\delta_x=\gamma_2\times\left\{\frac{\frac{11}{960}\times\frac{\beta_1\beta_2P_bl^3}{EI_x}}{1-\frac{F_v+W_R}{P_c}}\right\} \qquad \cdots\cdots(A.15)$$

基于欧拉压弯载荷 P_c,根据式(A.16)进行计算。

$$P_c=n\times\pi^2\times\frac{EI_x}{l^2} \qquad \cdots\cdots(A.16)$$

式中:

n——末端系数。

b) 地震力作用点间隔小($G_p<1/2$)的导轨情况

压缩应力 σ_{CE} 根据式(A.17)进行计算。

$$\sigma_{CE}=\frac{F_v+W_R}{A} \qquad \cdots\cdots(A.17)$$

弯曲压力 σ_{BE} 根据式(A.18)进行计算。

$$\sigma_{BE}=\gamma_1\times\left\{\frac{\beta_1P_b}{40Z}\cdot 7l+\frac{\beta_1P_a}{40Z}\left(7l-20G_p+\frac{12G_p^2}{l}\right)\right\} \qquad \cdots\cdots(A.18)$$

挠度 δ_x 根据式(A.19)进行计算。

$$\delta_x = \gamma_2 \times \left\{ \frac{\dfrac{\beta_1 P_b 11 l^3}{960 E I_x} + \dfrac{\beta_1 P_a (11 l^3 - 84 l G_p^2 + 80 G_p^3)}{960 E I_x}}{1 - \dfrac{F_v + W_R}{P_c}} \right\} \qquad \text{(A.19)}$$

A.2.3.2.2.2 导轨的评价标准

导轨的评价标准如下：

a) σ_{CE}≤压曲的短期许用应力；

b) σ_{BE}≤短期许用应力；

c) $\dfrac{\sigma_{CE}}{\text{压曲的短期许用应力}} + \dfrac{\sum \sigma_{BE}}{\text{短期许用应力}} \leqslant 1$；

d) 导轨挠度 δ＋导轨支架挠度 δ_b≤有效搭接尺寸$(A-C)$－(余量：10mm)。

A.2.3.3 对重侧导轨的作用载荷降低系数

对于对重侧导轨作用的载荷，应当通过连接左右导轨将载荷分散到相邻导轨的整体式支架方式，或者通过在对重架纵向中间部位的导轨与对重架纵向之间使用分散载荷的中间限位件方式时，可适用下述载荷降低系数。

A.2.3.3.1 载荷降低系数

使用整体式支架时载荷降低系数的最小值以及使用中间限位件时载荷降低系数见表 A.3。

表 A.3 载荷降低系数 *β*

导轨标称	整体式支架 β_1		设置中间限位件 β_2
	ㄈ型	□型	
T-8K	0.67	0.56	0.70
T-13K		0.63	
T-24K		0.50	
T-30K		0.59	
T-18K	0.78	0.78	※0.78
T-37K			
T-50K	0.92	0.92	※0.92
T75-3/B	0.67	0.66	0.70
T89/B		0.61	
T127-1/B		0.65	
T127-2/B		0.50	
T140-1/B		0.60	
T140-2/B	0.68	0.68	
T140-3/B	0.86	0.86	0.86

注 1：在整体式支架以及无槽形中间限位件时，Y 方向没有降低载荷的效果。

注 2：※标记处是使用有槽形中间限位件时，为 0.7。

A.2.3.3.2　整体式支架的应力和挠度的确认

在载荷相当于对重的地震力的 1/2 的条件下，求得整体式支架的应力，并且应小于或等于许用应力。针对整体式支架打开时的刚度应大于导轨的刚度。

$$\sigma_t \leqslant \text{许用应力}$$

$$\delta_t \leqslant \delta$$

式中：

δ——没有设置整体式支架时导轨的最大许用挠度。

A.2.3.4　导轨支架的计算

导轨支架有轿厢侧、对重侧以及两侧共用支架等，而形状结构也有多种，因此应基于实际情况进行计算。

A.2.3.4.1　应力、挠度允许的范围

应力 $\sigma \leqslant$ 许用应力

挠度 $\delta_B \leqslant 5$ mm

A.2.3.4.2　地脚螺栓的拉伸力与剪切力

a)　拉伸力

作用于地脚螺栓的拉伸力 $R \leqslant R_a$

b)　剪切力

作用于地脚螺栓的剪切力 $S \leqslant S_a$

c)　拉伸力与剪切力同时作用时按式(A.20)进行综合评价

$$\left(\frac{R}{R_a}\right)^2 + \left(\frac{S}{S_a}\right)^2 \leqslant 1 \qquad \text{(A.20)}$$

式中：

R ——作用于地脚螺栓的拉伸力，单位为牛顿(N)；

R_a——仅拉伸力作用时的许用拉伸力，单位为牛顿(N)；

S ——作用于地脚螺栓的剪切力，单位为牛顿(N)；

S_a——仅剪切力作用时的许用剪切力，单位为牛顿(N)。

在考虑 X、Y 两个方向的地震力时，对于 X、Y 两个方向的 R、S 组合，或对于任何一个不利方向的 R、S 组合，都应满足式(A.20)。

A.2.4　机房设备及悬挂设备的抗震措施

A.2.4.1　防止曳引机、控制柜的倾倒或移位

曳引机、控制柜、液压电梯的动力单元等以及电梯的悬挂设备应采用在安全极限震度下不会倾倒与移位的结构，不会倾倒与移位的条件应通过式(A.21)进行确认。

$$\left(\frac{R}{R_a}\right)^2 + \left(\frac{S}{S_a}\right)^2 \leqslant 1 \qquad \text{(A.21)}$$

式中：

R ——发生在支撑部位的拉伸力，单位为牛顿(N)；

R_a——支撑部位的许用拉伸力，单位为牛顿(N)；

S ——发生在支撑部位的剪切力，单位为牛顿(N)；

S_a——支撑部位的许用剪切力，单位为牛顿(N)。

支撑部位是指为防止曳引机、控制柜倾倒或移位而设置的安装螺栓、地脚螺栓、抗震固定器或者支架。

曳引机的设置示例见图 A.2,控制柜的设置示例见图 A.3。

发生在支撑部位的拉伸力 R 和发生在支撑部位的剪切力 S 分别根据式(A.22)和式(A.23)进行计算。

$$R=\frac{K_h\cdot m_o\cdot g\cdot h-(1-K_v)\cdot m_o\cdot g\cdot a-W\cdot c}{b} \quad \cdots\cdots\cdots\cdots\text{(A.22)}$$

$$S=K_h\cdot m_o\cdot g \quad \cdots\cdots\cdots\cdots\text{(A.23)}$$

式中:

m_o——设备的质量,单位为千克(kg);

W——作用于绳轮的悬挂力,单位为牛顿(N);

K_h——设计用水平震度;

K_v——设计用垂直震度;

g——重力加速度(9.8 m/s^2);

h——曳引机的重心高度,单位为毫米(mm);

a——距离曳引机重心点的水平距离,单位为毫米(mm);

b——固定部位的间隔,单位为毫米(mm);

c——距离绳轮中心点的水平距离,单位为毫米(mm)。

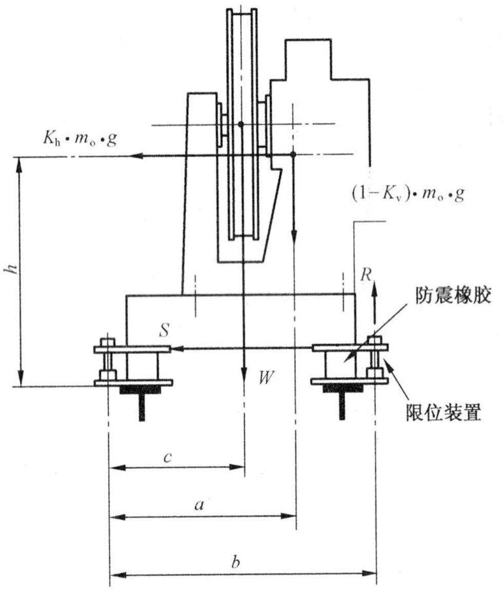

图 A.2 曳引机的设置示例

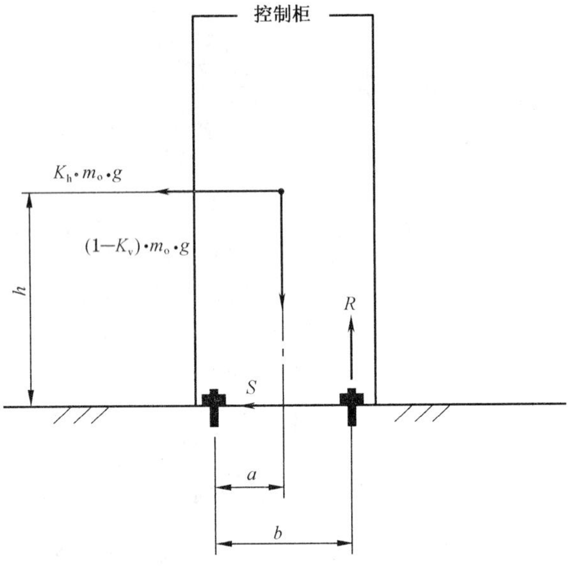

图 A.3 控制柜的设置示例

A.2.4.2 悬挂设备构成部件的抗震性能

A.2.4.2.1 防止对重块的脱落

应采用不会由于地震而导致对重块从对重架脱落的结构。

A.2.4.2.2 液压电梯的液压管路

液压电梯的液压管路应在标准震度的地震力时具有足够的强度。在跨层安装的时候,其强度应能承受建筑物层间变形1/100时在配管支撑部位产生的相对变位。

A.2.4.3 防脱槽装置

应在绳轮处设置铁制或者钢制框架以防止悬挂钢丝绳因地震而脱槽(以下称为防脱槽装置)。

为防止其他绳因地震而脱槽,也应设置防脱槽装置。

卷筒式主机的卷筒、限速器绳轮的绳脱槽保护措施,可以采用加高绳轮边缘高度的深槽型绳轮,或者设置防脱槽装置。

防脱槽装置的结构:

普通防脱槽装置的安装尺寸见图A.4,深槽型防脱槽装置的安装尺寸见图A.5及图A.6。

槽的深度 A:$A \geqslant \frac{1}{3}d$ 并且 $A \geqslant 3$ mm;凸起与防脱槽装置之间的尺寸 B:$B \leqslant \frac{17}{20}d$;边缘与防脱槽装置之间的尺寸 C:$C \leqslant \frac{3}{4}d$。其中:d 为绳直径;当绳截面为扁形时,d 为截面的短边尺寸。

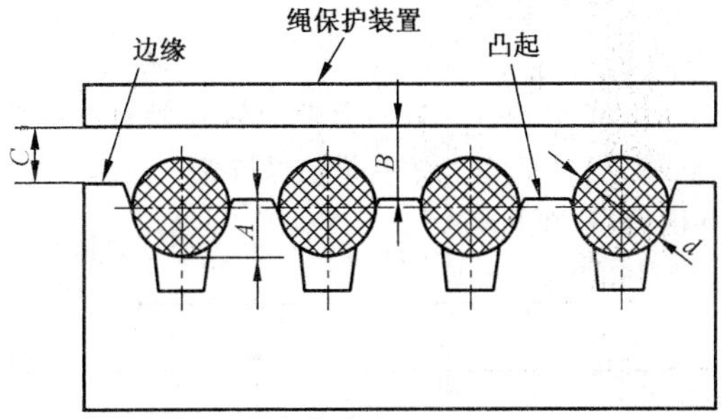

图 A.4 防脱槽装置的安装尺寸

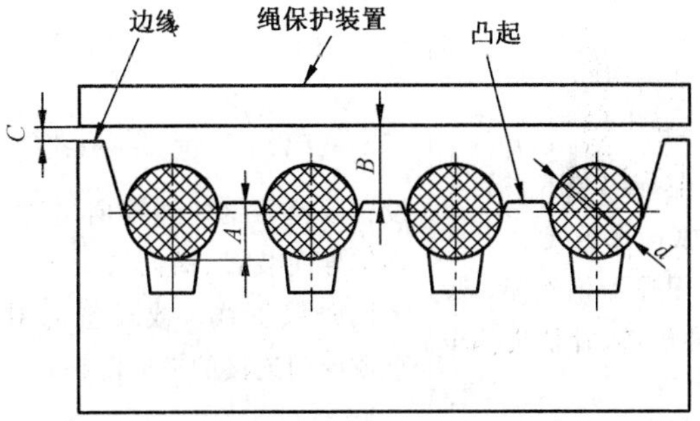

图 A.5 防脱槽装置的安装尺寸

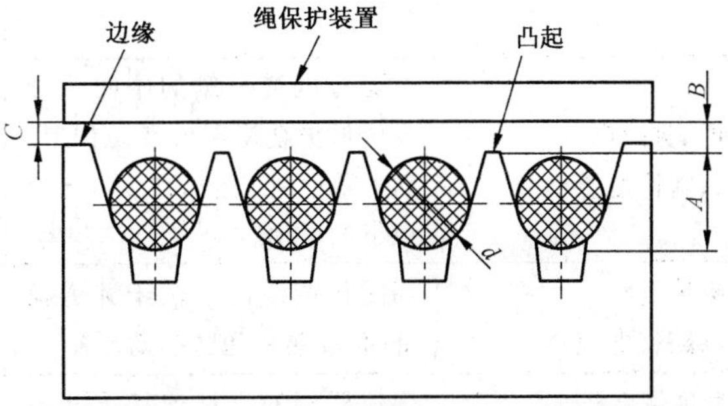

图 A.6 防脱槽装置的安装尺寸

A.2.5　防止长条形柔性部件钩住勾挂点的保护措施

为防止悬挂钢丝绳、限速器钢丝绳、随行电缆等长条形柔性部件由于地震时的振动而钩住井道内的突出物(即勾挂点),应针对勾挂点采取保护措施,防止钢丝绳及随行电缆被钩住的危险。

A.2.5.1　抗震等级 A_{09} 时的保护措施

抗震等级 A_{09} 时的保护措施如表 A.4 所示,这些保护措施的设置表示在井道平面图上,有机房电梯的勾挂点保护措施设置示例见图 A.7,无机房电梯的勾挂点保护措施设置示例见图 A.8。

表 A.4　针对勾挂点的保护措施(抗震等级 A_{09})

井道全高	项目编号	保护措施的名称(保护对象)	保护措施的内容	保护范围
10 m 以内	②	纵向保护线(对重侧导轨支架) (保护对象:所有长条形柔性部件如随行电缆、悬挂钢丝绳、补偿链、补偿绳、对重限速器钢丝绳)	在对重侧导轨支架的边角处安装纵向保护线	针对整个升降行程施工
10 m 以上 60 m 以下	②	同上	同上	同上
	①	纵向保护线 (轿厢侧导轨支架) (保护对象物:随行电缆)	电缆侧的导轨支架、中间梁的随行电缆保护	从升降行程中间的下方开始施工
	⑥	限速器钢丝绳导向装置、横向防护罩或者横向保护线 (保护对象:限速器钢丝绳、悬挂钢丝绳、补偿链、补偿绳、钢带)	设置限速器钢丝绳导向装置、钢带导向装置、横向防护罩或者横向保护线。或设置与对重或层门连接的横向防护罩	对于返回侧限速器钢丝绳及返回侧钢带,间距应小于 20 m。而在感应器侧设置限速器钢丝绳及钢带的情况下,间距应小于 15 m。在井道开关附近的情况下,在其附近施工。 井道下方设置曳引机且井道全高超过 30 m 时,对于由曳引机至井道上方的悬挂钢丝绳,至少应在悬挂钢丝绳间隔的中央附近设置绳导向装置
	⑨	保护金属网、防护罩 (保护对象:随行电缆)	在随行电缆一侧的中间梁处设置保护金属网或者防护罩。防护罩适用于速度在 1.75 m/s 以下的电梯	在沿着中间梁设置随行电缆保护金属网或者防护罩时,应在位于升降行程的中间以下的位置施工
	⑩	中间防摆动装置 (保护对象:随行电缆)	当随行电缆吊架位于井道顶部时,安装中间防摆动装置	在升降行程的中间附近施工
	⑪	限速器钢丝绳侧立柱连接支架 (保护对象物:限速器钢丝绳)	限速器侧的立柱连接支架不得超出立柱宽度	在轿厢、对重侧配置限速器的升降行程全程施工
	⑫	对重侧立柱连接支架 (保护对象:补偿链、补偿绳)	限速器侧的立柱连接支架不得超出立柱宽度	在设置补偿链或者补偿绳的时候,在升降行程全程施工

表 A.4（续）

井道全高	项目编号	保护措施的名称（保护对象）	保护措施的内容	保护范围
60 m 以上 120 m 以下 注：参考⑮	①②⑥⑨～⑫	同前	同前	同前
	③*	横向防护罩或者纵向保护线（候梯厅）（保护对象：随行电缆）	设置横向防护罩或者纵向保护线	在随行电缆侧的底部或者顶部施工（在升降行程中间的下方施工）
	⑤*	开门联锁机构防护罩（保护对象：随行电缆、悬挂钢丝绳、补偿链、补偿绳）	井道内层门侧的开门联锁机构（滚轮、门刀）在不影响装置功能的情况下，采用防止被钩住的结构	在井道下方 5/6 的井道内层门侧的开门联锁机构，应在不影响装置功能的情况下，采用防止被钩住的结构
	⑦*	横向防护罩或者横向保护线（端站强迫减速开关）（保护对象：随行电缆、限速器钢丝绳、补偿链、补偿绳、悬挂钢丝绳）	在端站强迫减速开关的安装支架间安装纵向保护线。由垂直端的安装支架在墙壁侧设置横向防护罩或者横向保护线，或通过垂直端的安装支架设置导轨延伸至层门的横向防护罩	在安装端站强迫减速开关的时候施工
	⑧*	横向防护罩或者横向保护线（保护对象：平层感应器安装支架）	在平层感应器安装支架设置横向保护线或者横向防护罩。或设置延伸至层门或对重导轨的横向防护罩	在平层感应器安装支架上施工
	⑬*	立柱连接支架（保护对象：悬挂钢丝绳、随行电缆、限速器钢丝绳、补偿链、补偿绳）	立柱连接支架不得超出立柱宽度	在设置连接支架处施工
	⑭*	横向防护罩或者横向保护线（随行电缆侧的安装支架）（保护对象：限速器钢丝绳、悬挂钢丝绳、补偿链、补偿绳）	在随行电缆吊架、中间防摆动装置、保护金属网安装支架处设置横向防护罩或横向保护线，延伸至层门或对重侧导轨并进行固定	在顶层与底层以外的范围内，当设置如左所示的随行电缆用支架或其他同样的装置时，设置该保护设置
120 m 以上	①～③⑤～⑭	同前	同前	同前
	④	横向防护罩或者横向保护线（候梯厅）（保护对象：悬挂钢丝绳、补偿链、补偿绳）	当层门的上部及下部与层门侧墙之间存在间隙时，则设置堵塞该间隙的横向防护罩或者横向保护线	位于井道全程的中间部分处，约 4/6 的楼层，在层门的上部及下部进行施工

表 A.4（续）

井道全高	项目编号	保护措施的名称（保护对象）	保护措施的内容	保护范围
120 m 以上	⑮*	支架连接件 （保护对象：限速器钢丝绳、悬挂钢丝绳、补偿链、补偿绳）	在对重导轨上安装支架连接件（在实施⑯对策的时候不需要）	在 20 m 的高度以下施工 当设置有对重侧限速器的时候，超过 60 m 的井道内施工
	⑯*	轿厢或者对重的勾挂点保护装置 （保护对象：限速器钢丝绳、悬挂钢丝绳、补偿链、补偿绳）	为防止轿厢斜拉杆下方固定部位、轿厢安全门框架、对重安全钳等轿厢周围勾挂点及对重周围勾挂点钩住保护对象，而设置勾挂点保护装置（在实施⑮对策的时候不需要）	当设置有对重侧限速器时，超过 60 m 的井道内施工 勾挂点不会发生钩住物体的情况下除外

注 1：“返回侧”是指钢丝绳的返回侧，比如，限速器与轿厢连接的另外一侧钢丝绳是返回侧。
注 2：保护线应使用直径 2.6 mm 以上的钢丝或者钢丝绳。
注 3：不宜在平层感应器侧设置钢丝绳与钢带，如需要设置，钢丝绳与钢带导向装置的安装间隔应小于 15 m。
注 4：表中带有“*”标记是井道全高超过 60 m 时的施工保护措施。对于“井道全高超过 60 m，设置于建筑物上层或者中间的电梯，井道全高超过 30 m”时也要实施。
注 5：当设备不会钩住保护对象时，不需要采取上述对策。

A.2.5.2 抗震等级 S_{09} 时的保护措施

按照表 A.4（抗震等级 A_{09}）中的井道高度而采取的保护设置分类，在抗震等级 S_{09} 的情况下，按照表 A.5 对井道高度分类的要求进行施工。

表 A.5 针对勾挂点的保护措施（抗震等级 S_{09}）

井道的全高	保护措施的内容
10 m 以上 60 m 以下	适用表 A.4 井道全高“60 m 以上 120 m 以下”内容
60 m 以上 120 m 以下	适用表 A.4 井道全高“120 m 以上”内容
120 m 以上	适用表 A.4 所述的⑮、⑯项

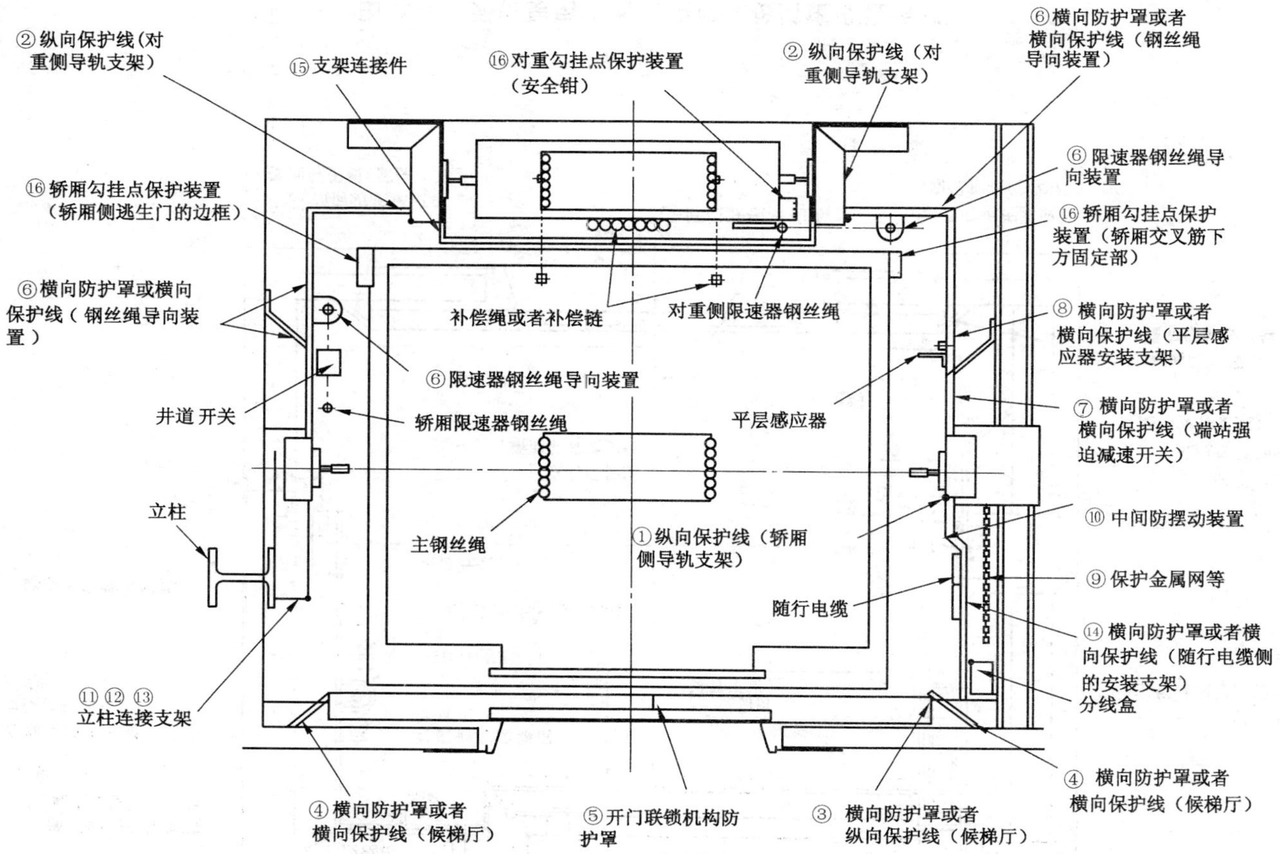

图 A.7 有机房电梯的勾挂点保护措施设置示例

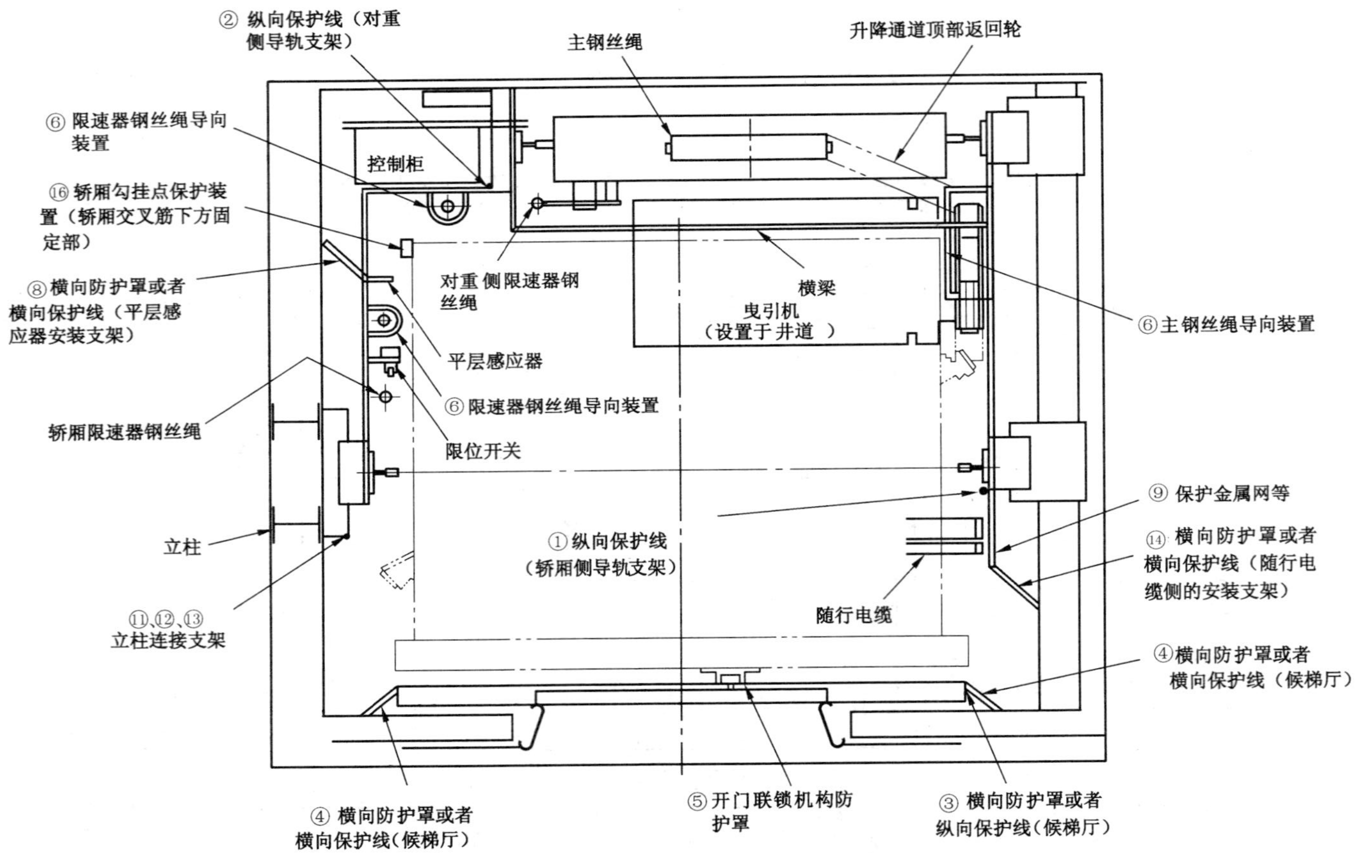

图 A.8 无机房电梯的勾挂点保护措施设置示例

A.2.6 地震时的管制运行

P 波感应器、S 波感应器的设定值。

地震时管制运行使用的 P 波与 S 波地震感应器的设定值如表 A.6 所示。

表 A.6 P 波与 S 波地震感应器的设定值(Gal)

建筑物高度	P 波设定值	S 波 “特低”设定值	S 波 “低”设定值	S 波 “高”设定值
60 m 以下	2.5～10	—	200(顶部设置) 或者 80(底部设置)	300(顶部设置) 或者 120(底部设置)
60 m 以上 120 m 以下		40(60～90 m) 20(90～120 m) (顶部设置)	100 或者 120 (顶部设置)	120 或者 150 (顶部设置)
120 m 以上		(适用细高建筑物 摆动感应器)	40,60,80 或者 100 (顶部设置)	60,80,100 或者 120 (顶部设置)

A.3 其他与建筑物有关的事项

为了在地震时保证电梯和自动扶梯的功能并保证乘客的安全,对于建筑物的结构以及其他相关建筑设备的抗震性能应符合抗震等级的要求。

A.4 自动扶梯的抗震措施

防止坠落的措施如下,底座与桁架支撑角钢的固定方法示例见图 A.9。

a) 保证搭接量而防止坠落

在地震时由于建筑物的层间变形而导致上下层建筑物的梁等支撑物间隔出现变化,要避免自动扶梯桁架支撑角钢脱离建筑物的梁等支撑物而导致自动扶梯主体坠落。

为防止自动扶梯坠落,需要将自动扶梯一端的支撑角钢牢固地固定在建筑物的梁等支撑物上,另一端虽然不固定,但与支撑物之间应具有足够的搭接量。

当安装自动扶梯的建筑物从结构上来说不能设置固定端时,则自动扶梯的两端都应与支撑物保持充分的搭接量。

b) 防止中间部位的支座坠落

桁架具有中间支撑部分,当上方或者下方的非固定支撑部位无法确保充分的搭接量时,即使非固定支撑侧脱离建筑物的梁等支撑物,由于中间支座支撑桁架,因此不会造成自动扶梯的坠落。

c) 建筑物的层间变形角

安装自动扶梯的建筑物在受到地震力影响时其层间变形角应在 1/100 以下。但是,在建筑物结构设计阶段，如能预测层间变形角，则可以使用该预测值。

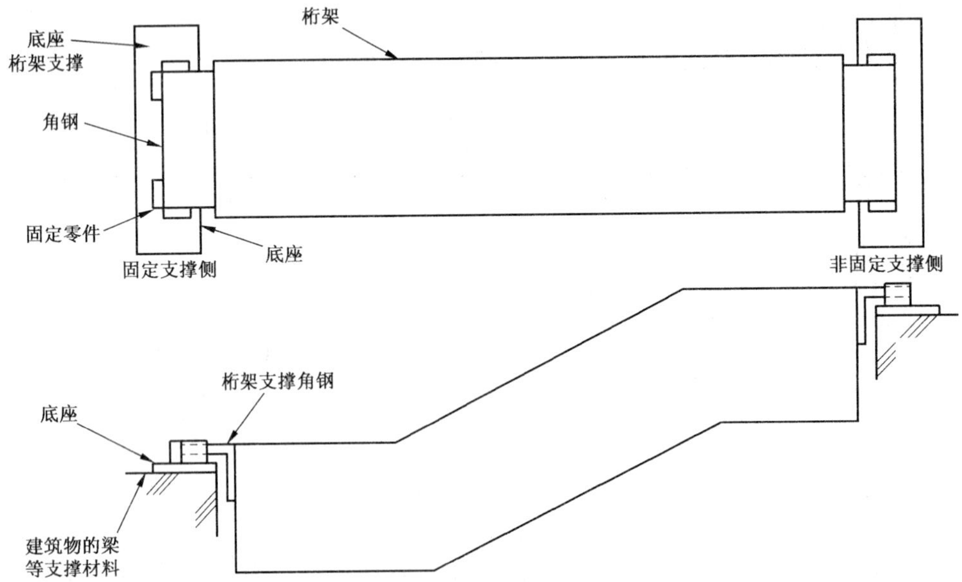

图 A.9　底座与桁架支撑角钢的固定方法示例(下端固定)

A.5　在用电梯改造中的抗震措施

在用电梯的抗震措施，应符合下列要求(包括在用电梯的拆除和新装)：

a)　安全极限承受能力

　　与人身安全有关的安全极限承受能力，应基于本指南的安全极限设计震级进行修正。

b)　运行极限承受能力与地震感应器设定值

　　对于运行极限承受能力，根据升降设备所依据的抗震指南，尽可能采用接近本指南要求的地震时管制运行时的感知加速度水平。

c)　抗震改造的优先顺序

　　针对本指南应用之前的电梯，为了在地震时确保乘客安全并维持运行功能，建议尽可能依据本指南进行抗震改造。

附 录 B
（规范性附录）
NZS 4332[8]乘客电梯和载货电梯

注1：本附录包含了NZS 4332：1997的现行版本（版权归新西兰标准机构所有）。

注2：为与该标准中的编号顺序相匹配，本附录修改使用了NZS 4332：1997中的部分章、条款和表格的编排方式和编号。该标准中的条款号列在标题后面的圆括号中。

第1部分 基本要求

B.1 范围

B.1.1 该标准的范围包括乘客电梯和带轿厢控制装置的载货电梯的设计、制造、操作和检测。

该标准不适用单一单元住宅使用的电梯。

该标准适用于新建筑物和现有建筑物中的新电梯，或者是在用电梯的改造。

在用电梯的改造包括电梯主要部件的完全或实质上的更换，如：

a） 增加承载能力而要求更换新的驱动主机和新的钢丝绳；

b） 增加一个或多个楼层而增加的提升高度；

c） 液压驱动或带驱动改变为电力驱动。

不包括零部件的日常维护、修理以及更换。

注1：如果变换配置使速度增加而导致不符合该标准中与速度相关的要求，如顶层和底部净空不足等，这种情况属于在用电梯的改造。电梯轿厢的改装导致轿厢重量显著增加，这种情况也属于在用电梯的改造。轿厢重量的增加需要检查平衡系数和检查电梯曳引能力、导轨强度等。

注2：安装电梯的建筑物结构设计应符合NZBC的B1条，在NZS 4332中不包括该部分的要求。

B.2 总则

B.2.1 地震载荷

NZS 4203[9]用于确定由于地震加速度而施加在电梯驱动主机、导轨、轿厢、层门和备用设备上的载荷。或者应通过采用地震系数计算该载荷，相关叙述见NZS 4332列表（见5.2和31.2）。风险系数应取决于表2.1和附录B的地震区域。

注：以上条款来源于NZS 4203:1994。

表B.1 风险系数（见NZS 4203表2.1）

建筑物类别	概 述	风险系数 R
1	贮存高危险物资的建筑物	2.0
2a	大地震紧急时期仍保持其使用功能的建筑物	1.6
2b	如果损坏会导致周围区域的生命大量伤亡的建筑物	1.6
3a	大地震后的恢复时期能够正常使用的建筑物	1.3
3b	对社会有重要价值的建筑物	1.3
4	正常居住或使用的建筑物	1.0

B.2.2 电梯安装图和详细说明

B.2.2.1 总则

单台电梯或一组电梯的设计和制造信息都应记录在图样、计算图表、数据表格和证书上。见 NZS 4302:19 94 附录 D。

注 1：这些文件能确保电梯的安全设计并为电梯的制造提供指导。这些文件可能被地方当局要求作为计划、规格说明，以及建筑物许可和以后电梯安装检查的支持信息。

注 2：电梯设计者应说明所需要的信息(如机房和底坑尺寸的要求、部件的质量与间距)，以使建筑物的设计能够满足电梯安装的需要。

B.2.2.2 证书

下面所列的电梯设计和(或)制造应通过认可的检测实验室，或有资格的人员检验，以证明符合该标准。对于国外获得的证书，如果是通过互认程序获得的认可，或者具有专业资格的人员同意，则是可以获得承认的。

a) 悬挂绳 (见 16.1)；

b) 液压缓冲器 (见 10.5)；

c) 电梯井道壁的强度(见 12.2)；

d) 轿厢和层门的强度 (见 13.3.1)；

e) 焊工资格证书(检查时提供)；

f) 保护液压缸的套筒(见 34.3.7)。

注：以上条款摘自 NZS 4203:1994。

B.2.2.3 电梯详细资料

电梯详细资料应符合 5.2，液压电梯应符合 31.2(见 NZS 4203:1994 第 2 章　电梯：乘客电梯和载货电梯)。

第 2 部分　乘客电梯和载货电梯

B.3 总则(NZS 4203[9] 第 5 章)

B.3.1 范围(NZS 4203[9] 第 5.1 节)

该部分适用于乘客电梯和载货电梯。乘客电梯和载货电梯应符合该部分的要求，同时还应满足第 1 部分的相关要求。由于载货电梯应由电梯司机操作，并通常有乘客使用，所以与乘客电梯要求相同。

B.3.2 提交文件应包括下列资料(NZS 4203[9] 第 5.2 节)

(除非另有规定所有尺寸以毫米为单位)

所有者和(或)用户名称

所有者和(或)用户地址

电梯安装位置

电梯制造商

电梯申请人

申请人的编号

申请日期

观光电梯：是/否

电梯类型(乘客电梯/客货电梯/由电梯司机操作的载货电梯)

符合 NZS 4121：2001 [34] 的电梯出厂编号

驱动主机制造商

吊装梁以下的净距离

轿厢内尺寸：

(在轿厢地板以上 1 000 mm 处测量，忽略扶手等)

轿厢内的宽度

轿厢内的深度

质量：

轿厢 (kg)

额定载重量 (kg)

乘客数量

对重 (kg)

轿厢说明：

轿底重量 (kg)

轿底的减振部件

轿厢地板说明

轿壁和轿顶说明

轿架立柱和支撑部件

撞弓

撞弓附件的重量(kg)

减振部件

轿架

轿架的可调节长度

其他参数：

提升高度(m)

服务层/站数量

最大速度(m/s)

限速器触发速度 (m/s)

驱动主机类型(卷筒/曳引/有齿轮驱动)

如果是卷筒驱动：应安装越程停止装置

终端速度检查和停止装置：安装/不安装

如果安装：接触缓冲器时的速度(m/s)

导靴参数：

导靴中心之间的垂直距离

——轿厢

——对重

轿厢导靴对轿厢重心的偏心距

导轨间距(D. B. G.)

——轿厢

——对重

导轨导向面与导靴滚轮中心之间的距离

轿厢和对重的净高度：

轿厢在顶层时的顶部净高度

导靴上方净高度

机械部件净高度

人员净空间

对重上方净高度

底坑深度：

机械部件净高度

人员净空间

完全压缩缓冲器时，对重的下方净高度

轿厢一缓冲器间距

对重一缓冲器间距（包括悬挂绳的伸长）

轿厢缓冲器：

类型（线性蓄能型/非线性蓄能型/耗能型）

缓冲器的数量

缓冲器的行程

地震分类：

$C_{P\ max}$： Zone A ＝ 0.6； Zone B ＝ 0.5； Zone C ＝ 0.4。

地震设计系数 $C_d = R \times C_{P\ max}$

见附录 C 的地震区域和表 B.1 的风险系数（R）

轿厢导轨资料：

导轨类型

固定件之间的距离

框式支架截面：

截面模量 Z_{yy}（cm^3）

高度

安全钳类型：

无/A/B/C/D

对重导轨资料：

导轨类型

固定件之间的距离

框式支架截面：

截面模量 Z_{yy}（cm^3）

高度

是否安装安全钳？是/否

类型：无/A/B/C/D

井道壁（描述）：

层站出入口：

净开门高度

净开门宽度

门锁类型/制造商

端站限位装置：

由轿厢触发的凸轮

在机房内由轿厢触发的选层器

机电式感应器

极限装置(描述):

悬挂绳:

绕绳方式 1∶1,2∶1,3∶1

绳直径

绳总长度(m)

绳数量

破断强度/根(t)

制造商

绳结构

吊环螺杆直径

机械设备:

曳引轮直径

反绳轮直径

重量(kg)

齿轮齿数比

曳引轮轴直径

反绳轮轴直径

功率(kW)

转速(r/min)

限速器类型

限速绳直径

图纸清单:

注:以下来源于 NZS 4332 的第 33 到 94 页。

1) 电梯井道中,应在下任一较低的温度下动作:75 ℃,或者如果顶部安装了喷淋装置时,比喷淋装置动作温度低 11 ℃。

2) 构成建筑物火警系统一部分的每一个喷淋头和温感探头的半径应安装在 300 mm 范围内。不能安装喷淋头或温感探头的地方,超温开关应根据 NZS 4512[35]定位温感探头的要求确定安装位置。

c) 应保护喷淋头、温感探头传感器和超温开关,避免受到已核准的防护装置的意外损坏。

d) 超温度开关的操作应对所有的电梯起作用,除了正在检修运行和基站不停的电梯以外,使电梯保持开门并不再响应。

e) 当电梯返回到基站时,轿厢中的“电梯正在返回基站”标识应发光。

f) 在经胜任的维保人员确认电梯是安全的,并复位电力回路之前,电梯应不再响应。

g) 超温开关应配有按照 NZS 2139 要求的由温度、热度触发的火灾探测器,其制造和安装应保证特低电压条件下可动作。按照 1993 年电气法规所给出的定义,“特低电压”是指“任何情况下交流一般不超过 32 V 或直流一般不超过 115 V 的电压”。

B.3.3 地震情况下电梯的运行(NZS 4203[9]第 25.8 节)

B.3.3.1 主要部件位移传感器(NZS 4203[9]第 25.8.1 节)

所有提升高度超过 15 m 的电梯都应安装一个对重脱轨检测开关。当对重在水平面的任何方向的位移超过 20 mm 时，该装置(见图 B.1)应被触发。

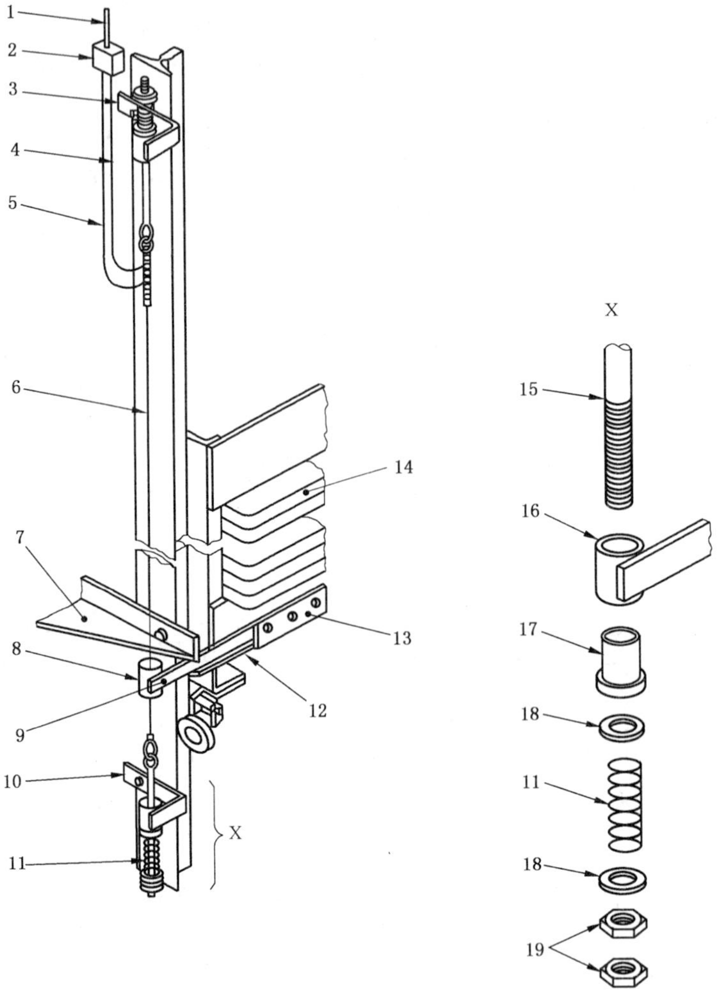

说明：

1——到控制柜的线槽；
2——接线盒；
3——在导轨顶端的支架；
4——试验线；
5——检测线；
6——传感线；
7——导轨支架；
8——金属环；
9——扁钢；
10——在导轨底端的支架；
11——弹簧；
12——对重挡板；
13——支架；
14——对重；
15——吊环螺杆；
16——导管；
17——套管；
18——垫圈；
19——螺母。

图 B.1　(NZS 4332:1997 图 25.1)

B.3.3.2　运行(NZS 4203[9] 第 25.8.2 节)

该装置动作时电梯应：

a)　如果电梯在运行时，立即减速并在最近可停靠的层站停止，停止后门保持打开状态；

b)　如果电梯停靠在一个层站上，应在该位置停止，门保持打开状态。

对于共用井道中的电梯，如果该装置由井道中的任何一台或多台电梯操纵，所有电梯应遵循该规定。

通过这种方式停止的电梯，在由胜任的维保人员对这些电梯和井道进行彻底的检查，并做出状况良好的书面证明之前不应重新投入使用。

B.4 电气保护装置(NZS 4203[9]第 26 章)

B.4.1 保护装置——总则

B.4.1.1 轿顶上的停止开关(NZS 4203[9]第 26.1.1 节)

在电力驱动和电气控制的电梯轿顶都应有一个符合 24.1 的停止开关。

第 3 部分 液压电梯

B.5 总则(NZS 4203[9]第 31 章)

B.5.1 范围(NZS 4203[9]第 31.1 节)

按照 3.1 的规定,该部分适用于液压电梯。液体压力是由单独的电机驱动液压泵所产生的。这些条款是对第 1 部分和第 2 部分的补充。其要求之间可能会有一些冲突,该部分的要求优先于第 2 部分相应的要求。

B.5.2 提交文件应包括下列资料(NZS 4203[9]第 31.2 节)

(除非另有规定所有尺寸以毫米为单位)
所有者和(或)用户名称
所有者和(或)用户地址
电梯安装位置
电梯制造商
电梯申请人
申请人的编号
申请日期
观光电梯:是/否
电梯类型:(乘客电梯/客货电梯/由电梯司机操作的载货电梯)
符合 NZS 4121[34]的电梯出厂编号

轿厢尺寸:

(在轿厢地板以上 1 000 mm 测量,忽略扶手等)
轿厢宽度
轿厢深度
轿厢面积(cm^2)

质量:

轿厢 (kg)
额定载重量 (kg)
乘客数量
对重 (kg)

轿厢说明:

轿底重量 (kg)
轿底的减振部件
轿厢地板说明

轿壁和轿顶说明

轿架立柱和支撑部件

撞弓

撞弓附件的重量(kg)

减振部件

轿架

轿架的可调节长度

其他参数：

提升高度(m)

服务层/站数量

额定速度(m/s)

最大满载下行速度(m/s)

是否安装自闭门？是/否

顶部越程限位开关：无/开关/有缓冲制停的柱塞

间接作用式液压电梯：

限速器触发速度(m/s)

越程限位开关：安装/不安装

导靴参数：

导靴中心之间的垂直距离

轿厢导靴对轿厢重心的偏心距

导轨间距(D. B. G.)

导轨导向面与导靴滚轮中心之间的距离

净高度和越程：下列设备上方的净高度

导靴上方净高度

轿顶范围内上方 300 mm 的设备

撞弓每一边 450 mm 上方的区域

轿顶上方净高度

所有其他设备的上方净高度

轿厢的顶部越程

底坑深度：

机械部件净高度

人员净空间

轿厢一缓冲器间距

与层站地坎的间隙

与电梯井道的间距

压缩柱塞后与底坑地面的间距

轿厢缓冲器：

类型：(线性蓄能型/非线性蓄能型/耗能型)

缓冲器的数量

缓冲器的行程

地震分类：

$C_{P\,max}$：Zone A＝0.6；Zone B＝0.5；Zone C＝0.4。

地震设计系数 $C_d = R \times C_{P\,max}$；

见附录C的地震区域和表B.1的风险系数(R);

轿厢导轨的资料:

导轨类型

固定件之间的距离

框式支架截面(若安装):

截面模量 Z_{yy}(cm^3)

高度

安全钳类型:

无/A/B/C/D

对重导轨的资料:

导轨类型

固定件之间的距离

缓冲器类型

缓冲器行程

缓冲器与对重间距

顶部间距

底部间距

框式支架截面(若安装):

截面模量 Z_{yy}(cm^3)

高度

井道壁(描述):

层站出入口:

净开门高度

净开门宽度

门锁类型/制造商

端站限位装置:

由轿厢触发的凸轮

在机房内由轿厢触发的选层器

机电感应器

常规限位开关:生产商—说明:

防沉降装置:安装/不安装

液压系统:

工作压力(kPa)

安全阀压力(kPa)

空心和易遭受外部压力的柱塞:是/否

油缸:

外径

内径

防腐蚀程度(若有)

油缸材料

油缸的材料屈服强度

端部类型:

对平或球面的压力

厚度

盘式端部：

盘式端部的半径

柱塞：

	第一级	第二级	第三级
外径			
内径			
自由长度			
质量(kg)			
柱塞随行导向装置:安装/不安装			
柱塞材料			
柱塞材料屈服强度(N/mm^2)			

附 录 C
（规范性附录）
地 震 区 域

NZS 4332:1997 的第 5.2 节和第 31.2 节的地震区域见图 C.1。

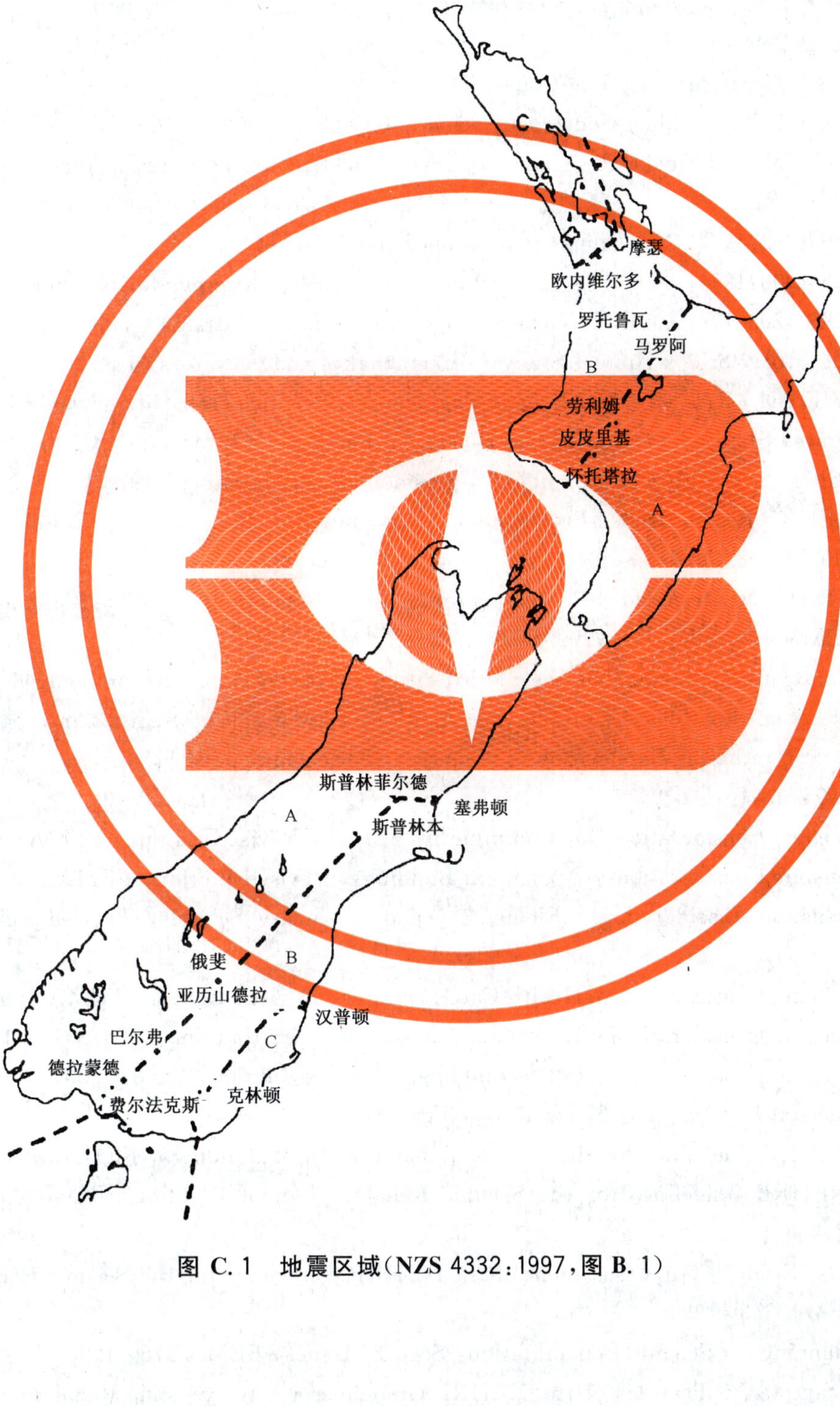

图 C.1 地震区域（NZS 4332:1997，图 B.1）

参 考 文 献

[1] ASME A17.1:2010, Safety Code for Elevators and Escalators

[2] AISC, Specification for the Design, Fabrication and Erection of Structural Steel for Buildings

[3] ASCE 7-02, Minimum Design Loads for Buildings and Other Structures

[4] NEHRP Maps

[5] 2003 International Building Code

[6] NFPA 5000: Building Construction and Safety Code, 2002

[7] Guide for Earthquake Resistant Design & Construction of Vertical Transportation, Japan Elevator Association, 2009

[8] NZS 4332:1997, Non-domestic passenger and goods lifts

[9] NZS 4203:1994, General structural design and design loadings for buildings

[10] NZS 4203:1992 CORR1, General structural design and design loadings for buildings

[11] Elevator World's Annual Study — Earthquakes and Elevators, 10/72

[12] WIEGEL, R. L. ed., Earthquake Engineering, Prentice Hall, Englewood Cliffs, NJ, 1970

[13] United States Geological Survey, National Earthquake Information Center (NEIC), 2011

[14] California Institute of Technology, Seismological Laboratory, 1976

[15] NEHRP Recommended Provisions for Seismic Regulations for New Buildings, 2 volumes and maps, FEMA 368 and 369, 2000

[16] NEHRP Recommended Provisions for Seismic Regulations for New Buildings, 2 volumes and maps, FEMA 302 and 303, 1997

[17] Guide to Application of the 1991 Edition of the NEHRP Recommended Provisions in Earthquake Resistant Building Design, Revised Edition, FEMA 140-new edition in preparation, 1995

[18] A Non-technical Explanation of the NEHRP Recommended Provisions, Revised Edition, FEMA 99, 1995

[19] Seismic Considerations for Communities at Risk, Revised Edition, FEMA 83, 1995

[20] Seismic Considerations: Apartment Buildings, Revised Edition, FEMA 152, 1996

[21] Seismic Considerations: Elementary and Secondary Schools, Revised Edition, FEMA 149, 1990

[22] Seismic Considerations: Health Care Facilities, Revised Edition, FEMA 150, 1990

[23] Seismic Considerations: Hotels and Motels, Revised Edition, FEMA 151, 1990

[24] Seismic Considerations: Office Buildings, Revised Edition, FEMA 153, 1996

[25] Societal Implications: Selected Readings, FEMA 84, 1985

[26] NEHRP Guidelines for the Seismic Rehabilitation of Buildings, FEMA 273, 1997

[27] NEHRP Guidelines for the Seismic Rehabilitation of Buildings: Commentary, FEMA 274, 1997

[28] Case Studies: An Assessment of the NEHRP Guidelines for the Seismic Rehabilitation of Buildings, FEMA 343, 1999

[29] Planning for Seismic Rehabilitation: Societal Issues, FEMA 275, 1998

[30] Example Applications of the NEHRP Guidelines for the Seismic Rehabilitation of Buildings, FEMA 276, 1999

[31] NEHRP Handbook of Techniques for the Seismic Rehabilitation of Existing Buildings, FEMA 172, 1992

[32] NEHRP Handbook for the Seismic Evaluation of Existing Buildings, FEMA 178, 1992

[33] An Action Plan for Reducing Earthquake Hazards of Existing Buildings, FEMA 90, 1985

[34] NZS 4121:2001, Design for access and mobility—Buildings and associated facilities

[35] NZS 4512, Fire alarms systems—Sprinkler systems

[36] Architecture Standard Law, enacted June 1, 1981,Japan

[37] 四川5.12地震中电梯技术状况与电梯抗震技术分析研究,国家质量技术监督检验检疫总局科技计划项目编号:2008QK21,科学技术成果鉴定证书编号:鉴字[2011]第501号,科技成果批准登记号:2012-099

ICS 91.140.90
Q 78

中华人民共和国国家标准化指导性技术文件

GB/Z 28598—2012/ISO/TR 25743:2010

电梯用于紧急疏散的研究

Study of the use of lifts for evacuation during an emergency

(ISO/TR 25743:2010,Lifts(elevators)-Study of the use of lifts for evacuation during an emergency,IDT)

2012-12-31 发布　　2013-06-01 实施

中华人民共和国国家质量监督检验检疫总局
中国国家标准化管理委员会　发布

前 言

本指导性技术文件按照 GB/T 1.1—2009 给出的规则起草。

本指导性技术文件使用翻译法等同采用 ISO/TR 25743:2010《电梯　关于电梯用于紧急疏散的研究》(英文版)。

本指导性技术文件对 ISO/TR 25743:2010 作了下列编辑性修改:

——删除了 ISO/TR 25743:2010 的前言,因为这些内容不适合我国国情且其存在与否对本指导性技术文件的理解和使用没有任何影响;

——ISO/TR 25743:2010"参考文献"中已被等同采用为我国国家标准的,直接列入了对应的我国国家标准。

本指导性技术文件由全国电梯标准化技术委员会(SAC/TC 196)提出并归口。

本指导性技术文件负责起草单位:康力电梯股份有限公司。

本指导性技术文件参加起草单位:中国建筑科学研究院建筑机械化研究分院、上海三菱电梯有限公司、日立电梯(中国)有限公司、沈阳博林特电梯股份有限公司、奥的斯电梯(中国)投资有限公司、蒂森电梯有限公司、上海永大电梯设备有限公司、华升富士达电梯有限公司、上海市特种设备监督检验技术研究院、东南电梯股份有限公司、上海爱登堡电梯有限公司。

本指导性技术文件主要起草人:顾楠森、陈凤旺、吴国良、罗照希、李振才、夏英姿、缪爱民、王浩、李杰、金浩、马依萍、冒忠伟、钱晓峰。

引　言

本指导性技术文件是针对在各类建筑物紧急事件中电梯用于人员疏散方面的研究。关于使用电梯进行紧急疏散时的危险和与其相关的风险，在最近几年有大量的争议。很显然，有必要确认存在什么危险和风险，以及如何对建筑物和电梯采取一些措施，以使这些危险和风险降低到最小程度。

本指导性技术文件的目的是研究发生紧急事件时使用电梯疏散建筑物中人员存在的风险。

电梯专业人员和消防员参与了本指导性技术文件的制定。很显然电梯专业人员不是建筑设计者或消防专业人员，因此，本指导性技术文件无法解决这些领域的问题。其目的是确认包括建筑物设计者和消防专业人员需要研究的问题。并不一定在每个建筑设计中都需要研究本指导性技术文件中列出的所有问题。

建筑物需要组织疏散可能有很多种原因，例如：火灾、爆炸、化学侵蚀或生物侵袭、洪水、风暴破坏、地震等。当然，上述这些事件不是全部都与每一个建筑物和其他风险有关，其中概率小的事件可能被忽视，建筑设计者应确定是否存在足够大的某一特定风险需要研究。

例如：如果在一个中型城市市区设计一座小型办公楼时，则在理论上也有可能会遭受爆炸袭击或化学侵蚀(恐怖行动)。然而，这种情况发生的可能性不大，除非有一些特殊的原因使其引人注目或易受影响。大多数情况下，这些事件风险的可能性非常低，以至于不必去研究。

如果建筑物用于军队的总部，这将增加其遭受某些形式侵袭的可能性。完全有必要考虑在建筑物或邻近建筑物的附近发生爆炸或建筑物遭受化学侵蚀所造成的后果。

通常，在非地震活跃区域建造建筑物，无需进一步考虑防震措施。

如果一座建筑物建在市中心，成为一个著名的地标，所有可能发生的事件都有必要考虑。

建筑物的设计者应通过风险评价或其他方法确定何种事件需要研究。一旦做这些研究，如果电梯在任何疏散方案中应用，则图1的框图就可以用于指导需要考虑的问题。

电梯或电梯群组可以较容易地疏散残障人员，但如果考虑电梯在通常疏散中要起的作用，对于减少总体的疏散时间是可能的。这取决于建筑物的规模和电梯的数量等。

本指导性技术文件没有重点研究残障人员的疏散问题，而是重点研究如果电梯用于疏散，所有使用者可能暴露于哪种危险和风险中。

需要指出的是，电梯在通常的疏散中可能起一定的作用，但事实证明这并不经济。在许多建筑物的设计中，都建议电梯不宜取代楼梯，而且使用电梯取代楼梯可能大大增加疏散时间。

电梯用于紧急疏散的研究

1 范围

本指导性技术文件重点研究在各类紧急事件中与使用电梯疏散人员相关的主要风险。

所研究的建筑物或其邻近建筑物发生紧急事件的类型是指火灾、洪水、地震、爆炸、生物侵袭或化学侵蚀、气体泄漏、雷击或风暴的袭击。

本指导性技术文件目的是提供一种与电梯和建筑物设计相关且明确的方法,从而确定所给出的设计是否能在可接受的安全等级内使用电梯。

本指导性技术文件不考虑所有建筑物的全部风险,同样也不考虑所有电梯都具有所述及的全部功能。根据所给建筑物的重要性、功能、容积率、状况、地理位置、使用、规模等来确定建筑物易发生的事件是建筑物设计者的职责。

确定电梯是否能够作为一座给定建筑物的安全疏散工具,这不是也不可能是电梯制造商的责任,做出该决定应该是其他有关人员的职责。电梯制造商仅能提供一些关于特定电梯所设计的能力或在某个特定情况时电梯状况的建议。

本报告中采用的方法可应用于任何规模的、新建和在用的建筑物,但实践证明应用于在用建筑物中是难以实现且不经济的。

2 术语和定义

下列术语和定义适用于本文件。

2.1

建筑物管理系统(BMS)　building management system

基于接收到的信息,能够做出智能决定的系统。

2.2

建筑物管理者　building management

负责建筑物每天安全有效地运行和在紧急事件时根据疏散策略确保安全疏散的人员或组织。

2.3

应急指挥中心　emergency command centre

建筑物内外的房间或区域,其功能是用于接收信息、发出指令和按照所发生事件的状况组织安全疏散。

2.4

防火区域(防火分区)　fire compartment(fire separated area)

建筑物的一个特定区域,其墙壁、地板和天花板是由耐火材料建造的,以便在给定的时间阻隔火的侵入。

2.5

危险区域　hazardous area

由于热、烟、气体等,导致对人员有危险的楼层或电梯井道区域。

2.6

疏散所需时间　required evacuation time

电梯从提供疏散服务开始到完成一层或数层疏散所需的时间。

2.7

安全区域 safe area

不存在热、烟等有害物质的建筑物特定层,从电梯轿厢进入该层是安全的。

3 缩略语

B	与建筑物相关
BL	与建筑物和电梯相关
BMS	建筑物管理系统
L	与电梯相关
TSR	所需的技术方案
TSRB	所需的建筑物技术方案
TSRL	所需的电梯技术方案
TSRBL	所需的建筑物和电梯技术方案
ETA	预计到达时间

注:建筑物A是指正被设计或研究的建筑物,建筑物B是指一个邻近建筑物,可能对建筑物A造成威胁。

4 判定框图的使用

4.1 总则

判定图1中的框图宜用于研究某个特定建筑物的设计。参考邻近建筑物的目的是考虑邻近建筑物突发事件对所研究的建筑物的影响。

判定图1a)到图1h)的框图包括不同的编号框。这些号码不以任何特定的顺序排列,仅用于参考。某些框包含一串大写字母和号码,例如:TSR16B。它们被插在某些需要制定技术方案的框上。TSR代表所需的技术方案。数字是技术方案的编号,所给出的数字后的字母是需要探讨问题的说明。“B”指与建筑物相关,“L”指与电梯相关,“BL”指涉及两个方面并需要用一个共同的解决方案。

与电梯相关的可能的技术方案已被识别,并且采用GB/T 20900做了进一步的研究。虽然本指导性技术文件给出了指导,但是,如果涉及与建筑物相关的技术方案,应该由建筑物设计者负责解决。

附录A中给出了每个TSR的说明。附录B给出了所有TSR的概要。

4.2 框图使用的示例

判定框图的图1a)中框1指出:“紧急事件监测系统或建筑物管理者监测出建筑物A或邻近建筑物B中出现了问题——TSR00B。”

该TSR假设某个系统或者是建筑物管理者已监测到紧急事件。对于建筑物管理者而言,他们很可能观察到或已被告知该事件。

TSR00B说明需要一个监测紧急事件的技术方案,B表明与电梯无关,而与建筑物有关,应该由建筑物设计者解决。低风险建筑物中监测紧急事件的技术方案,可以是监测该事件的建筑物管理流程或简单的监测系统。对于高风险建筑物,它可以是复杂的监测系统。建筑物设计者应根据给定建筑物的风险,来确定技术方案的复杂程度。对于建筑物A,没有必要配备能检测邻近建筑物B的系统。邻近建筑物B具有自己的系统,在火灾情况下,建筑物A中的人员可以看到邻近建筑物B正在被疏散或察觉到火灾。

框178表明:“建筑物A中的紧急事件是火灾吗?——TSR41B。”建筑物A是正在设计或研究的建筑物,但该建筑物也可能处于邻近建筑物的突发事件危险范围内。在框图中邻近建筑物被称作建筑物 B。

TSR41B 表明这是通过建筑设计来解决的问题。应该提供给建筑物管理者一些措施，告知建筑物发生的紧急事件是否是火灾。

假设发生在所研究的建筑物(建筑物 A)里的紧急事件不是火灾，则转到框 174:“建筑物 A 中发生了其他紧急事件吗？——TSR16B。”

如果判定为“是”，则转到框 12，表明：“该建筑物发生了爆炸、恐怖袭击、气体、生物侵袭、水灾、结构失效、雷击或风暴的袭击”，并且其可能影响到建筑物的结构。

这些紧急事件是通过仔细研究筛选出来的，因为这些紧急事件的后果涵盖了几乎所有可能发生的事故。其他没有列出的紧急事件也能得到解决，例如：货车碰撞建筑物的事故没有列出，这种情况最坏的后果是导致建筑结构的损坏和失效。

框 12 之后就转到框 28b(TSR11B)。TSR11B 指出这是另外一个建筑设计的问题。建筑物设计者应根据建筑物的重要性，来决定是否需要监测紧急事件对建筑结构的影响。如果决定建筑结构不需要监测，除非人员能够直接观察到建筑结构的损坏，否则不能做出建筑物是否被损坏的判断。

假如该事件是地震事件，则转到框 31，表明：“建筑物管理者或仪器监测出建筑结构有问题，如果等级超过 X，建筑物管理系统(BMS)命令电梯驶离潜在危险区域，在规定的位置停靠。如果等级超过 Y，应立即停止电梯——TSR14BL。”

TSR14BL 指出该技术方案与电梯和建筑物都相关。确定监测建筑结构的位置和方法是建筑物设计者的职责。

一旦决定了技术方案，建筑物设计者就应确定电梯对该事件的响应。如果监测系统只能向电梯系统传送一个信号，表明一个事件已发生，该电梯只能做一个响应。该响应可能是在电梯运行过程中停梯，这意味着乘客被困的概率很高。如果监测系统能够向电梯发出事件的等级，则其他响应方式就有可能，例如：X 等级时，使电梯在指定楼层停靠；Y 等级时，立即停止电梯运行。

电梯制造商应使电梯以预定的方式响应，但是建筑物设计者应确定建筑结构的变化达到何种程度时，才能定义为需要电梯系统做出响应的紧急事件。

框 33 表明：“检查设备移位、电梯做低速检修运行、导轨验证等。电梯可被安全地移动到某一楼层吗？——TSR15L。”

TSR15L 表明这些任务应该由电梯设计者解决。当建筑物经历了一次大的震动，除非电梯本身具有合适的自检功能，否则允许电梯继续运行是危险的。

电梯系统应确定电梯的运行是否安全。假设自检已判断出电梯不宜在正常模式下继续运行，则转到框 147，表明：“使轿厢就近层停靠或为被困乘客发出报警。为电梯轿厢中被困乘客提供信号和声音信息。同时通知建筑物管理系统(BMS)和管理者——TSR07L。”

检查完成后，转到框 143，表明：“电梯可以安全使用吗？”

这清楚表明信号和电梯响应，是对电梯制造商设计方面的要求。

当使用框图时，从起始框开始，逐步进行特定情节的分析是很重要的。否则，很可能被误导，得出错误的结论。

附录 A 为每个所需的技术方案(TSR)提供了进一步的说明。

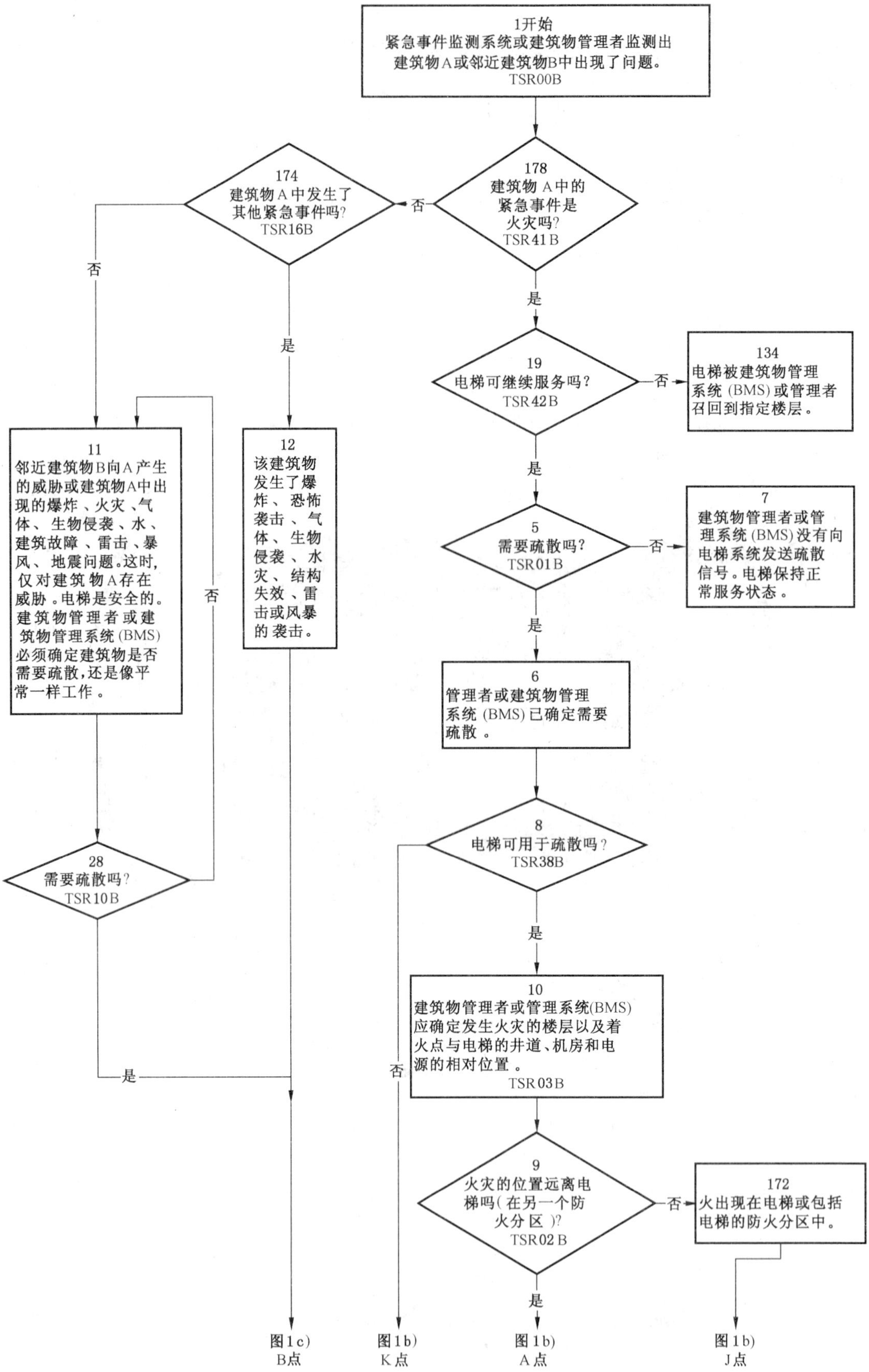
1开始
紧急事件监测系统或建筑物管理者监测出建筑物A或邻近建筑物B中出现了问题。
TSR00B
178
建筑物A中的紧急事件是火灾吗?
TSR41B
否
174
建筑物A中发生了其他紧急事件吗?
TSR16B
否
是
是
19
电梯可继续服务吗?
TSR42B
否
134
电梯被建筑物管理系统(BMS)或管理者召回到指定楼层。
11
邻近建筑物B向A产生的威胁或建筑物A中出现的爆炸、火灾、气体、生物侵袭、水、建筑故障、雷击、暴风、地震问题。这时,仅对建筑物A存在威胁。电梯是安全的。建筑物管理者或建筑物管理系统(BMS)必须确定建筑物是否需要疏散,还是像平常一样工作。
否
12
该建筑物发生了爆炸、恐怖袭击、气体、生物侵袭、水灾、结构失效、雷击或风暴的袭击。
是
5
需要疏散吗?
TSR01B
否
7
建筑物管理者或管理系统(BMS)没有向电梯系统发送疏散信号。电梯保持正常服务状态。
是
6
管理者或建筑物管理系统(BMS)已确定需要疏散。
8
电梯可用于疏散吗?
TSR38B
28
需要疏散吗?
TSR10B
是
10
建筑物管理者或管理系统(BMS)应确定发生火灾的楼层以及着火点与电梯的井道、机房和电源的相对位置。
TSR03B
是
否
9
火灾的位置远离电梯吗(在另一个防火分区)?
TSR02B
否
172
火出现在电梯或包括电梯的防火分区中。
是
图1c)
B点
图1b)
K点
图1b)
A点
图1b)
J点

a)

图1 判定方案的框图

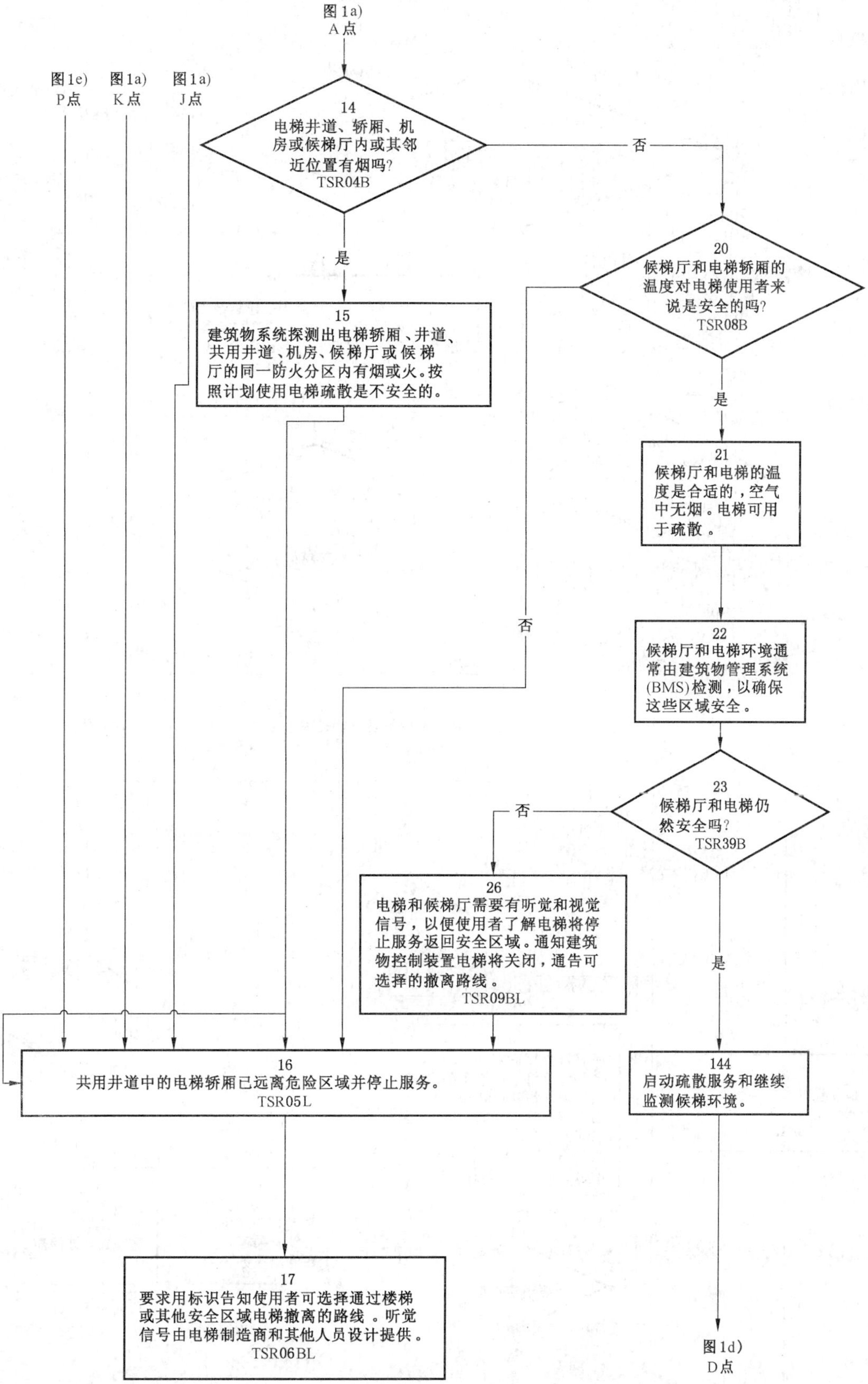
图1a)
A点
图1e)
P点
图1a)
K点
图1a)
J点
14
电梯井道、轿厢、机房或候梯厅内或其邻近位置有烟吗?
TSR04B
否
是
15
建筑物系统探测出电梯轿厢、井道、共用井道、机房、候梯厅或候梯厅的同一防火分区内有烟或火。按照计划使用电梯疏散是不安全的。
20
候梯厅和电梯轿厢的温度对电梯使用者来说是安全的吗?
TSR08B
是
21
候梯厅和电梯的温度是合适的，空气中无烟。电梯可用于疏散。
否
22
候梯厅和电梯环境通常由建筑物管理系统(BMS)检测，以确保这些区域安全。
23
候梯厅和电梯仍然安全吗?
TSR39B
否
26
电梯和候梯厅需要有听觉和视觉信号，以便使用者了解电梯将停止服务返回安全区域。通知建筑物控制装置电梯将关闭，通告可选择的撤离路线。
TSR09BL
是
16
共用井道中的电梯轿厢已远离危险区域并停止服务。
TSR05L
144
启动疏散服务和继续监测候梯厅环境。
17
要求用标识告知使用者可选择通过楼梯或其他安全区域电梯撤离的路线。听觉信号由电梯制造商和其他人员设计提供。
TSR06BL
图1d)
D点

b)

图 1（续）

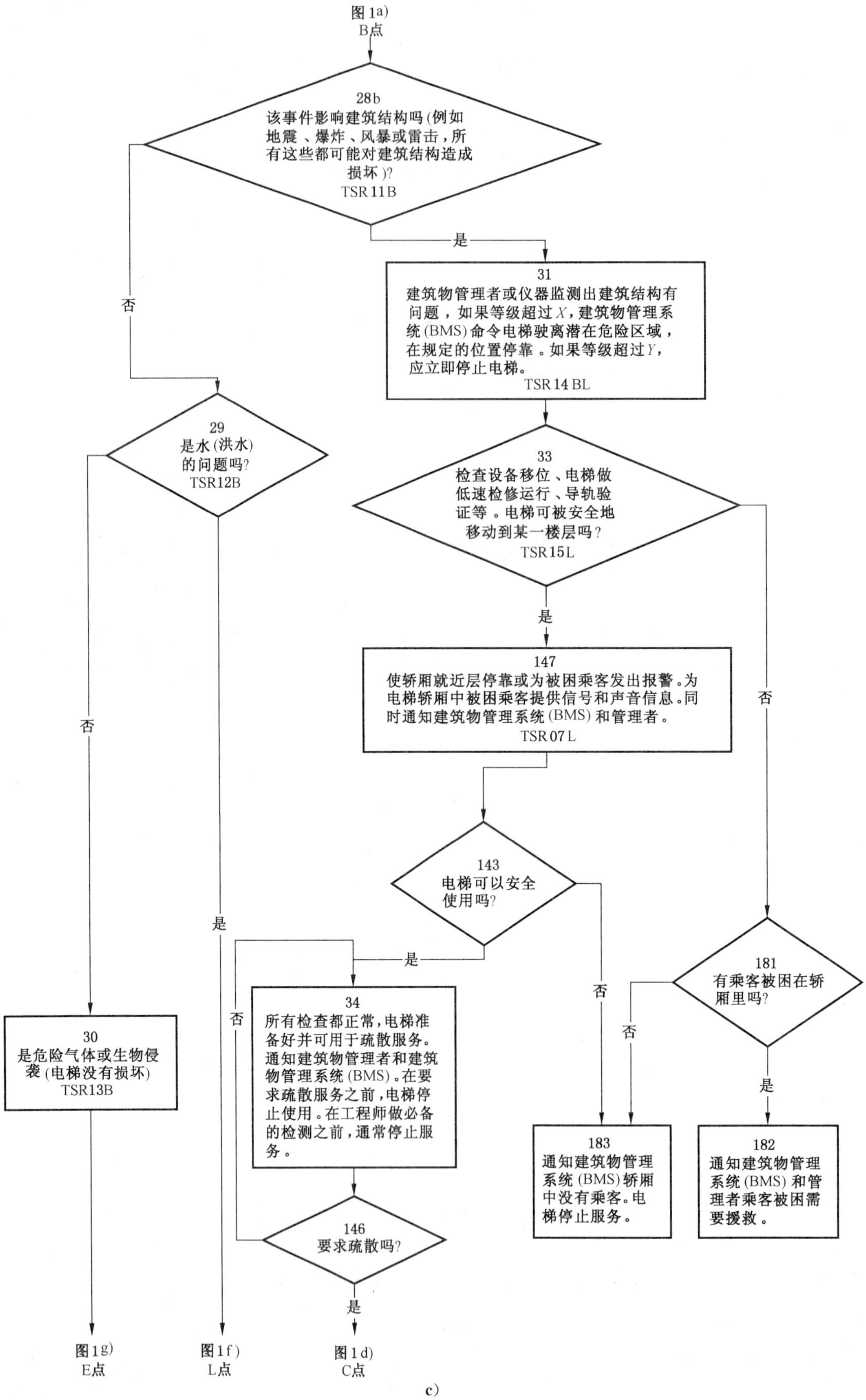
图1a)
B点
28b
该事件影响建筑结构吗(例如地震、爆炸、风暴或雷击,所有这些都可能对建筑结构造成损坏)?
TSR 11B
是
否
31
建筑物管理者或仪器监测出建筑结构有问题，如果等级超过X,建筑物管理系统(BMS)命令电梯驶离潜在危险区域，在规定的位置停靠。如果等级超过Y,应立即停止电梯。
TSR 14 BL
29
是水(洪水)的问题吗?
TSR12B
33
检查设备移位、电梯做低速检修运行、导轨验证等。电梯可被安全地移动到某一楼层吗?
TSR15L
是
否
147
使轿厢就近层停靠或为被困乘客发出报警。为电梯轿厢中被困乘客提供信号和声音信息。同时通知建筑物管理系统(BMS)和管理者。
TSR 07 L
否
143
电梯可以安全使用吗?
是
是
否
181
有乘客被困在轿厢里吗?
否
否
30
是危险气体或生物侵袭(电梯没有损坏)
TSR13B
34
所有检查都正常,电梯准备好并可用于疏散服务。通知建筑物管理者和建筑物管理系统(BMS)。在要求疏散服务之前,电梯停止使用。在工程师做必备的检测之前,通常停止服务。
是
183
通知建筑物管理系统(BMS)轿厢中没有乘客。电梯停止服务。
182
通知建筑物管理系统(BMS)和管理者乘客被困需要援救。
146
要求疏散吗?
是
图1g)
E点
图1f)
L点
图1d)
C点

c)

图 1(续)

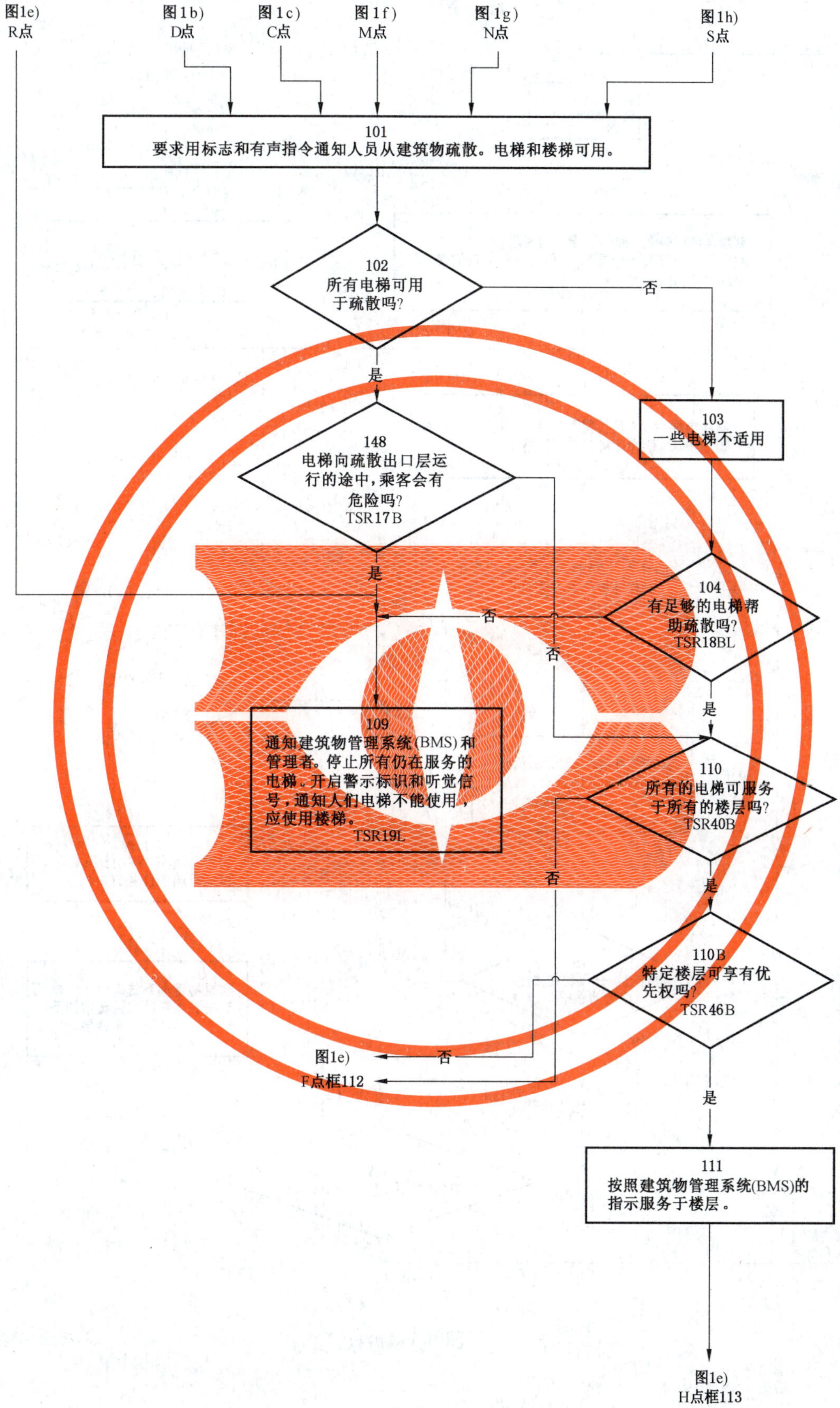
图1e) R点
图1b) D点
图1c) C点
图1f) M点
图1g) N点
图1h) S点
101
要求用标志和有声指令通知人员从建筑物疏散。电梯和楼梯可用。
102
所有电梯可用于疏散吗?
否
是
103
一些电梯不适用
148
电梯向疏散出口层运行的途中,乘客会有危险吗?
TSR17B
是
否
104
有足够的电梯帮助疏散吗?
TSR18BL
否
是
109
通知建筑物管理系统(BMS)和管理者。停止所有仍在服务的电梯。开启警示标识和听觉信号,通知人们电梯不能使用,应使用楼梯。
TSR19L
110
所有的电梯可服务于所有的楼层吗?
TSR40B
否
是
110B
特定楼层可享有优先权吗?
TSR46B
图1e)
否
F点框112
是
111
按照建筑物管理系统(BMS)的指示服务于楼层。
图1e)
H点框113

d)

图 1（续）

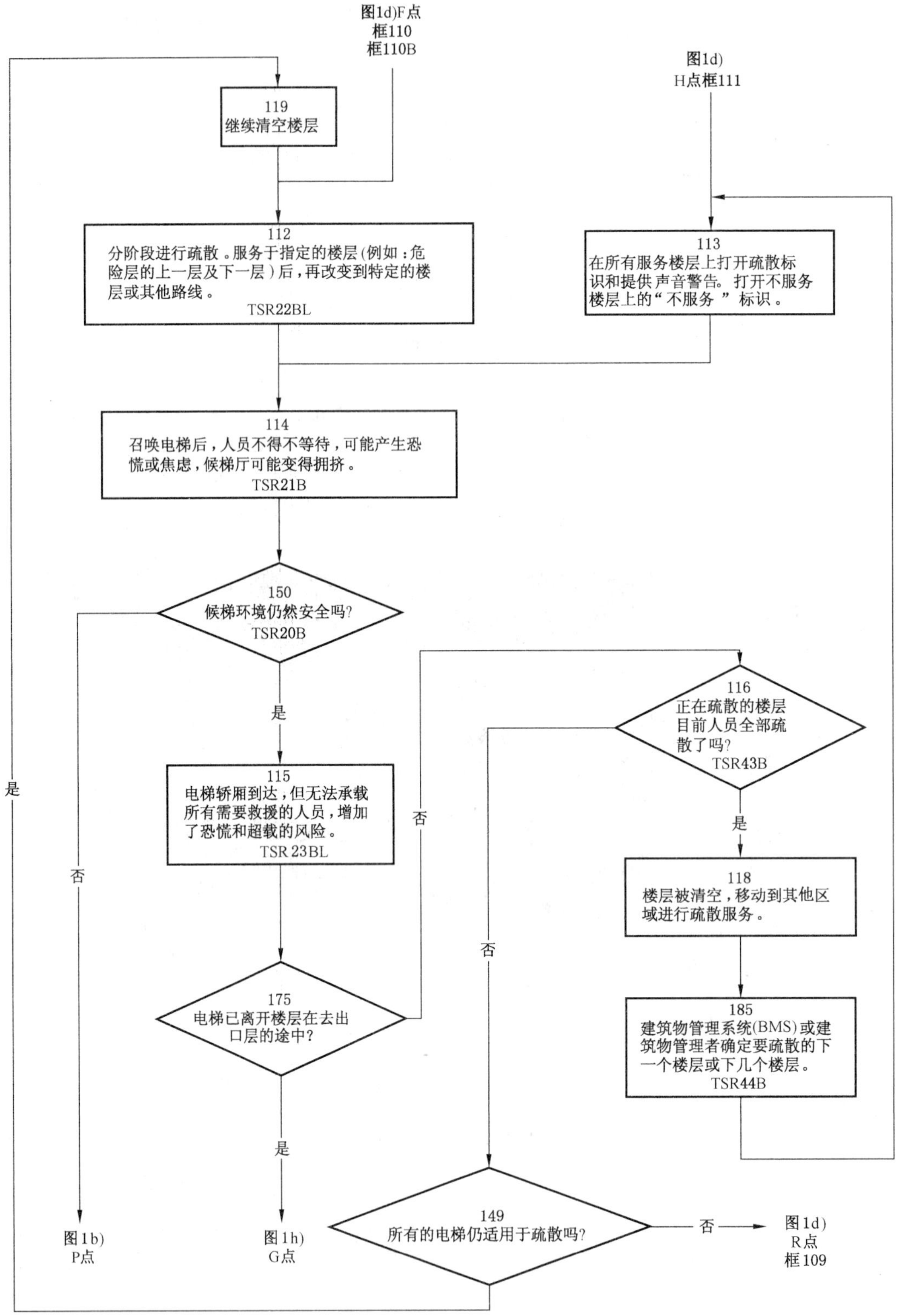

图1d)F点
框110
框110B
图1d)
H点框111
119
继续清空楼层
112
分阶段进行疏散。服务于指定的楼层(例如:危险层的上一层及下一层)后,再改变到特定的楼层或其他路线。
TSR22BL
113
在所有服务楼层上打开疏散标识和提供声音警告。打开不服务楼层上的“不服务”标识。
114
召唤电梯后,人员不得不等待,可能产生恐慌或焦虑,候梯厅可能变得拥挤。
TSR21B
150
候梯环境仍然安全吗?
TSR20B
是
否
115
电梯轿厢到达,但无法承载所有需要救援的人员,增加了恐慌和超载的风险。
TSR 23BL
175
电梯已离开楼层在去出口层的途中?
116
正在疏散的楼层目前人员全部疏散了吗?
TSR43B
118
楼层被清空,移动到其他区域进行疏散服务。
185
建筑物管理系统(BMS)或建筑物管理者确定要疏散的下一个楼层或下几个楼层。
TSR44B
149
所有的电梯仍适用于疏散吗?
图1b)
P点
图1h)
G点
图1d)
R点
框109

e)

图 1(续)

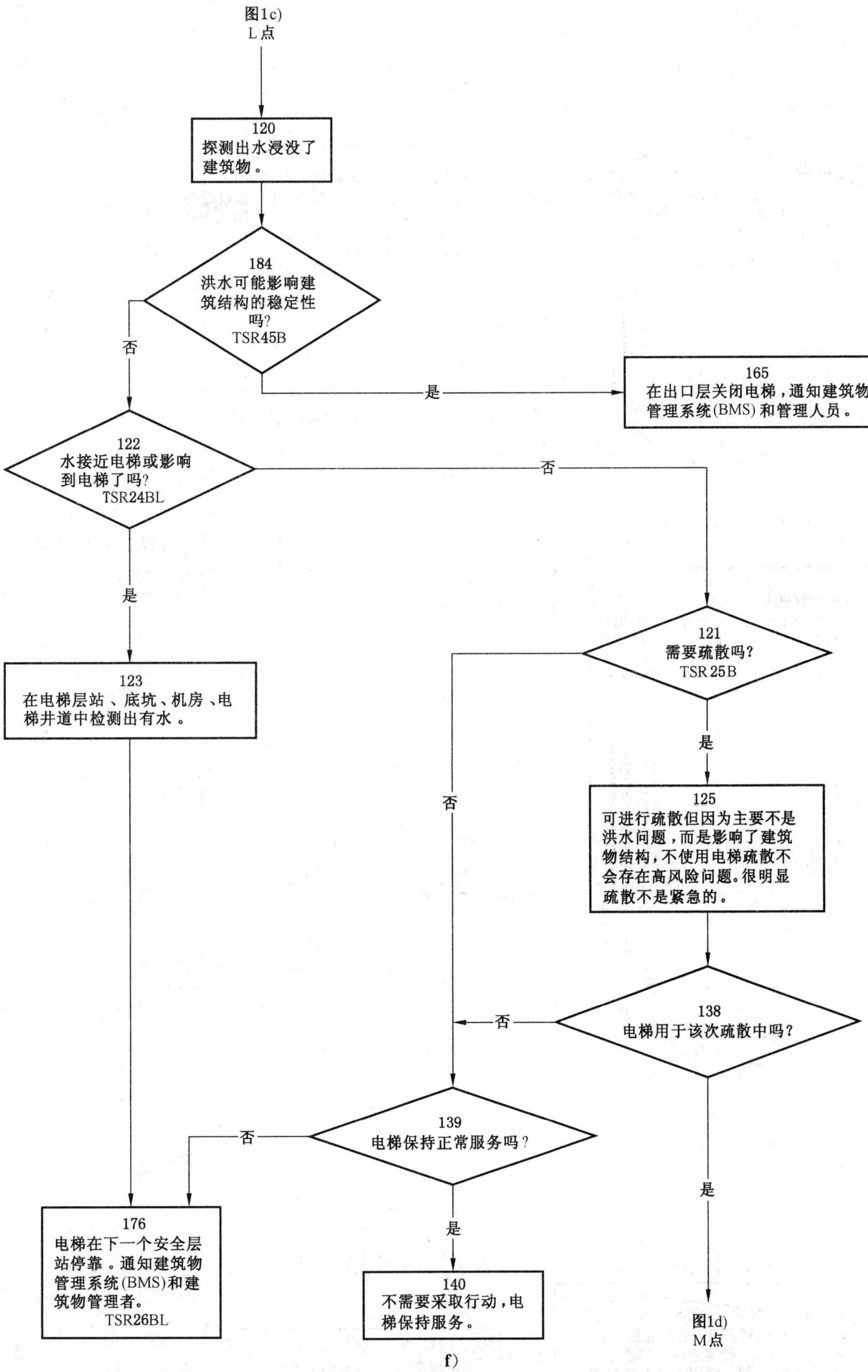

图1c)
L点
120
探测出水浸没了建筑物。
184
洪水可能影响建筑结构的稳定性吗?
TSR45B
否
是
165
在出口层关闭电梯,通知建筑物管理系统(BMS)和管理人员。
122
水接近电梯或影响到电梯了吗?
TSR24BL
否
是
121
需要疏散吗?
TSR 25B
123
在电梯层站、底坑、机房、电梯井道中检测出有水。
是
否
125
可进行疏散但因为主要不是洪水问题,而是影响了建筑物结构,不使用电梯疏散不会存在高风险问题。很明显疏散不是紧急的。
否
138
电梯用于该次疏散中吗?
否
139
电梯保持正常服务吗?
是
是
176
电梯在下一个安全层站停靠。通知建筑物管理系统(BMS)和建筑物管理者。
TSR26BL
140
不需要采取行动,电梯保持服务。
图1d)
M点

f)

图 1(续)

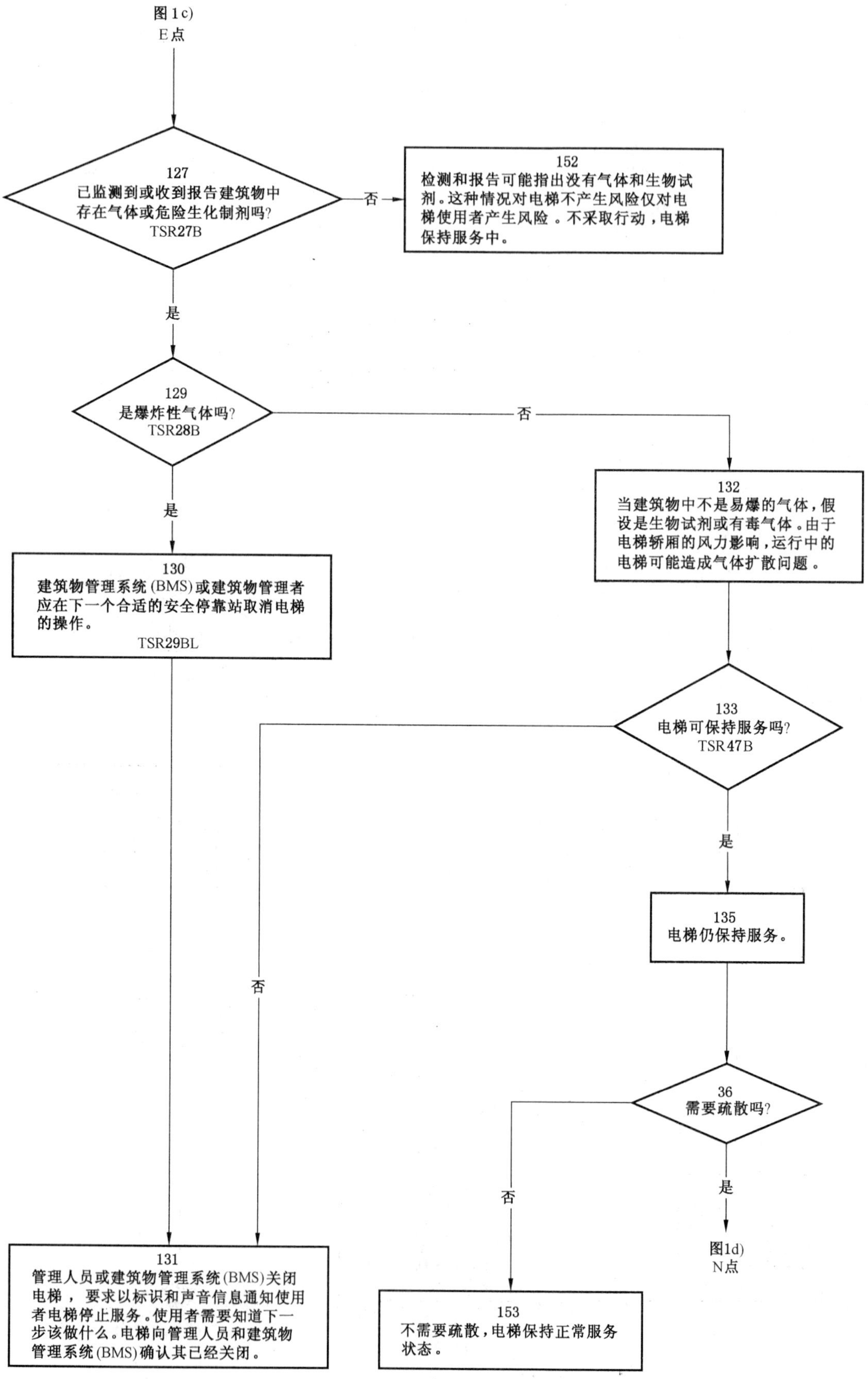
图1c)
E点
127
已监测到或收到报告建筑物中存在气体或危险生化制剂吗?
TSR27B
否
152
检测和报告可能指出没有气体和生物试剂。这种情况对电梯不产生风险仅对电梯使用者产生风险。不采取行动，电梯保持服务中。
是
129
是爆炸性气体吗?
TSR28B
否
是
130
建筑物管理系统(BMS)或建筑物管理者应在下一个合适的安全停靠站取消电梯的操作。
TSR29BL
132
当建筑物中不是易爆的气体，假设是生物试剂或有毒气体。由于电梯轿厢的风力影响，运行中的电梯可能造成气体扩散问题。
133
电梯可保持服务吗?
TSR47B
是
135
电梯仍保持服务。
否
36
需要疏散吗?
否
是
图1d)
N点
131
管理人员或建筑物管理系统(BMS)关闭电梯，要求以标识和声音信息通知使用者电梯停止服务。使用者需要知道下一步该做什么。电梯向管理人员和建筑物管理系统(BMS)确认其已经关闭。
153
不需要疏散，电梯保持正常服务状态。

g)

图 1（续）

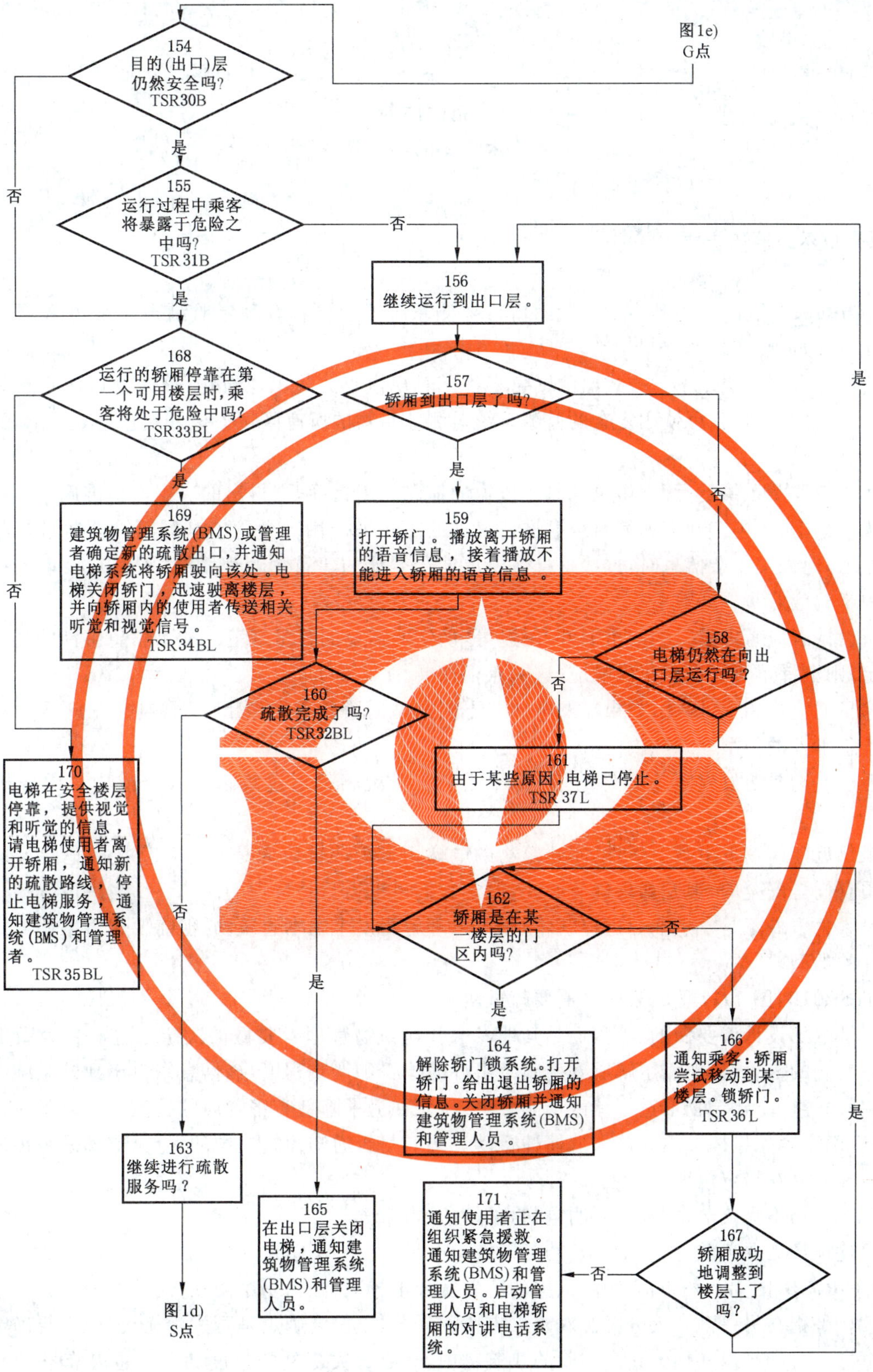
图1e)
G点
154
目的(出口)层
仍然安全吗?
TSR30B
是
否
155
运行过程中乘客
将暴露于危险之
中吗?
TSR 31B
否
156
继续运行到出口层。
是
168
运行的轿厢停靠在第
一个可用楼层时,乘
客将处于危险中吗?
TSR33BL
157
轿厢到出口层了吗?
是
否
是
169
建筑物管理系统(BMS)或管理
者确定新的疏散出口,并通知
电梯系统将轿厢驶向该处。电
梯关闭轿门,迅速驶离楼层,
并向轿厢内的使用者传送相关
听觉和视觉信号。
TSR34BL
是
159
打开轿门。播放离开轿厢
的语音信息,接着播放不
能进入轿厢的语音信息。
否
158
电梯仍然在向出
口层运行吗?
否
160
疏散完成了吗?
TSR32BL
170
电梯在安全楼层
停靠,提供视觉
和听觉的信息,
请电梯使用者离
开轿厢,通知新
的疏散路线,停
止电梯服务,通
知建筑物管理系
统(BMS)和管理
者。
TSR35BL
161
由于某些原因,电梯已停止。
TSR 37L
162
轿厢是在某
一楼层的门
区内吗?
否
否
是
是
164
解除轿门锁系统。打开
轿门。给出退出轿厢的
信息。关闭轿厢并通知
建筑物管理系统(BMS)
和管理人员。
166
通知乘客:轿厢
尝试移动到某一
楼层。锁轿门。
TSR 36 L
是
163
继续进行疏散
服务吗?
165
在出口层关闭
电梯,通知建
筑物管理系统
(BMS)和管理
人员。
171
通知使用者正在
组织紧急援救。
通知建筑物管理
系统(BMS)和管
理人员。启动管
理人员和电梯轿
厢的对讲电话系
统。
否
167
轿厢成功
地调整到
楼层上了
吗?
图1d)
S点

h)

图 1(续)

附 录 A
（规范性附录）
所需技术方案的进一步说明

A.1 所需技术方案的说明

A.1.1 TSR00B，图 1a），框 1，表明："紧急事件监测系统或建筑物管理者监测出建筑物 A 或邻近建筑物 B 中出现了问题。"

建筑设计者应确定用哪种方式监测紧急事件。对规模小的简单建筑物，该问题可由建筑物管理者解决。对复杂的建筑物，可使用复杂的监测系统监测建筑物的所有区域。该监测包括火、热、烟、建筑震动等。

所使用的监测系统越复杂，做决定时所依据的信息就越精确，则得出的决定就更准确。如果使用了复杂系统采集信息，则应确定如何对信息进行最佳的显示和应用。少量信息可简单地通过控制台上的指示灯显示，但采集复杂信息时，这些信息需要反馈给智能的建筑物管理系统（BMS），该系统将准确地确定下一步响应。

建筑设计者应考虑建筑物的重要性、用途等，确定所需要的技术规范。如果紧急事件的类型不能准确地确定，则电梯不可能做出正确响应，这一点很重要。

电梯只能响应指令，因此，如果需要电梯对不同类型的紧急事件做出不同响应，则应通知电梯系统所发生紧急事件的类型。

邻近建筑物是否发生紧急事件的信息，可能来自于观察邻近建筑物的人员或应急服务机构或公众等。

如果邻近建筑物发生紧急事件，本建筑物的电梯用于疏散被认为是不存在直接的危险。这并不意味着使用它们是安全的，但是如果确有必要，假定它们可以运行是合理的。

假设紧急事件不是发生在邻近建筑物，则可以理解为发生在本建筑物，但需要通过某些方式来确定紧急事件的类型。

A.1.2 TSR01B，图 1a），框 5，表明："需要疏散吗？"

这不是电梯设计者要做的决定，而是其他专家和建筑物管理者要做的决定。这需要为做出决定的人员提供明确的信息，让他们了解所发生紧急事件的位置和严重程度，该信息来自于建筑系统或其他方面。某些紧急事件，建筑物不进行疏散可能会更好，例如为了降低有害物质的扩散。如果不对建筑物进行疏散，应确定紧急事件发生时该采取何种行动。例如是否通知建筑物中的人员、电梯是否仍保持正常运行或电梯停靠在特定位置。

如果建筑物不需疏散，则框 7 表明电梯将保持正常服务。

如果建筑物需要疏散，则应确定是否可以使用电梯（见框 8，TSR38B）。

A.1.3 TSR02B，图 1a），框 9，表明："火灾的位置远离电梯吗（在另一个防火分区）？"

"远离"是指在另一个防火分区。对于火灾监测系统，不仅要确定是否发生火灾，而且要确定是否存在威胁电梯运行的高温和烟。在高风险的建筑物中，确定火灾蔓延的速度和方向也是有益的。负责建筑物及其供电设计的人员需要确定传感装置的类型，该传感装置能够正确地监测上述与火灾相关的状况。

A.1.4 TSR03B，图 1a），框 10，表明："建筑物管理者或管理系统（BMS）应确定发生火灾的楼层以及着火点与电梯的井道、机房和电源的相对位置。"

重要的是掌握与电梯相关的火灾发生的准确位置，也可能是电梯本身着火。除非能够确切地证实电梯是安全的,否则不应使用它。

A.1.5 TSR04B,图 1b),框 14,表明:"电梯井道、轿厢、机房或候梯厅内或其邻近位置有烟吗?"

掌握烟与电梯井道、机房、轿厢和候梯厅的相对位置是至关重要的。这意味着这些区域应由建筑物系统准确地监测烟的状况。

该领域的专家应决定监测系统的设计。选定的监测系统类型应通知电梯制造商,使他们能够在电梯轿厢中安装类似的装置。如果在电梯机房区域或电梯井道中需要安装监测装置,则该装置的类型和位置应由有关专家确定,而不是电梯制造商。因为这些装置属于总监测系统的一部分,而不是电梯的。

如果安装了监测系统,则来自这些监测系统的信息应传输给建筑物管理系统(BMS)和位于应急指挥中心的人工控制台。

A.1.6 TSR05L,图 1b),框 16,表明:"共用井道中的电梯轿厢已远离危险区域并停止服务。"

一旦收到信号(来自于建筑物管理系统(BMS)的自动信号或应急指挥中心的人工信号),电梯就应通过视觉和听觉警告信号建议乘客离开轿厢。也应在层站上通过视觉和听觉警告信号建议使用者不要进入电梯。电梯将低速关门,并伴有警告音。任何需要停止的电梯都应运行到建筑物管理系统(BMS)或建筑物管理者选定的楼层。

应允许这些电梯完成向安全区域或选定楼层的运行。一旦到达,电梯就应停止运行,除非通过建筑物管理系统(BMS)或建筑物管理者发出手动信号。

电梯开门按钮应保持有效。但是,当电梯停止运行时,可关闭门。设计建筑物管理系统(BMS)的有关人员应确保建筑物管理系统(BMS)能自动为电梯运行选择一个安全楼层(见定义),也应设计建筑物标识和信息来指明电梯的所在层站。这些标识和信息在发生紧急事件时有效。

注:上述标识和信号不是来自于电梯,而是来自于建筑物。

电梯设计者应确保电梯强迫关门功能被激活,使门尽快关闭。

A.1.7 TSR06BL,图 1b),框 17,表明:"要求用标识告知使用者可选择通过楼梯或其他安全区域电梯撤离的路线。听觉信号由电梯制造商和其他人员设计提供。"

对于不能用于疏散的电梯或电梯群组,在每一层站上应通过非常清晰的听觉和视觉信号告知使用者。

有必要通过信息告诉需要撤离的人员该去什么地方和该做什么。该信息的设计及其与电梯相对的布置位置是关键的。系统应根据不断变化的形势动态响应。除了在电梯上提供信息,也应在通往电梯的路途中给出类似的信息。这将避免在电梯不能运行的情况下,人员不得不折返。

如果电梯潜在使用者被引导去其他电梯,这些电梯也应由建筑物管理者或建筑物管理系统(BMS)为疏散使用和实施疏散服务做合理的设计。

建筑设计者要特别注意标识和信号的设计,以便确保标识和信号清楚、明确、醒目。

A.1.8 TSR07L,图 1c),框 147,表明:"使轿厢就近层停靠或为被困乘客发出报警。为电梯轿厢中被困乘客提供信号和声音信息。同时通知建筑物管理系统(BMS)和管理者。"

由于建筑物大的震动,电梯可能被损坏。一旦证实电梯不能安全使用,电梯应以低速运行,并就近停靠。

应将电梯的状况自动告知建筑物管理系统(BMS)或建筑物管理者。

如果电梯不能就近层停靠释放被困乘客,则应使用标识和听觉信号通知他们已启动了报警装置,将被援救。

通过内部通话装置,乘客可以与建筑物管理者通话。如果管理者认为解除轿厢门锁系统(见TSR34BL)对被困乘客有利,则他们应能够远程解除该系统。

A.1.9 TSR08B,图 1b),框 20,表明:"候梯厅和电梯轿厢的温度对电梯使用者来说是安全的吗?"

候梯厅和电梯轿厢中的温度应不断地被监测,以确定是否安全和维持在安全状态。当监测出不安全时,该信息应被发送给建筑物管理系统(BMS)和管理者。建筑物管理系统(BMS)应确定下一步该做什么并向电梯发送相应的信号。

该领域的专家应确定对于无防护的人员来说什么样的温度是合理的。根据该信息，选择合适的传感器，并确定它们的位置。

注：候梯厅和防火前室不是或可能不是同一回事。无论安全区域如何定义，本 TSR 涉及的是建筑设计者为等候电梯的人员所选择的区域。

A.1.10 TSR09BL，图 1b)，框 26，表明：“电梯和候梯厅需要有听觉和视觉信号，以便使用者了解电梯将停止服务返回安全区域。通知建筑物控制装置电梯将关闭，通告可选择的撤离路线。”

在电梯轿厢内应给出清楚简明的有关电梯要停止服务的听觉和视觉信号。建议乘客不要试图离开轿厢，因为电梯很快会运行到一个安全区域。

电梯应通知建筑物控制装置，其将停止服务，并向特定层作安全运行。电梯一旦到达，就应通知建筑物控制装置。如果电梯在规定时间内没有到达，电梯系统宜向建筑物控制装置报警。

到达安全楼层后，电梯门应先打开，然后可关闭。电梯不应继续运行，但开门按钮应保持工作状态。如果建筑物管理者认为电梯可以继续运行，他们能够用手动方法，使电梯恢复到服务状态。通知所有潜在使用者，他们可选择备用电梯和其他疏散路线。电梯设计者要设计电梯标识和相应的控制系统。建筑物设计者负责提供可选择的疏散路线的标识。监测系统和建筑物管理系统(BMS)的设计者应保证系统响应势态的不断变化。所有信息应清晰简洁。

A.1.11 TSR10B，图 1a)，框 28，表明：“需要疏散吗?”

负责做决定的人员有职责收集尽可能多的实时信息，因为建筑物或电梯的状况会随时变化。侵袭的威胁可能最终成为事实。大型建筑物的疏散会需要一些时间，不能假设有电梯或电梯群组可保证持续使用。

如果状况改变，则需要给使用者提供新的信息，电梯可能需要停止疏散服务或恢复到疏散服务状态。

A.1.12 TSR11B，图 1c)，框 28b，表明：“该事件影响建筑结构吗(例如地震、爆炸、风暴或雷击，所有这些都可能对建筑结构造成损坏)?”

这些事件是可通过对建筑结构振动的测量来进行监测的。如果需要监测，该领域的专家应确定如何去做。来自于监测系统的信息应传输给建筑物管理系统(BMS)，然后建筑物管理系统(BMS)自动向电梯发送相应信号，或者在显示屏上显示该信息以通知建筑物管理者实际的状况。如果状况不是框 28b 所描述的，则转到框 29。

A.1.13 TSR12B，图 1c)，框 29，表明：“是水(洪水)的问题吗?”

来自于河流等处的洪水对建筑物的结构是很危险的，建筑物的使用寿命可能会大大缩短，但是发生洪水的信息可来自于建筑物中的人员观察和报告，或者当地的广播报导等。由于上述原因，可能并不需要使用监测系统。然而，局部的水灾可能是由于管道和水箱等故障引起的，损失可能会相当大。正常人员没必要使用电梯疏散，因为使用电梯疏散不一定是快速的。即使正常人员使用楼梯，其他人员仍可能需要使用电梯，这种情况下，了解水是否影响了电梯是很重要的。

A.1.14 TSR13B，图 1c)，框 30，表明：“是危险气体或生物侵袭(电梯没有损坏)。”

建筑物中存在的爆炸性气体或生化制剂本身不会损坏电梯。风险是电梯的运行可能点燃气体，或者对生化制剂，电梯的运行可能导致这些制剂在建筑物中扩散。

即使建筑物中存在爆炸性气体，电梯运行引起爆燃的风险不会大于建筑物中其他电力设备运行引起的风险。唯一的区别是，如果其他设备的电源被关掉，例如空调，不会导致人员被困，但如果电梯的电源被关掉，则会导致人员被困。

除非状况非常特殊，否则应该允许电梯在行程正常结束后停止。如果建筑物管理者或紧急事件服务人员认为立即关掉电源更有利，则可以将电源关闭。

对于生化制剂，应确定最佳的措施。在某些情况下，最佳措施就是停止电梯，因为这样可以降低制剂扩散的速率。是否停止电梯服务应该由建筑物管理者或紧急服务人员决定。如果决定停止电梯服务,他们可通过简单的措施,例如操作钥匙开关或按钮,使所有电梯停靠在特定的层站,或使电梯进入疏散服务状态。

A.1.15 TSR14BL,图 1c),框 31,表明:"建筑物管理者或仪器监测出建筑结构有问题,如果等级超过 X,建筑物管理系统(BMS)命令电梯驶离潜在危险区域,在规定的位置停靠。如果等级超过 Y,应立即停止电梯。"

如果监测出建筑结构的震动,假定震动值不大于 X_{gn},电梯应停靠在首个可用的楼层。如果震动值大于 Y_{gn},则电梯应立即停止。X 和 Y 的值应由建筑设计者告知电梯制造商。

如果因为震动超过 Y,而电梯立即停止,乘客有可能被困于楼层之间,因此,应通知乘客:一旦震动消失,他们将被援救。一旦震动消失,有被困乘客的轿厢宜自动报警(见 TSR 15L)。

A.1.16 TSR15L,图 1c),框 33,表明:"检查设备移位、电梯做低速检修运行、导轨验证等。电梯可被安全地移动到某一楼层吗?"

在这种情况下,载有乘客或未载乘客的电梯可能停在楼层之间或停在某一层站。

如果载有乘客的电梯停在楼层之间,因为电梯的具体情况仍不清楚,不应尝试做电梯轿厢的自动移动(见 TSR15L)。

如果轿厢移动,某些重的设备可能发生位移并坠落在轿厢上。由于这个原因,电梯应自动报警,并将有关电梯的现状反馈给建筑物管理者。电梯退出服务的信息应通知建筑物管理系统(BMS)。

如果电梯轿厢中没有乘客,则可做进一步的检查,以确定电梯是否可以继续运行。此外,电梯专业人员可利用远程监视的摄像机或摄像机组进行远程检查。主要检查内容包括轿厢和对重是否在导轨的正确位置上、机房里机器的位置、曳引机机座和承重梁的移动等。曳引机和其他重要部件可安装位移传感器以确保他们的位置在允许的范围内。所有用于测量位移的设备除了将位移状况通知电梯系统以外,也应通知建筑物管理系统(BMS)。

如果乘客被困,从监测器反馈的信息和通过摄像机所做的远程检查可以确定移动轿厢是否安全。如果是安全的,轿厢将自动移动到最近的安全楼层。

如果没有乘客被困,轿厢可沿着整个井道移动,以确认有无故障,并确认驱动和控制装置的操作信号是否正常。

如果显示一切正常,那么电梯轿厢应沿整个井道做一次低速运行。如果低速运行一切正常,电梯应在选定的楼层停止服务,最好是基站,也可以以较低的速度投入使用,例如额定速度大于 2.5 m/s 的电梯,可以以半速运行。

A.1.17 TSR16B,图 1a),框 174,表明:"建筑物 A 中发生了其他紧急事件吗?"

一旦确定紧急事件不是火灾,就应确定该紧急事件是哪种类型。如果不是火灾或其他类型的紧急事件,可假定这是一次误报。

A.1.18 TSR17B,图 1d),框 148,表明:"电梯向疏散出口层运行的途中,乘客会有危险吗?"

电梯似乎适合使用,但是如果使用,有可能通过危险(如烟雾)区域。为了确认这种可能性,需要知道电梯的位置,并将其与来自电梯井道中传感器的信号,以及其他的建筑物信号相对比。在建筑物管理系统(BMS)中这些信息需要综合处理,如果确认电梯不会经过危险区域,则电梯可以运行。

A.1.19 TSR18BL,图 1d),框 104,表明:"有足够的电梯帮助疏散吗?"

如果由于某些原因,大量的电梯不适用于疏散,则停止使用所有电梯比只使用极少量的电梯会更好。如果使用者被告知电梯不能使用,大多数人会通过疏散楼梯离开建筑物。如果极少量的电梯投入使用,反而可能造成疏散延迟,导致危险或引起恐慌。

为残障人员疏散提供限定服务的电梯,应由司机驾驶。

A.1.20 TSR19L,图 1d),框 109,表明:"通知建筑物管理系统(BMS)和管理者。停止所有仍在服务的电梯。开启警示标识和听觉警示信号,通知人们电梯不能使用,应使用楼梯。"

由于某些原因已确定电梯应停止服务。电梯系统停止服务的指令可能是建筑物管理者发出的,也可能是建筑物管理系统(BMS)或电梯控制系统已监测出了问题。无论什么原因,电梯应以有组织的方式停止服务。

应提供标识和听觉信号通知电梯乘客和在候梯厅候梯的人员,电梯将停止服务。应通过建筑物标识通知他们可使用的其他电梯或楼梯的位置。

除非安全方面的原因,否则电梯应尽量停靠在基站。

电梯应通知建筑物管理者和建筑物管理系统(BMS),它将停止服务和将要停靠的层站。一旦停止,电梯应通知管理者和建筑物管理系统(BMS)已停止服务和停止服务的原因,例如:监测出烟、在井道中出现高温或烟雾。该信息对建筑物管理者或任何想使电梯重新投入使用的救援小组是有用的。

A.1.21　TSR20B,图 1e),框 150,表明:"候梯环境仍然安全吗?"

需要持续监测候梯环境。在紧急事件(例如火灾)中,状况会随时变化。烟浓度或温度的提高可能使候梯环境不再安全。

A.1.22　TSR21B,图 1e),框 114,表明:"召唤电梯后,人员不得不等待,可能产生恐慌或焦虑,候梯厅可能变得拥挤。"

电梯立刻服务所有楼层是不可能的,因此建筑物管理系统(BMS)应设置电梯服务的优先级或电梯按预定模式运行。在上述两种情况中,电梯提供服务的楼层都要给出标识和信号,标明电梯将要到达的大概时间。电梯暂不提供服务的楼层也需给出信息,表明疏散服务将在预定时间后开始或电梯将不再提供服务。在电梯不再提供服务的楼层上也应标明可选择的其他路线或可采取的下一步行动的信息。

A.1.23　TSR22BL,图 1e),框 112,表明:"分阶段进行疏散。服务于指定的楼层(例如:危险层的上一层及下一层)后,再改变到特定的楼层或其他路线。"

疏散顺序的确定应基于建筑物中需要疏散的人员数量、可使用的电梯数量和紧急事件势态的发展。这件事情是复杂的,并且状况可能随着可用电梯数量和紧急事件本身情况的变化而不断变化。

在给定的情况下,电梯专业人员可以计算出能被疏散的人员的数量,但首先消防或其他专业人员应确定在规定的疏散时间内需要被疏散的人员数量,也应确定轮椅使用者的比例。优先等级的示例如下:

a) 例如,建筑物有 30 层,仅一组电梯提供服务,假定在 10 层以下的人员,除了残障人员以外,沿着逃生楼梯往下走可能是合理的。如果紧急事件是在 17 层发生了火灾,可指导电梯首先提供 18 层和 19 层的服务,然后是 16 层和 15 层,然后是 19 层以上的所有楼层,最后是 15 层以下的所有楼层。

b) 例如,建筑物有 80 层,4 组电梯提供服务。第 1 组服务于地面楼层到 20 层。第 2 组在地面楼层与 21 层中间不停,服务于 21 层到 40 层的所有楼层。第 3 组在地面楼层与 41 层中间不停,服务于 41 层到 60 层的所有楼层。最后一组在地面楼层与 61 层中间不停,服务于 61 层到 80 层的所有楼梯。如果紧急事件影响了 65 层到 70 层,这些楼层由第 4 组电梯提供服务。

如果建筑物传感器没有探测到服务于 61 层到 80 层的第 4 组电梯有问题或有危险,那么它们可被用于疏散 65 层到 70 层的人员。

电梯可从 70 层开始工作,然后 69 层、68 层等一直到 65 层。可通知 71 层到 80 层和 64 层到 61 层的人员使用楼梯到 60 层,然后在那里他们可乘坐电梯返回地面楼层。一旦发生紧急事件的楼层弄清楚了,可有一台电梯服务于不能使用楼梯的任何人员。

服务于 41 层到 60 层的第 3 组电梯可从 60 层开始提供服务,一直延续到 41 层。因为 60 层不仅有本层居民,而且还有从上面下来的人员,所以可优先考虑 60 层,指定一台或两台电梯在 60 层和地面楼层之间进行往返疏散服务。

40 层到 21 层的电梯疏散服务可从 40 层开始延续到 21 层。可通知 1 层到 20 层的人员使用楼梯。

显然,服务于建筑物的疏散的可能组合和最佳方案取决于许多因素,如建筑物布局、规模、需疏散的人员数量和正在发生的紧急事件的类型等。电梯几乎可以以任何顺序运行,但该顺序应由制定疏散预案的人员确定，而不是电梯制造商。

该疏散预案也需考虑，可用电梯的数量少于所需数量的情况下该如何处理。

总之，小型建筑物只需要简单的预案，这是容易制定的。大型而复杂的建筑物需要高级且复杂的建筑物管理软件，它应根据许多因素做出决定。可向电梯专业人员咨询电梯可能做什么，但不应要求电梯专业人员确定电梯必须做什么。这些应由其他人员负责。

A.1.24　TSR23BL，图 1e)，框 115，表明："电梯轿厢到达，但无法承载所有需要救援的人员，增加了恐慌和超载的风险。"

电梯到达，但轿厢没有足够的空间容纳那些等候电梯一段时间的人员，这可能引起恐慌。应尽可能避免发生这种情况。轿厢载荷传感器应是准确的装置，以确保轿厢有余量时，可停站装载更多的乘客。这时，应有听觉信号提醒乘客进入轿厢。只有在轿厢满载(100%)的情况下，电梯才满载直驶到出口层站。

当超载风险比较高时，驱动主机、驱动装置、钢丝绳、制动器和所有与电梯承载能力相关的部件的选择应考虑增加到125%额定载重量时的工况。

这意味着16人轿厢的电梯应具备能够运载20人的能力，但是轿厢尺寸只能按照乘客人数16人来进行选择。由于驱动主机和制动器是根据可容纳20人的能力进行选择的，所以它们能承受25%的超载。这意味着容纳16人轿厢的电梯，事实上能够安全承载20人。

A.1.25　TSR24BL，图 1f)，框 122，表明："水接近电梯或影响到电梯了吗？"

水可能来自于自动喷淋系统的动作、水箱管道的破裂、消防管道的排水等。层站上有水可通过许多方法监测。例如一种方法是在电梯井道外的楼层上设置传感器。如果是自动喷淋系统喷水，其系统本身就可监测。

电梯底坑和轿厢顶部有水也是可以监测的。

如果有水存在并且水灾是唯一的紧急事件，则需要作出决定让电梯停止服务是否是最好的选择。建筑物中产生的水灾不太可能对生命造成威胁，可用楼梯疏散建筑物中的人员，不使用电梯不会有影响。

受到影响的电梯需要停止服务。在没有乘客被困的情况下，电梯应尽可能按照预定的程序停止服务。

A.1.26　TSR25B，图 1f)，框 121，表明："需要疏散吗？"

有时即使发生了紧急事件，建筑物管理者或管理机构也会建议建筑物不进行疏散。这要根据实际状况、事件的类型和可用信息而定。

如果在一个高安全等级的建筑物中收到炸弹警报，当调查该事件时，疏散人员到建筑物以外的区域等待可能使他们处于更大的危险中。这大多取决于警报信息的来源和建筑物的安全等级。事实上，炸弹可能被放在建筑物外部而不是内部，因此，应将人员疏散到建筑物的防爆通道中。

如果认为建筑物中存在由恐怖分子带入的某种病毒，在形势可控之前，尽可能让人员留在建筑物中是理想的。这要比允许他们离开而可能造成病毒的传播更可取。

建筑物管理者或管理机构可以否定由智能系统发出的自动疏散信号。这与所使用的系统无关，电梯系统不可能做出疏散的决定。因此其他领域的有关专家应确定哪些风险需要疏散和需要哪种疏散类型(局部或全部)。

A.1.27　TSR26BL，图 1f)，框 176，表明："电梯在下一个安全层站停靠。通知建筑物管理系统(BMS)和建筑物管理者。"

需要电梯停止服务时，应以有组织的方式去完成，以避免乘客被困。

电梯的停梯位置应由设计疏散策略的人员来确定。电梯可运行到基站、停在当前的位置或运行到特定的停梯位置。大多数情况下，最好是将电梯停在基站。

运行中的电梯，应提供信息通知乘客：轿厢正向特定层运行，然后电梯将停止服务。这些信息应该是视觉和听觉信号。也应该建议乘客在电梯到达后及时离开轿厢。层站上的标识和听觉信号应该告诉离开轿厢的乘客去哪里和做什么。

应通知所有在层站上等待的人员电梯将停止服务，并且应告诉他们去哪里和做什么。

如果轿厢停在基站，那么根据基站的状况，电梯停止时门应打开。以便进入建筑物的紧急救援人员检查轿厢内是否有人。如果轿厢停在其他楼层，那么门应关闭，仅开门按钮保持有效。

在大型建筑物中电梯可能停在高层。应借助远程监控摄像机，来保证能观察到每台电梯轿厢内的情况。

这种摄像机需广角镜头，从而确保摄像机的使用者(安全人员、紧急救援小组等)能看见整个轿厢区域，以便能够迅速地观察到电梯轿厢中是否有人。

A.1.28　TSR27B，图 1g)，框 127，表明：“已监测到或收到报告建筑物中存在气体或危险生化制剂吗?”

虽然对气体或生化制剂的监测不是不可能的，但这被证明是困难和昂贵的。这种复杂的设备对于特定建筑物是否需要，应由专家来确定。

如果不提供自动监测设备，则可假定只有建筑物管理者通过某种途径得到报告后才能知道该事件。

即使留给建筑物管理者来处理，也可通过人工输入信息给智能建筑物管理系统(BMS)来确定下一步做什么。

A.1.29　TSR28B，图 1g)，框 129，表明：“是爆炸性气体吗?”

通过某种途径确定爆炸性气体或有毒气体已侵入建筑物。在这种情况下，停止电梯运行可能是最可取的。

A.1.30　TSR29BL，图 1g)，框 130，表明：“建筑物管理系统(BMS)或建筑物管理者应在下一个合适的安全停靠站取消电梯的操作。”

当情况严重时，允许电梯完成它们的行程后再停止服务可能会更好。

在这种情况下，操作电梯或其他电力设备很可能是危险的，运行中的电梯仅会使包含有爆炸性气体或有毒气体的空气在建筑物的周围扩散。

A.1.31　TSR30B，图 1h)，框 154，表明：“目的(出口)层仍然安全吗?”

在疏散期间，应不断地监测目的(出口)层，以时刻确保电梯不驶到危险区域。

A.1.32　TSR31B，图 1h)，框 155，表明：“运行过程中乘客将暴露于危险之中吗?”

当轿厢在驶向出口层的途中，如果经过危险区域，则它应在第一个合适的安全层停止。“危险”是指烟、热或其他风险已达到了可引起伤害的程度。

负责设计监测系统的人员不应仅考虑烟和热是否存在，还应考虑等级或浓度。当轿厢快速运行穿过有烟区域只需几秒钟，其本身不存在危险。一切都取决于烟和(或)其所包含的化学制品的浓度。在小中型建筑物中，对于建筑设计者，在设计中包含对烟和热的监测并以此做决定就足够了，一旦感烟和感温探测器动作，就暂停电梯服务。在大型建筑物中，检测危险的程度比简单地监测危险的存在更有利。建筑设计者应作出决定并确定所需设备。一旦了解电梯对信号的响应方式，就容易组织完成与信号相对应的电梯响应。

A.1.33　TSR32BL，图 1h)，框 160，表明：“疏散完成了吗?”

确定疏散是否完成是至关重要的，但确定疏散是否完成在很大程度上是很困难的，除非直接获得确认每一层站所有人都已离开的报告。电梯可以简单的确认是否还有剩余人员需要疏散。轿厢在每个层站等候时将轿门打开，检测轿厢按扭是否被按下或是否有负载进入轿厢，但是这些是比较粗略的监测方法，不能完全确认疏散是否完成。

在层站和楼层上可设置摄像机，以便建筑物的工作人员观察楼层。除非它能确切地确定某一楼层的所有人员已疏散完成，否则服务于该楼层的电梯不能被派遣到新楼层进行服务。解决该问题的最有效的方法是在每一楼层安排防火督导员，由他们检查楼层状况后，通知管理者或建筑物管理系统(BMS)。摄像机可作为一种备用的监测方法。

A.1.34　TSR33BL，图 1h)，框 168，表明："运行的轿厢停靠在第一个可用楼层时，乘客将处于危险中吗？"

一旦电梯轿厢开始向出口层站运行，就应持续监测电梯井道和邻近区域的状况。如果条件恶化，需要停梯，则系统应知道第一个可用楼层是否安全。如果不是，则电梯需要继续运行，如果这样会使电梯处于严重的危险中，则它应停止，并返回运行到一个安全的楼层。

所有电梯的停梯都应可控制，这意味着允许电梯在正常状态下减速停梯。由于运行中的电梯需要尽快作出响应，因此需要实时监测楼层状况。

A.1.35　TSR34BL，图 1h)，框 169，表明："建筑物管理系统(BMS)或管理者确定新的疏散出口，并通知电梯系统将轿厢驶向该处。电梯关闭轿门，迅速驶离楼层，并向轿厢内的使用者传送相关听觉和视觉信号。"

如果出口层不能使用，建筑物管理系统(BMS)或管理者应确定新的疏散出口，并通知电梯系统将轿厢驶向新的疏散层。

疏散期间，出口层随时都可能变得无法使用，当收到该出口层不再安全的信号时，轿厢可能正驶向该楼层。此时运行的轿厢需要在第一个安全楼层减速停止，但是如果在轿厢运行的前进行程中不存在安全楼层，那么它需要停止并返回。在该过程中，如果乘客设法打开轿门，轿厢就不能再从该楼层离开，轿门应保持关闭和锁定，防止乘客尝试离开轿厢。因为该楼层是危险的，假如允许乘客离开，会对乘客产生更严重的后果。

准备停止在危险楼层时，轿厢应迅速从该楼层运行到第一个可用的安全楼层。

为避免混乱和惊慌，给轿厢中的人员提供视觉和听觉信息是至关重要的。该信息应说明轿厢正驶向何处，到达后要做什么。

A.1.36　TSR35BL，图 1h)，框 170，表明："电梯在安全楼层停靠，提供视觉和听觉的信息，请电梯使用者离开轿厢，通知新的疏散路线，停止电梯服务，通知建筑物管理系统(BMS)和管理者。"

由于原目的层已变得不安全或轿厢将途经危险区域，因此选择一个新的楼层停靠轿厢。

当轿厢停止后，应提供视觉和听觉的信息请电梯使用者离开轿厢。建筑物管理系统(BMS)应通知他们新的疏散路线。一旦轿厢停站，电梯应停止服务，并通知建筑物管理系统(BMS)和管理者电梯轿厢的状况和位置。

A.1.37　TSR36L，图 1h)，框 166，表明："通知乘客：轿厢尝试移动到某一楼层。锁轿门。"

由于某些原因轿厢在停止后正尝试再移动到某一楼层。当轿厢停止时，如果轿门没打开，乘客的自然反应就是尝试扒开轿门。由于这个原因，正常运行期间，轿门应关闭并锁紧。在确定轿厢向某一楼层移动或未完成移动之前，轿门应保持锁紧状态。在任何移动或试图移动期间，应通过视觉和听觉信号通知乘客正在做什么。

轿厢的移动可能失败。在这种情况下，对于建筑物管理者或建筑物管理系统(BMS)，应能远程解除轿门锁。

A.1.38　TSR37L，图 1h)，框 161，表明："由于某些原因，电梯已停止。"

由于某些原因，电梯已停止，需要确定其是否在楼层的开门区域从而能够打开轿门或是否已经在楼层的平层位置。如果不在楼层的开门区域而无法打开轿门，应尝试移动，在这个过程中，轿门和层门应保持关闭和锁紧，通知乘客正在进行移动。

轿厢的移动可能失败，在这种情况下，对于建筑物管理者或建筑物管理系统(BMS)来说，应能远程解除轿门锁。

A.1.39　TSR38B，图 1a)，框 8，表明："电梯可用于疏散吗？"

在紧急情况下，能否使用电梯不是电梯制造商可以做出的决定。建筑物管理者应通过从建筑物管理系统(BMS)获得的信息，或综合当地报道和其他来源的任何可用信息来做出决定。

由于某些原因，如果决定不使用电梯，则电梯应通过预定方式停止服务(见框 16 TSR05L)。如果确定电梯可以使用,应确保电梯是安全的。做出最终决定需要更多的信息。

建筑物管理者需做出最终决定,但是在很大程度上,决定的正确性取决于他们所获得的信息的准确性。应以规范的格式和合适的位置迅速清楚地显示信息。例如:电梯停止,电梯安全等。

A.1.40　TSR40B,图 1d),框 110,表明:“所有的电梯可服务于所有的楼层吗?”

几种疏散服务方案是需要的,但是服务楼层的顺序以及疏散策略应在建筑设计时由有关专家来确定。

A.1.41　TSR41B,图 1a),框 178,表明:“建筑物 A 中的紧急事件是火灾吗?”

这不是电梯系统能够确定的,而应由建筑设计者来确定该如何做。有效的方法是使用火灾监测系统,但是该信息也可从建筑物中已观察到火灾人员或烟的出现等来获得。正是这个原因,即使使用了高级的监测系统,对于在建筑物中负责做决定的人员,人工启动可用信号的方式仍然是必要的。

A.1.42　TSR42B,图 1a),框 19,表明:“电梯可继续服务吗?”

在本阶段,电梯中止服务可能有明显的理由。例如:可能是来自电梯的火或烟的报告。如果电梯需停止服务,应向电梯发送人工信号将其召回到指定楼层。如果没有明显的理由使电梯停止服务,在建筑物管理系统(BMS)决定怎么做之前,应允许电梯继续保持正常的运行。

A.1.43　TSR43B,图 1e),框 116,表明:“正在疏散的楼层目前人员全部疏散了吗?”

这是一件很难决定的事情。当然允许电梯在每个楼层等候,以确定是否有人员乘梯,但电梯应该等多久呢? 对于疏散其他人员,让电梯等待纯粹是电梯运载能力的一种浪费。楼层上没有遗漏需要被疏散的人员是很重要的。确定该情况的唯一方法是在每一楼层上安排专职的防火督导员,他们的职责是通知那些组织疏散工作的人员,该楼层已全部疏散,而不再需要疏散服务。这是建筑管理的问题而不是电梯设计的问题。制定疏散策略的人员应确定该问题需如何解决。

A.1.44　TSR44B,图 1e),框 185,表明:“建筑物管理系统(BMS)或建筑物管理者确定要疏散的下一个楼层或下几个楼层。”

这个问题应在建筑物的疏散策略制定中被解决。最高优先权的一个(多个)楼层已疏散完毕,最好是继续使用电梯疏散发生事件楼层上面的楼层,而发生事件楼层下面的楼层全部使用楼梯疏散。制定最佳的解决方法取决于建筑物的规模、可提供的电梯数量和发生事件的类型。这不是电梯设计的问题而是消防工程的问题(见 TSR27B)。

A.1.45　TSR45B,图 1f),框 184,表明:“洪水可能影响建筑结构的稳定性吗?”

来自于江河等处的洪水是很严重的,它可能冲垮地基,淹没底层,驶向该底层的电梯轿厢中有乘客时,乘客有溺水的风险。当底层或其他区域有淹没的危险,例如临近河流,应提供传感器监测上涨的水位。当监测到上涨的水位,应向电梯系统发送信号,防止电梯进入淹没区域,最好是停止电梯服务。上升的水位就其自身而言,不太可能对建筑结构造成损害,因此这类紧急事件通常对生命没有威胁。

泛滥的河水冲击建筑物的地基是相当严重的。存在这种风险的区域,预先发布有洪水风险的警告是非常重要的。应制定策略尽早地监测出类似洪水这样的风险。这主要是建筑物管理的问题。一旦确定了洪水的风险,如果时间允许,应允许电梯协助疏散,直到水深或建筑物的状况使风险变得不可接受为止。

一旦确定电梯不应再使用,管理者应能向电梯发送手动信号,使它们在指定的区域停止服务前完成当前的服务,指定的区域最好是建筑物地平面以上的一层或两层。

A.1.46　TSR46B,图 1d),框 110B,表明:“特定楼层可享有优先权吗?”

如果电梯不能服务于所有楼层,则应确定优先顺序。这不是电梯设计的问题而是制定建筑物疏散策略的问题。

被困于火灾上方楼层的人员所面临的风险很可能大于被困于火灾下方楼层的人员。如果紧急事件与建筑结构有关,很可能所有人员都处于同样的风险中,但是疏散的问题对于建筑物高层的人员会更为重要,因为人员从建筑物高层下来会花费较长的时间。这是一个非常复杂的问题,只能通过每座建筑物的设计原则和紧急事件来确定，制定策略的设计者希望得到电梯的帮助。

A.1.47 TSR47B，图 1g)，框 133，表明：“电梯可保持服务吗？”

如果建筑物中存在有毒物质，电梯停止运行要比使用电梯进行疏散服务可能更有利。管理者或有关机构可能决定不使用电梯对建筑物中的人员进行疏散。在这种情况下，该做什么应由建筑设计者决定。如果不使用电梯，电梯应该以预定方式停止服务。

A.2 综述

从本指导性技术文件的研究中可清楚地了解到要解决的多数问题与建筑物的设计有关，而不是与电梯有关。

通过特定的建筑设计，减少疏散时间和允许残障人员通过电梯安全疏散是可能的。

A.3 附加说明

很明显电梯的可靠性是一个重要问题，但是应注意电梯系统是否有一些特征，例如自救，使人员被困的风险降到最低。主要问题仍然是在不引起混乱的前提下完成疏散。

对只有单台电梯的单个建筑物，在疏散过程中，无论建筑物的规模大小，失去电梯服务可能会对疏散结果产生很大的影响。

在装有多台电梯的大型建筑物中，一台电梯停止服务的影响是很小的，在总的设计中应是预料中的。例如：在装有 10 台电梯的一栋建筑物中，假设一台电梯即使不是因为维护、修理或安全检查等计划而停止服务也是合乎情理的。这种情况也应是预料中的。

整组电梯的失效是非常严重的，但是这种情况只在电源断电的情况下才可能发生。由于该原因，提供足够容量的第二电源（紧急电源）让所有电梯能在额定载重量、额定速度的情况下运行是至关重要的。

电梯及其紧急电源需要进行定期的和全面的维护，以保证需要时能够正常运行。

附　录　B
（资料性附录）
需要 TSR 的概要

表 B.1 表明各种紧急情况与 TSR 之间的关系。

表 B.1　各种紧急情况与 TSR 之间的关系

TSR	火灾	洪水	气体或生物侵袭	爆炸	邻近建筑物事件
TSR00B	√	√	√	√	√
TSR01B	√				
TSR02B	√				
TSR03B	√				
TSR04B	√				
TSR05L			√		√
TSR06BL			√		√
TSR07L				√	√
TSR08B	√				
TSR09BL	√				
TSR10B					√
TSR11B		√	√	√	√
TSR12B		√	√		
TSR13B			√		
TSR14BL				√	√
TSR15L				√	√
TSR16B		√	√		√
TSR17B	√	√	√	√	√
TSR18BL	√	√	√		√
TSR19L	√	√	√	√	√
TSR20B	√	√		√	
TSR21B	√	√	√	√	
TSR22BL	√		√		
TSR23BL	√	√	√	√	
TSR24BL		√			
TSR25B		√			
TSR26BL		√			
TSR27B			√		
TSR28B			√		

表 B.1（续）

TSR	火灾	洪水	气体或生物侵袭	爆炸	邻近建筑物事件
TSR29BL			√		
TSR30B	√	√	√	√	
TSR31B	√	√	√	√	
TSR32BL	√	√	√	√	
TSR33BL	√	√	√	√	
TSR34BL	√	√	√		
TSR35BL	√	√	√	√	
TSR36L	√	√	√	√	
TSR37L	√	√	√	√	
TSR38B	√				
TSR39B	√				
TSR40B	空白				
TSR41B	√	√	√	√	√
TSR42B	√	√	√	√	√
TSR43B	√	√	√	√	√
TSR44B	√	√	√	√	√
TSR45B	√	√	√	√	√
TSR46B		√			
TSR47B	√	√	√	√	√

附 录 C
（资料性附录）
电梯设计的局限性

有许多因素使普通电梯在火灾过程中无法可靠运行。

虽然电梯的驱动主机和其他大的部件看起来都很坚固，但它们一般都含有监控和其他关键的安全性能所需要的电子元件。由于广泛地使用电子部件，这就对温度提出了严格的限制条件，这些限制条件在电梯的设计中往往不能很容易满足，即使解决了问题，其成本也会很昂贵。

许多部件需要进行型式试验，而改变其工作温度范围将导致重新设计和试验。由于这个原因，这种改变是不现实的，也是不可行的。

一般来说，电子设备通常分布在电梯的各个部位。电子元件可以装在较大的部件内，然后再放入电梯设备中，最后这些设备可置于普通的机房内、井道中的指定区域、电梯轿厢或层站上。

所有这些设备很容易由于高温而导致损坏，但更需要关注的是可靠性。

下面给出的临界限制条件，可帮助消防工程师了解在建筑物设计时需设法解决什么问题，才能确保电梯可靠运行。

在装有电梯设备的任何区域内，一般的环境温度最高为 40 ℃。

从上述内容中可以看出，对设备的温度上限一般为 40 ℃，如果在电梯不得不连续使用的情况下，那么建筑物设计时在与电梯有关的区域应考虑到将其温度控制在以上范围之内。如果无法做到这一点，那么应与电梯承包商进行详细的讨论，在可能的前提下，来确定温度范围能允许提高多少。

参 考 文 献

[1] GB/T 20900 电梯、自动扶梯和自动人行道 风险评价和降低的方法
[2] ISO/IEC 导则51 涉及安全的标准指南

ICS 71.100.70
Y 42

中华人民共和国国家标准

GB/T 28599—2012

化妆品中邻苯二甲酸酯类物质的测定

Determination of phthalate esters in cosmetics

2012-06-29 发布 2012-12-01 实施

中华人民共和国国家质量监督检验检疫总局
中国国家标准化管理委员会 发布

前　言

本标准按照GB/T 1.1—2009给出的规则起草。

本标准由全国质量监管重点产品检验方法标准化技术委员会(SAC/TC 374)归口。

本标准起草单位:北京市海淀区产品质量监督检验所、上海市质量监督检验技术研究院、广州市质量监督检测研究院。

本标准主要起草人:周相娟、郭启雷、杨保刚、杨红梅、刘艳琴、段文锋、曹红、周泽琳、吴玉銮、王浩、周耀斌、罗海英、赵玉琪、陆志芸、李伟、麦成华、史海良。

化妆品中邻苯二甲酸酯类物质的测定

1 范围

本标准规定了化妆品中邻苯二甲酸酯类物质的气相色谱-质谱联用(GC/MS)、高效液相色谱(HPLC)和气相色谱(GC)测定方法。

本标准适用于化妆品中邻苯二甲酸酯类物质的含量测定,其中气相色谱-质谱联用法和高效液相色谱法适用于化妆品中22种邻苯二甲酸酯类化合物的测定;气相色谱法适用于化妆品(指甲油及唇膏除外)中18种邻苯二甲酸酯类化合物的测定。

2 规范性引用文件

下列文件对于本文件的应用是必不可少的。凡是注日期的引用文件,仅注日期的版本适用于本文件。凡是不注日期的引用文件,其最新版本(包括所有的修改单)适用于本文件。

GB/T 6682 分析实验室用水规格和试验方法

3 气相色谱-质谱联用法(GC/MS法)

3.1 原理

化妆品提取、净化后经气相色谱-质谱联用仪进行测定。采用选择离子监测(SIM)扫描模式,以保留时间和碎片的丰度比定性,外标法定量。

3.2 试剂和材料

除另有说明外,所用试剂均为色谱纯,水为GB/T 6682规定的一级水。

3.2.1 正己烷。

3.2.2 乙酸乙酯。

3.2.3 环己烷。

3.2.4 乙酸乙酯-环己烷溶液(1+1,$V+V$)。

3.2.5 22种邻苯二甲酸酯标准品:邻苯二甲酸二甲酯,邻苯二甲酸二(2-甲氧基)乙酯,邻苯二甲酸二乙酯,邻苯二甲酸二(2-乙氧基)乙酯,邻苯二甲酸二烯丙酯,邻苯二甲酸二异丙酯,邻苯二甲酸二丙酯,邻苯二甲酸二苯酯,邻苯二甲酸二苄酯,邻苯二甲酸丁基苄基酯,邻苯二甲酸二异丁酯,邻苯二甲酸二丁酯,邻苯二甲酸二(2-丁氧基)乙酯,邻苯二甲酸二戊酯,邻苯二甲酸二环己酯,邻苯二甲酸二(4-甲基-2-戊基)酯,邻苯二甲酸二己酯,邻苯二甲酸二庚酯,邻苯二甲酸二(2-乙基)己酯,邻苯二甲酸二正辛酯,邻苯二甲酸二壬酯,邻苯二甲酸二癸酯,纯度均大于99%,物质英文名称及CAS号参见附录A。

3.2.6 标准储备溶液:准确称取各化合物标准品125 mg(精确至0.000 1 g),用正己烷(3.2.1)定容至50 mL,配制成2 500 mg/L的标准储备溶液,于4℃冰箱中避光保存,有效期6个月。

3.2.7 标准工作溶液:将标准储备溶液(3.2.6)用正己烷(3.2.1)稀释至浓度为0.2 mg/L、0.5 mg/L、1.0 mg/L、2.0 mg/L、5.0 mg/L、10.0 mg/L的系列标准工作溶液待用。此系列标准工作液应现用现配。

3.2.8 有机滤膜:0.45 μm。

3.3 仪器和设备

3.3.1 气相色谱-质谱联用仪(GC/MS)。

3.3.2 凝胶渗透色谱分离系统(GPC):玉米油与邻苯二甲酸二(2-乙基)己酯的分离度不低于85%(或可进行脱脂的等效分离装置)。

3.3.3 分析天平:感量0.000 1 g。

3.3.4 离心机:转速不低于4 000 r/min,带玻璃离心管。

3.3.5 超声波清洗器。

3.3.6 涡旋混合器。

3.3.7 旋转蒸发仪。

3.3.8 玻璃器皿。

注:所用刻度玻璃器皿洗净后,用重蒸水淋洗3次,丙酮浸泡1 h,正己烷淋洗,晾干备用。其他玻璃器皿洗净后,用重蒸水淋洗3次,丙酮浸泡1 h,在200℃下烘烤2 h,冷却至室温备用。

3.4 分析步骤

3.4.1 试样制备

3.4.1.1 液体化妆品(不包括指甲油)

称取混匀试样0.1 g~0.3 g(精确至0.000 1 g)于刻度玻璃试管中,准确加入正己烷(3.2.1)10.0 mL,涡旋混匀1 min后静置,上清液进行GC/MS分析。

3.4.1.2 膏霜乳液类化妆品

称取混匀试样0.1 g~0.3 g(精确至0.000 1 g)于刻度玻璃试管中,加入蒸馏水1.0 mL,涡旋混匀1 min,准确加入正己烷(3.2.1)10.0 mL,涡旋混匀1 min,剧烈振荡以分散样品,超声提取10 min,4 000 r/min离心10 min,上清液进行GC/MS分析。

3.4.1.3 固体化妆品和指甲油

称取混匀试样0.1 g~0.3 g(精确至0.000 1g)于玻璃三角瓶中,准确加入20.0 mL乙酸乙酯-环己烷溶液(3.2.4),涡旋混匀1 min后超声提取20 min,4 000 r/min离心10 min,上清液过0.45 μm有机滤膜,弃去初滤液,取10.0 mL续滤液经凝胶渗透色谱分离净化,凝胶渗透色谱分离条件参见附录B。收集液在40℃水浴中用旋转蒸发仪蒸发至干,准确加入2.0 mL正己烷(3.2.1)溶解后进行GC/MS分析。

3.4.2 空白试验

除不称取样品外,均按上述步骤同时完成空白试验。

3.4.3 测定条件

3.4.3.1 色谱条件

3.4.3.1.1 色谱柱:HP-5MS石英毛细管柱,30 m×0.25 mm(内径)×0.25 μm或相当型号色谱柱。

3.4.3.1.2 进样口温度:260℃。

3.4.3.1.3 升温程序:初始柱温60 ℃,保持1 min;以20 ℃/min升温至220 ℃,保持1 min;以5 ℃/min升温至250 ℃,保持1 min;以20 ℃/min升温至280 ℃,保持6 min。

3.4.3.1.4 载气:氦气,纯度≥99.999%;流速:1 mL/min。

3.4.3.1.5 进样方式：不分流进样。

3.4.3.1.6 进样量：1 μL。

3.4.3.2 质谱条件

3.4.3.2.1 色谱与质谱接口温度：280 ℃。

3.4.3.2.2 电离方式：电子轰击源(EI)。

3.4.3.2.3 测定方式：选择离子监测方式(SIM)。

3.4.3.2.4 电离能量：70 eV。

3.4.3.2.5 溶剂延迟：5 min。

3.4.4 定性确证

在测定条件(3.4.3)下，试样待测液和标准品的选择离子色谱峰在相同保留时间处(±0.5%)出现，并且对应质谱碎片离子的质荷比与标准品一致，其丰度比与标准品相比应符合：相对丰度>50%时，允许±10%偏差；相对丰度 20%～50%时，允许±15%偏差；相对丰度 10%～20%时，允许±20%偏差；相对丰度≤10%时，允许±50%偏差时，可定性确证目标分析物。各邻苯二甲酸酯化合物的参考保留时间、定性离子和定量离子参见附录C，22 种邻苯二甲酸酯类化合物的气相色谱-质谱选择离子色谱图参见附录 D。

3.4.5 定量分析

本方法采用外标校准曲线法定量测定。以各邻苯二甲酸酯化合物的标准溶液浓度为横坐标，各自的定量离子的峰面积为纵坐标，建立标准工作曲线，以试样的峰面积与标准曲线比较定量。

样品溶液中的被测物的响应值均应在仪器测定的线性范围之内，若样品溶液的浓度过高，应适当稀释后测定。

3.4.6 结果计算

样品中邻苯二甲酸酯化合物的含量(mg/kg)按式(1)进行计算：

$$X_i = \frac{(c_i - c_0) \times V \times K \times 1\,000}{m \times 1\,000} \quad \cdots\cdots (1)$$

式中：

X_i——试样中某种邻苯二甲酸酯含量，单位为毫克每千克(mg/kg)；

c_i——试样中某种邻苯二甲酸酯峰面积对应的浓度，单位为毫克每升(mg/L)；

c_0——空白试样中某种邻苯二甲酸酯的浓度，单位为毫克每升(mg/L)；

V——试样定容体积，单位为毫升(mL)；

K——稀释倍数；

m——试样质量，单位为克(g)。

计算结果精确至小数点后一位数字。

3.4.7 平行试验

按以上步骤，对同一样品进行平行试验测定。

3.5 检出限与定量限

本方法每种邻苯二甲酸酯类物质的检出限均为 3.0 mg/kg，定量限均为 10.0 mg/kg。

3.6 精密度

本方法在重复性条件下获得两次独立测定结果的绝对差值不得超过算术平均值的15%。

4 高效液相色谱法(HPLC 法)

4.1 原理

化妆品经提取、净化,经配有二极管阵列检测器的高效液相色谱仪测定,根据保留时间和紫外吸收光谱图定性,外标法定量。

4.2 试剂和材料

除另有说明外,所用试剂均为色谱纯,水为 GB/T 6682 规定的一级水。

4.2.1 甲醇。

4.2.2 乙腈。

4.2.3 正己烷。

4.2.4 乙酸乙酯。

4.2.5 氯化钠:分析纯。

4.2.6 海砂:化学纯,60 目～80 目丙酮浸泡 1 h,正己烷淋洗,晾干备用。

4.2.7 乙酸乙酯-正己烷(8+2,$V+V$)。

4.2.8 22 种邻苯二甲酸酯标准品:同 3.2.5。

4.2.9 标准储备溶液:准确称取各化合物标准品 125 mg(精确至 0.000 1 g),用甲醇(4.2.1)分别溶解定容至 50 mL,配制成 2 500 mg/L 的标准储备溶液,于 4℃冰箱中避光保存,有效期 6 个月。

4.2.10 混合标准工作溶液:分别量取标准储备溶液(4.2.9)2.0 mL 于 50 mL 容量瓶中,混匀,用甲醇(4.2.1)定容至刻度,配制成 100 mg/L 的混合标准工作溶液,于 4℃冰箱中避光保存,有效期 1 个月。

4.2.11 硅胶固相萃取柱,500 mg/6 mL,预先用 10 mL 正己烷活化。

4.2.12 有机滤膜:0.45 μm。

4.3 仪器和设备

4.3.1 高效液相色谱仪(HPLC):配二极管阵列检测器。

4.3.2 分析天平:感量 0.000 1 g。

4.3.3 离心机:转速不低于 4 000 r/min,带玻璃离心管。

4.3.4 超声波清洗器。

4.3.5 涡旋混合器。

4.3.6 氮吹仪。

注:所用刻度玻璃器皿洗净后,用重蒸水淋洗 3 次,丙酮浸泡 1 h,正己烷淋洗,晾干备用。其他玻璃器皿洗净后,用重蒸水淋洗 3 次,丙酮浸泡 1 h,在 200℃下烘烤 2 h,冷却至室温备用。

4.4 分析步骤

4.4.1 试样制备

4.4.1.1 液体化妆品

4.4.1.1.1 精油类化妆品

称取混匀试样 0.5 g(精确至 0.000 1 g)于刻度玻璃试管中,加入正己烷(4.2.3)5.0 mL,涡旋

1 min，将提取液全部转入预先活化过的硅胶固相萃取柱，用 3 mL 正己烷(4.2.3)淋洗，6 mL 乙酸乙酯-正己烷(4.2.7)洗脱，整个过程流速控制在 1 mL/min，洗脱液在缓慢氮气流下吹干，准确加入 1.0 mL 甲醇(4.2.1)溶解，过 0.45 μm 有机滤膜，取续滤液上机测定。必要时可以用甲醇(4.2.1)稀释后进行分析。

4.4.1.1.2 其他液体化妆品

指甲油试样称取 0.1 g ～0.2 g，其他试样称取 1 g(精确至 0.000 1 g)于刻度玻璃试管中，加入甲醇(4.2.1)定容至 10.0 mL，涡旋 1 min，提取液过 0.45 μm 有机滤膜，取续滤液上机测定。必要时可以用甲醇(4.2.1)稀释后进行分析。

4.4.1.2 膏霜乳液类、凝胶类化妆品

称取混匀试样 1 g(精确至 0.000 1 g)于刻度玻璃试管中，加入甲醇(4.2.1)定容至 10.0 mL，涡旋 1 min，加入氯化钠(4.2.5)2 g，剧烈振荡以分散样品，超声提取 10 min，4 000 r/min 离心 10 min，上清液过 0.45 μm 有机滤膜，取续滤液上机测定。必要时可以用甲醇(4.2.1)稀释后进行分析。

4.4.1.3 固体化妆品

4.4.1.3.1 眉笔、粉类化妆品

称取混匀试样 1 g(精确至 0.000 1 g)于刻度玻璃试管中，加入甲醇(4.2.1)定容至 10.0 mL，涡旋 1 min，必要时用玻璃棒研碎样品，剧烈振荡以分散样品，超声提取 10 min，4 000 r/min 离心 10 min，上清液过 0.45 μm 有机滤膜，取续滤液上机测定。必要时可以用甲醇(4.2.1)稀释后进行分析。

4.4.1.3.2 唇膏类化妆品

称取混匀试样 0.2 g(精确至 0.000 1 g)于研钵中，加入海砂(4.2.6)5 g，研磨均匀，全部转移至 50 mL具塞三角瓶中，加入甲醇(4.2.1)10.0 mL，超声提取 10 min，上清液过 0.45 μm 有机滤膜，取续滤液上机测定。必要时可以用甲醇(4.2.1)稀释后进行分析。

4.4.2 空白试验

除不称取样品外，均按上述步骤同时完成空白试验。

4.4.3 测定

4.4.3.1 液相色谱条件

4.4.3.1.1 色谱柱：SB C_{18}柱，250 mm×4.6 mm(内径)，5 μm，或相当者。

4.4.3.1.2 流动相：A 相：甲醇∶乙腈(1+1，$V+V$)；B 相：水。梯度程序见表 1。

表 1 流动相梯度表

时间 min	A 相 %	B 相 %
0	40	60
2	52	48
10	62	38
12	78	22

表 1（续）

时间 min	A 相 %	B 相 %
20	78	22
31	100	0
45	100	0
45.5	40	60
55	40	60

4.4.3.1.3 流速：1 mL/min。

4.4.3.1.4 柱温：40℃。

4.4.3.1.5 进样量：20 μL。

4.4.3.1.6 检测波长：根据实际样品选择 240 nm 或 280 nm 进行检测。

4.4.3.2 标准工作曲线绘制

用初始流动相将混合标准工作溶液（4.2.9）逐级稀释，配制浓度为 0.5 mg/L、1.0 mg/L、5.0 mg/L、10.0 mg/L、20.0 mg/L、50.0 mg/L 的系列标准溶液，浓度由低到高进样检测，以峰面积或峰高为纵坐标，浓度为横坐标，建立标准工作曲线。22 种邻苯二甲酸酯类化合物的液相色谱图参见附录 E。

4.4.3.3 试样测定

试样溶液按色谱条件（4.4.3.1）进行测定，记录色谱峰的保留时间和峰面积或峰高，根据保留时间和紫外吸收光谱图定性，由色谱峰的峰面积或峰高从标准曲线上求出相应的浓度。样品溶液中被测物的响应值均应在标准曲线的线性范围之内，超过线性范围则应用甲醇（4.2.1）稀释后测定。

对于杂质干扰严重的样品或阳性结果，可采用本标准中气相色谱-质谱法（GC/MS）进行确认。

4.4.4 结果计算

同 3.4.6。

4.4.5 平行试验

按以上步骤，对同一样品进行平行试验测定。

4.5 检出限与定量限

水性、精油类、凝胶类化妆品中邻苯二甲酸酯类化合物的检出限为 3.0 mg/kg，定量限为10.0 mg/kg。

膏霜乳液类、唇膏类、眉笔、粉类化妆品中邻苯二甲酸酯类化合物的检出限为 10.0 mg/kg，定量限为 30.0 mg/kg。

液态芳香类化妆品中邻苯二甲酸二甲酯、邻苯二甲酸二（2-甲氧基）乙酯、邻苯二甲酸二正辛酯、邻苯二甲酸二壬酯、邻苯二甲酸二癸酯的检出限为 3.0 mg/kg，定量限为 10.0 mg/kg；其他邻苯二甲酸酯类化合物的检出限为 20.0 mg/kg，定量限为 50.0 mg/kg；

指甲油中邻苯二甲酸二甲酯、邻苯二甲酸二（2-甲氧基）乙酯、邻苯二甲酸二壬酯、邻苯二甲酸二癸酯的检出限为 20.0 mg/kg，定量限为 50.0 mg/kg；其他邻苯二甲酸酯类化合物的检出限为 50.0 mg/kg，定量限为 150.0 mg/kg。

4.6 精密度

本方法在重复性条件下获得两次独立测定结果的绝对差值不得超过算术平均值的 15%。

5 气相色谱法(GC 法)

5.1 原理

化妆品中邻苯二甲酸酯类物质用有机溶剂萃取或稀释，用气相色谱柱进行分离，火焰离子化检测(FID)分析，外标法定量。

5.2 试剂和材料

除另有说明外，所用试剂均为色谱纯，水为 GB/T 6682 规定的一级水。

5.2.1 正己烷。

5.2.2 丙酮。

5.2.3 18 种邻苯二甲酸酯标准品：邻苯二甲酸二甲酯，邻苯二甲酸二(2-甲氧基)乙酯，邻苯二甲酸二乙酯，邻苯二甲酸二(2-乙氧基)乙酯，邻苯二甲酸二异丙酯，邻苯二甲酸二丙酯，邻苯二甲酸二苯酯，邻苯二甲酸二苄酯，邻苯二甲酸丁基苄基酯，邻苯二甲酸二异丁酯，邻苯二甲酸二丁酯，邻苯二甲酸二(2-丁氧基)乙酯，邻苯二甲酸二戊酯，邻苯二甲酸二环己酯，邻苯二甲酸二(4-甲基-2-戊基)酯，邻苯二甲酸二己酯，邻苯二甲酸二(2-乙基)己酯，邻苯二甲酸二正辛酯，纯度均大于 99%，物质英文名称及 CAS 号参见附录 A。

5.2.4 标准储备溶液：准确称取各化合物标准品 50 mg(精确到 0.000 1 g)，用正己烷(5.2.1)定容至 50.0 mL，此标准储备溶液浓度为 1.0 mg/mL，于 4℃冰箱中避光保存，有效期 6 个月。

5.2.5 标准工作溶液：将标准储备溶液用正己烷稀释成浓度分别为 2.0 mg/L、5.0 mg/L、10.0 mg/L、20.0 mg/L、40.0 mg/L 的系列混合标准工作液待用。此系列标准工作液应现用现配。

5.2.6 有机滤膜：0.45 μm。

5.2.7 移液器：1 000 μL、200 μL、100 μL、20 μL。

5.3 仪器和设备

5.3.1 气相色谱仪(GC)：配 FID 检测器。

5.3.2 分析天平：感量 0.000 1 g。

5.3.3 超声波清洗器。

5.3.4 旋转蒸发仪。

5.3.5 离心机：转速不低于 5 000 r/min，带玻璃离心管。

5.3.6 冰箱。

注：所用刻度玻璃器皿洗净后，用重蒸水淋洗 3 次，丙酮浸泡 1 h，正己烷淋洗，晾干备用。其他玻璃器皿洗净后，用重蒸水淋洗 3 次，丙酮浸泡 1 h，在 200℃下烘烤 2 h，冷却至室温备用。

5.4 分析步骤

5.4.1 试样制备

5.4.1.1 液体化妆品

称取混匀试样 1 g (精确至 0.000 1 g)于 10 mL 容量瓶中，丙酮(5.2.2)定容。过 0.45 μm 有机滤膜后进行 GC 分析。必要时可以用丙酮(5.2.2)再稀释后进样分析。

5.4.1.2 膏霜、乳液及固体化妆品

称取混匀试样 1 g (精确至 0.000 1 g)于玻璃试管中,加入 4 mL 正己烷(5.2.1)。在 60 ℃ ± 2 ℃ 水浴超声 15 min。以 5 000 r/min 离心 3 min。将萃取液转移到 10 mL 容量瓶中,重复提取一次,合并萃取液。用正己烷(5.2.1)定容至 10.0 mL。在−15℃以下的冰箱中冷冻 30 min。过 0.45 μm 有机滤膜后进行 GC 分析。必要时可以用正己烷(5.2.1)稀释后进样分析。

5.4.2 空白试验

除不称取样品外,均按上述步骤同时完成空白试验。

5.4.3 测定条件

色谱条件如下:

a) 色谱柱:5%苯基二甲基聚硅氧烷石英毛细管柱,60 m×0.25 mm×0.25 μm 或相当者;
b) 进样口温度:260 ℃;
c) 检测器温度:300 ℃;
d) 升温程序:初始柱温 80 ℃,保持 1 min;以 5 ℃/min 升温至 240 ℃,保持 1 min;再以 8 ℃/min 升温至 280 ℃,保持 25 min;再以 20 ℃/min 升温至 300 ℃,保持 20 min;
e) 载气:氮气,纯度≥99.999%;
f) 流速:1 mL/min;
g) 进样方式:不分流进样;
h) 进样量:1 μL。

注:载气、空气、氢气流速随仪器而异,操作者可根据仪器及色谱柱等差异,通过试验选择最佳操作条件,使邻苯二甲酸酯类化合物与化妆品中其他组分峰获得完全分离。

18 种邻苯二甲酸酯类化合物的气相色谱图参见附录 F。

对于杂质干扰严重的样品或阳性结果,可采用本标准中气相色谱-质谱法(GC/MS)进行确认。

5.4.4 定量分析

本方法采用外标校准曲线法定量测定。以各邻苯二甲酸酯化合物的标准溶液浓度为横坐标,各自的峰面积为纵坐标,建立标准工作曲线,以试样的峰面积带入标准曲线计算定量。结果须扣除空白值。

5.4.5 结果计算

同 3.4.6。

5.4.6 平行试验

按以上步骤,对同一样品进行平行试验测定。

5.5 检出限与定量限

本方法每种邻苯二甲酸酯类物质的检出限均为 10.0 mg/kg,定量限均为 25.0 mg/kg。

5.6 精密度

本方法在重复条件下获得的两次独立测定结果的绝对差值不得超过算术平均值的 15%。

附 录 A
（资料性附录）
邻苯二甲酸酯类化合物中文名称、英文名称、CAS号、分子式及适用方法

表 A.1 邻苯二甲酸酯类化合物中文名称、英文名称、CAS号、分子式及适用方法

序号	中文名称	英文名称	英文缩写	CAS号	化学分子式	适用方法
1	邻苯二甲酸二甲酯	dimethyl phthalate	DMP	131-11-3	$C_{10}H_{10}O_4$	GC/MS、GC、HPLC
2	邻苯二甲酸二乙酯	diethyl phthalate	DEP	84-66-2	$C_{12}H_{14}O_4$	GC/MS、GC、HPLC
3	邻苯二甲酸二异丙酯	diisopropyl phthalate	DIPP	605-45-8	$C_{14}H_{18}O_4$	GC/MS、GC、HPLC
4	邻苯二甲酸二烯丙酯	diallyl phthalate	DAP	131-17-9	$C_{14}H_{14}O_4$	GC/MS、HPLC
5	邻苯二甲酸二丙酯	dipropyl phthalate	DPRP	131-16-8	$C_{14}H_{18}O_4$	GC/MS、GC、HPLC
6	邻苯二甲酸二异丁酯	diisobutyl phthalate	DIBP	84-69-5	$C_{16}H_{22}O_4$	GC/MS、GC、HPLC
7	邻苯二甲酸二丁酯	dibutyl phthalate	DBP	84-74-2	$C_{16}H_{22}O_4$	GC/MS、GC、HPLC
8	邻苯二甲酸二(2-甲氧基)乙酯	bis(2-methoxyethyl) phthalate	DMEP	117-82-8	$C_{14}H_{18}O_6$	GC/MS、GC、HPLC
9	邻苯二甲酸二(4-甲基-2-戊基)酯	bis(4-methyl-2-pentyl)phthalate	BMPP	146-50-9	$C_{20}H_{30}O_4$	GC/MS、GC、HPLC
10	邻苯二甲酸二(2-乙氧基)乙酯	bis(2-ethoxyethyl) phthalate	DEEP	605-54-9	$C_{16}H_{22}O_6$	GC/MS、GC、HPLC
11	邻苯二甲酸二戊酯	dipentyl phthalate	DPP	131-18-0	$C_{18}H_{26}O_4$	GC/MS、GC、HPLC
12	邻苯二甲酸二己酯	dihexyl phthalate	DHXP	84-75-3	$C_{20}H_{30}O_4$	GC/MS、GC、HPLC
13	邻苯二甲酸丁基苄基酯	benzyl butyl phthalate	BBP	85-68-7	$C_{19}H_{20}O_4$	GC/MS、GC、HPLC
14	邻苯二甲酸二(2-丁氧基)乙酯	bis(2-butoxyethyl) phthalate	DBEP	117-83-9	$C_{20}H_{30}O_6$	GC/MS、GC、HPLC
15	邻苯二甲酸二环己酯	dicyclohexyl phthalate	DCHP	84-61-7	$C_{20}H_{26}O_4$	GC/MS、GC、HPLC
16	邻苯二甲酸二庚酯	di-*n*-heptyl phthalate	DHP	3648-21-3	$C_{22}H_{34}O_4$	GC/MS、HPLC
17	邻苯二甲酸二(2-乙基)己酯	bis(2-ethylhexyl) phthalate	DEHP	117-81-7	$C_{24}H_{38}O_4$	GC/MS、GC、HPLC
18	邻苯二甲酸二苯酯	diphenyl phthalate	—	84-62-8	$C_{20}H_{14}O_4$	GC/MS、GC、HPLC
19	邻苯二甲酸二正辛酯	di-*n*-octyl phthalate	DNOP	117-84-0	$C_{24}H_{38}O_4$	GC/MS、GC、HPLC
20	邻苯二甲酸二苄酯	dibenyl phthalate	—	523-31-9	$C_{22}H_{18}O_4$	GC/MS、GC、HPLC
21	邻苯二甲酸二壬酯	di-*n*-nonyl phthalate	DNP	84-76-4	$C_{26}H_{42}O_4$	GC/MS、HPLC
22	邻苯二甲酸二癸酯	di-*n*-decyl phthalate	DDP	84-77-5	$C_{28}H_{46}O_4$	GC/MS、HPLC

附 录 B
（资料性附录）
凝胶渗透色谱分离参考条件

B.1 凝胶渗透色谱柱：300 mm×25 mm（内径）玻璃柱，Bio Beads（S-X3），200-400 mesh，25 g。

B.2 柱分离度：玉米油与邻苯二甲酸二（2-乙基）己酯的分离度大于85%。

B.3 流动相：乙酸乙酯-环己烷（1+1，V/V）。

B.4 流速：4.7 mL/min。

B.5 流出液收集时间：8.0 min～16.0 min。

B.6 检测器：254 nm。

附 录 C
（资料性附录）
邻苯二甲酸酯类化合物参考保留时间、定量和定性选择离子(GC/MS)

表 C.1 邻苯二甲酸酯类化合物参考保留时间、定量和定性选择离子表(GC/MS)

序号	名称	保留时间 min	特征离子	
			定性	定量
1	邻苯二甲酸二甲酯	7.44	163;77;135;194	163
2	邻苯二甲酸二乙酯	8.30	149;177;121;222	149
3	邻苯二甲酸二异丙酯	8.67	149;167;192;209	149
4	邻苯二甲酸二烯丙酯	9.19	149;41;189;132	149
5	邻苯二甲酸二丙酯	9.35	149;104;191;209	149
6	邻苯二甲酸二异丁酯	9.94	149;223;205;167	149
7	邻苯二甲酸二丁酯	10.65	149;223;205;121	149
8	邻苯二甲酸二(2-甲氧基)乙酯	10.98	59;149;104;207	59
9	邻苯二甲酸二(4-甲基-2-戊基)酯	11.64	149;251;167;85	149
10	邻苯二甲酸二(2-乙氧基)乙酯	11.99	45;72;149;104	149
11	邻苯二甲酸二戊酯	12.33	149;237;219;104	149
12	邻苯二甲酸二己酯	14.40	149;43;251;104	149
13	邻苯二甲酸丁基苄基酯	14.55	149;91;206;104	149
14	邻苯二甲酸二(2-丁氧基)乙酯	15.97	149;101;193;176	149
15	邻苯二甲酸二环己酯	16.60	149;167;83;249	149
16	邻苯二甲酸二庚酯	16.77	149;265;57;150	149
17	邻苯二甲酸二(2-乙基)己酯	16.89	149;167;279;113	149
18	邻苯二甲酸二苯酯	17.05	225;77;153;197	225
19	邻苯二甲酸二正辛酯	18.84	149;279;167;261	149
20	邻苯二甲酸二苄酯	19.20	91;107;149;65	91
21	邻苯二甲酸二壬酯	20.83	149;293;167;71	149
22	邻苯二甲酸二癸酯	23.55	149;307;43;167	149

附 录 D
（资料性附录）
邻苯二甲酸酯类化合物标准品的气相色谱-质谱选择离子色谱图

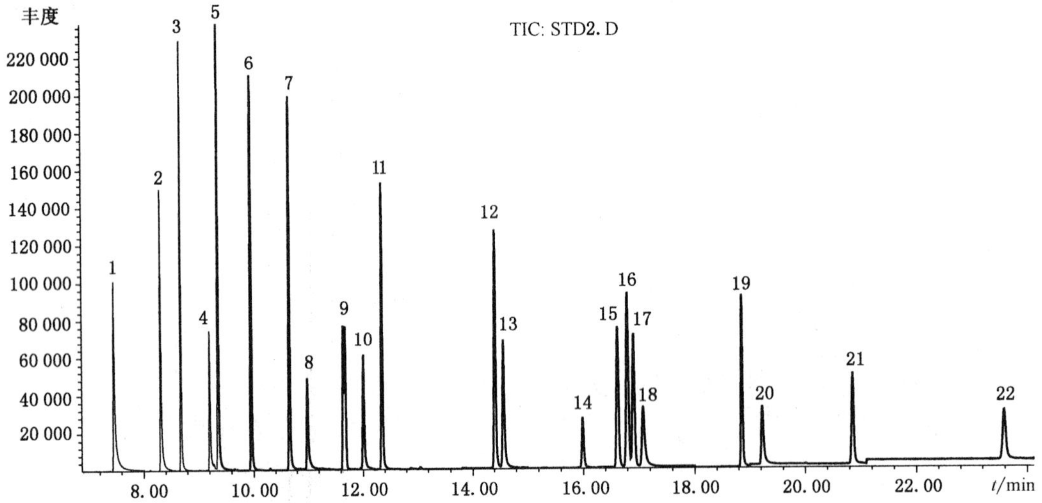

1——邻苯二甲酸二甲酯(DMP)，7.44 min；
2——邻苯二甲酸二乙酯(DEP)，8.30 min；
3——邻苯二甲酸二异丙酯(DIPP)，8.67 min；
4——邻苯二甲酸二烯丙酯(DAP)，9.19 min；
5——邻苯二甲酸二丙酯(DPRP)，9.35 min；
6——邻苯二甲酸二异丁酯(DIBP)，9.94 min；
7——邻苯二甲酸二丁酯(DBP)，10.65 min；
8——邻苯二甲酸二(2-甲氧基)乙酯(DMEP)，10.98 min；
9——邻苯二甲酸二(4-甲基-2-戊基)酯(BMPP)，11.64 min；
10——邻苯二甲酸二(2-乙氧基) 乙酯(DEEP)，11.99 min；
11——邻苯二甲酸二戊酯(DPP)，12.33 min；
12——邻苯二甲酸二己酯(DHXP)，14.40 min；
13——邻苯二甲酸丁基苄基酯(BBP)，14.55 min；
14——邻苯二甲酸二(2-丁氧基)乙酯(DBEP)，15.97 min；
15——邻苯二甲酸二环己酯(DCHP)，16.60 min；
16——邻苯二甲酸二庚酯(DHP)，16.77 min；
17——邻苯二甲酸二(2-乙基) 己酯(DEHP)，16.89 min；
18——邻苯二甲酸二苯酯，17.05 min；
19——邻苯二甲酸二正辛酯(DNOP)，18.84 min；
20——邻苯二甲酸二苄酯，19.20 min；
21——邻苯二甲酸二壬酯 (DNP)，20.83 min；
22——邻苯二甲酸二癸酯(DDP)，23.55 min。

图 D.1 22 种邻苯二甲酸酯类化合物标准品的气相色谱-质谱选择离子色谱图

附　录 E
（资料性附录）
邻苯二甲酸酯类化合物标准品的高效液相色谱图

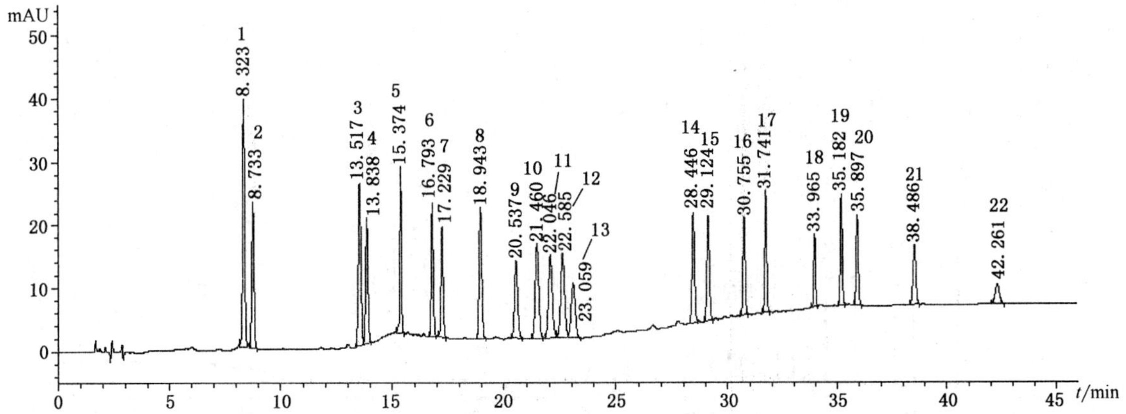

1——邻苯二甲酸二甲酯(DMP),8.3 min;
2——邻苯二甲酸二(2-甲氧基)乙酯(DMEP),8.7 min;
3——邻苯二甲酸二乙酯(DEP),13.0 min;
4——邻苯二甲酸二(2-乙氧基)乙酯(DEEP),13.4 min;
5——邻苯二甲酸二烯丙酯(DAP),15.4 min;
6——邻苯二甲酸二异丙酯(DIPP),16.8 min;
7——邻苯二甲酸二丙酯(DPRP),17.2 min;
8——邻苯二甲酸二苯酯,18.9 min;
9——邻苯二甲酸二苄酯,20.5 min;
10——邻苯二甲酸丁基苄基酯(BBP),21.5 min;
11——邻苯二甲酸二异丁酯(DIBP),22.0 min;
12——邻苯二甲酸二丁酯(DBP),22.6 min;
13——邻苯二甲酸二(2-丁氧基)乙酯(DBEP),23.1 min;
14——邻苯二甲酸二戊酯(DPP),28.4 min;
15——邻苯二甲酸二环己酯(DCHP),29.1 min;
16——邻苯二甲酸二(4-甲基-2-戊基)酯(BMPP),30.8 min;
17——邻苯二甲酸二己酯(DHXP),31.7 min;
18——邻苯二甲酸二庚酯(DHP),34.0 min;
19——邻苯二甲酸二(2-乙基)己酯(DEHP),35.2 min;
20——邻苯二甲酸二正辛酯(DNOP),35.9 min;
21——邻苯二甲酸二壬酯(DNP),38.5 min;
22——邻苯二甲酸二癸酯(DDP),42.3 min。

图 E.1　22 种邻苯二甲酸酯类化合物标准品的高效液相色谱图(检测波长:280 nm)

附 录 F
（资料性附录）
邻苯二甲酸酯类化合物标准品的气相色谱图

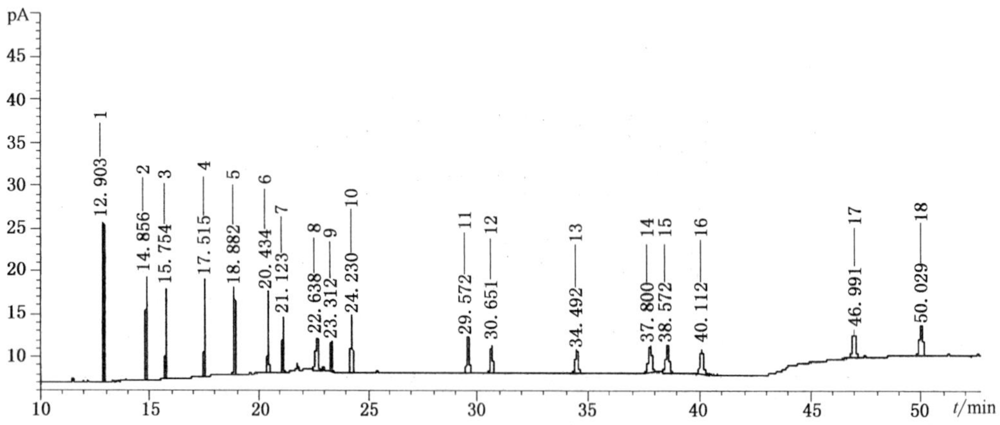

1——邻苯二甲酸二甲酯(DMP)，12.903 min；

2——邻苯二甲酸二乙酯(DEP)，14.856 min；

3——邻苯二甲酸二异丙酯(DIPP)，15.754 min；

4——邻苯二甲酸二丙酯(DPRP)，17.515 min；

5——邻苯二甲酸二异丁酯(DIBP)，18.882 min；

6——邻苯二甲酸二丁酯(DBP)，20.434 min；

7——邻苯二甲酸二(2-甲氧基)乙酯(DMEP)，21.123 min；

8——邻苯二甲酸二(4-甲基-2-戊基)酯(BMPP)，22.638 min；

9——邻苯二甲酸二(2-乙氧基) 乙酯(DEEP)，23.312 min；

10——邻苯二甲酸二戊酯(DPP)，24.230 min；

11——邻苯二甲酸二己酯(DHXP)，29.572 min；

12——邻苯二甲酸丁基苄基酯(BBP)，30.651 min；

13——邻苯二甲酸二(2-丁氧基) 乙酯(DBEP)，34.492 min；

14——邻苯二甲酸二(2-乙基) 己酯(DEHP)，37.800 min；

15——邻苯二甲酸二环己酯(DCHP)，38.572 min；

16——邻苯二甲酸二苯酯，40.112 min；

17——邻苯二甲酸二正辛酯(DNOP)，46.991 min；

18——邻苯二甲酸二苄酯，50.029 min。

图 F.1 18 种邻苯二甲酸酯类化合物标准品的气相色谱图

ICS 83.040.20
G 49

GB

中华人民共和国国家标准

GB/T 28600—2012

橡胶配合剂 沉淀水合二氧化硅 平均孔径的测定

Rubber compounding ingredients—Silica, precipitated, hydrated—Determination of average pore diameter

2012-06-29 发布 2012-12-01 实施

中华人民共和国国家质量监督检验检疫总局
中国国家标准化管理委员会 发布

前　　言

本标准按照GB/T 1.1—2009给出的规则起草。

本标准由中国石油和化学工业联合会提出。

本标准由全国橡胶与橡胶制品标准化技术委员会炭黑分技术委员会(SAC/TC 35/SC 5)归口。

本标准负责起草单位:中橡集团炭黑工业研究设计院、上海久琛精细化工有限公司。

本标准主要起草人:聂素青、周玉芳。

橡胶配合剂　沉淀水合二氧化硅
平均孔径的测定

警告：使用本标准的人员应有正规实验室工作的实践经验。本标准并未指出所有可能的安全问题。使用者有责任采取适当的安全和健康措施，并保证符合国家有关法规规定的条件。

1　范围

本标准规定了用压汞仪测定二氧化硅物质的平均孔径的分析试验方法。

本标准适用于沉淀水合二氧化硅。

2　规范性引用文件

下列文件对于本文件的应用是必不可少的。凡是注日期的引用文件，仅注日期的版本适用于本文件。凡是不注日期的引用文件，其最新版本(包括所有的修改单)适用于本文件。

GB/T 6003.1　金属丝编织网试验筛

GB/T 8170　数值修约规则与极限数值的表示和判定

HG/T 3061　橡胶配合剂　沉淀水合二氧化硅

3　原理

将适量试样于真空站进行脱气处理，然后用汞在渗水填充物质中通过高压系统进行浸入，浸入的汞体积可以根据施加的压力来记录。外压越大，汞能进入的孔半径越小。测量不同外压下进入孔中汞的量即可知相应孔的孔体积和平均孔径。

4　试剂与材料

汞，含量(质量分数)≥99.995%。

5　仪器

5.1　试验筛：筛网用锡青铜或奥氏体不锈钢丝编织而成，网孔基本尺寸 150 μm，符合 GB/T 6003.1 规定。

5.2　压汞仪。

5.3　膨胀计(容积约为 6 mL)，可供分析准确质量的样品。这些瓶状容器要根据所使用的仪器类型来选用。

5.4　脱气站。

5.5　分析天平，精度为 0.1 mg。

5.6　恒温干燥箱，重力对流型，温度可以控制在(105±2)℃。

5.7　干燥器，装有有效干燥剂。

5.8 研钵和研杵。

6 采样

6.1 按 HG/T 3061 的规定进行采样。
6.2 采集的样品需置于密闭的容器中，造粒样品用研钵和研杵(5.8)轻轻破碎，然后过 150 μm 试验筛。

7 分析步骤

7.1 将适量的试样(6.2)置于(105±2)℃的恒温干燥箱(5.6)中干燥 2 h，然后置于干燥器(5.7)中冷却至室温备用。
7.2 称取约 0.1 g 的试样(7.1)，精确至 0.1 mg，并置于膨胀计(5.3)中。
7.3 将装样的容器与脱气站相连并进行脱气，脱气 0.5 h。
7.4 脱气后，将汞小心注入膨胀计中。
7.5 将膨胀计放入压汞仪压力容器中，将压汞仪体积恢复到 0 mL，然后按照压汞仪仪器说明书测定。
7.6 测试结果由仪器直接给出。

8 结果计算

平均孔径的单位为纳米(nm)。结果表示到小数点后一位。如有多次测量结果，取其平均值。计算结果按 GB/T 8170 规定进行数值修约。

9 试验报告

试验报告包括以下内容：
a) 试样的名称及标识；
b) 本试验依据的标准；
c) 试样质量，g；
d) 试验结果；
e) 与规定的分析步骤的差异；
f) 在试验中观察到的异常现象；
g) 试验日期。

ICS 83.040.20
G 49

中华人民共和国国家标准

GB/T 28601—2012

橡胶配合剂 沉淀水合二氧化硅 凝胶含量的测定

Rubber compounding ingredients—Silica, precipitated, hydrated—Determination of gelatin content

2012-06-29 发布

2012-12-01 实施

中华人民共和国国家质量监督检验检疫总局
中国国家标准化管理委员会
发布

前　言

本标准由中国石油和化学工业联合会提出。

本标准按照 GB/T 1.1—2009 给出的规则起草。

本标准由全国橡胶与橡胶制品标准化技术委员会炭黑分技术委员会(SAC/TC 35/SC 5)归口。

本标准负责起草单位:中橡集团炭黑工业研究设计院、上海久琛精细化工有限公司。

本标准主要起草人:王定友、聂素青、周玉芳。

橡胶配合剂　沉淀水合二氧化硅 凝胶含量的测定

警告：使用本标准的人员应有正规实验室工作的实践经验。本标准并未指出所有可能的安全问题。使用者有责任采取适当的安全和健康措施，并保证符合国家有关法规规定的条件。

1　范围

本标准规定了用试验筛测定凝胶含量的方法。

本标准适用于沉淀水合二氧化硅。

2　规范性引用文件

下列文件对于本文件的应用是必不可少的。凡是注日期的引用文件，仅注日期的版本适用于本文件。凡是不注日期的引用文件，其最新版本(包括所有的修改单)适用于本文件。

GB/T 6003.1　金属丝编织网试验筛

GB/T 8170　数值修约规则与极限数值的表示和判定

HG/T 3061　橡胶配合剂　沉淀水合二氧化硅

3　原理

采用沉淀法生产水合二氧化硅容易生成凝胶。测定沉淀水合二氧化硅凝胶含量，是判断二氧化硅分散性的依据之一。

将试样通过 75 μm 的试验筛，残留在筛上的物质视为凝胶，测定残留物(凝胶)的质量，计算凝胶含量。

4　仪器

4.1　试验筛，筛网用锡青铜或奥氏体不锈钢丝编织而成，网孔基本尺寸 75 μm 和 150 μm，符合 GB/T 6003.1 规定。也可采用其他规格的试验筛。

4.2　分析天平，精度为 0.1 mg。

4.3　称量盘。

4.4　恒温干燥箱，重力对流型，温度可以控制在(105±2)℃。

4.5　干燥器，装有有效干燥剂。

4.6　研钵和研杵。

5　采样

5.1　按 HG/T 3061 的规定进行采样。

5.2　采集的样品需置于密闭的容器中。造粒样品用研钵和研杵(4.6)轻轻破碎，然后过 150 μm 实验筛。

6 分析步骤

6.1 称取 10 g 试样(5.2)m_0 于烧杯中，精确至 0.1 mg。

6.2 将烧杯中的试样用水完全浸润，然后将试样移入 75 μm 试验筛(4.1)中，在(0.1±0.02)MPa 的水压下反复淋洗，直至残留物量不再明显减少。

6.3 将含残留物的筛子置于(105±2)℃的恒温干燥箱(4.4)中烘 2 h。

6.4 将筛子转移至干燥器(4.5)内，冷却至室温。

6.5 将残留物(m_1)移入一个已称过质量的称量盘(4.3)中称量，精确至 0.1 mg。

7 结果计算

7.1 凝胶(残留物)的含量以质量分数 w 计，按式(1)计算。

$$w=\frac{m_1}{m_0}\times 100\% \qquad \cdots\cdots(1)$$

式中：

m_1——残留物质量的数值，单位为克(g)；

m_0——试样质量的数值，单位为克(g)。

7.2 计算结果表示到小数点后一位。如有多次测量结果，取其平均值。计算结果按 GB/T 8170 规定进行数值修约。

8 试验报告

试验报告包括以下内容：

a) 试样的名称及标识；

b) 本试验依据的标准；

c) 试样质量，g；

d) 试验结果；

e) 与规定的分析步骤的差异；

f) 在试验中观察到的异常现象；

g) 试验日期。

ICS 71.060.01
G 10

中华人民共和国国家标准

GB/T 28602—2012

磷酸(热法)生产技术规范

Production technical regulation for furnace-process phosphoric acid

2012-06-29 发布　　　　2012-12-01 实施

中华人民共和国国家质量监督检验检疫总局
中国国家标准化管理委员会　发布

前　言

本标准按照GB/T 1.1—2009给出的规则起草。

本标准由中国石油和化学工业联合会提出。

本标准由全国化学标准化技术委员会无机化工分技术委员会(SAC/TC 63/SC 1)归口。

本标准起草单位:云南省化工研究院、中海油天津化工研究设计院。

本标准主要起草人:梅毅、杨亚斌、莫宾、刘幽若、龙萍、李海昆、蔡鸣、李倩、丁灵。

磷酸(热法)生产技术规范

1 范围

本标准规定了热法磷酸的术语和定义、基本生产技术、设计要求、生产原理、生产过程、产品品质要求、安全生产事项、污染物排放限值、污染物控制、污染物防治、数据采集与监测采样以及污染物测定方法。

本标准适用于现有、新建(含改、扩建)的热法磷酸生产装置。

2 规范性引用文件

下列文件对于本文件的应用是必不可少的。凡是注日期的引用文件,仅注日期的版本适用于本文件。凡是不注日期的引用文件,其最新版本(包括所有的修改单)适用于本文件。

GB/T 2091 工业磷酸

GB/T 2589—2008 综合能耗计算通则

GB 4053.2 固定式钢梯及平台安全要求 第2部分:钢斜梯

GB 4053.3 固定式钢梯及平台安全要求 第3部分:工业防护栏杆和钢平台

GB 7816 工业黄磷

GB 8978—1996 污水综合排放标准

GB/T 11893 水质 总磷的测定 钼酸铵分光光度法

GB 12348 工业企业厂界环境噪声标准

GB 12349 工业企业厂界噪声测量方法

GB/T 16157 固定污染源排气中颗粒物测定与气态污染物采样方法

GB 16297 大气污染物综合排放标准

GB 50016 建筑设计防火规范

GB 50187 工业企业总平面设计规范

GB 50489 化工企业总图运输设计规范

HJ/T 91—2002 地表水和污水监测技术规范

3 术语和定义

下列术语和定义适用于本文件。

3.1

资源消耗 resources consumption

生产1 t磷酸产品(折85% H_3PO_4)所消耗的资源量,如黄磷(t/t)、新鲜水(t/t)。

3.2

综合能耗 comprehensive energy consumption

生产1 t磷酸产品(折85% H_3PO_4)所实际消耗能源的总和,折标准煤(t/t)。

3.3

热法磷酸 furnace-process phosphoric acid

以电热法生产的黄磷为原料,经过燃烧、水合而制成的任一浓度的磷酸(含多聚磷酸)。

3.4

一步法　one-step method

黄磷燃烧与五氧化二磷的水合在同一台设备中进行的工艺方法。

3.5

二步法　two-step method

黄磷燃烧与五氧化二磷的水合分别在燃烧塔和水合塔(水化塔)两个设备中进行的工艺方法。

3.6

酸冷流程　acid cold flow

用大量的循环磷酸将黄磷反应热移出,再用热交换器通过循环水将磷酸中的热量移出。

3.7

水冷流程　water cold flow

用循环水通过间接冷却将黄磷反应热从燃烧塔和水合塔(水化塔)移出。

3.8

装置年运行时间　installation in annual running time

生产装置每年正常运行的累计时间。

3.9

新鲜水　fresh water

生产中第一次加入的自来水、地下水或未经污染的地表水(江河与湖泊等),不包括重复使用和循环利用的水。

3.10

新鲜水用水量　fresh water consumption

生产装置每生产 1 t 磷酸产品(折 85% H_3PO_4)所消耗的生产用新鲜水量,即每生产 1 t 磷酸产品(折 85% H_3PO_4 计)需补入生产系统的新鲜水量。

3.11

尾气吸收　end gas absorption

对经过水合塔(水化塔)吸收后的含有少量五氧化二磷和磷酸酸雾的工艺流程末端的气体进行再次洗涤回收,以提高磷的回收率并减少对环境的污染,达标排放。

4　基本生产技术

4.1　装置规模

新建、改建、扩建热法磷酸生产装置规模应符合国家相关部门的规定。

4.2　工艺装备

工艺装备应包括黄磷液化系统、黄磷燃烧系统、五氧化二磷吸收系统、尾气吸收系统、水循环与处理系统、供热系统、包装系统。

应设置污水处理与回收系统。

采用消音措施,控制噪音污染。

4.3　环保要求

新建、改建、扩建热法磷酸生产装置应符合国家环境保护、清洁生产和节能减排的要求,回收利用黄磷反应热,减少能源浪费和热污染。

4.4 经济技术评价指标

经济技术评价指标包括黄磷消耗、水资源消耗和综合能耗，其消耗定额应符合国家有关规定，国家无规定时企业参照附录A进行自评价。

4.5 综合能耗的计算

综合能耗以吨标准煤 E 计，单位为吨(t)，按式(1)计算：

$$E=\frac{\sum_{i=1}^{n}(e_i\times p_i)}{1\,000} \qquad \cdots\cdots(1)$$

式中：

n ——消耗能源的品种数；

e_i ——生产和服务活动中消耗的第 i 种能源实物量的数值；

p_i ——附录B中给出的第 i 种能源的折算系数，按能源的等价值折算。

5 设计要求

5.1 总图

5.1.1 厂址选择

5.1.1.1 磷酸(热法)生产企业厂址选择应符合GB 50187和GB 50489的有关规定。

5.1.1.2 新建企业厂址的选择，应位于城镇、居住区、其他工业企业全年最小频率风向的上风侧，不应位于窝风地段。且应在它们之间保持足够的卫生防护距离，卫生防护距离宽度应为：平均风速小于2 m/s，间距为1 000 m；平均风速2 m/s～4 m/s，间距为800 m；平均风速大于4 m/s，间距为600 m。

5.1.2 平面布置

新建磷酸(热法)生产企业平面布置应符合GB 50489的有关规定，同时还应符合下列要求：

a) 按功能分区。在符合生产流程、操作要求和使用功能的前提下，充分利用土地、交通走向，做到建筑物构形、朝向、布局、空间组合、采光和绿化布置合理，并与周围环境协调统一，生产区应设在全年最小频率风向的上风侧；

b) 全厂各装置区之间应形成环形消防通道，合理确定通道宽度，主干道宽度不小于8 m，辅道宽度不小于6 m，道路上空净高度主道不小于5 m，辅道不小于4 m，满足交通运输要求；

c) 在满足工艺条件要求前提下，功能分区内各项设施应联合多层布置，力求紧凑、经济、合理，路线短捷通畅；构、建筑物的外形宜规整；

d) 黄磷贮存与熔磷区应设置消防栓或消防水池，并保证即使在停电时，消防水源能抵达黄磷贮存、熔磷与输送区域；

e) 黄磷贮存与熔磷区应设置消防沙池或沙堆，作为贮磷、熔磷设备发生泄漏时的应急处理；

f) 应在贮磷与熔磷区的适当位置设置安全应急水池，作为发生人身事故(着火)时的应急处理；

g) 黄磷贮存、熔磷区及黄磷燃烧区为甲类火灾危险区域，黄磷贮槽或黄磷堆场与主厂房等构建筑物的防火间距应在12 m以上，黄磷贮槽、黄磷堆场、主厂房与民用建筑物的防火间距应在25 m以上。其他各装置之间的防火间距应符合GB 50016的规定；

h) 黄磷贮存、熔磷区应设置应急事故处理池，应急事故处理池的设置应符合GB 50016的规定。

5.2 工艺设计

5.2.1 劳动安全卫生防护设施、环境保护设施和消防设施应做到与主体工程同时设计、同时施工、同时投产使用。

5.2.2 工艺设计应优化工艺流程，合理优化设备配置，充分考虑安全设施、环保设施和消防设施与工艺装置的结合。

5.2.3 工艺设计应采用先进的工艺、设备和黄磷燃烧热能回收装置，做到生产过程自动化，宜采用DCS集中控制系统。

5.2.4 同一性质的生产工艺设备，宜集中布置，并充分考虑操作、检修、安全通道等的间距要求。

5.2.5 输磷管线应设置合理的坡度，坡度应不小于1%，确保停止供磷时管道内的黄磷应全部回流至供磷设备内，输磷管线宜采用焊接连接，确需采用法兰连接时，所有连接法兰处均应设置防护罩。

5.2.6 在满足安全要求和工艺条件的前提下，燃烧塔与水合塔(水化塔)的布置应紧凑，力求路线短捷通畅。

5.3 构建筑物

5.3.1 厂房构建筑物应符合安全健康、消防、当地地震等级等相关要求，并具有足够使用的高度和面积，利于通风。

5.3.2 磷酸生产区域的地面和墙面应做防酸处理。

5.3.3 生产车间地面应平整，易于清扫，清污分流。

5.3.4 钢斜梯和操作平台安全要求应符合GB 4053.2和GB 4053.3的规定。

6 生产原理

6.1 黄磷燃烧

将熔融黄磷通过磷喷枪雾化，在燃烧塔内与过量空气混合燃烧，生成五氧化二磷(P_4O_{10})气体。其反应表示如下：

$$P_4+5O_2\uparrow \rightarrow P_4O_{10}\uparrow \qquad \Delta H=-24\ 303.92\ \mathrm{kJ/kg}$$

6.2 五氧化二磷的吸收

黄磷燃烧生成的五氧化二磷(P_4O_{10})气体与水反应生成磷酸，其反应表示如下：

$$P_4O_{10}\uparrow +6H_2O\rightarrow 4H_3PO_4 \qquad \Delta H=-1\ 326.54\ \mathrm{kJ/kg}$$

7 生产过程

7.1 主要原料质量要求

热法磷酸生产所用的原料工业黄磷应符合GB 7816的要求。

7.2 主要生产流程

7.2.1 熔融黄磷通过磷喷枪雾化后在反应塔内燃烧，控制适宜的反应条件，生成五氧化二磷气体。

7.2.2 五氧化二磷气体用水或稀酸循环吸收，控制适宜的工艺条件，得到不同浓度的磷酸。

7.2.3 采用不同的化工单元设备进行组合，回收尾气中含有的少量五氧化二磷和磷酸酸雾，得到的稀磷酸返回系统循环，降低黄磷消耗，提高磷的回收率。

7.2.4　一步法工艺流程

一步法热法磷酸生产工艺示意图见图 1。

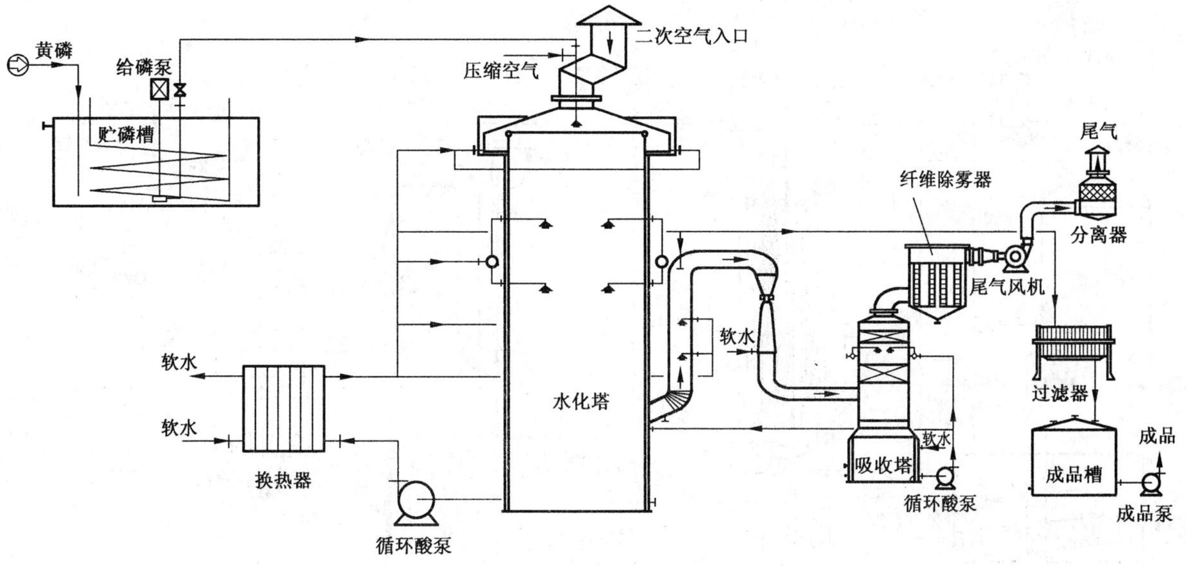

图 1　一步法热法磷酸生产工艺示意图

7.2.5　二步法工艺流程

二步法热法磷酸生产工艺示意图见图 2。

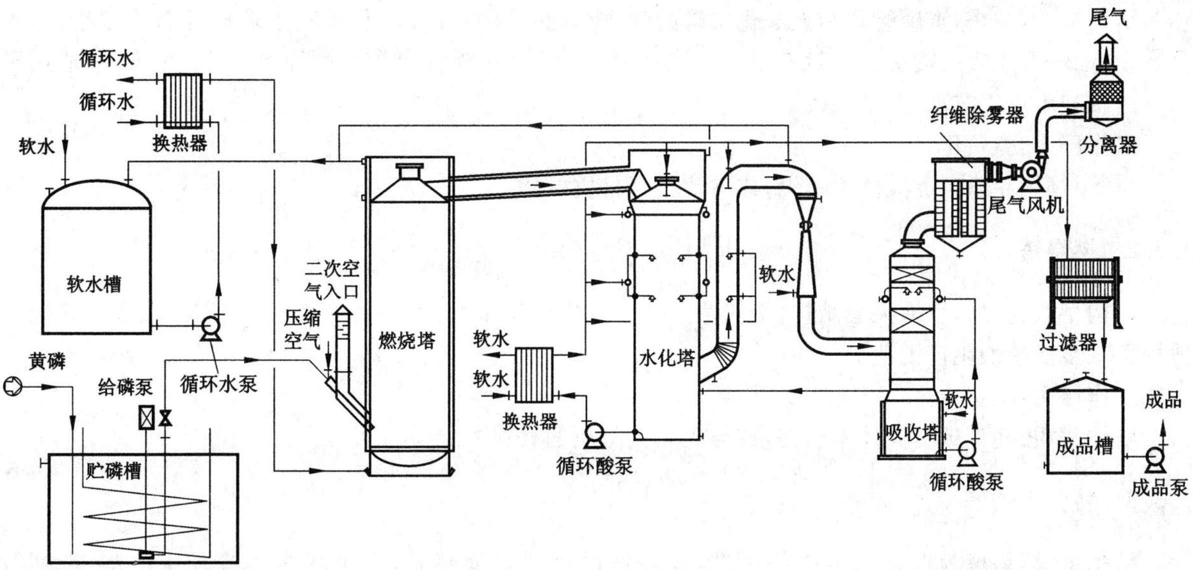

图 2　二步法热法磷酸生产工艺示意图

7.2.6 副产工业蒸汽的二步法工艺流程

副产工业蒸汽的热法磷酸生产工艺示意图见图3。

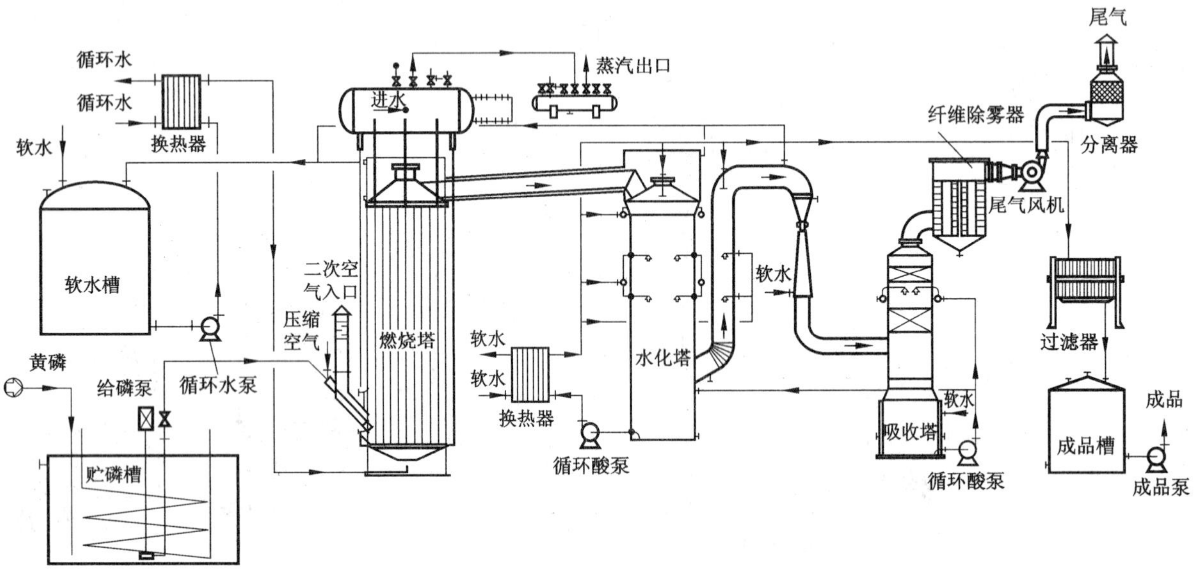

图3 副产工业蒸汽的热法磷酸生产工艺示意图

7.3 主要设备性能

7.3.1 燃烧水合塔(水化塔)

结构型式:空塔,黄磷燃烧和五氧化二磷的吸收在同一塔内进行。上部为燃烧区,下部为水合区,水合区设有2~3层吸收喷头。上封头由冷却水冷却,塔壁有挂壁酸保护。燃烧水合塔(水化塔)适用于一步法磷酸生产工艺。

工作压力:微负压。

塔体材质:超低碳奥氏体不锈钢,或与此相当材质的材料。

7.3.2 燃烧塔

结构型式:空塔,水冷夹套结构,塔体及上下封头由冷却水冷却,能产生80 ℃左右的热水。燃烧塔适用于二步法磷酸生产工艺。

工作压力:微负压。

塔体材质:超低碳奥氏体不锈钢,或与此相当材质的材料。

7.3.3 特种燃磷塔

结构型式:塔壁为水冷壁结构,根据需要在塔内可加装换热管,上下封头由冷却水冷却,能回收50%以上的黄磷反应热量并产生蒸汽,特种燃磷塔适用于二步法磷酸生产工艺。特种燃磷塔应按压力容器的管理规定进行设计。

工作压力:微负压

塔体材质:超低碳奥氏体不锈钢,或与此相当材质的材料。

7.4 工序任务

7.4.1 供磷系统

为燃烧工序提供原料，黄磷液化后经计量通过管道输送至燃烧塔。

7.4.2 燃烧系统

输送到燃烧塔的黄磷通过磷喷枪被一次空气（蒸汽）雾化并与二次空气混合燃烧，生成五氧化二磷气体。

7.4.3 水合吸收系统

五氧化二磷与水或稀磷酸水合成为磷酸。

7.4.4 压缩空气（蒸汽）雾化系统

为将黄磷分散为细小颗粒，加速黄磷燃烧反应提供雾化剂（压缩空气或蒸汽）的制备系统。

7.4.5 冷却循环水系统

为磷酸生产装置中燃烧塔、水合塔（水化塔）、二级吸收塔、换热器等提供冷却水，部分燃烧热通过冷却塔移出生产系统。

7.4.6 尾气吸收系统

对经过水合塔（水化塔）吸收后的含有五氧化二磷和磷酸酸雾的工艺气体进行再次洗涤回收，稀磷酸返回水合塔（水化塔），提高磷的回收率并减少对环境的污染，尾气达标排放。

7.5 操作程序

7.5.1 启动尾气吸收系统；
7.5.2 启动水合吸收系统；
7.5.3 启动冷却循环水系统；
7.5.4 启动引风机；
7.5.5 启动压缩空气（蒸汽）雾化系统；
7.5.6 启动供磷系统；
7.5.7 启动燃烧系统（投料）。

7.6 生产设备维护和保养

7.6.1 燃烧塔、特种燃磷塔、水合塔（水化塔）、吸收塔等设备及其相应管道应经常维护保养，确保正常运行。特种燃磷塔应按压力容器要求维护。

7.6.2 特种燃磷塔应按压力容器的管理规定进行使用、管理和维护。

7.6.3 接触高温工艺气体物料的设备、管道应采用冷却水冷却或内壁挂膜（酸膜）防止腐蚀。

7.6.4 加强设备巡回检查，确保设备正常运转。

7.6.6 应定期对设备进行润滑，确保设备长周期运行。

7.6.7 消除设备及管道跑、冒、滴、漏及堵塞现象，发现问题应及时处理。

7.6.8 应定期地维护保养及检修设备。

7.6.9 积极采用新工艺、新材料、新技术替代落后的生产工艺，替换能耗大、效率低的设备和零部件。

7.6.10 正确使用各种电器设备和各种仪表，保持仪器仪表、设备、管道等的清洁和环境卫生，做到文明生产。

8 产品品质要求

工业磷酸产品执行 GB/T 2091 的质量要求，多聚磷酸参考有关企业标准。

9 安全生产事项

9.1 应对操作人员进行上岗培训，取得上岗操作证后，方可上岗，否则应不准上岗作业。

9.2 系统电器设备停车超过 24 h，应进行电器设备绝缘测试，合格后方可启动。

9.3 启动功率超过 90 kW 电器设备时，应有专业人员现场监护，方可启动。

9.4 不应湿手触摸电器开关或用湿布擦拭电器。

9.5 严格按照操作规程进行操作。

9.6 检查运转设备的运行状况时，应脱去手套，女工上岗应将长头发盘于帽内。

9.7 设备的转动部位应保持防护罩完好，不得在防护罩上坐人和堆放任何杂物。

9.8 大型机电设备的启动装置，应安装在金属等不可燃物体上。

9.9 开启式启动设备不得安装在有爆炸或火灾危险的气体或粉尘环境里。

9.10 设备接地应牢固可靠。接地电阻应符合设备说明书的要求，并定期检测。

9.11 液体管道低点排凝阀应保证严密性，可设两道排凝阀，排出液体应进入密闭系统。

9.12 设备管路检修前，应进行彻底清洗和置换。

9.13 应配备必要的个人防护用品，包括防毒面具、防护手套、耐酸胶鞋、护目镜、氧气呼吸器、防护衣及洗眼液、防护液等应急药品。

9.14 楼梯、平台、操作通道以及其他易于滑倒的地面应有防滑措施。

9.15 黄磷是剧毒物，在空气中自燃，产生白色烟雾。黄磷表面应有水封。操作人员应按规定穿戴好防护用品。

9.16 磷酸属中强酸，具有腐蚀性、灼伤性，对环境有危害。操作人员应按规定穿戴好防护用品。

9.17 五氧化二磷的烟雾刺激黏膜，对皮肤有刺激和灼烧作用。生产设备和管道要密闭，并保持通风良好。操作人员要穿戴好防护用品。

9.18 拆装、检修输磷管线、阀门、设备时，必须有人监护，并按规定穿戴好防护用品，备齐防火设施和水管。

9.19 燃烧水合、酸雾捕集、成品包装区域均应设置喷淋装置和洗眼器。

9.20 黄磷储存与输送区应设消防沙池、安全水池、应急水池和洗眼器。

10 污染物排放限值

10.1 废气排放限值

应符合 GB 16297 的要求。企业也可参考附录 C 制定严于国家标准的排放标准。

10.2 废水排放限值

应符合 GB 8978 的要求。企业也可参考附录 C 制定严于国家标准的排放标准。

10.3 噪声限值

噪声限定值符合GB 12348的规定。

10.4 工业卫生

工作场所应积极采取行之有效的综合防护措施，防止有害因素对工作场所的污染。应委托有资质认证的评价机构进行职业卫生评价，使其符合卫生要求。

10.5 工作场所有害因素职业接触限值

工作场所有害因素职业接触限值符合表1规定。

表 1

项目	最高容许浓度/（mg/m^3）	时间加权平均容许浓度/（mg/m^3）	短时间接触容许浓度/（mg/m^3）
黄磷	—	0.05	0.1
五氧化二磷	1.0	—	—
磷酸	—	1.0	3.0
注1：最高容许浓度指工作地点在一个工作日内、任何时间均不应超过的有毒化学物质的浓度。 注2：时间加权平均容许浓度指以时间为权数规定的8 h工作日的平均容许接触水平。 注3：短时间接触容许浓度指一个工作日内，任何一次接触不得超过的15 min时间加权平均的容许接触水平。			

11 污染物控制

11.1 尾气洗涤吸收控制

11.1.1 水合塔（水化塔）吸收后的尾气经尾气吸收系统进一步回收剩余的五氧化二磷及酸雾，由引风机经排气筒排空。

11.1.2 装置排气筒高度为15 m以上，并应比周边20 m范围内的平台或建筑物顶高出3.5 m以上。

11.2 废水控制

11.2.1 应设置工业废水处理系统，所有热法磷酸生产污水均应经处理后达到工业废水排放标准方可排放。

11.2.2 新建、改建、扩建装置应设置前15 min雨水进入废水处理系统的装置，与工业废水合并处理后达标排放。

12 污染物防治

12.1 有组织排放

杜绝污染物无组织排放，所有逸出气体经净化后由排气筒排放。

12.2 废气污染防治

工艺尾气采用多级吸收，达标排放。

12.3 废水(液)污染防治

减少熔磷废水产生,提高循环水浓缩倍率。

12.4 噪声污染的防治

二次吸风口、引风机等主要噪声源,应采取有效的消音措施,减少噪声对环境的影响。

13 数据采集与监测采样

13.1 生产数据采集

生产过程中的生产记录和根据需要测定的数据,是热法磷酸生产的主要评定依据之一,数据应存档备查。

13.2 污染物监测采样

13.2.1 大气污染物的监测采样按 GB/T 16157 进行,吸收液为溴化硝酸。

13.2.2 污水监测取样按 HJ/T 91—2002 有关规定执行。

14 污染物测定方法

14.1 大气污染物测定方法

总磷的测定方法采用磷钼酸铵滴定分析法,方法参见附录 D。

14.2 污水测定方法

14.2.1 元素磷的测定方法采用 GB 8978—1996 附录 D 元素磷的测定——磷钼蓝比色法。

14.2.2 总磷的测定方法采用 GB/T 11893。

14.3 噪声

噪声的监测按 GB 12349 的规定执行。

附　录　A
（资料性附录）
磷酸（热法）生产技术经济自评价指标

A.1　黄磷消耗（见表 A.1）

表 A.1

项　　目	限　　值	
	A	B
黄磷(99.90%)/(t/t)　　≤	0.273	0.273

A.2　水资源消耗（见表 A.2）

表 A.2

项　　目	限　　值	
	A	B
新鲜水/(t/t)　　≤	5.5	7.0
注：外供循环水按循环水量的 2.9%计入新鲜水补入量。		

A.3　综合能耗指标

综合能耗指由磷酸界区外供入磷酸装置生产折合吨产品所消耗的电能、新鲜水、软水、循环水、蒸汽、压缩空气等构成。消耗限值见表 A.3。

表 A.3

项　　目	限　　值	
	A	B
单位产量综合能耗(吨磷酸产品实际消耗的能源折标煤)/(t/t)　　≤	−0.135	0.032
注 1：界区内装置自产的压缩空气、软水等，能源消耗计入装置电耗； 注 2：界区内建有独立的循环水系统，其能源消耗计入装置电耗； 注 3：折标系数按附录 B 取值，附录 B 未列入的折标系数按 GB/T 2589 取值； 注 4：A 类综合能耗含黄磷热能回收产生蒸汽对外能量输出折标煤量。		

A.4 技术经济指标

技术经济指标按黄磷消耗、水资源消耗和综合能耗分为 A、B 二种级别，A 级为节能减排级。

附 录 B
（规范性附录）
综合能耗计算通则

B.1 各种耗能折标准煤参考系数(见表 B.1)

表 B.1

能源名称	平均低位发热量	折标准煤系数
电力(等价值)	11 840.27 kJ/(kW·h)(2 828 kcal/h)	0.404 kgce/(kW·h)
蒸汽(低压)	3 763 MJ/t(900 Mcal/h)	0.128 6 kgce/kg

B.2 耗能工质能源等价值(见表 B.2)

表 B.2

项　　目	单位耗能工质耗能量	折标准煤系数
新鲜水	2.51 MJ/t(600 kcal/t)	0.085 7 kgce/t
软水	14.23 MJ/t(3 400 kcal/t)	0.485 7 kgce/t
压缩空气	1.17 MJ/m^3(280 kcal/m^3)	0.040 0 kgce/t

附 录 C
（资料性附录）
磷的排放指标

C.1 废气排放指标(见表 C.1)

表 C.1

项 目	排放浓度/(mg/Nm³)	排放量/(kg/t)
新建(含改、扩建)装置(以 P_2O_5 计) ≤	60	0.115
注：空气过剩系数不大于 1.5。		

C.2 废水排放指标(见表 C.2)

表 C.2

项 目		排放浓度/(mg/L)	排放量/(kg/t)
新建(含改、扩建)装置	元素磷 ≤	0.1	4.5×10^{-5}
	总磷(以 P 计) ≤	5	2.25×10^{-3}

附 录 D
（资料性附录）
排放气体中总磷含量的测定　磷钼酸铵滴定分析法

D.1　原理

尾气中的元素磷、三氧化二磷和磷化氢用溴化硝酸吸收液吸收，并氧化成磷酸，再采用磷钼酸铵滴定分析法，则可测得总磷含量。

$$P_4+16H_2O+10Br_2=4H_3PO_4+20HBr$$

$$P_4O_6+10H_2O+4Br_2=4H_3PO_4+8HBr$$

$$PH_3+4H_2O+4Br_2=H_3PO_4+8HBr$$

$$3P+5HNO_3+2H_2O=3H_3PO_4+5NO$$

D.2　试剂

D.2.1　氢氧化钠溶液：100 g/L。

D.2.2　溴化硝酸：浓硝酸加溴水饱和，以细口试剂瓶盛装于冷水浴中存放。

D.2.3　硝酸钾溶液：10 g/L。

D.2.4　氢氧化钠标准滴定溶液：$c(NaOH)=0.3$ mol/L。

D.2.5　钼酸铵沉淀剂

称取 136 g 钼酸铵溶于约 500 mL 60 ℃～70 ℃的水中，再加入 105 g 柠檬酸和 108 g 硝酸铵搅拌至完全溶解，配制成溶液Ⅰ；

量取 506 mL 浓硝酸，注入盛有 2 000 L 水的 5 L 细口瓶中配制成溶液Ⅱ；

将溶液Ⅰ缓慢的倾入溶液Ⅱ中，稀释至 4 L，摇匀，贮存备用。

D.2.6　硝酸标准滴定溶液

配制：量取硝酸 7.5 mL 于 1 000 mL 容量瓶中，用水稀释至刻度，摇匀。置于棕色瓶中避光保存。

标定：吸取配制好的硝酸标准滴定溶液 50 mL 于 300 mL 锥形瓶中，用水稀释至 100 mL，加入 10 g/L酚酞指示剂 2 滴，用 0.3 mol/L 氢氧化钠标准滴定溶液滴定至溶液呈微红色为终点。

硝酸标准滴定溶液的准确浓度按式(D.1)计算：

$$c(HNO_3)=\frac{c_1\times V_1}{V_2} \qquad \cdots\cdots(D.1)$$

式中：

V_1——标定所消耗的氢氧化钠标准滴定溶液体积的数值，单位为毫升(mL)；

V_2——标定吸取的硝酸标准滴定溶液体积的数值，单位为毫升(mL)；

c_1——氢氧化钠标准滴定溶液浓度的准确数值，单位为摩尔每升(mol/L)。

D.2.7　酚酞指示剂：10 g/L 乙醇溶液。

D.3　仪器

气体吸收装置见图 D.1。

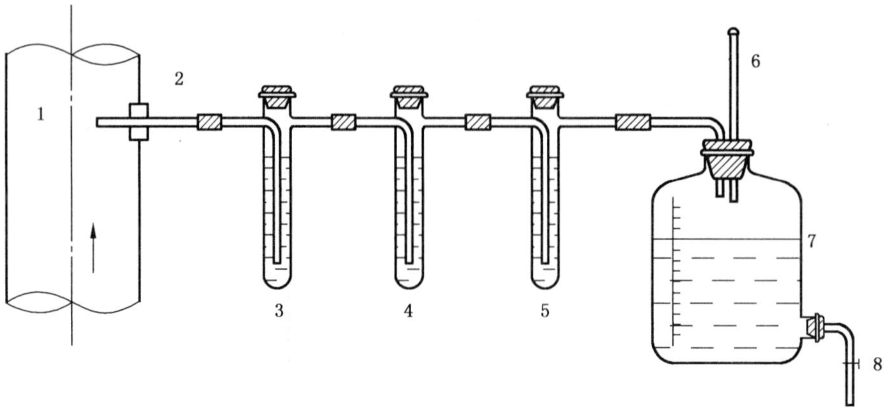

1——气体管道；
2——取样管；
3,4——莱氏气体吸收管(各盛 20 mL 溴化硝酸及水 20 mL)；
5——莱氏气体吸收管(盛硝酸 40 mL 及水 40 mL)；
6——温度计(100 ℃)；
7——5 L(或 10 L)下口瓶(内盛水至刻度)；
8——螺旋夹。

图 D.1　气体吸收装置图

D.4　分析步骤

D.4.1　取样

按图 D.1 将仪器联接，使各联接部位不漏气，插入采样管，打开排水瓶下水的螺旋夹，控制取样速度为 1.5 L/h。取样体积为 2 L～3 L，停止取样，同时记下取样体积和温度，以及当时的大气压。

D.4.2　测定

将 3、4、5(如图 D.1 所示)三支莱式气体吸收管的吸收液分别倒入三个 400 mL 的烧杯中，并用热水冲洗取样管和吸收管。把烧杯置于电热板上浓缩至 10 mL 左右，使之完全氧化，冷却，合并于一个烧杯中，冲洗水亦同时并入。加酚酞指示液 1 滴，用 100 g/L 的氢氧化钠调节溶液至微红色，放在电炉上加热至近沸，在不断搅拌下加入钼酸铵沉淀剂 50 mL，搅拌下煮 2 min，取下冷却。用脱脂棉(加滤纸浆)漏斗过滤，采用倾泻法以 10 g/L 硝酸钾溶液洗涤沉淀，至中性为止(取 25 mL 洗滤液加 1 滴酚酞指示剂和 1 滴 0.3 mol/L 氢氧化钠标准滴定溶液应呈稳定的红色)。将沉淀连同脱脂棉移入原烧杯中，用滴定管加入氢氧化钠标准滴定溶液(0.3 mol/L)至黄色沉淀完全溶解，再过量 5 mL～8 mL，搅拌并散开棉团，将黄色沉淀完全溶解后，用水稀释至 100 mL，加入 5 滴 10 g/L 酚酞指示液，用 0.1 mol/L 硝酸标准滴定溶液(采用棕色滴定管)滴定至溶液由红色变为无色为终点。记下氢氧化钠标准滴定溶液和硝酸标准滴定溶液的用量。

D.5　结果计算

尾气中总磷含量以磷(P)的质量浓度 ρ 计，数值以克每标准立方米(g/m^3)表示，按式(D.2)计算：

$$\rho=\frac{(c_1V_1-c_2V_2)M\times10^{-3}}{V_0}\times1\,000 \qquad \text{(D.2)}$$

式中：

c_1 ——氢氧化钠标准滴定溶液浓度的准确数值，单位为摩尔每升(mol/L)；

V_1 ——滴定所消耗的氢氧化钠标准滴定溶液的体积的数值，单位为毫升(mL)；

c_2 ——硝酸标准滴定溶液浓度的准确数值，单位为摩尔每升(mol/L)；

V_2 ——滴定所消耗的硝酸标准滴定溶液的体积的数值，单位为毫升(mL)；

V_0 ——标准状态下取样的体积的数值，单位为升(L)；

M ——磷($\frac{1}{32}$P)的摩尔质量的数值，单位为克每摩尔(g/moL)，(M=1.347)。

标准状态下气体体积(V_0)按式(D.3)计算：

$$V_0=\frac{V\times(p-p_w)\times273}{(273+t)\times101.3\times10^3} \qquad \text{(D.3)}$$

式中：

V ——所取样品气体的体积(即排出水的体积)的数值，单位为升(L)；

p ——大气压的数值，单位为帕(Pa)；

p_w ——t ℃时饱和水蒸气压的数值，单位为帕(Pa)；

t ——取样时的气体的实际温度的数值，单位为摄氏度(℃)；

273 ——冰点的热力学温度，单位为开尔文(K)；

101.3×10^3 ——标准大气压，单位为帕(Pa)。

ICS 71.060.01
G 10

中华人民共和国国家标准

GB/T 28603—2012

无水氟化氢生产技术规范

Production technical regulation for Anhydrous hydrogen fluoride

2012-06-29 发布　　2012-12-01 实施

中华人民共和国国家质量监督检验检疫总局
中国国家标准化管理委员会　发布

前　言

本标准按照 GB/T 1.1—2009 给出的规则起草。

本标准由中国石油和化学工业联合会提出。

本标准由全国化学标准化技术委员会无机化工分会(SAC/TC 63/SC 1)归口。

本标准起草单位:多氟多化工股份有限公司、浙江莹光化工有限公司、浙江三美化工股份有限公司、浙江鹰鹏化工有限公司、中海油天津化工研究设计院。

本标准主要起草人:薛旭金、郭黎明、徐一洪、谢汛友、刘幽若、郭凤鑫。

无水氟化氢生产技术规范

1 范围

本标准规定了无水氟化氢(简称为AHF)生产企业的平面布置、工艺设计要求、基本生产技术要求、生产原理、生产过程控制、生产设备维护和保养、产品质量要求、安全生产、保护环境、污染物控制。

本规范适用于现有、新建(含改、扩建)的无水氟化氢生产企业。

2 规范性引用文件

下列文件对于本文件的应用是必不可少的。凡是注日期的引用文件,仅注日期的版本适用于本文件。凡是不注日期的引用文件,其最新版本(包括所有的修改单)适用于本文件。

GB/T 534 工业硫酸

GB 4053.3 固定式钢梯及平台安全要求 第3部分:工业防护栏杆和钢平台

GB 7746 工业无水氟化氢

GB 8978—1996 污水综合排放标准

GB 9078—1996 工业炉窑大气污染物排放标准

GB 12348—2008 工业企业厂界环境噪声排放标准

GB 12349 工业企业厂界噪声测量方法

GB 13271—2001 锅炉大气污染物排放标准

GB/T 16157 固定污染源排气中颗粒物测定与气态污染物采样方法

GB 16297 大气污染物综合排放标准

GB 18599 一般工业固体废弃物储存、处置场污染控制标准

GB 50016 建筑设计防火规范

GB 50489 化工企业总图运输设计规范

HG/T 2832 工业氟硅酸

YB/T 5217 萤石

3 平面布置、工艺设计要求

3.1 基本要求

无水氟化氢生产装置建设,应达到科学先进、安全可靠、合理节能、优质高效、保护环境的要求。

3.2 总图布置要求

3.2.1 厂址选择

3.2.1.1 新建、改建、扩建企业厂址的选择,应避开人口稠密区,布置在人员集中场所或一般工业区的全年最小频率风向的上风侧。不宜布置在窝风地带。

3.2.1.2 厂址选择应符合GB 50489的规定。

3.2.2 厂区布置

3.2.2.1 厂房的布置应根据工艺流程而确定，并结合场地条件因地制宜布置，合理利用土地，合理绿化，构建筑物布置整齐且有利于通风、采光。可能散发少量大气污染物的装置应布置在厂区常年最小频率风向的上风侧的边缘地带。

3.2.2.2 厂区应按人流、物流分区布置，生活区、办公区应设在人流出入便利区。

3.2.2.3 同一性质的生产设备宜集中布置。各装置区内部的设备之间的距离应符合规定，并满足操作、检修空间和安全疏散要求。

3.2.2.4 各装置区域的布置应充分考虑各功能区、装置区之间的防火间距，合理确定通道宽度。

3.2.2.5 功能分区内各项设施的布置应紧凑合理，并充分考虑操作、检修、安全通道等的间距要求。

3.2.2.6 全厂各装置区之间应形成环形消防车道，消防车道净宽度和净空高度均不应小于 4 m。

3.2.2.7 在满足安全要求和工艺条件的前提下，回转炉、烘粉炉、渣仓、煤气发生炉（或其他加热系统）布置应尽量紧凑、经济、合理，力求路线短捷通畅。

3.2.2.8 各装置之间的防火间距应符合 GB 50016 的规定。

3.2.3 厂房（库房）建筑

3.2.3.1 氢氟酸生产区的火灾危险性为丁类，生产区内厂房（库房）的防火等级应符合 GB 50016 的规定。

3.2.3.2 操作室应处于主框架的全年最小频率风向的上风侧，并与其相距 15 m。

3.2.3.3 可能散发氟化氢等有害气体的装置的厂房宜采用敞开式或半敞开式结构，应采用墙不承重的框架结构。

3.2.3.4 生产车间地面应平整，易于清扫。

3.2.3.5 厂房建筑应具有足够的使用高度和面积，以利于通风。

3.2.3.6 厂房各层应设置一个通往地面的楼梯，楼梯间设置安全疏散指示灯。

3.2.3.7 生产车间的平面布置上，装置布置应留有安全通道，设备间距满足检修和操作的安全要求。

3.2.3.8 高处作业点、高处平台等部位应设置符合 GB 4053.3 要求尺寸的防护围栏。

3.2.3.9 生产场所、作业点的紧急通道和出入口，应设置明显醒目的标志，并配置应急照明设施。

3.2.3.10 各装置区内部的设备之间的距离应符合规定，并满足操作、检修空间和安全疏散要求。

3.2.3.11 具有酸碱腐蚀性物质的作业场所，其建筑物地面、墙壁、设备基础等应进行防腐处理。工艺设备区增设导液池，防止出现工艺事故时腐蚀性液体漫流。

3.2.3.12 各种酸碱、氟化氢的储存区应装配空的备用储罐；或设有经过防腐处理的导液槽、备用槽。其容积不小于最大罐的最大储存量。不同种类的储罐之间应设置隔堤。

3.3 工艺设计要求

3.3.1 劳动安全卫生防护措施、环境保护设施应做到与主体工程同时设计、同时施工、同时投产使用，凡不符合劳动安全卫生标准、环境保护标准的，不应施工和投产。

3.3.2 无水氟化生产工艺流程包括：给料系统、反应系统、洗涤系统、冷凝系统、精馏系统、包装储存系统、尾气吸收系统和排渣系统。

3.3.3 无水氟化氢生产应采用先进的工艺、设备，宜采用 DCS 集中控制系统。

3.3.4 无水氟化氢生产工艺的设计应优化工艺流程，减少中转环节，缩短运输距离。

3.4 生产线卫生设计及工作场所有害因素职业接触限值

3.4.1 工作场所设计应积极采取有效的综合防护措施，防止有害因素对工作场所的污染。

3.4.2 对于生产过程中尚不能完全消除的有害因素,应采取综合预防、治理措施。

3.4.3 对有可能散发有毒气体的场所应定期进行有毒有害物质监测,对超过国家标准规定的,应采取必要的措施降低浓度,配置适宜的气体防护设施,保证工作场所空气中有毒物质含量低于最高容许浓度。

3.4.4 有氟化氢存在的场所应配备洗眼器、喷淋装置,装置应采取防冻措施。

4 基本生产技术要求

4.1 工艺装置要求

新建无水氟化氢项目采用的技术及设备,应是目前国内或国际的先进技术和先进设施。

4.2 装置规模要求

新建、扩建装置规模应符合国家和有关部门产业结构的相关规定。

4.3 环境保护的要求

4.3.1 应设置防止大气污染的处理装置,大气污染物排放应满足 GB 16297 的要求。

4.3.2 应设置固体废物综合利用设施,固体废物储存应满足 GB 18599 的要求。

4.3.3 应设置水循环利用系统和工业废水处理系统,工业废水达标排放。

4.3.4 厂界噪声应满足 GB 12348—2008 的要求。

4.4 经济技术评价要求

经济技术评价指标应符合相关部门的规定。在国家没有相关规定时,企业参见附录 B 自行评价。

5 生产原理

5.1 主反应

将干燥后的萤石粉和硫酸混合液按配比送入回转反应炉内进行反应,生成氟化氢气体。其反应式如下:

$$CaF_2 + H_2SO_4 = CaSO_4 + 2HF\uparrow$$

5.2 副反应

反应过程中,萤石中的伴生矿与原料硫酸或生成物氟化氢气体反应,其反应式如下:

$$CaCO_3 + H_2SO_4 = CaSO_4 + H_2O + CO_2\uparrow$$

$$SiO_2 + 4HF = SiF_4 + 2H_2O$$

$$SiF_4 + 2HF = H_2SiF_6$$

6 生产过程

6.1 生产过程概述

将干燥后的萤石粉和硫酸混合液按配比送入回转反应炉内进行反应,反应后的粗氟化氢气体进入洗涤塔,除去大部分硫酸、水分和粉尘,再进入冷凝器进行冷凝。冷凝液进入精馏塔提纯,再经脱气塔除去低沸物,制得无水氟化氢成品。

回转反应炉排出的炉渣为副产品氟石膏。

生产过程中，未被浓硫酸吸收的气体进入水洗塔，充分吸收得到副产品氟硅酸。

6.2 生产过程控制

6.2.1 原料质量要求

6.2.1.1 萤石质量要求

萤石质量符合 YB/T 5217 的要求。

6.2.1.2 硫酸质量要求

硫酸质量符合 GB/T 534 的要求。

6.3 工艺流程图

无水氟化氢生产工艺流程图见图 1。

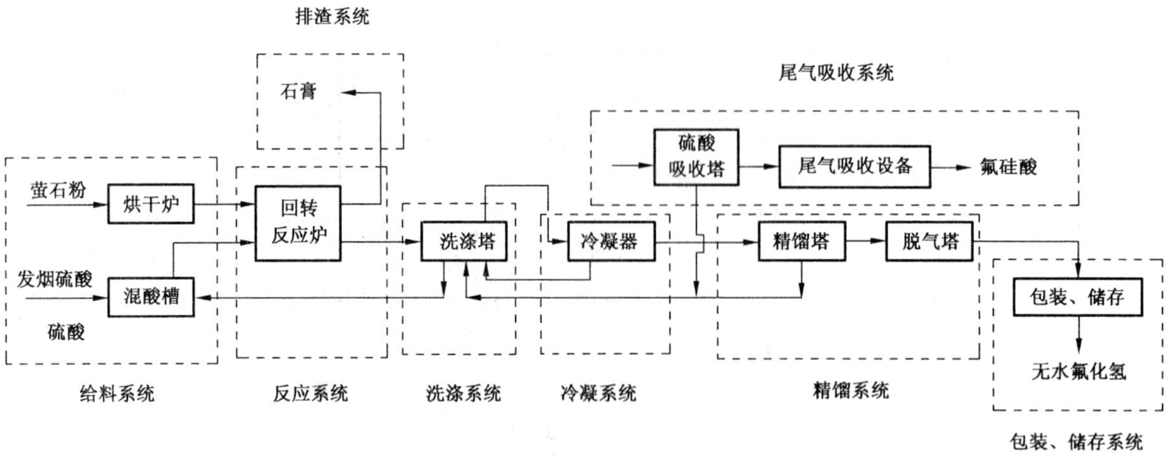

图 1 无水氟化氢生产工艺流程图

6.4 主要设备

6.4.1 混酸槽

用于混合浓硫酸和发烟硫酸的设备，材质为钢衬聚四氟乙烯。

6.4.2 烘干炉

烘干萤石粉的设备，材质为碳钢。

6.4.3 回转反应炉

回转反应炉为萤石和硫酸的主反应器，材质为碳钢。

6.4.4 洗涤塔

洗涤塔为洗涤、除杂设备，材质为钢衬聚四氟乙烯。洗涤塔配有洗涤循环槽。

6.4.5 冷凝器

冷凝器为冷凝、液化、除杂设备，材质为碳钢。

6.4.6 精馏塔

精馏塔为除掉粗氟化氢中高沸物的设备，材质为碳钢。

6.4.7 脱气塔

脱气塔为脱除粗氟化氢中低沸物的设备，材质为碳钢。

6.4.8 硫酸吸收塔

用硫酸吸收不凝气中的氟化氢气体的设备，材质为钢衬聚四氟乙烯。

6.4.9 尾气吸收设备

制备副产品氟硅酸的设备，使用的设备和管道应选用非金属耐腐蚀材质（如聚四氟乙烯、聚氯乙烯等）。

6.4.10 其他辅助设备

接触氟化氢物料的设备、管道的法兰密封材料应选用耐氟材料，硫酸和发烟硫酸的管道密封应选用耐酸材料。

6.5 工序任务

6.5.1 给料系统

为反应工序提供原料，萤石在烘干炉中干燥，硫酸和发烟硫酸经计量后进入混酸槽制备混合酸。

6.5.2 反应系统

原料经给料系统输入回转反应炉，进行反应获得粗氟化氢气体。

6.5.3 洗涤系统

除掉粗氟化氢气体中水分、硫酸和少量粉尘。

6.5.4 冷凝系统

对粗氟化氢气体进行冷凝，将冷凝后的氟化氢液体收集于粗酸槽。

6.5.5 精馏系统

包括精馏塔和脱气塔，主要除掉氟化氢气体中的四氟化硅和二氧化硫杂质。

6.5.6 排渣系统

对反应回转炉产生的炉渣进行处理，制得氟石膏成品。

6.5.7 尾气吸收系统

包括硫酸吸收塔和尾气吸收设备，硫酸吸收塔主要是吸收氟化氢气体，返回洗涤塔；尾气吸收系统主要制备副产品氟硅酸。

6.6 操作程序

6.6.1 启动反应系统。

6.6.2 启动洗涤循环系统。

6.6.3 启动冷凝液化系统。

6.6.4 启动尾气吸收系统。

6.6.5 启动排渣系统。

6.6.6 启动精馏系统。

6.6.7 投料。

7 生产设备维护和保养

7.1 加强设备巡回检查，确保设备正常运转。

7.2 应定期对设备进行润滑，确保设备长周期运行。

7.3 消除设备及管道跑、冒、滴、漏及堵塞现象，发现以上问题应及时处理。

7.4 应定期地维护保养及检修设备。

7.5 积极采用新工艺、新材料、新技术替代落后的生产工艺，替换能耗大、效率低的设备和零部件。

7.6 正确使用各种电器设备和各种仪表。

7.7 保持设备、管道等的环境卫生，做到文明生产。

8 产品质量要求

8.1 无水氟化氢的质量要求

无水氟化氢质量应符合 GB 7746 的要求。

8.2 氟石膏的控制要求

氟石膏符合表1的要求，氟石膏分析方法见附录 A。

表1 要求

项目		指标
硫酸钙($CaSO_4$)w/%	≥	90.0
硫酸 w/%	≤	1.0
氟(以 CaF_2 计)w/%	≤	4.0

8.3 氟硅酸的质量要求

氟硅酸质量应符合 HG/T 2832 的要求。

9 安全生产、环境保护

9.1 操作人员在未取得上岗操作证前，不准上岗作业。

9.2 系统电器设备停车超过 24 h，应进行电器设备绝缘测试，合格后方可启动。

9.3 启动功率超过 90 kW 电器设备时，应有专业人员现场监护，方可启动。

9.4 不应湿手触摸电器开关或用湿布擦拭电器。

9.5 检查运转设备的运行状况时，应脱去手套，女工上岗应将长头发盘于帽内。

9.6 设备的转动部位应保持防护罩完好，不应在防护罩上坐人和堆放任何杂物。

9.7 大型机电设备的启动装置，应安装在金属等不可燃物体上。

9.8 开启式启动设备不应安装在有爆炸或火灾危险的气体或粉尘环境里。

9.9 设备接地应牢固可靠。

9.10 煤气发生炉的运行应与无水氟化氢生产装置区保持工艺联系，随时根据烘粉炉和反应转炉的生产能力调节煤气发生炉的发气量，防止出现煤气大量放散。

9.11 煤气发生炉顶应设置异常情况下的煤气放散管，放散管的高度应高于加煤口 4 m 以上，并进行可靠接地。

9.12 液体管道低点排凝阀应保证严密性，可设两道排凝阀，排出液体应进入密闭系统。

9.13 设备管路检修前，应进行彻底清洗和置换。

9.14 净化后的尾气排放高度、排放速率应符合 GB 16297—1996 的二级要求。

9.15 应配备必要的个人防护用品，包括防毒面具、防护手套、耐酸胶鞋、护目镜、氧气呼吸器、防护衣及洗眼液、防护液等应急药品。

9.16 楼梯、平台、操作通道以及其他易于滑倒的地面应有防滑措施。

10 污染物控制

10.1 废水污染防治

无水氟化氢生产的废水和初期雨水应输送到本企业废水处理系统进行处理。处理后排放的废水应符合 GB 8978—1996 的一级排放标准。

10.2 废气污染防治

10.2.1 企业应对萤石仓加料工序设置集气、除尘设施。对工艺尾气设置回收或处理装置。

10.2.2 处理后的反应回转炉烟气应符合 GB 9078—1996 中的二级标准的要求。

10.2.3 处理后锅炉烟气应符合 GB 13271—2001 中Ⅱ时段中二类区标准。

10.2.4 处理后工艺废气应符合 GB 16297—1996 中二级要求。

10.3 固体废物污染防治

无水氟化氢生产的固体废物主要为煤气发生炉等加热设备的炉渣、锅炉煤渣。企业应对生产废物进行综合利用，其贮存应符合 GB 18599 的规定。

10.4 噪声污染防治

无水氟化氢生产过程中产生的噪声应达到 GB 12348—2008 中Ⅱ类要求。

11 数据采集与监测采样

11.1 生产数据采集

日常生产过程中各工段的生产记录和根据需要测定的数据，是无水氟化氢生产的主要评定依据之一，数据应存档备查。

11.2 污染物采样和监测

11.2.1 废水采样和监测按 GB 8978—1996 执行。

11.2.2 大气污染物的采样和监测按 GB/T 16157 执行。

11.2.3 噪声采样和监测按 GB 12349 执行。

附 录 A
（规范性附录）
氟石膏的测定

A.1 硫酸钙含量的测定

A.1.1 方法提要

试样中的硫酸钙经水溶解，过滤与氟化钙分离，用EDTA络合滴定法测定滤液中的硫酸钙含量。

A.1.2 试剂

A.1.2.1 氯化钡溶液：100 g/L。

A.1.2.2 氢氧化钠溶液：100 g/L。

A.1.2.3 三乙醇胺溶液：1+3。

A.1.2.4 乙二胺四乙酸二钠标准滴定溶液：c(EDTA)≈0.05 mol/L。

A.1.2.5 钙试剂羧酸钠盐指示剂。

A.1.3 分析步骤

试样先经研钵研细至无颗粒感，称取0.13 g～0.14 g试样，精确至0.000 2 g，置于250 mL烧杯中，加150 mL水，在不断搅拌下加热至微沸，并保持微沸约10 min（保持溶液体积不少于100 mL）。用慢速定量滤纸过滤，滤液收集于500 mL锥形瓶中。用50 ℃左右热水洗涤不溶物至滤液中不含硫酸盐（用氯化钡溶液检验），此时滤液体积约为200 mL。保留不溶物用于氟化钙含量的测定。

滤液中加入5 mL三乙醇胺溶液，摇动下滴加氢氧化钠溶液至溶液pH为10（用pH试纸检验），加入0.1 g钙试剂羧酸钠盐指示剂，继续滴加氢氧化钠溶液至溶液由蓝色变为酒红色，并过量0.5 mL。用乙二胺四乙酸二钠标准滴定溶液滴定至溶液由酒红色变为纯蓝色为终点。

A.1.4 结果计算

硫酸钙含量以硫酸钙（$CaSO_4$）的质量分数w_1计，按式（A.1）计算：

$$w_1=\frac{(V/1\,000)cM}{m}\times 100\% \qquad \cdots\cdots(A.1)$$

式中：

V——滴定所消耗的乙二胺四乙酸二钠标准滴定溶液体积的数值，单位为毫升(mL)；

c——乙二胺四乙酸二钠标准滴定溶液浓度的准确数值，单位为摩尔每升(mol/L)；

m——试料质量的数值，单位为克(g)；

M——硫酸钙（$CaSO_4$）摩尔质量的数值，单位为克每摩尔(g/mol)（M=136.1）。

取平行测定结果的算术平均值为测定结果，两次平行测定结果的绝对差值不大于0.5%。

A.2 氟化钙含量的测定

A.2.1 方法提要

试样中不溶于水的物质为氟化钙，将滤纸连同氟化钙进行煅烧，煅烧后的残渣用混合酸溶解，用

EDTA 络合滴定法测定钙含量,计算为氟化钙含量。

A.2.2 试剂

A.2.2.1 氢氧化钠溶液:400 g/L。

A.2.2.2 三乙醇胺溶液:1+3。

A.2.2.3 混合酸溶液:

称取 2.5 g 硼酸,加约 20 mL 水,缓慢加入 5 mL 浓硫酸,加热至硼酸溶解。稍冷,移入预先盛有 50 mL 盐酸和 120 mL 水的烧杯中,冷却至室温,用水稀释至 200 mL。

A.2.2.4 乙二胺四乙酸二钠标准滴定溶液:c(EDTA)≈0.02 mol/L。

A.2.2.5 钙试剂羧酸钠盐指示剂。

A.2.3 设备

A.2.3.1 微量滴定管:分度值为 0.02 mL;

A.2.3.2 高温炉:能控制温度 800 ℃~850 ℃。

A.2.4 分析步骤

按 A.1.3 过滤、洗涤后的不溶物连同滤纸置于瓷坩埚中,置于电炉上灰化,放入高温炉中于 800 ℃~850 ℃下灼烧 30 min,取出冷却至室温。用 10 mL 混合酸、20 mL 水将残渣转移至 250 mL 锥形瓶中,置于电炉上加热至残渣溶解。冷却至室温,用氢氧化钠溶液调节溶液 pH 为 3(用 pH 试纸检验),加入 3 mL 三乙醇胺溶液,摇动下滴加氢氧化钠溶液至溶液 pH 为 10(用 pH 试纸检验),加入0.1 g 钙试剂羧酸钠盐指示剂,继续滴加氢氧化钠溶液至溶液由蓝色变为酒红色,并过量 0.2 mL。用乙二胺四乙酸二钠标准滴定溶液滴定至溶液由酒红色变为纯蓝色。

A.2.5 结果计算

氟化钙含量以氟化钙(CaF_2)的质量分数 w_2 计,按式(A.2)计算:

$$w_2 = \frac{(V/1\,000)cM}{m} \times 100\% \qquad \cdots\cdots(\text{A.2})$$

式中:

V ——滴定所消耗的乙二胺四乙酸二钠标准滴定溶液体积的数值,单位为毫升(mL);

c ——乙二胺四乙酸二钠标准滴定溶液浓度的准确数值,单位为摩尔每升(mol/L);

m ——试料(A.1.3)质量的数值,单位为克(g);

M ——氟化钙(CaF_2)摩尔质量的数值,单位为克每摩尔(g/mol)(M=78.07)。

取平行测定结果的算术平均值为测定结果,两次平行测定结果的绝对差值不大于 0.6%。

A.3 游离硫酸含量的测定

A.3.1 方法提要

试样用水溶解,过滤。以甲基橙为指示剂,滤液用氢氧化钠标准滴定溶液滴定。

A.3.2 试剂

A.3.2.1 氢氧化钠标准滴定溶液:c(NaOH)≈0.1 mol/L;

A.3.2.2 甲基橙指示液:1 g/L。

A.3.3 设备

微量滴定管:分度值为 0.02 mL。

A.3.4 分析步骤

称取约 1 g 试样,精确至 0.01 g,置于烧杯中,加入 20 mL 水,搅拌不溶物,用慢速定性滤纸过滤,不溶物用约 50 ℃热水洗涤 5 遍,滤液收集于 250 mL 锥形瓶中,加入 2～3 滴甲基橙指示液,用氢氧化钠标准滴定溶液滴定至黄色。

A.3.5 结果计算

游离酸含量以硫酸(H_2SO_4)的质量分数 w_3 计,按式(A.3)计算:

$$w_3 = \frac{(V/1\,000)cM}{m} \times 100\% \qquad \text{(A.3)}$$

式中:

V ——滴定时所消耗氢氧化钠标准滴定溶液体积的数值,单位为毫升(mL);

c ——氢氧化钠标准滴定溶液浓度的准确数值,单位为摩尔每升(mol/L);

m ——试料质量的数值,单位为克(g);

M ——硫酸($\frac{1}{2}H_2SO_4$)摩尔质量的数值,单位为克每摩尔(g/mol)(M=49.04)。

取平行测定结果的算术平均值为测定结果,两次平行测定结果的绝对差值不大于 0.02%。

附 录 B
（资料性附录）
企业自检经济技术评价指标

B.1 消耗定额

表 B.1 给出了推荐的经济技术评价指标，供企业参考执行。

表 B.1 单位产品原料、能量生产消耗定额要求

项 目		指 标
单位产品总原料消耗(萤石＋硫酸)/(t/t)[a]	≤	4.95
单位产品水消耗(t/t)	≤	1.0
单位产品电耗(kW·h/t)	≤	550
单位产品标煤消耗(kgce/t)[b]	≤	500

[a] 萤石中以 SiO_2 含量小于等于 1.2% 为基准，大于 1.2% 的按理论值折算消耗指标。

[b] 标煤消耗为粉煤和块煤的合量。

B.2 单位产品原料、能量消耗计算

B.2.1 单位产品总原料消耗的计算

单位产品总原料消耗以 S_1 计，数值以 t/t 表示，按式(B.1)计算：

$$S_1=\frac{\frac{m_1w_1}{97}+\frac{\sum(m_i\times w_i)}{100}}{\frac{m_0w_2}{100}} \qquad \text{(B.1)}$$

式中：

m_1——统计报告期内消耗萤石的质量的数值，单位为吨(t)；

w_1——萤石中氟化钙的质量分数，以%表示；

m_i——统计报告期内消耗第 i 种硫酸的质量的数值，单位为吨(t)；

w_i——统计报告期内消耗的第 i 种硫酸的质量分数，以%表示；

m_0——统计报告期内产出的无水氟化氢合格产品质量的数值，单位为吨(t)；

w_2——氟化氢的质量分数，数值以%表示。

B.2.2 单位产品水消耗的计算

单位产品水消耗以 S_2 计，数值以 t/t 表示，按式(B.2)计算：

$$S_2=\frac{m_1}{\frac{m_0w_2}{100}} \qquad \text{(B.2)}$$

式中：

m_1——统计报告期内消耗水质量的数值，单位为吨(t)；
m_0——统计报告期内产出无水氟化氢合格产品质量的数值，单位为吨(t)；
w_2——氟化氢的质量分数，以%表示。

B.2.3 单位产品电耗的计算

单位产品电耗以 Q_p 计，数值以(kW·h)/t 表示，按式(B.3)计算：

$$Q_p = \frac{Q}{\frac{m_0 w_2}{100}} \qquad \cdots\cdots(B.3)$$

式中：
Q ——统计报告期内消耗电量的数值，单位为千瓦小时(kW·h)；
m_0 ——统计报告期内产出无水氟化氢合格产品质量的数值，单位为吨(t)；
w_2 ——氟化氢的质量分数，以%表示。

B.2.4 单位产品标煤消耗的计算

单位产品标煤消耗以 E 计，数值以 kgce/t 表示，按式(B.4)计算：

$$E = \frac{E_c}{\frac{m_0 w_2}{100}} \qquad \cdots\cdots(B.4)$$

式中：
E_c ——统计报告期内消耗标准煤的数值，单位为千克标煤(kgce)；
m_0 ——统计报告期内产出无水氟化氢合格产品质量的数值，单位为吨(t)；
w_2 ——氟化氢的质量分数，以%表示。

ICS 83.140.50
G 43

中华人民共和国国家标准

GB/T 28604—2012

生活饮用水管道系统用橡胶密封件

Rubber seals used in living-water and drinking-water supply pipes and fittings

2012-06-29 发布　　2012-12-01 实施

中华人民共和国国家质量监督检验检疫总局
中国国家标准化管理委员会　发布

前　言

本标准由中国石油和化学工业联合会提出。

本标准由全国橡胶与橡胶制品标准化技术委员会密封制品分技术委员会(SAC/TC 35/SC 3)归口。

本标准主要起草单位:深圳雅昌管业有限公司、西北橡胶塑料研究设计院、厦门麦丰密封件有限公司、马鞍山宏力橡胶制品有限公司、上海市质量监督检验技术研究院。

本标准主要起草人:陈维东、曹元礼、高静茹、武可迁、高法训、章若红。

生活饮用水管道系统用橡胶密封件

1 范围

本标准规定了生活饮用水管道系统用橡胶密封件(以下简称密封件)的要求、试验方法、检验规则、标志、包装、运输和贮存。

本标准适用于生活饮用水和饮用净水用不锈钢管、铝塑管以及无规共聚聚丙烯管(PPR管)、聚乙烯管(PE管)、聚丁烯管(PB管)等塑料管用橡胶密封件,也适用于洗浴设备用的橡胶密封件。

2 规范性引用文件

下列文件对于本文件的应用是必不可少的。凡是注日期的引用文件,仅注日期的版本适用于本文件。凡是不注日期的引用文件,其最新版本(包括所有的修改单)适用于本文件。

GB/T 528 硫化橡胶或热塑性橡胶 拉伸应力应变性能的测定

GB/T 531.1 硫化橡胶或热塑性橡胶 压入硬度试验方法 第1部分:邵氏硬度计法(邵尔硬度)

GB/T 1685 硫化橡胶或热塑性橡胶 在常温和高温下压缩应力松弛的测定

GB/T 1690 硫化橡胶或热塑性橡胶 耐液体试验方法

GB/T 2828.1—2003 计数抽样检验程序 第1部分:按接收质量限(AQL)检索的逐批检验抽样计划

GB/T 2941 橡胶物理试验方法试样制备和调节通用程序

GB/T 3452.1—2005 液压气动用O形橡胶密封圈 第1部分:尺寸系列及公差

GB/T 3452.2—2007 液压气动用O形橡胶密封圈 第2部分:外观质量检验规范

GB/T 3512 硫化橡胶或热塑性橡胶 热空气加速老化和耐热试验

GB/T 3672.1—2002 橡胶制品的公差 第1部分:尺寸公差

GB/T 5721 橡胶密封制品标志、包装、运输、贮存的一般规定

GB/T 6031 硫化橡胶或热塑性橡胶硬度的测定(10～100 IRHD)

GB/T 7759 硫化橡胶、热塑性橡胶 常温、高温和低温下压缩永久变形测定

GB/T 7762 硫化橡胶或热塑性橡胶 耐臭氧龟裂 静态拉伸试验

GB/T 12829 硫化橡胶或热塑性橡胶小试样(德尔夫特试样)撕裂强度的测定

GB/T 17219—1998(2004) 生活饮用水输配水设备及防护材料的安全性评价标准

GB/T 21873—2008 橡胶密封件 给、排水管及污水管道用接口密封圈 材料规范

GB/T 27572—2011 橡胶密封件 110 ℃热水供应管道的管接口密封圈 材料规范

HG/T 3090—1987(2009) 模压和压出橡胶制品外观质量的一般规定

3 要求

3.1 总则

密封件材料不应添加任何对水质有害的物质,也不应添加任何对管道或配件的寿命有影响的物质。

3.2 水质保持性能

密封件在使用条件下不应污染水质,试样浸泡后应符合GB/T 17219—1998(2004)的表1的要求。

3.3 尺寸公差

3.3.1 O形圈的内径、截面直径及其公差应优先从GB/T 3452.1—2005的表2中选取，如不能从GB/T 3452.1—2005的表2中选取，其内径和截面直径的公差应符合本标准表1的规定。

3.3.2 矩形圈内径、截面尺寸的公差，应符合表1的要求。

表1 O形圈和矩形圈的尺寸及公差

单位为毫米

内径		截面直径或截面尺寸	
尺寸	公差	尺寸	公差
10～35	±0.20	1～4.5	±0.10
36～65	±0.30	4.6～6.5	±0.12
66～165	±1.00	6.6～10	±0.16
166～200	±1.20	10.1～12	±0.20

3.3.3 其他密封件的尺寸和公差应符合图样或GB/T 3672.1—2002的M2规定。

3.4 外观质量要求

O形圈的外观质量应符合GB/T 3452.2—2007的S级的要求，其他模压制品的外观质量应符合HG/T 3090—1987(2009)表1的规定。

3.5 材料的物理性能

3.5.1 生活饮用冷水供应系统用密封件材料的物理性能应满足表2或GB/T 21873—2008表2中硬度为40、50、60和70的材料要求(可选要求除外)。

3.5.2 生活饮用热水供应系统用密封件材料的物理性能应满足表2的要求或GB/T 27572—2011表2中硬度为50、60和70的材料要求。

表2 硅橡胶材料的物理性能

序号	性能	单位	要求				采用标准
			40	50	60	70	
1	硬度	邵氏A或IRHD	36～45	46～55	56～65	66～75	GB/T 531.1或GB/T 6031
2	拉伸强度，最小	MPa	6	6	6	6	GB/T 528
3	拉断伸长率，最小	%	250	250	200	180	GB/T 528
4	在空气中的压缩永久变形，最大 23 ℃×72 h 175 ℃×24 h	 % %	 12 30	 12 30	 12 30	 12 30	GB/T 7759
5	在水中的压缩永久变形，最大 70 ℃×7 d 110 ℃±2 ℃×7 d[a]	 % %	 30 40	 30 40	 30 40	 30 40	GB/T 7759

表 2（续）

序号	性　　能	单位	要　　求				采用标准
			40	50	60	70	
6	热空气老化，200 ℃×72 h 硬度变化 拉伸强度变化率，最大 拉断伸长率变化率	 邵氏 A 或 IRHD % %	 −5～+8 −20 −30～+10	 −5～+8 −20 −30～+10	 −5～+8 −20 −30～+10	 −5～+8 −20 −30～+10	GB/T 3512
7	压缩应力松弛，最大 23 ℃×7 d 110 ℃±2 ℃×7 d[a]	 % %	 15 35	 15 35	 15 35	 15 35	GB/T 1685
8	耐水 110 ℃±2 ℃，7 d 硬度变化 拉伸强度变化率，最大 拉断伸长率变化率 体积变化	 邵氏 A 或 IRHD % % %	 −5～+3 −20 −30～+10 −5～+5	 −5～+3 −20 −30～+10 −5～+5	 −5～+3 −20 −30～+10 −5～+5	 −5～+3 −20 −30～+10 −5～+5	GB/T 1690—1992
9	耐臭氧试验 $(50\pm5)\times10^{-8}$，(40±2)℃，预拉伸(20±2)%，$72_{-2}^{\ 0}$ h，暴露时间 $48_{-2}^{\ 0}$ h	—	无裂纹	无裂纹	无裂纹	无裂纹	GB/T 7762
10	撕裂强度，最小	N	12	12	12	12	GB/T 12829

[a] 仅适用于生活饮用热水供应系统用的管道橡胶密封件材料。

4　试验方法

4.1　水质保持性能按 GB/T 17219—1998 的附录 A 的规定进行，试样按 GB/T 17219—1998 的 A1.2 预处理后，再用纯水清洗 3 次。

4.2　尺寸检验按 GB/T 2941 的规定进行。

4.3　外观检验采用目视检验。

4.4　硬度按 GB/T 531.1 或 GB/T 6031 的规定进行。

4.5　拉伸强度和拉断伸长率按 GB/T 528 的规定进行。

4.6　在空气中和在水中的压缩永久变形按 GB/T 7759 的规定进行，采用 B 型试样。

4.7　热空气老化按 GB/T 3512 的规定进行。

4.8　压缩应力松弛按 GB/T 1685 的规定进行。

4.9　耐水按 GB/T 1690—1992 的规定进行。

4.10　耐臭氧按 GB/T 7762 的规定进行。

4.11　撕裂强度按 GB/T 12829 的规定进行。

5　检验规则

5.1　出厂检验

5.1.1　胶料

5.1.1.1　同班同机台生产的同种胶料为一批。

5.1.1.2 检验项目应包括硬度、拉伸强度、拉断伸长率和空气中的压缩永久变形。

5.1.1.3 当胶料检验结果出现不合格时，应取双倍试样对不合格项目进行复试，若复试不合格，该批胶料为不合格品。

5.1.2 成品

5.1.2.1 同品种同规格的密封件以不超过5 000件为一批。

5.1.2.2 密封件的外观应逐件进行检验。

5.1.2.3 密封件尺寸检验按GB/T 2828.1—2003中的特殊检查水平S-2，可接收质量限(AQL)为4进行抽样。

5.2 型式检验

当有下列情况之一时，应对本标准规定的全部要求进行型式试验：

——新产品定型或产品转厂生产时；

——正式生产后，如材料、工艺有较大改变可能影响产品性能时；

——出厂检验结果与上次型式检验有较大差异时；

——国家质量监督机构或用户提出型式检验要求时。

宜每年至少进行一次全项试验。

6 标志、包装、运输和贮存

6.1 密封圈的标志、包装、运输和贮存按GB/T 5721的规定进行。

6.2 产品应附有合格证，内容包括：

a) 制造商名称；

b) 产品名称；

c) 规格、标准号；

d) 材料牌号；

e) 订货合同和产品标准规定的各项检验结果和制造厂质量部门的印记；

f) 包装日期。

ICS 83.140.40
G 42

中华人民共和国国家标准

GB/T 28605—2012

生活饮用水用橡胶或塑料软管和非增强软管及软管组合件

Rubber and plastics tubing and hoses and hose assemblies for drinking water

2012-06-29 发布

2012-12-01 实施

中华人民共和国国家质量监督检验检疫总局
中国国家标准化管理委员会
发布

前言

本标准按照 GB/T 1.1—2009 给出的规则起草。

本标准由中国石油和化学工业联合会提出。

本标准由全国橡胶与橡胶制品标准化技术委员会软管分技术委员会(SAC/TC 35/SC 1)归口。

本标准起草单位:中橡集团沈阳橡胶研究设计院、沈阳产品质量监督检验院、莆田出入境检验检疫局、西双版纳州综合技术检测中心、上海华瑞橡胶制品有限公司。

本标准主要起草人:刘惠春、苏锡辉、程群、张健、华健坤、童玉贵、富海涛、张艳芬、范强、曲明哲、翟辉、孙颖。

生活饮用水用橡胶或塑料软管和非增强软管及软管组合件

1 范围

本标准规定了生活饮用水用橡胶或塑料软管和非增强软管及软管组合件的型别、结构、尺寸、性能要求、检验频率、标志和包装、运输及贮存等。

本标准适用于各种厨房、饮水机、淋浴器等生活饮用水用连接软管和非增强软管及软管组合件。

2 规范性引用文件

下列文件对于本文件的应用是必不可少的。凡是注日期的引用文件，仅注日期的版本适用于本文件。凡是不注日期的引用文件，其最新版本(包括所有的修改单)适用于本文件。

GB/T 2941 橡胶物理试验方法试样制备和调节通用程序

GB/T 5563 橡胶和塑料软管及软管组合件 静液压试验方法

GB 5749 生活饮用水卫生标准

GB/T 6461—2002 金属基体上金属和其他无机覆盖层 经腐蚀试验后的试样和试件的评级

GB/T 9573 橡胶、塑料软管及软管组合件 尺寸测量方法

GB/T 10125 人造气氛腐蚀试验 盐雾试验

GB/T 17219 生活饮用水输配水设备及防护材料的安全性评价标准

3 型别

3.1 输送饮用水的温度为 0 ℃～30 ℃(包括 30 ℃)，普通型。

3.2 输送饮用水的温度为 30 ℃～100 ℃，耐热型。

4 结构

4.1 非增强软管

由橡胶或塑料制成的无增强层的可曲挠的管。

4.2 软管

应由内衬层、织物增强层和外覆层组成。

4.3 软管组合件

由软管或非增强软管、保护层(纤维或不锈钢丝编织)、管接头组成，或由软管或非增强软管和管接头组成。

5 尺寸和公差

5.1 内径

除另有规定外，当按 GB/T 9573 进行测量时，软管内径及公差应符合表 1 的规定。

5.2 外覆层厚度

当按 GB/T 9573 进行测量时，软管外覆层最小厚度符合表 1 的规定。

表 1 公称内径和内径公差及外覆层最小厚度

单位为毫米

公称内径	内径公差	外覆层最小厚度
4	±0.10	1.20
6		
8		
10		
12		
14		
16	±0.20	1.50
18		
20		

5.3 长度

除另有规定外，软管或非增强软管及组合件长度和公差应符合表 2 的规定。

表 2 软管长度和公差

单位为毫米

项　目	指　　标		
长度(L)	0～400	>400～800	>800
公差(ΔL)	±2	±3	±4

6 成品的性能要求

6.1 外观

6.1.1 软管内外表面应清洁、干燥，在 1 000 mm^2 面积管体上不应有 3 个及以上≥1 mm 的颗粒或碳化点、杂质点，不应有凹凸不平、毛刺和深度≥0.1 mm，长度≥3 mm 的刮伤等缺陷。

6.1.2 保护层断缺丝根数，当 L≤200 mm 时，不应有丝线合股、断线；当 200 mm<L≤500 mm 时，允许有一个小圆圈跳丝(直径≤2 mm 的圆圈不断线)。

6.1.3 保护层的花纹应均匀分布，其表面应光滑、平整，不应有折叠和扭曲等缺陷。

6.1.4 连接螺母为铜材质时，表面应镀镍、镀铬或进行其他表层保护处理，应光亮、均匀，不应有未镀漏铜处和起皮、剥落、起泡等现象;径向与轴向应有活动间隙,并且转动自如不应有任何卡涩现象。

6.1.5 管接头的密封面不应有裂纹、擦伤、毛刺和砂眼等缺陷。

6.2 扭矩性能

软管组合件两端的连接螺母承受 60 N·m 力矩时,连接螺母应不断、不裂、不滑牙、无损坏。

6.3 静液压性能

在 GB/T 2941 规定的标准实验室温度下,按 GB/T 5563 进行试验时,试样应符合表 3 的要求。

表 3 静液压要求

产品	最大工作压力 MPa	验证试验	最小爆破压力 MPa
普通型	0.5	水温 10 ℃±6 ℃,静压 0.5 MPa,1 h 后压力升至 2.0 MPa,保持 3 min,无渗漏	3.5
耐热型	0.5	水温 82 ℃±2 ℃,静压 0.7 MPa,保持 30 min,无渗漏;完全自然冷却后压力升至 2.0 MPa,保持 3 min,无渗漏	2.0

6.4 拉伸性能

6.4.1 将软管组合件一端固定,另一端承受 500 N 拉力,静止吊拉持续(5±0.2)min 或承受 67 N 拉力,经过 1 000 次拉伸后,连接螺母或管接头应无拔脱、管体应无永久性变形或其他异常现象,然后在 0.5 MPa 压力下进行静液压试验,应无渗漏和异常现象。

6.4.2 软管组合件在直径为 50 mm 的圆柱上弯曲缠绕一周,两端承受 67 N 拉力,经 5 min 后应无损坏和影响软管性能的永久性的变形,然后在 0.5 MPa 压力下进行静液压试验,应无渗漏和异常现象。

6.5 冷热循环性能(仅适用于耐热型)

6.5.1 产品试样按 6.5.2 进行试验后,不应有裂缝、起泡、脱皮及变色,允许有轻微的扭曲。

6.5.2 将试样依次置于(23±2)℃、(−40±2)℃和(82±2)℃三个不同温度水槽中循环 450 个周期,每个水槽浸入时间 40 s,移动试样应迅速。

6.6 金属镀层耐腐蚀性能

按 GB/T 10125 的规定进行 96 h 中性盐雾试验时,金属镀层耐腐蚀性能应达到 GB/T 6461—2002 中 9 级的要求。

6.7 水质保持性能

软管试样制备见附录 A,按 GB/T 17219 进行试验,水质应符合 GB 5749 和 GB/T 17219 的要求。

7 检验分类及频次

检验分为型式检验、生产验收检验和例行检验,按附录 B 进行。

型式检验是确认用具体方法生产的具体软管其设计符合本标准要求的那些试验。检验应至少每五年或者每当所使用的制造方法或材料发生变化时进行一次。型式检验应包括所有型别的所有规格的软管或软管组合件。

例行检验是在出厂之前对每根成品软管或软管组合件所要求进行的试验。

生产验收检验是为控制产品质量所应进行的试验。每 5 000 根同型号软管或软管组合件为一批，每批至少选取三根软管组合件进行试验。

8 标志

软管或软管组合件应至少标志下列内容：

a） 制造厂名和商标；

b） 本标准编号；

c） 软管型别(耐热型使用红色标签)；

d） 公称内径；

e） 生产日期。

9 包装、运输、贮存

9.1 软管组合件应有防尘包装并附有合格证。

9.2 包装箱(袋)上应标明厂名、厂址、产品名称、产品型别、公称内径、生产日期、商标与本标准编号。同时附有卫生检验报告和安装使用说明书。

9.3 产品在运输贮存中应防止雨淋、受潮和磕碰。

9.4 产品应贮存在通风良好、干燥、无腐蚀气体的库房内，不得与酸、碱及有腐蚀性物品共贮。

9.5 产品不应与有毒有害物质混装运输或存放。

附　录　A
（规范性附录）
软管试样制备

在浸泡试验中应使用受试型别中直径最小的最终产品作为样品。

试样长度以能灌入实际试验体积浸泡液为准，为试验操作方便，每根长宜为 2 m～3 m。

试样截取长度（以 1 000 mL 浸泡液为例）的计算见式（A.1）：

$$L = \frac{1\ 000 \times 4}{\pi d^2} \qquad \cdots\cdots\cdots (A.1)$$

式中：

L ——试样截取长度，单位为厘米（cm）；

d ——试样直径，单位为厘米（cm）。

试样截取长度应考虑加上软管两头用塞子的长度。

注：如果非增强软管内外材料相同时，可计算得出每平方厘米所需的浸泡液。将非增强软管切成若干 2 cm 长的小段，计算切断后每小段非增强软管的截面积。由非增强软管的总外露面积＝内表面积＋外表面积＋总外露截面积，得到所需浸泡液。浸泡时将小段非增强软管经严格清洗后妥善装入浸泡容器中并完全被浸泡液浸润。

附 录 B
（规范性附录）
检验分类和频次

表B.1给出了第7章所规定的型式检验、例行检验和生产验收检验所要进行的试验项目和频次。

表 B.1 试验项目及频次

试验项目(章条)	型式检验	例行检验	生产验收检验
尺寸和公差(5)	X	X	N.A
外观(6.1)	X	X	N.A
扭矩性能(6.2)	X	N.A	每批一次
静液压性能(6.3)	X	N.A	每批一次
拉伸性能(6.4)	X	N.A	每批一次
冷热循环性能(6.5)	X	N.A	每年至少一次
金属镀层耐腐蚀性能(6.6)	X	N.A	每年至少一次
水质保持性能(6.7)	X	N.A	每年至少一次
X ——适用； N.A——不适用。			

ICS 71.040.50
G 04

中华人民共和国国家标准

GB/T 28606—2012

涂料中全氟辛酸及其盐的测定 高效液相色谱-串联质谱法

Determination of perfluorooctanoic acid and salt in the coating—High performance liquid chromatography-tandem mass spectrometry

2012-06-29 发布　　2012-12-01 实施

中华人民共和国国家质量监督检验检疫总局
中国国家标准化管理委员会　发布

前　　言

本标准的附录A、附录B为资料性附录。

本标准由中国检验检疫科学研究院提出。

本标准由中华人民共和国国家认证认可监督管理委员会归口。

本标准起草单位：国家质检总局进出口化学品安全研究中心、中国检验检疫科学研究院。

本标准主要起草人：陈会明、陈伟、于文莲、周新。

涂料中全氟辛酸及其盐的测定 高效液相色谱-串联质谱法

1 范围

本标准规定了涂料中全氟辛酸(PFOA)及其盐的高效液相色谱-串联质谱测定方法。

本标准适用于涂料中全氟辛酸(PFOA)及其盐的测定。

本标准的方法检出限以全氟辛酸(PFOA)计为质量分数 0.000 2%。

2 规范性引用文件

下列文件对于本文件的应用是必不可少的。凡是注日期的引用文件,仅注日期的版本适用于本文件。凡是不注日期的引用文件,其最新版本(包括所有的修改单)适用于本文件。

GB/T 6682 分析实验室用水规格和试验方法

3 原理

经水超声提取涂料中的全氟辛酸(PFOA)及其盐,离心分离,取部分上清液经过固相萃取柱纯化,洗脱液定容后注入高效液相色谱-串联质谱仪器分析,外标法定量。

4 试剂与材料

除另有说明外,所有试剂均为分析纯,水为 GB/T 6682 规定的一级水。

4.1 乙腈:色谱级。

4.2 乙酸铵(10 mmol/L):称取适量乙酸铵至烧杯中,用水溶解并转移至 1 L 容量瓶中定容。

4.3 全氟辛酸(PFOA)标准物质:纯度以质量分数计不小于 96%。

4.4 固相萃取柱:Oasis ® HLB 或相当者;使用前依次用 3 mL 甲醇、3 mL 水活化。

注:[Oasis ® HLB]是由美国 Waters 公司提供的产品,给出这一信息是为了方便本标准的使用者,并不表示对该产品的认可,如果其他等效产品具有相同的效果则可使用这些等效产品。

4.5 微孔滤膜:0.2 μm,有机相。

4.6 标准储备液:准确称取全氟辛酸(PFOA)标准物质 0.1 g,精确至 0.1 mg,用乙腈溶解后转移至 100 mL 容量瓶中,乙腈定容,振荡均匀,即得全氟辛酸(PFOA)浓度为 1 000 μg/mL 的标准储备液。

4.7 标准溶液:准确移取标准储备液 1.00 mL,至 100 mL 容量瓶中,乙腈定容,振荡均匀,即得全氟辛酸(PFOA)浓度为 10 μg/mL 的标准溶液。

5 仪器

5.1 高效液相色谱-串联质谱仪,配有电喷雾离子源(ESI)。

5.2 分析天平:感量为 0.01 g、0.1 g。

5.3 超声波清洗仪。

5.4 高速离心机：12 000 r/min 以上。

5.5 固相萃取装置。

6 测定步骤

6.1 提取

准确称取 1 g 涂料(精确至 1 mg)，加水 100 mL，超声提取 20 min 后，摇匀。取部分溶液转移至离心管中，以 12 000 r/min 高速离心 15 min，取上清液作为待净化溶液。

6.2 净化

准确移取 1.00 mL(6.1)中的待净化溶液转移至固相萃取柱(4.4)中。用 10 mL 水淋洗，抽至近干后，用 9 mL 乙腈(4.1)洗脱，整个固相萃取过程流速不超过 1 mL/min，保留洗脱液，并用乙腈定容至 10 mL。过微孔滤膜(4.5)后，作为待测溶液。

6.3 测定

6.3.1 液相色谱-质谱/质谱条件

a) 色谱柱：Atlantis T3 C_{18} 2.1 mm×150 mm，i. d.，5.0 μm 或相当色谱柱；

注：[Atlantis T3 C_{18}]是由美国 Waters 公司提供的产品，给出这一信息是为了方便本标准的使用者，并不表示对该产品的认可，如果其他等效产品具有相同的效果则可使用这些等效产品。

b) 柱温：25 ℃；

c) 进样量：5 μL；

d) 流动相：乙腈+10 mmol/L 乙酸铵溶液(V/V)=70+30；

e) 流速：0.2 mL/min；

f) 串联质谱离子源：电喷雾离子源(ESI)；

g) 离子化方式：负离子扫描；

h) 监测方式：多反应监测(MRM)，监测离子：413>369、413>219、413>169，其中 413>369 为定量离子；

i) 其他质谱参数见附录 A。

6.3.2 标准工作曲线的绘制

准确移取 2.00 mL 的标准溶液(4.7)于 100 mL 容量瓶中，用乙腈定容，充分摇匀，即得 0.2 μg/mL 的标准工作溶液，逐级稀释得到浓度为 0.1 μg/mL、0.05 μg/mL、0.02 μg/mL、0.01 μg/mL、0.005 μg/mL、0.002 μg/mL 的标准工作溶液，按质量浓度由稀至浓顺序依次检测，以定量离子峰面积对质量浓度绘制标准工作曲线。标准物质高效液相色谱-串联质谱色谱图参见附录 B 中图 B.1，标准物质子离子的高效液相色谱-串联质谱色谱图参见附录 B 中图 B.2。

6.3.3 定性判定

按照(6.3.1)色谱条件测定样品待测液和标准工作溶液，如果样品中的目标色谱峰保留时间与标准工作溶液色谱峰一致(变化范围在±2.5%之内)；样品中目标化合物的三个子离子的相对丰度与质量浓度相当标准溶液的相对丰度一致，相对丰度偏差不超过表 1 的规定，则可判断样品中存在全氟辛酸。

表 1 定性离子相对丰度的最大允许偏差

相对离子丰度	>50%	>20%～50%	>10%～20%	≤10%
允许的相对偏差	±20%	±25%	±30%	±50%

6.3.4 定量测定

样品待测溶液中全氟辛酸的响应值应在标准工作曲线的线性范围内。超过线性范围则应稀释后再进样测定。

6.3.5 空白试验

除不加试样外，均按上述步骤同时完成空白试验。

7 结果计算

结果按式(1)计算，计算结果保留到小数点后两位，计算结果需扣除空白值。

$$w=\frac{c \times V}{m \times 10^{6}} \times 100 \qquad \cdots\cdots(1)$$

式中：

w ——样品中全氟辛酸的质量分数，%；

c ——标准曲线查得的全氟辛酸的质量浓度，单位为微克每毫升(μg/mL)；

V ——样品稀释后总体积，单位为毫升(mL)；

m ——样品质量，单位为克(g)。

8 回收率和精密度

按本测定方法所确定的实验条件，在添加质量分数为 0.000 2%～0.01%时，相对标准偏差为 0.45%～3.01%。不同实验室对不同水平样品的检验结果，相对标准偏差为 2.87%～3.56%。

附 录 A
（资料性附录）
质谱参数

液相色谱-质谱/质谱中其他质谱参数：

a） 毛细管电压：3.0 kV；

b） 锥孔电压：7.0 V；

c） Extractor 电压：4.0 V；

d） RF Lens 电压：1.0 V；

e） 离子源温度：100 ℃；

f） 脱溶剂气温度：300 ℃；

g） 监测子离子及其碰撞能量：413>369(11 eV)；413>219(18 eV)；413>169(21 eV)。

附　录　B
（资料性附录）
色　谱　图

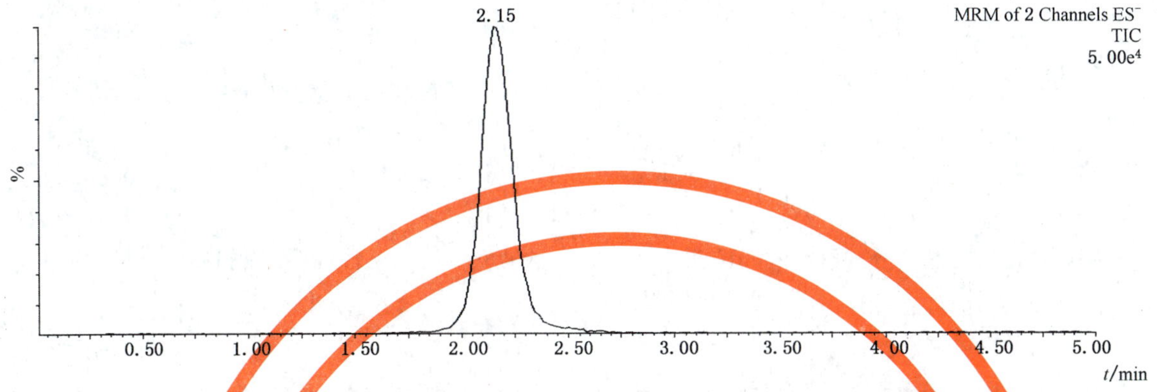

图 B.1　全氟辛酸标准物质高效液相色谱-串联质谱色谱图

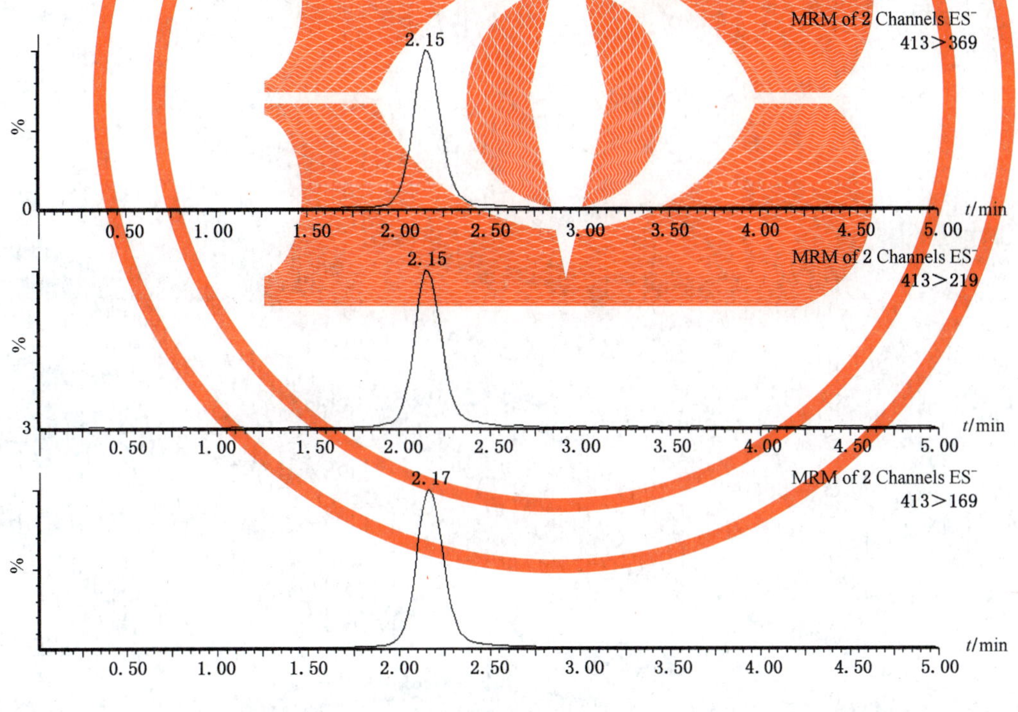

图 B.2　全氟辛酸标准物质子离子高效液相色谱-串联质谱色谱图

ICS 83.140.01;83.140.50
G 40

中华人民共和国国家标准

GB/T 28607—2012

标准弹性体材料与发动机油的相容性试验

Determination of compatibility between standard elastomeric materials and automotive engine oil

2012-06-29 发布 2012-12-01 实施

中华人民共和国国家质量监督检验检疫总局
中国国家标准化管理委员会 发布

前言

本标准按照GB/T 1.1—2009给出的规则起草。

请注意本文件的某些内容可能涉及专利。本文件的发布机构不承担识别这些专利的责任。

本标准由中国石油和化学工业联合会提出。

本标准由全国橡胶与橡胶制品标准化技术委员会密封制品分技术委员会(SAC/TC 35/SC 3)归口。

本标准起草单位:西北橡胶塑料研究设计院、安徽中鼎密封件股份有限公司。

本标准主要起草人:武晶、陈晋阳、吴春蕾、田友峰。

标准弹性体材料与发动机油的相容性试验

1 范围

本标准规定了评价五种标准弹性体材料与发动机油相容性的试验方法，这五种弹性体材料是与发动机油接触使用的最典型的密封材料。

本标准提供了五种标准弹性体材料的配方、混炼程序和硫化程序：

a) 丁腈橡胶-1(NBR-1)；

b) 丁腈橡胶-2(NBR-2)；

c) 氟橡胶(FKM)；

d) 丙烯酸酯橡胶(ACM)；

e) 硅橡胶(VMQ)。

本标准适用于通过在控制条件下，测量浸泡前后标准弹性体标准试样的硬度变化、拉伸强度变化率、拉断伸长率变化率、体积变化来评价发动机油对这种弹性体的影响。

2 规范性引用文件

下列文件对于本文件的应用是必不可少的。凡是注日期的引用文件，仅注日期的版本适用于本文件。凡是不注日期的引用文件，其最新版本(包括所有的修改单)适用于本文件。

GB/T 528 硫化橡胶和热塑性橡胶拉伸应力应变性能的测定

GB/T 533 硫化橡胶密度的测定

GB/T 1232.1 未硫化橡胶 用圆盘剪切黏度计进行测定 第1部分：门尼黏度的测定

GB/T 1690—2006 硫化橡胶耐液体试验方法

GB/T 6031—1998 硫化橡胶或热塑性橡胶硬度的测定(10～100 IRHD)

GB/T 6038—2006 橡胶试验胶料配料、混炼和硫化设备及操作程序

3 术语和定义

下列术语和定义适用于本文件。

3.1

弹性体 elastomer

橡胶类高分子材料，该材料在弱的应力下发生变形，应力取消之后迅速地恢复到其近似于初始的尺寸和形状。

3.2

标准弹性体 standrard elastomer

试验弹性体 test elastmer

已知配方的硫化橡胶，用来评价介质对该橡胶的影响。

注：为了减小误差，试验弹性体只包括保证硫化的最基本的配合剂。

3.3

相容性指数 elastomer compatibility index

ECI

将适当的标准弹性体的标准试样在规定的试验条件下置于某种确定的液体中浸泡后，测定的体积

变化、硬度变化、拉伸强度变化率和拉断伸长率变化率。

4 标准弹性体

4.1 总则

应对标准弹性体使用的每一种配合的每个批次进行质量检验。

4.2 标准丁腈橡胶-1(NBR-1)

4.2.1 配方(以质量计)

以质量计的配方见表1。

表1 标准丁腈橡胶-1(NBR-1)的配方

材 料	份(以质量计)
NBR[a]	100.0
N-(1,3-二甲基丁基)-N'-苯基对苯二胺(防老剂4020)	0.5
氧化锌	5.0
N-550炭黑	70.0
过氧化二异丙苯(DCP)[b],过氧化物含量(质量分数)≥97%	1.2[b]
合计	176.7

[a] 丙烯腈含量(28±1)%,门尼黏度(GB/T 1232.1):(45±5)ML(1+4)100 ℃。

[b] 如果采用过氧化物含量为40%的过氧化二异丙苯,其用量为3.0份,合计量相应增加。

4.2.2 混炼工艺步骤

应按GB/T 6038—2006中7.1规定的混炼程序进行,开炼机的辊筒表面温度应保持(50±5)℃,配合剂的加料顺序依次为氧化锌、防老剂4020、N-550炭黑(包括全部落到料盘中的粉料)、DCP。

4.2.3 制备标准的硫化试片

将4.2.2的混炼试样,在环境温度下停放20 h～24 h,试片上应标明压延方向,在170 ℃±2 ℃下硫化20 min±1 min,制成2 mm±0.2 mm厚的标准硫化胶试片。

4.2.4 控制试验

用4.2.3制备好的试片进行表2中规定的所有试验。

表2 NBR-1的控制试验

控制试验	单位	性能要求	试验方法
IRHD硬度		79～84	GB/T 6031
拉伸强度(2型哑铃形试样)	MPa	20～25	GB/T 528
拉断伸长率(2型哑铃形试样)	%	170～220	GB/T 528

表 2（续）

控制试验	单位	性能要求	试验方法
密度	Mg/m^3	1.21～1.25	GB/T 533
质量变化，(23±2)℃，22 h，在液体 B 中浸泡	%	25～28	GB/T 1690
注：液体 B：70%（体积分数）的纯 2，2，4-三甲基戊烷和 30%（体积分数）的纯甲苯。			

4.3 标准丁腈橡胶-2（NBR-2）

4.3.1 配方（以质量计）

以质量计的配方见表 3。

表 3 标准丁腈橡胶-2（NBR-2）的配方

材　　料	份（以质量计）
NBR[a]	100.00
2，2，4-三甲基-1，2-二氢化喹啉聚合物（熔点 75 ℃到 100 ℃）（防老剂 RD）	2.0
氧化锌	5.0
硬脂酸	1.0
N -550 炭黑	65.0
二硫化四甲基秋兰姆（促进剂 TMTD）	2.5
N-环己基-2-苯并噻唑次磺酰胺（促进剂 CZ）	1.5
硫磺	0.2
合计	177.2
[a] 丙烯腈含量（34±1）%，门尼黏度（GB/T 1232.1）：(56±5)ML(1+4)100 ℃。	

4.3.2 混炼工艺步骤

应按 GB/T 6038—2006 中 7.1 规定的混炼程序进行，开炼机的辊筒表面温度应保持（50±5）℃，配合剂的加料顺序依次为氧化锌、硬脂酸、防老剂 RD、N-550 炭黑（包括全部落到料盘中的粉料）、促进剂 TMTD、促进剂 CZ 和硫磺。

4.3.3 制备标准的硫化试片

将 4.3.2 的混炼试样，在环境温度下停放 2 h～24 h，试片上应标明压延方向，在 160 ℃±2 ℃下硫化 20 min±1 min，制成 2 mm±0.2 mm 厚的标准硫化胶试片。

4.3.4 控制试验

用 4.3.3 制备好的试片进行表 4 中规定的所有试验。

表 4　NBR-2 的控制试验

控制试验	单位	性能要求	试验方法
IRHD 硬度		67～72	GB/T 6031
拉伸强度(2 型哑铃形试样)	MPa	15～20	GB/T 528
拉断伸长率(2 型哑铃形试样)	%	300～400	GB/T 528
密度	Mg/m^3	1.20～1.24	GB/T 533
质量变化,(23±2)℃,22 h,在液体 B 中浸泡	%	20～23	GB/T 1690

4.4　标准氟橡胶(FKM)(偏二氟乙烯-六氟丙烯共聚物)

4.4.1　配方

以质量计的配方在表 5 中给出。

表 5　标准氟橡胶(FKM)的配方

材　　料	分量(以质量计)
偏二氟乙烯-六氟丙烯共聚物[a]	100.00
活性氧化镁	3.00
氢氧化钙	2.0
N -990 炭黑	25.0
促进剂:有机磷酸盐(如:苄基三苯基氯化膦)	0.44
交联剂:2,2-双-(4-羟基苯基)六氟丙烷(双酚 AF)	1.35
合计	131.79
[a] 氟含量:(66±1)%。	

4.4.2　混炼工艺步骤

应按 GB/T 6038—2006 中 7.1 规定的混炼程序进行,开炼机的辊筒表面温度应保持(50±5)℃,配合剂的加料顺序依次为活性氧化镁、氢氧化钙、N-990 炭黑(包括全部落到料盘中的粉料)、有机磷酸盐和双酚 AF。

4.4.3　制备标准硫化试片

将 4.4.2 的混炼试样,在环境温度下停放约 24 h,试片上应标明压延方向,在 180 ℃±2 ℃下硫化 7 min±1 min,制成 2 mm±0.2 mm 厚的标准硫化胶试片,二段硫化在 220 ℃±5 ℃的空气老化箱中进行 16 h±2 h。

4.4.4　控制试验

用 4.4.3 制备好的试片进行表 6 中规定的所有试验。

表 6 FKM 的控制试验

控制试验	单位	性能要求	试验方法
IRHD 硬度		67～73	GB/T 6031
拉伸强度(2 型哑铃状试样)	MPa	12～18	GB/T 528
拉断伸长率(2 型哑铃状试样)	%	250～330	GB/T 528
密度	Mg/m^3	1.83～1.87	GB/T 533
质量变化,(60±2)℃,(23±1)h,在液体 C 中浸泡	%	6～9	GB/T 1690
注:液体 C:50%(体积分数)的纯 2,2,4-三甲基戊烷和 50%(体积分数)的纯甲苯。			

4.5 标准丙烯酸酯橡胶(ACM)

4.5.1 配方

以质量计的配方在表 7 中给出。

表 7 标准丙烯酸酯橡胶(ACM)的配方

材料	分量(以质量计)
ACM[a]	100.00
硬脂酸	1.00
取代二苯胺类防老剂(如:防老剂 KY-405)	2.00
辛基化二苯胺(ODPA)	2.00
N550 炭黑	65.00
硬脂酸钠	4.00
季铵盐(化合物)((如:NPC-50))	2.00
合计	176.00
[a] 门尼黏度(GB/T 1232.1):(52±5)ML(1+4)100 ℃。	

4.5.2 混炼工艺步骤

应按 GB/T 6038—2006 中 7.1 规定的混炼程序进行,开炼机的辊筒表面温度应保持(70±5)℃,配合剂的加料顺序依次为硬脂酸、防老剂 KY-405、ODPA、N-550 炭黑(包括全部落到料盘中的粉料)、硬脂酸钠和 NPC-50。

4.5.3 制备标准硫化试片

将 4.5.2 的混炼试样,在环境温度下停放 12 h～48 h,试片上应标明压延方向,在 180 ℃±2 ℃下硫化 10 min±1 min,制成 2 mm±0.2 mm 厚的标准硫化胶试片,二段硫化在 175 ℃±2 ℃的空气老化箱中进行 4 h±0.5 h。

4.5.4 控制试验

用 4.5.3 制备好的试片进行表 8 中规定的所有试验。

表 8 ACM 的控制试验

控制试验	单位	性能要求	试验方法
IRHD 硬度		60～66	GB/T 6031
拉伸强度(2 型哑铃状试样)	MPa	11～15	GB/T 528
拉断伸长率(2 型哑铃状试样)	%	140～220	GB/T 528
密度	Mg/m^3	1.30～1.34	GB/T 533
质量变化,(23±2)℃,(22±0.5)h,在液体 B 中浸泡	%	22～25	GB/T 1690

4.6 标准硅橡胶(VMQ)

4.6.1 配方

以质量计的配方在表 9 中给出。

表 9 标准硅橡胶(VMQ)的配方

材料	分量(以质量计)
VMQ[a]	100.0
黑色颜料(如:N330)	2.0
硅藻土	20
过氧化二异丙苯[b](DCP),过氧化物含量(质量分数)≥97%	0.4[b]
合计	122.4

[a] 添加了气相法白炭黑的未硫化 VMQ 胶料。

[b] 如果采用过氧化物含量为 40%的过氧化二异丙苯,其用量为 0.9 份,合计量相应增加。

4.6.2 混炼工艺步骤

应按 GB/T 6038—2006 中 7.1 规定的混炼程序进行,开炼机的辊筒表面温度应保持(40±5)℃,配合剂的加料顺序依次为硅藻土、N-330 炭黑(包括全部落到料盘中的粉料)和 DCP。

4.6.3 制备标准的硫化试片

将 4.6.2 的混炼试样,在环境温度下停放 2 h～24 h,试片上应标明压延方向,在 170 ℃±2 ℃下硫化 10 min±1 min,制成 2 mm±0.2 mm 厚的标准硫化胶试片,二段硫化在 200 ℃±5 ℃的空气老化箱中进行 6 h±0.5 h。

4.6.4 控制试验

用 4.6.3 制备好的试片进行表 10 中规定的所有试验。

表 10 VMQ 的控制试验

控制试验	单位	性能要求	试验方法
IRHD 硬度		68～73	GB/T 6031
拉伸强度(2 型哑铃状试样)	MPa	5～7	GB/T 528
拉断伸长率(2 型哑铃状试样)	%	150～200	GB/T 528
密度	Mg/m^3	1.26～1.30	GB/T 533
质量变化,(100±2)℃,(22±0.5)h,(在葵二酸二辛酯中浸泡)	%	12～15	GB/T 1690

5 弹性体相容性指数(ECI)的测定

5.1 总则

弹性体相容性指数(ECI)用以下项目来表示:

a) 标准弹性体;

b) 体积变化,见 5.3;

c) 硬度变化,用 IRHD 表示,见 5.4;

d) 拉伸强度变化率,见 5.5;

e) 拉断伸长率变化率,见 5.5。

5.2 试验条件

除非另有规定,试验温度和时间参看表 11。

表 11 测五种参比弹性体的浸泡温度和时间[a]

弹性体	浸泡试验温度/℃	浸泡试验时间/h
丁腈橡胶-1(NBR-1)	100±1	336.0±0.5
丁腈橡胶-2(NBR-2)	100±1	336.0±0.5
丙烯酸酯橡胶(ACM)	150±1	336.0±0.5
氟橡胶(FKM)	150±1	336.0±0.5
硅橡胶(VMQ)	150±1	336.0±0.5

[a] 某些润滑剂的技术要求,可能要求浸泡时间超过 336 h。一般而言,浸泡试验时间<70 h 时,公差为±0.25 h;浸泡试验时间≥70 h 时,公差为±0.5 h。

5.3 体积变化的测定

应按 GB/T 1690—2006 中 7.3 的规定进行。

5.4 硬度变化的测定

应按 GB/T 1690—2006 中 7.6 的 GB/T 6031—1998 微型试验法的规定进行。

5.5 拉伸强度和拉断伸长率变化率的测定

应按 GB/T 1690—2006 中 7.7 的规定进行。

5.6 试验报告

发动机油的弹性体相容性指数(ECI)应在试验报告中说明。

除 ECI 之外,试验报告中还应包括下列信息:

a) 发动机油的类型;

b) 试验温度和试验时间;

c) 浸泡发动机油的任何变色或产生沉淀物;

d) 试样的外观状态(如龟裂、发黏)。

附　录　A
（资料性附录）
试验报告示例——发动机油——弹性体相容性指数 ECI

A.1　试验条件

浸泡发动机油		温度/℃	时间/h
类型	规格(或牌号)		

A.2　试验结果

A.2.1　ECI

GB/T 28607—2012 试验弹性体	体积变化/%	IRHD 硬度变化	拉伸强度变化率/%	拉断伸长率变化率/%

示例 1：若 NBR-1 的体积变化为＋20％，IRHD 硬度变化为－4，拉伸强度变化率为－8％，拉断伸长率变化率为－10％，则表达为：NBR-1：＋20，－04，－08，－10。

示例 2：若 FKM 的体积变化为＋6％，IRHD 硬度变化为－4，拉伸强度变化率为－6％，拉断伸长率变化率为－10％，则表达为：FKM：＋06，－04，－06，－10。

A.2.2　试验弹性体的名称

A.2.3　试样和浸泡发动机油的外观状态

ICS 71.080.99
G 17

中华人民共和国国家标准

GB/T 28608—2012

工业用1,4-氧氮杂环己烷(吗啉)

1-Oxa-4-azacyclohexane (Morpholine) for industrial use

2012-06-29 发布　　2012-12-01 实施

中华人民共和国国家质量监督检验检疫总局
中国国家标准化管理委员会　发布

前　言

本标准按照 GB/T 1.1—2009 给出的规则起草。

本标准由中国石油和化学工业联合会提出。

本标准由全国化学标准化技术委员会有机化工分技术委员会(SAC/TC 63/SC 2)归口。

本标准起草单位:安徽昊源化工集团有限公司、中国石油吉林石化公司研究院、辽阳石油化纤公司英华化工厂。

本标准主要起草人:石占崇、凡殿才、田振生、戴登科、吴珍汉、刘长清、张红艳、李志军、付斌。

工业用1,4-氧氮杂环己烷(吗啉)

1 范围

本标准规定了工业用1,4-氧氮杂环己烷(吗啉)的要求、试验方法、检验规则、标志、包装、运输、贮存及安全。

本标准适用于工业用1,4-氧氮杂环己烷(吗啉)。

分子式:C_4H_9NO

结构式:

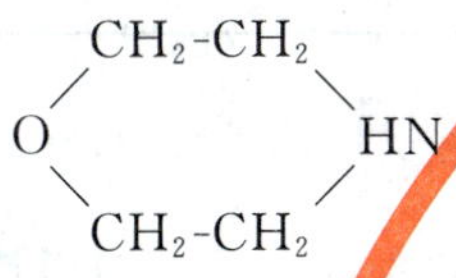

相对分子质量:87.12(按2011年国际相对原子质量)

2 规范性引用文件

下列文件对于本文件的应用是必不可少的。凡是注日期的引用文件,仅注日期的版本适用于本文件。凡是不注日期的引用文件,其最新版本(包括所有的修改单)适用于本文件。

GB 190 危险货物包装标志

GB 325.1 包装容器 钢桶 第1部分:通用技术要求

GB/T 3143 液体化学产品颜色测定法(Hazen单位——铂-钴色号)

GB/T 3723 工业用化学产品采样安全通则

GB/T 6283 化工产品中水分含量的测定 卡尔·费休法(通用方法)

GB/T 6678 化工产品采样总则

GB/T 6680 液体化工产品采样通则

GB/T 6682 分析实验室用水规格和试验方法

GB/T 7534 工业用挥发性有机液体 沸程的测定

GB/T 8170 数值修约规则与极限数值的表示和判定

GB/T 9722 化学试剂 气相色谱法通则

GB 18191 包装容器 危险品包装用塑料桶

3 要求

3.1 外观:无色或淡黄色透明液体。

3.2 工业用1,4-氧氮杂环己烷(吗啉)指标应符合表1的规定。

表 1 技术要求

项目		指标		
		优等品	一等品	合格品
1,4-氧氮杂环己烷(吗啉),w/%		≥99.5	≥99.0	≥98.5
馏程(在 0 ℃,0.101 33 MPa 下)	5 mL 馏出的温度/℃	≥127	≥126	≥126
	95 mL 馏出的温度/℃	≤129	≤129	≤130
色度/Hazen 单位(铂-钴色号)		≤10	≤10	≤15
水,w/%		≤0.25	≤0.30	≤0.35
氨(以 NH_3 计),w/%		供需双方协商确定		
其他色谱杂质,w/%				

4 试验方法

警告:试验方法规定的一些试验过程可能导致危险情况。操作者应采取适当的安全和防护措施。

4.1 一般规定

除非另有说明,在分析中仅使用确认为分析纯的试剂和符合 GB/T 6682 中规定的三级水。

4.2 外观的测定

取适量样品于 25 mL 试管中,目视观察。

4.3 1,4-氧氮杂环己烷(吗啉)、氨、其他色谱杂质含量的测定

4.3.1 方法提要

采用气相色谱法。在选定的色谱操作条件下,使样品汽化后经色谱柱分离,用热导检测器(TCD)检测,校正面积归一化法定量。

4.3.2 试剂

4.3.2.1 氢气,体积分数≥99.99%。

4.3.2.2 空气,经活性炭和分子筛净化。

4.3.3 仪器

4.3.3.1 气相色谱仪:配有热导检测器(TCD),整机灵敏度和稳定性符合 GB/T 9722 的规定,线性范围满足分析要求,并使样品中水的质量分数在 0.02%、其他杂质的质量分数在 0.005%时,各组分所产生的峰高大于噪声的两倍。

4.3.3.2 数据处理系统:色谱数据处理机或色谱工作站。

4.3.3.3 自动进样器或微量注射器:5 μL 或 10 μL。

4.3.4 色谱柱及典型操作条件

本标准推荐的色谱柱和色谱操作条件见表 2。典型色谱图及各组分的相对保留值见附录 A 中

图 A.1 和表 A.2。其他能达到同等分离程度的色谱柱及色谱操作条件也可使用。

表 2　推荐的色谱柱和色谱操作条件

项　目	参　数
色谱柱管	硅硼化玻璃柱，柱长 3 m，柱内径 ϕ3 mm。
色谱柱固定相	担体：石墨化碳黑Ⅱ型，粒径(0.175～0.246)mm。固定液：PEG-20M。 涂敷量：担体：固定液＝10：1。 配制：分别称量 10 g 担体、1.0 g 固定液和 0.30 g 氢氧化钾，氢氧化钾用 50 mL 甲醇溶解，涂敷于担体上，干燥；固定液用 50 mL 氯仿溶解，再涂敷于担体上，自然干燥后，全部填充入色谱柱管内。
柱箱温度	1　恒温：130 ℃。 2　程序升温：初始温度 130 ℃，保持 6 min；升温速率 10 ℃/min，升温到 180 ℃，保持 9 min。
气化室温度	260 ℃
检测器温度	200 ℃
检测器桥流	130 mA
载气(H_2)流量	30 mL/min
进样量	1 μL

4.3.5　分析步骤

按仪器说明书开启仪器，按表 2 所示的操作条件调节仪器，待仪器稳定后，注入实验室样品进行测定。采用校正面积归一化法定量。

相对质量校正因子的测定见附录 A 的 A.3。

4.3.6　结果计算

1,4-氧氮杂环己烷(吗啉)、氨及其他色谱杂质的质量分数 w_i，数值以%表示，按式(1)计算：

$$w_i = \frac{A_i f_i}{\sum A_i f_i} \times 100\% \qquad \cdots\cdots(1)$$

式中：

A_i ——组分 i 的色谱峰面积；

f_i ——组分 i 的相对质量校正因子。

注：试样中未知组分的相对质量校正因子取相邻组分质量校正因子的平均值。

取两次平行测定结果的算术平均值为报告结果。两次平行测定结果的绝对差值 1,4-氧氮杂环己烷含量不大于 0.1%；两次平行测定结果的绝对差值氨和其他色谱杂质含量不大于这两个测定值的算术平均值的 10%。

4.4　水分的测定

4.4.1　卡尔·费休法(仲裁法)

按 GB/T 6283 的规定进行。称取实验室样品约 2 g，精确至 0.01 g。

取两次平行测定结果的算术平均值为报告结果。两次平行测定结果的绝对差值不大于 0.02%。

4.4.2 气相色谱法

按4.4的规定进行。

取两次平行测定结果的算术平均值为报告结果。两次平行测定结果的绝对差值不大于0.04%。

4.5 馏程的测定

按GB/T 7534的规定进行。读取馏出体积为5 mL、95 mL时的温度。

1,4-氧氮杂环己烷的 K 值为 3.38×10^{-4} ℃/Pa。

取两次平行测定结果的算术平均值为报告结果。两次平行测定结果的绝对差值不大于0.5 ℃。

4.6 色度的测定

按GB/T 3143的规定进行。

5 检验规则

5.1 第3章要求中3.1和表1规定的所有项目均为出厂检验项目。

5.2 工业用1,4-氧氮杂环己烷(吗啉)在原材料、工艺不变的条件下,产品连续生产的实际批为一个组批;但若干个生产批构成一个检验批的时间不超过三天。

5.3 工业用1,4-氧氮杂环己烷(吗啉)的采样单元数按GB/T 6678的规定确定。

5.4 工业用1,4-氧氮杂环己烷(吗啉)的采样方法按GB/T 6680、GB/T 3723的规定进行。所取实验室样品总量不得少于500 mL。实验室样品混合均匀后,分装于两个清洁、干燥的磨口玻璃瓶或聚乙烯塑料瓶中,贴上标签,注明产品名称、批号、取样日期、取样地点、取样者姓名。一瓶供检验用,一瓶留样至少一个月备查。

5.5 检验结果的判定按GB/T 8170中规定的修约值比较法进行。检验结果如果有一项指标不符合本标准要求时,则应重新自两倍数量的包装单元中采样进行检验,重新检验的结果即使只有一项指标不符合本标准要求,则整批产品应为不合格。

6 标志、包装、运输和贮存

6.1 标志

6.1.1 工业用1,4-氧氮杂环己烷(吗啉)包装容器上应有牢固的标志,其内容至少包括:

a) 产品名称;
b) 生产厂名称、厂址;
c) 批号和/或生产日期;
d) 产品等级;
e) 净含量;
f) 本标准编号;
g) 符合GB 190规定的"易燃液体"标志。

6.1.2 每批出厂的工业用1,4-氧氮杂环己烷(吗啉)都应附有质量合格证明。内容至少包括:

a) 生产厂名称;
b) 产品名称;
c) 批号和/或生产日期;
d) 产品等级;

e） 本标准编号。

6.2 包装

工业用1,4-氧氮杂环己烷(吗啉)应用符合GB 325.1的钢桶或GB 18191的塑料桶包装。每桶净含量200 kg,或在符合安全要求的条件下,根据用户的要求包装。

6.3 运输

工业用1,4-氧氮杂环己烷(吗啉)装卸及运输时,应注意轻搬轻放,避免撞击及剧烈振荡,应保证包装件的完整。

6.4 贮存

工业用1,4-氧氮杂环己烷(吗啉)应贮存在干燥、清洁、通风的库房内,不得露天存放。

7 安全

7.1 1,4-氧氮杂环己烷(吗啉)在常温下是无色或淡黄色透明液体,有氨味,对皮肤、眼、呼吸道有强刺激性,工作场所空气中最高允许浓度为20 mg/m^3。1,4-氧氮杂环己烷闪点为35 ℃,与空气混合的爆炸极限体积分数为1.8%～10.8%。操作者应遵守易燃危险品的一般安全预防有关规定,佩戴好防护用具。发生火警时,可用干粉、二氧化碳、沙土或抗溶性泡沫灭火。

7.2 当皮肤接触时,应脱去污染的衣物,立即用流动清水彻底清洗至少15 min,就医。眼睛接触时,应立即提起眼睑,用大量清水彻底冲洗至少15 min,就医。吸入时,迅速脱离现场至空气新鲜处,保持呼吸道通畅,如呼吸困难,应输氧。误食时,应用水嗽口,饮牛奶或蛋清,就医。

附　录　A
（规范性附录）
1,4-氧氮杂环己烷及杂质含量测定的典型色谱图、各组分相对保留值、相对质量校正因子的测定方法

A.1　1,4-氧氮杂环己烷及杂质含量测定的典型色谱图

典型色谱图见图 A.1。

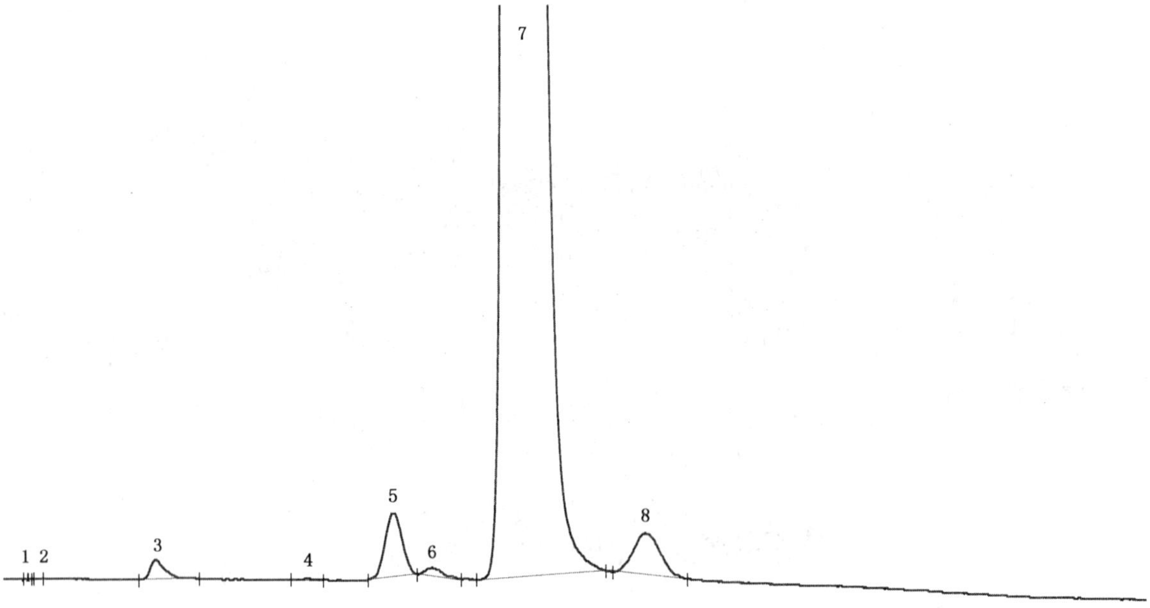

1——空气；
2——氨；
3——水；
4——未知物；
5——N-甲基吗啉；
6——乙二醇单甲醚；
7——1,4-氧氮杂环己烷(吗啉)；
8——N-乙基吗啉。

图 A.1　1,4-氧氮杂环己烷及杂质含量测定的典型色谱图

A.2　各组分相对保留值和相对质量校正因子

各组分相对保留值和相对质量校正因子见表 A.1。

表 A.1 各组分相对保留值和相对质量校正因子

序号	组分名称	相对保留时间	相对质量校正因子参考值
1	空气	0.000	—
2	氨	0.059	0.48
3	水	0.709	0.61
4	未知物	1.708	0.96
5	N-甲基吗啉	2.172	1.04
6	乙二醇单甲醚	2.417	0.85
7	1,4-氧氮杂环己烷(吗啉)	3.047	1.00
8	N-乙基吗啉	3.650	1.18

A.3 相对质量校正因子的测定

A.3.1 方法提要

在各组分的线性范围内,以1,4-氧氮杂环己烷(吗啉)为底液,用标准加入法分别加入待测组分的标准样品,计算各组分加入的质量分数,进行色谱分析,计算相对质量校正因子。

A.3.2 试剂

A.3.2.1 1,4-氧氮杂环己烷(吗啉):质量分数大于99.5%。

A.3.2.2 水:不含氨和二氧化碳。

A.3.2.3 校准用标准物质:乙二醇单甲醚、N-甲基吗啉、N-乙基吗啉等。

A.3.2.4 氨标准溶液:质量浓度与待测试样中氨组分的浓度接近(现用现配)。

用水(A.3.2.2)稀释氨水,得到约1%的氨水。用移液管吸取1%氨水50.00 mL,用1 moL/L盐酸标准滴定溶液滴定至pH值为4.5为终点,计算该氨水质量分数。再用水将氨水稀释至所需浓度。

A.3.3 分析步骤

A.3.3.1 在50 mL容量瓶中,用称量法配制1,4-氧氮杂环己烷(吗啉)(A.3.2.1)加欲测杂质和适量水的校准混合物。各组分的称量精确至0.000 1 g,各组分含量的质量分数计算精确至0.001%。所配制的校准混合物杂质含量应与待测试样相近。其中水分按GB/T 6283的规定测定(称样量不小于2 g)。

用于配制校准混合物的1,4-氧氮杂环己烷(吗啉)(A.3.2.1)中被测杂质组分含量大于0.001%时,校准混合物中的被测杂质组分含量应予以修正。

A.3.3.2 在与测定样品相同的色谱操作条件下,将配制的校准混合物进行色谱分析。平行测定3次,取3次测定的峰面积的算术平均值为测定结果。依据峰面积和对应的组分含量,计算相对质量校正因子 f_i。

A.3.4 相对质量校正因子的计算

各组分相对1,4-氧氮杂环己烷(吗啉)的质量校正因子 f_i 按式(A.1)计算:

$$f_i = \frac{m_i A_m}{m_m A_i} \quad \cdots\cdots(A.1)$$

式中：

A_i——组分 i 的峰面积；

A_m——1,4-氧氮杂环己烷(吗啉)的峰面积；

m_i——校准混合物中组分 i 的质量分数，以%表示；

m_m——校准混合物中1,4-氧氮杂环己烷(吗啉)的质量分数，以%表示。

各组分相对质量校正因子应实际测定，并应定期进行校验。

ICS 71.080.99
G 15

中华人民共和国国家标准

GB/T 28609—2012

光学功能薄膜 聚对苯二甲酸乙二醇酯(PET)薄膜 双折射测定方法

Optical functional films—Polyethylene terephthalate(PET)—Determination of birefringence

2012-06-29 发布　　2012-12-01 实施

中华人民共和国国家质量监督检验检疫总局
中国国家标准化管理委员会　发布

前　言

本标准按照 GB/T 1.1—2009 给出的规则起草。

本标准使用重新起草法参考 ASTM D4093:1995(Reapproved 2005)(英文版)《透明或半透明塑性材料中双折射及残余应变的光弹试验方法》编制，与 ASTM D4093:1995(Reapproved 2005)的一致性程度为非等效。

本标准与 ASTM D4093:1995(Reapproved 2005)的主要差别如下：

——ASTM D4093:1995(Reapproved 2005)中对于薄膜相延迟超过补偿器量程范围的试样只是在 6.1.4.3 中进行了简单的介绍，在光路中再加入一个定值补偿器，并没有详细的操作说明，而本标准进行了详细的说明；

——ASTM D4093:1995(Reapproved 2005)中采用补偿器法，而本标准使用赛纳蒙(Senarmont)旋转检偏器法；

——ASTM D4093:1995(Reapproved 2005)使用白光光源，而本标准采用单色光光源；

——ASTM D4093:1995(Reapproved 2005)中另有涉及面内双折射使用的斜入射测试部分，本标准没有涉及面内双折射；

——ASTM D4093:1995(Reapproved 2005)中关于残余应变的部分本标准没有涉及。

本标准由中国石油和化学工业联合会提出。

本标准由全国光学功能薄膜材料标准化技术委员会(SAC/TC 431)归口。

本标准起草单位：合肥乐凯科技产业有限公司、中国乐凯胶片集团公司、天津乐凯薄膜有限公司。

本标准主要起草人：焦聪宣、李保民、高青、李宇航、刘新省。

引　言

光在真空中的传播速度为 $c(3\times10^8\ \mathrm{m/s})$，在透明介质中的速度为 v，v 总是小于 c，它们之比称为折射率，即折射率 $n=c/v$，对各向同性材料，折射率是与光线振动方向和传播方向无关的一个常数。大多数玻璃和塑料在无应力状态下是各向同性材料，各方向的折射率是相同的。当各向同性材料受到应力或发生应变时，就会产生各向异性，折射率就具有了方向性，此时需要用三个主折射率来代替。折射率的变化与应变的大小有关，如果透明材料没有发生应变时的折射率为 n_0，发生应变后三个主折射率 n_i 就是所受应变的线性函数：

$$n_i - n_0 = \sum A_{ij} S_j$$

式中 $i=1,2,3$ 表示三个方向（直角坐标系中用 X、Y、Z 表示），n_i 表示三个方向的折射率，$j=1,2,3$ 与 i 一样表示三个方向，S_j 表示三个方向上产生的应变。在各向同性材料中，用两个常数 A 和 B 表示材料受应力发生的应变与由此产生的各向异性之间的关系：

当 $i=j$ 时，$A_{ij}=A$；

当 $i\neq j$ 时，$A_{ij}=B$

PET 薄膜生产过程中，经双向拉伸后定形，设定薄膜平面为 $X\ Y$ 平面，可认为薄膜在 X 及 Y 方向受力发生应变，在 Z 方向上没有应变。

当偏振光线垂直透过透明材料，该材料的两个主应变 S_1 和 S_2 位于此透明材料平面内，入射光线的偏振方向与 S_1 和 S_2 都不一致，此时偏振光线就会分裂为两个分别在 S_1 和 S_2 应变方向振动的分量，如 v_1 和 v_2 分别表示两分量的速度，其折射率则为 $n_1=C/v_1$，$n_2=C/v_2$，两束光线的折射率之差就称为此材料的双折射。

$$\Delta\delta = n_1 - n_2 = (A-B)\times(S_1-S_2) = K\times(S_1-S_2)$$

折射率之差正比于两个主应变的差值，K 称为应变光学常数，它是物性常数，反映材料的性能。由于这两束光线传播速度不同两分量不再同步，当透过厚度为 t 的材料时，形成光程差，这两个在不同平面 S_1 和 S_2 内振动的偏振光线先后穿过材料后所产生的相对距离，称为延迟（延迟量）R，R 可用下式表示：

$$R=(n_1-n_2)\times t = K\times t\times(S_1-S_2)$$

式中：t 表示材料的厚度。

由于 $\Delta\delta=n_1-n_2=R/t$，因此双折射也可表述为材料单位厚度产生的相延迟。

双折射测量的目的有两个：

1）找出薄膜中主应变（即主应力）的方向；

2）确定延迟量的大小，进而求得双折射的大小。

采用偏振光产生光学干涉，通过补偿法测量光程差。

塞纳蒙补偿法中检偏器旋转 180°相当于一个波长的相延迟。

当一束偏振光垂直入射到薄膜上，就会分裂成在主应变 S_1 和 S_2 方向上振动的两束偏振光，这两束光的折射率 n_1 和 n_2 与主应变有关。

$$n_1 - n_0 = AS_1 + B(S_1+S_2)$$

$$n_2 - n_0 = AS_2 + B(S_1+S_2)$$

式中：n_0 是无应变各向同性时的折射率；A 和 B 是与材料相关的常数。

从以上公式可以得出：

$$n_1 - n_2 = (A-B)\times(S_1-S_2)$$

折射率（n_1-n_2）就是双折射 $\Delta\delta$。

光学功能薄膜
聚对苯二甲酸乙二醇酯(PET)薄膜
双折射测定方法

1 范围

本标准规定了使用塞纳蒙法测量聚对苯二甲酸乙二醇酯(PET)薄膜双折射的方法,包括测定主应变方向及相延迟两部分。

本标准适用于单向或双向拉伸工艺制造的PET薄膜,应用拉伸工艺制造的其他塑料薄膜也可使用。

注:本标准只涉及薄膜表面双折射,对于面内双折射不考虑。

2 术语和定义

下列术语和定义适用于本文件。

2.1

应变 strain

单位长度产生的变形,它分为制造过程中引入的永久性塑性应变和存在应力时的弹性应变,这两种应变都会产生应变双折射。

2.2

光轴方位角 optical orientation

试样主应变慢轴方向与试样 *TD*(薄膜在制造设备上传动的方向称为 *MD* 方向,与 *MD* 垂直的方向称为 *TD* 方向,即卷材的横向)方向之间的夹角。

2.3

延迟量 retardation

光线透过双折射材料后两个波面之间的间距,也称为相对延迟量。

2.4

双折射 birefringence

薄膜折射率的各向异性,一般由机械或热应变产生,此时折射率取决于偏振面的取向和光束的传播方向,通常由材料制造时的应变以及材料中晶体取向的各向异性所产生。也可表述为单位厚度的相延迟。

3 测试设备

3.1 千分尺或厚度计

千分尺或厚度计,测试精度1%。

3.2 塞纳蒙法偏光计

偏光计系统结构如图1所示。

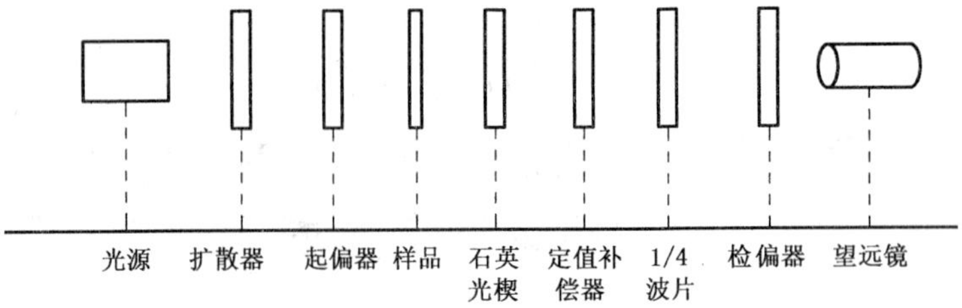

图1 偏光计系统结构图

3.2.1 光源

测定光源为单色光源，可使用钠灯、汞灯或者白光光源加滤光片，滤光片的通带宽度应小于10 nm。辅助白光光源可使用钨丝灯或卤素灯，色温应大于3 150 K。

3.2.2 光扩散器

使用乳白玻璃或毛玻璃板，使得光路中任意两点的光强差应不大于5%。

3.2.3 起偏器

偏振片单元安装在玻璃框架内，此框架可以旋转并固定在所要求的位置上，偏振片平行于偏振轴的透过率与垂直于偏振轴的透过率之比应大于500∶1。

3.2.4 样品台

样品台上设有安放薄膜试样的定位参考边，样品台可以360°旋转，并带有角度刻度，读数精度应优于1°，参考定位边的左右分别对应180°和0°，样品台还能做整体±45°的定位旋转。

3.2.5 1/4波片

具有测试光线1/4波长的相延迟，与所要求相延迟的偏差应不大于±5 nm，安装在可以旋转并能固定在要求位置的框架内。

3.2.6 检偏器

与起偏器相同，安装在可以旋转并能固定在要求位置的框架内，偏振片平行于偏振轴的透过率与垂直于偏振轴的透过率之比应大于500∶1，此框架带有角度刻度，可旋转±180°，读数精度应不大于1°。

3.2.7 望远镜

可放大5～8倍的短焦距望远镜。

3.2.8 石英光楔

厚度连续线性变化的石英晶体，产生连续可变的相延迟，应具有三级波长的相延迟。

3.2.9 定值补偿器

具有n块不同整数波长相延迟的补偿片，n的大小取决于试样的相延迟，每块补偿片的延迟量与规定整数波长的偏差应不超过±20 nm。

3.3 偏光计调整

3.3.1 确定参考方位

设备调整需要确定一个基准参考方向,将样品台上安放薄膜试样的定位边设为水平方向,这是偏光计中各元件调整方位的参考方位。偏光计各元件方位如图2所示。

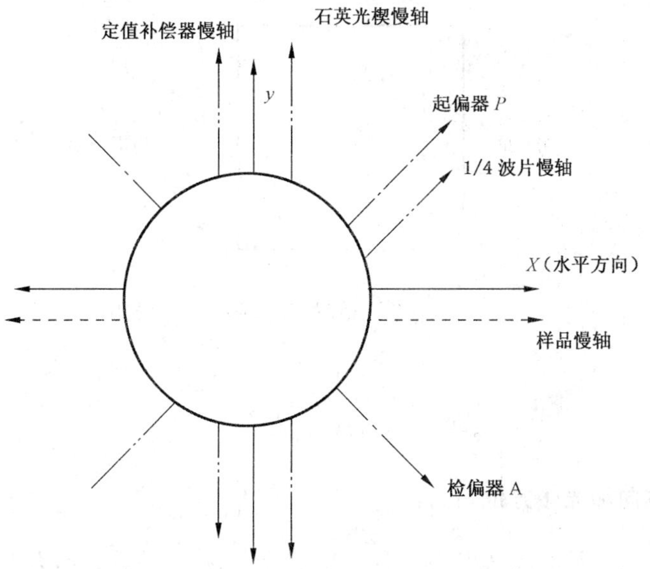

图2 偏光计元件方位图

3.3.2 调整起偏器和检偏器方位

起偏器的振动方向为水平方向逆时针旋转45°,检偏器的振动方向与起偏器正交,即检偏器的振动方向为从水平方向顺时针旋转45°。可以在样品台上放置一片偏振方向与水平方向平行的偏振片,然后顺时针转动样品台45°,接着旋转起偏器直至获得消光或视场最暗,将起偏器位置固定,拿走样品台上的偏振片,直接旋转检偏器获得消光,将检偏器固定。

3.3.3 调整1/4波片方位

使1/4波片慢轴位于水平方向,逆时针旋转45°,获得最大消光后,将1/4波片固定,此时起偏器、检偏器和1/4波片的光轴方向相互重合。

3.3.4 调整定值补偿片方位

每片补偿片的慢轴方向都要调整到与水平方向正交。在样品台上放置偏振方向与参考方向平行的偏振片,在此部位左右旋转补偿片直至获得最大消光然后固定补偿片位置。定值补偿器调好方位后移出光路。

3.3.5 调整石英光楔的方位

石英光楔慢轴方向要调整到与水平方向正交。调整方法同3.3.4。石英光楔调好方位后移出光路。

4 试样

4.1 试样尺寸可根据设备的尺寸自由确定，一般取 20 mm×20 mm 或 50 mm×50 mm。

4.2 裁切试样时，应保证其一边与薄膜的 *TD* 方向平行，并且要标记操作侧 *OS*。

试样示意图如图 3 所示。

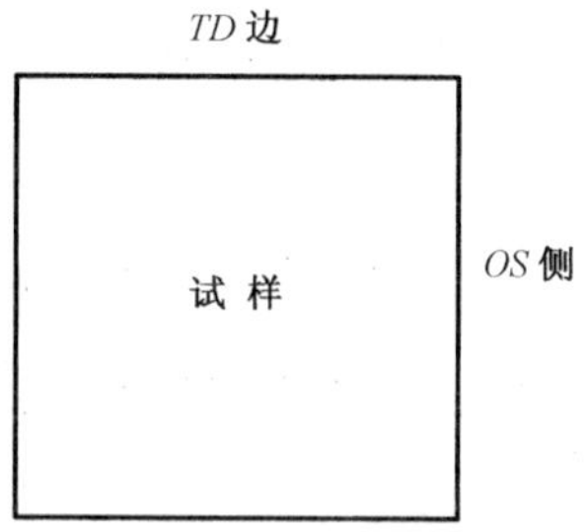

图 3 试样示意图

5 试验步骤

5.1 确定试样主应变方向和光轴方位角

5.1.1 将试样的背面朝向光源方向，*OS* 侧与样品台定位边的 0°方向重合，*TD* 边与样品台上的定位边紧密卡齐，固定试样。

5.1.2 点亮单色光源或者使用白炽灯光源加单色滤光片，此时定值补偿器和石英光楔都不在光路中。

5.1.3 观察视场亮度，顺时针旋转样品台使视场最暗，此方向就是试样的主应变慢轴方向。

5.1.4 记下旋转角度 ϕ_1，该角度即为光轴方位角。

注：如果旋转样品台时视场一直保持暗场不变亮，说明试样没有应变产生的双折射。如果旋转样品台时视场一直不能变得很暗，可能是试样的厚度方向上应变方向有变化，造成试样没有一个确定的主应变方向，而是一个角度范围。

5.2 确定试样相延迟量

5.2.1 确定试样主应变方向后，将样品台整体顺时针方向旋转 45°，此时视场又变亮。

5.2.2 顺时针方向旋转检偏器，使视场再次变成暗场，记下检偏器旋转角度 ϕ_2。

5.2.3 换用白炽灯光源（或取走单色滤光片）。

5.2.4 置入石英光楔，此时视场出现各种彩色条纹，如果无彩色条纹出现，将定值补偿器的固定相位补偿片逐个送入光路，使补偿值逐个增加，直至出现彩色条纹。各级条纹色彩参见附录 A。

5.2.5 从附录 A 可知，零级条纹与其他条纹有明显差别。零级条纹除红色、橙色和黄色以外大部分都是没有色彩的灰和白，一旦出现零级条纹，表示试样与补偿片中的总相位差在一级波长之内，此时记下定值补偿器的补偿片 n 值。

5.2.6 如果步骤 5.2.4 和 5.2.5 中始终没有出现彩色条纹，说明试样的慢轴方向与补偿片方向一致，可将样品台整体逆时针旋转 90°，然后重复 5.2.2～5.2.5 程序。

5.3 测定试样的厚度

使用千分尺或厚度计直接测得，试样厚度用 t 表示。

5.4 测定试样的双折射

双折射 $\Delta\delta$ 与两个主应变方向 S_1 和 S_2 上的光波之间的相对延迟 R 存在下列关系：

$$\Delta\delta = 10^3 \times R/t \quad \cdots\cdots\cdots\cdots(1)$$

式中：

R ——延迟量，单位为纳米(nm)；

t ——薄膜厚度，单位为微米(μm)。

6 结果计算和表示

6.1 试样的光轴方位角

ϕ_1 直接表示试样的方位角，即试样主应变慢轴方向与试样 TD 边之间的夹角。

6.2 试样的延迟量

试样延迟量由式(2)计算：

$$R = n\lambda + \frac{\phi_2}{180}\lambda \quad \cdots\cdots\cdots\cdots(2)$$

式中：

R ——延迟量，单位为纳米(nm)；

n ——补偿器片数；

λ ——测试光源波长，单位为纳米(nm)；

ϕ_2——检偏器旋转角度。

6.3 试样的双折射

试样的双折射由式(1)计算。

7 试验报告

试验报告应包括以下内容：

a) 试验样品的编号；

b) 试验日期；

c) 试验人员；

d) 采用标准号；

e) 试样厚度；

f) 试样位置；

g) 光源波长；

h) 试验结果：方位角、延迟量和双折射。

附 录 A
（资料性附录）
暗场白光偏光仪中产生的彩色序列

暗场白光偏光仪中产生的彩色序列见表 A.1。

表 A.1 暗场白光偏光仪中产生的彩色序列

彩色	相延迟/nm	彩纹级别 R/λ
黑	0	0
灰	160	0.28
白	260	0.45
黄	350	0.6
橙	440	0.79
红	520	0.9
一级过渡	577	1
蓝	620	1.06
蓝绿	700	1.2
绿黄	800	1.38
橙	940	1.62
红	1 050	1.81
二级过渡	1 150	2
绿	1 350	2.33
绿黄	1 450	2.5
品	1 550	2.67
三级过渡	1 730	3
绿	1 800	3.1
品	2 100	3.6
四级过渡	2 300	4
绿	2 400	4.13

注：各级过渡处有明显的分界，一级处是红与蓝，二级处是红与绿，三级和四级处是品与绿，五级以上基本无色彩。

ICS 83.060
G 35

中华人民共和国国家标准

GB/T 28610—2012

甲基乙烯基硅橡胶

Methyl vinyl silicone rubber

2012-06-29 发布

2012-12-01 实施

中华人民共和国国家质量监督检验检疫总局
中国国家标准化管理委员会
发布

前　言

本标准按照 GB/T 1.1—2009 给出的规则起草。

本标准由中国石油和化学工业联合会提出。

本标准由全国橡胶与橡胶制品标准化技术委员会(SAC/TC 35)归口。

本标准负责起草单位:浙江新安化工集团股份有限公司。

本标准参加起草单位:蓝星化工新材料股份有限公司、江西星火有机硅厂、江苏宏达新材料股份有限公司。

本标准主要起草人:魏晓红、李建祥、叶世胜、刘林生、李锡锋、李友军、吴红、戴永琴。

甲基乙烯基硅橡胶

1 范围

本标准规定了甲基乙烯基硅橡胶的产品型号、要求、试验方法、检验规则及标志、包装、运输和贮存。

本标准适用于由二甲基硅氧烷环体与甲基乙烯基硅氧烷共聚的甲基乙烯基硅橡胶。

2 规范性引用文件

下列文件对于本文件的应用是必不可少的。凡是注日期的引用文件，仅注日期的版本适用于本文件。凡是不注日期的引用文件，其最新版本(包括所有的修改单)适用于本文件。

GB/T 601 化学试剂 标准滴定溶液的制备

GB/T 6678 化工产品采样总则

GB/T 6679 固体化工产品采样通则

GB/T 6682 分析实验室用水规格和试验方法(ISO 3696:1987,MOD)

GB/T 8170 数值修约规则与极限数值的表示和判定

3 分类

甲基乙烯基硅橡胶按封端基团的不同进行分类为 110 型和 112 型，(甲基)乙烯基封端的甲基乙烯基硅橡胶为 110 型，甲基封端的甲基乙烯基硅橡胶为 112 型。按乙烯基链节摩尔分数的不同各分为 1、2、3 型，每种型号又根据分子量范围的不同分为 A、B、C 三种牌号。

4 要求

4.1 110 型甲基乙烯基硅橡胶应符合表 1 的要求。

表 1 110 甲基乙烯基硅橡胶的技术要求

项目	110-1			110-2			110-3			试验方法
	A	B	C	A	B	C	A	B	C	
相对分子量×10^4	45～59	60～70	71～85	45～59	60～70	71～85	45～59	60～70	71～85	附录 A 或附录 E
乙烯基链节摩尔分数/%	0.07～0.12			0.13～0.18			0.19～0.24			附录 B
挥发分(150 ℃,3 h)/% ≤	2.0									附录 C
分子量分布	实测值									附录 D
外观	无色透明，无机械杂质									在自然光下，取约 50 g 试样置于无色透明广口试剂瓶中，目视观察

4.2 112型甲基乙烯基硅橡胶应符合表2的要求。

表2 112型甲基乙烯基硅橡胶的技术要求

项目	112-1			112-2			112-3			试验方法
	A	B	C	A	B	C	A	B	C	
相对分子量×10^4	45～59	60～70	71～85	45～59	60～70	71～85	45～59	60～70	71～85	附录A或附录E
乙烯基链节摩尔分数/%	0.07～0.12			0.13～0.18			0.19～0.24			附录B
挥发分(150 ℃,3 h)/% ≤	2.0									附录C
分子量分布	实测值									附录D
外观	无色透明,无机械杂质									在自然光下,取约50 g试样置于无色透明广口试剂瓶中,目视观察

5 检验规则

5.1 检验分类与检验项目

5.1.1 检验分类

检验分为型式检验和出厂检验。

5.1.2 检验项目

5.1.2.1 出厂检验

出厂检验项目为分子量、乙烯基链节摩尔分数、挥发分、外观。

5.1.2.2 型式检验

型式检验项目为第4章规定的所有项目。在正常情况下,每三个月至少进行一次型式检验。

有下列情况之一时,应进行型式检验:

a) 新产品投产时;

b) 当原料、配方或工艺条件改变时;

c) 产品停产后,恢复生产时;

d) 国家质量监督机构提出要求时;

e) 合同规定。

5.2 组批

按生产方式的不同分为间歇法和连续法。间歇法生产的产品以相同原料、相同工艺条件下,同一反应釜的产品为一批;连续法生产的产品以相同原料、相同配比、相同工艺条件下,同一生产线每班生产的产品为一批。

5.3 取样

采样单元以包装桶(箱)计。按GB/T 6678和GB/T 6679中规定的采样技术确定采样单元数和采样方法。

5.4 合格判据

5.4.1 按 GB/T 8170 规定的修约值比较法判定检验结果是否符合本标准。
5.4.2 型式检验项目,全项通过检验为合格。
5.4.3 出厂检验项目,全项通过检验为合格;若某项不能通过检验,应重新自该批产品两倍量的包装单元数采样复检,全项通过,该批合格;复检结果若仍有任意一项不能通过时,则该批产品不合格。

6 标志、包装、运输和贮存

6.1 标志

产品包装容器上应涂刷清晰牢固的标志,其内容包括产品名称、型号、批号、净含量、生产厂名称、生产日期和标准号。

6.2 包装

6.2.1 产品采用清洁、干燥内衬塑料袋的铁桶、纸板桶或纸板箱包装,每件净含量 25 kg 或 50 kg,或根据用户要求包装。
6.2.2 每个包装件上应附有合格证。
6.2.3 每一批产品应附有一份质量检验报告。质量检验报告中应至少包括如下内容:生产厂名、产品名称、批号、标准编号、各检验项目检测值、产品的类型及分子量分布,其中分子量分布注明“仅作信息”。

6.3 运输

产品在运输时,应防止雨淋、日光曝晒,按非危险货物运输。

6.4 贮存

产品应贮存在通风、干燥的库房内,防止日光直接照射。本产品自生产之日起,贮存期为 3 年,超过贮存期,可按本标准规定重新取样检验,若符合本标准要求,仍可使用。

附 录 A
（资料性附录）
分子量的测定（红外感光法）

A.1 方法提要

黏度法是测定高聚物分子量较为简捷的方法。特性黏数$[\eta]$是高分子溶液浓度趋近于零时的比浓黏度或比浓对数黏度（η_{sp}/c 或 $\ln\eta_r/c$）。

在甲苯溶剂中，高分子物质的分子量和特性黏数的关系用下式表示：

$$[\eta]=K \cdot M^{a}$$

式中：

K ——常数，$K=9.46\times10^{-3}$；

M ——试样分子量；

a ——特性常数值，$a=0.71$。

用此公式计算得到分子量。

A.2 试剂

甲苯：分析纯。

A.3 仪器设备

A.3.1 G2耐酸过滤漏斗。

A.3.2 振荡器：振幅20 mm或其他相当的设备。

A.3.3 分析天平：感量0.000 1 g。

A.3.4 玻璃容量瓶：一级，25 mL。

A.3.5 量筒：10 mL。

A.3.6 分子量自动测试系统：包含恒温水槽、50 ℃精密温度计一支（分度值为0.01 ℃）、制冷单元、加热单元、乌氏黏度计、继电器、红外感光系统、数据采集单元等（见图A.1和图A.2）。

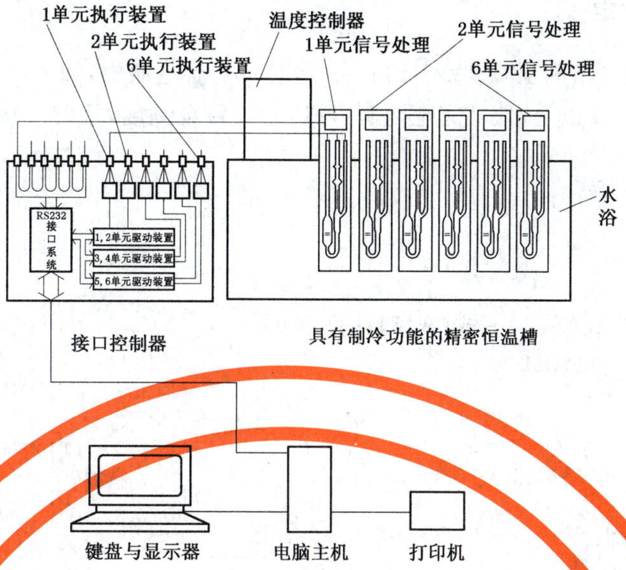

图 A.1　系统结构图

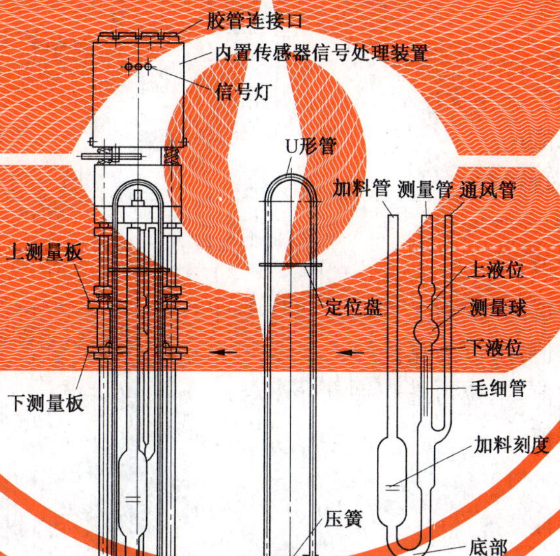

图 A.2　测试单元结构

A.4　试验步骤

A.4.1　溶剂值的测定

用量筒取甲苯 10 mL，经 G2 耐酸过滤漏斗滤于清洁干燥的乌氏黏度计加料管，至乌氏黏度计加料刻度线位置，将乌氏黏度计装入测试单元中，与分子量自动测试系统连接好，待恒温槽温度(25±0.01)℃稳定后，进行溶剂值 t_0 的测定。平行测定不少于 5 次，每次相差不大于 0.2 s。

A.4.2 样品溶液值的测定

称取 0.05 g～0.15 g(精确至 0.000 1 g)样品于 25 mL 容量瓶中，加入约 15 mL 甲苯，静置 8 h 以上或置于振荡器中摇摇 3 h 以上，使其完全溶解，用甲苯稀释至刻度，摇匀。按 A.4.1 测定过程测试样品溶液值 t。

A.5 结果的表述

试样的分子量(M)按式(A.1)～式(A.6)计算：

$$\eta_r = \frac{t}{t_0} \qquad \cdots\cdots\cdots\cdots (A.1)$$

$$\eta_{sp} = \eta_r - 1 \qquad \cdots\cdots\cdots\cdots (A.2)$$

$$\rho = \frac{m}{25} \qquad \cdots\cdots\cdots\cdots (A.3)$$

$$[\eta] = \frac{\sqrt{2(\eta_{sp} - \ln\eta_r)}}{\rho} \qquad \cdots\cdots\cdots\cdots (A.4)$$

$$[\eta] = K \cdot M^a \qquad \cdots\cdots\cdots\cdots (A.5)$$

$$M^a = \frac{[\eta]}{K} \qquad \cdots\cdots\cdots\cdots (A.6)$$

式中：

η_r ——相对黏度的数值；

t ——溶液值，单位为秒(s)；

t_0 ——溶剂值，单位为秒(s)；

η_{sp} ——增比黏度的数值；

ρ ——溶液浓度的数值，单位为克每毫升(g/mL)；

m ——试样质量的数值，单位为克(g)；

$[\eta]$ ——特性黏数的数值，单位为毫升每克(mL/g)；

$\ln\eta_r$ ——对数相对黏度值；

K ——常数，$K=9.46\times10^{-3}$；

M ——试样分子量；

a ——特性常数值，$a=0.71$。

A.6 允许差

平行两次测定结果的绝对差值应不大于 1.0×10^4，取其算数平均值为测定结果。

附　录　B
（规范性附录）
乙烯基链节摩尔分数的测定

B.1　方法提要

在过量溴化碘存在下，溴化碘与乙烯基加成反应，剩余的溴化碘再与碘化钾作用析出碘。析出的碘用硫代硫酸钠标准滴定溶液滴定。

反应方程式为：

$\equiv Si-CH=CH_2+BrI\rightarrow \equiv Si-CHI-CH_2Br$

$IBr + KI \rightarrow I_2 + KBr$

$I_2 + 2Na_2S_2O_3 \rightarrow 2NaI + Na_2S_4O_6$

B.2　仪器设备

B.2.1　振荡器：振幅 20 mm 或其他相当的设备。

B.2.2　量筒：50 mL。

B.2.3　分析天平：感量 0.000 1 g。

B.3　试剂和溶液

本附录所用的水，在没有注明其他要求时，均指符合 GB/T 6682 中规定的三级水或相应纯度的水。

B.3.1　四氯化碳：分析纯。

B.3.2　溴化碘溶液：称取分析纯碘 16.0 g，置于 1 000 mL 圆底烧瓶中，再加入 3.0 mL 分析纯溴，瓶口用表面皿盖好，置于电炉上微热至碘全溶，然后冷却至室温。用 1 000 mL 四氯化碳冲洗圆底烧瓶，使溴化碘全溶于四氯化碳中，将该溶液置于棕色瓶中备用。

B.3.3　碘化钾溶液：质量分数为 10%。称取 10 g 碘化钾溶于 90 mL 水中。

B.3.4　硫代硫酸钠标准滴定溶液：0.1 mol/L。按 GB/T 601 的规定进行配制和标定。

B.3.5　淀粉指示液：质量分数为 0.5%。称取 0.5 g 淀粉，加 5 mL 水使之成糊状，在搅拌下将糊状物加到 90 mL 沸水中，煮沸 1 min～2 min 后冷却，稀释至 100 mL。使用时配制。

B.3.6　碘酸钾溶液：质量分数为 4%。称取 4 g 碘酸钾溶于 96 mL 水中。

B.4　试验步骤

称取 2.0 g～5.0 g(精确至 0.000 1 g)的样品于 250 mL 碘量瓶中，加入 40 mL 四氯化碳，静置 12 h 以上或放入振荡器中振摇 3 h 以上，使胶样全溶，用移液管加入 10 mL 溴化碘溶液、摇匀。在暗处放置 1 h 后，加入 50 mL 水和 5 mL 碘化钾溶液。摇动 2 min～3 min 后，用 0.1 mol/L 硫代硫酸钠标准滴定溶液滴定。滴定时应剧烈摇动，当上层溶液呈淡黄色下层溶液呈淡粉红色时，加入 2 mL 淀粉指示液，用 0.1 mol/L 硫代硫酸钠标准滴定溶液滴定至蓝色刚褪，然后加入 5 mL 碘酸钾溶液，若返现蓝色则再滴定至蓝色刚消失为终点。

用同样方法做空白试验。

B.5 结果表述

试样中乙烯基链节摩尔分数 X_1，按式(B.1)计算：

$$X_1 = \frac{\frac{1}{2}c(V_1 - V_2)}{\frac{m}{74} \times 1\ 000} \times 100 \qquad \cdots\cdots(B.1)$$

式中：

X_1——乙烯基链节摩尔分数，%；

c ——硫代硫酸钠标准滴定溶液的浓度的数值，单位为摩尔每升(mol/L)；

V_1——空白试验消耗硫代硫酸钠标准滴定溶液的体积的数值，单位为毫升(mL)；

V_2——试样消耗硫代硫酸钠标准滴定溶液的体积的数值，单位为毫升(mL)；

m ——试样质量的数值，单位为克(g)；

74 ——二甲基硅氧烷($\left[(CH_3)_2SiO \right]$)链节的分子量。

B.6 允许差

两次平行测定结果的绝对差值应不大于0.02%，取其算数平均值为测定结果。

附 录 C
（规范性附录）
挥发分的测定

C.1 仪器设备

C.1.1 玻璃培养皿：直径 80 mm～90 mm，高度为 10 mm～30 mm。

C.1.2 干燥器。

C.1.3 分析天平：感量 0.000 1 g。

C.1.4 电热鼓风干燥箱：控温精度±2 ℃。

C.2 试验步骤

将清洁干燥的玻璃培养皿置于分析天平上称量，然后将 2 g～3 g（精确至 0.000 1 g）试样分切成 8～10小块，均匀置于已称量的培养皿中，并称得总量。将试样和培养皿放入（150±2）℃电热鼓风干燥箱中加热 3 h，取出放于干燥器中冷却至室温，称量。

C.3 结果表述

试样挥发分质量分数 w_1 按式（C.1）计算：

$$w_1=\frac{m_2-m_3}{m_2-m_1}\times 100\% \qquad \cdots\cdots(C.1)$$

式中：

w ——试样挥发分的质量分数，%；

m_1——玻璃培养皿质量的数值，单位为克（g）；

m_2——烘前试样与培养皿质量的数值，单位为克（g）；

m_3——烘后试样与培养皿质量的数值，单位为克（g）。

C.4 允许差

两次平行测定结果的绝对差值不大于 0.1%，取其算数平均值为测定结果。

附　录　D
（规范性附录）
分子量分布的测定

D.1　方法提要

采用凝胶渗透色谱(GPC)法，试样溶解在甲苯中，制备成待测试样溶液，在合适的仪器条件下，将试样溶液注入GPC系统中，经示差折光检测器检测，从而得到相应色谱图，使用该系统测定的校正曲线计算出相对分子量分布。

D.2　试剂

D.2.1　甲苯：色谱纯。

D.2.2　聚苯乙烯标准品(能覆盖样品的全部分子量范围)。

D.3　仪器与设备

D.3.1　凝胶色谱仪：配有柱温箱，示差折光检测器。

D.3.2　微孔过滤器：孔径0.45 μm。

D.3.3　玻璃注射器：5 mL。

D.3.4　微量注射器：250 μL。

D.4　色谱典型操作条件

D.4.1　色谱柱：可使用甲苯为溶剂的脂溶性凝胶柱，分子量范围 $0\sim4\times10^{6}$。

D.4.2　柱温：40 ℃。

D.4.3　检测器温度：40 ℃。

D.4.4　流动相：甲苯。

D.4.5　流速：1.0 mL/min。

D.4.6　进样体积：50 μL。

D.5　试验步骤

D.5.1　窄标样校正曲线建立

将聚苯乙烯标准品溶解在甲苯中，根据分子量的不同，配置的溶液浓度也有所不同，当分子量大于100万时，溶液浓度应控制在1 mg/mL；当分子量小于100万时，溶液浓度应控制在2 mg/mL。校正曲线的范围应包括所样品的全部分子量范围。根据实际的仪器情况，选择合适的拟和方式建立最佳的拟和校正曲线。

D.5.2　样品的测定

称取合适的样品量，溶解于甲苯溶液中，配置成浓度为2 mg/mL的样品待测液。色谱仪开启后，按 D.4 色谱典型操作条件或其他合适的条件进行调节，待仪器稳定后，进行样品的测定。

D.6 结果表述

使用创建的校正曲线计算样品的分子量分布，分子量分布可用聚合物分散度 D 来表征，按式(D.1)给出：

$$D=\frac{\overline{Mw}}{\overline{Mn}} \qquad \text{(D.1)}$$

式中：

D ——分子量分布；

$\overline{Mw}$ ——重均分子量；

$\overline{Mn}$ ——数均分子量。

附 录 E
（资料性附录）
分子量的测定（目视法）

E.1 方法提要

粘度法是测定高聚物分子量较为简捷的方法。特性黏数[η]是高分子溶液浓度趋近于零时的比浓黏度或比浓对数黏度（η_{sp}/c 或 $\ln\eta_r/c$）。

在甲苯溶剂中，高分子物质的分子量和特性黏数的关系用下式表示：

$$[\eta]=K\cdot M^{a}$$

式中：

K ——常数，$K=9.46\times10^{-3}$；

M ——试样分子量；

a ——特性常数值，$a=0.71$。

用此公式计算得到分子量。

E.2 试剂

甲苯：分析纯。

E.3 仪器设备

E.3.1 乌氏黏度计（见图 E.1）：甲苯流经黏度计 b 球上下刻线的时间不少于 100 s，黏度计 b 球体积（3±0.2）mL，毛细管内径（0.48～0.50）mm，毛细管长 120 mm。

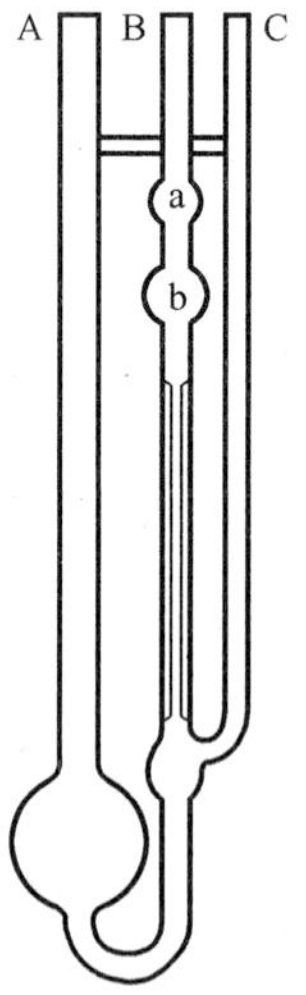

图 E.1 乌氏黏度计示意图

E.3.2 G2 耐酸过滤漏斗。

E.3.3 振荡器：振幅 20 mm 或其他相当的设备。

E.3.4 分析天平：感量 0.000 1 g。

E.3.5 玻璃容量瓶：A 级，25 mL。

E.3.6 量筒：10 mL。

E.3.7 秒表：最小分度值为 0.1 s。

E.3.8 恒温装置：包括恒温水槽一只、50 ℃精密温度计一支(分度值为 0.1 ℃)、电子继电器、搅拌装置及电加热器等。

E.4 试验步骤

E.4.1 溶剂值的测定

用量筒量取甲苯 10 mL，经 G2 耐酸过滤漏斗滤于清洁干燥的乌氏黏度计 A 管中(见图 E.1)，并在其 B，C 管口套上粗细合适的乳胶管。将该黏度计垂直放置在(25±0.1)℃的恒温水槽中，恒温约 10 min 后，封闭 C 管上通大气的乳胶管，用橡皮吸球经套在 B 管上的乳胶管将甲苯吸至 a 球的二分之一处，此时，毛细管内及液面都不应有裂隙和气泡。然后停止吸液，并使 B，C 管都接通大气让液体自然流下，用秒表记下液体流经 b 球上下刻线之间的时间。这样平行测试不少于 5 次，每次相差不大于 0.2 s。取其算术平均值作为该黏度计的溶剂值 t_0。

E.4.2 试样溶液值的测定

称取 0.05 g～0.15 g(精确至 0.000 1 g)样品于 25 mL 容量瓶中，加入约 15 mL 甲苯，静置 8 h 以上或置于振荡器中摇动 3 h 以上，使其完全溶解。然后将盛有溶液的 25 mL 容量瓶于 25 ℃恒温条件下用甲苯稀释至刻度，摇匀。按 E.4.1 测定过程测试样品溶液的溶液值 t。

E.5 结果的表述

试样的分子量(M)按式(E.1)～式(E.7)计算：

$$\eta_r = \frac{t}{t_0} \qquad \cdots\cdots(E.1)$$

$$\eta_{sp} = \eta_r - 1 \qquad \cdots\cdots(E.2)$$

$$\eta_{sp} = \eta_r - 1 \qquad \cdots\cdots(E.3)$$

$$\rho = \frac{m}{25} \qquad \cdots\cdots(E.4)$$

$$[\eta] = \frac{\sqrt{2(\eta_{sp} - \ln\eta_r)}}{\rho} \qquad \cdots\cdots(E.5)$$

$$[\eta] = K \cdot M^a \qquad \cdots\cdots(E.6)$$

$$M^a = \frac{[\eta]}{K} \qquad \cdots\cdots(E.7)$$

式中：

η_r ——相对黏度的数值；

t ——溶液值，单位为秒(s)；

t_0 ——溶剂值，单位为秒(s)；

η_{sp} ——增比黏度的数值；

ρ ——溶液浓度的数值，单位为克每毫升(g/mL)；

m ——试样质量的数值，单位为克(g)；

$[\eta]$ ——特性黏数的数值，单位为毫升每克(mL/g)；

$\ln\eta_r$ ——对数相对黏度值；

K ——常数，$K=9.46\times10^{-3}$；

M ——试样分子量；

a ——特性常数值，$a=0.71$。

E.6 允许差

平行两次测定结果的绝对差值应不大于 1.0×10^{4}，取其算数平均值为测定结果。

ICS 71.100.01;87.060.10
G 56

中华人民共和国国家标准

GB/T 28611—2012

邻、对硝基甲苯

_o_-Nitrotoluene, _p_-Nitrotoluene

2012-06-29 发布　　　　2013-03-01 实施

中华人民共和国国家质量监督检验检疫总局
中国国家标准化管理委员会　发布

前　　言

本标准按照GB/T 1.1—2009给出的规则起草。

本标准使用重新起草法修改采用日本工业标准JIS K 4108:1995《硝基苯类》(硝基苯、邻硝基甲苯、间硝基甲苯、对硝基甲苯)。

本标准与JIS K 4108:1995相比,在结构上调整如下:

——增加了第4章;

——将JIS K 4108:1995第4章、第5章归集为第5章、第6章;

——删除了JIS K 4108:1995的第6章;

——增加了第7章、第8章。

本标准与JIS K 4108:1995相比,技术性差异如下:

——删除了硝基苯、间硝基甲苯相关内容[见JIS K 4108:1995的5.5(1)、5.5(3)];

——增加了产品质量分级规定(见第3章,JIS K 4108:1995的第3章);

——将JIS K 4108:1995的填充柱、固定相为聚乙二醇为FFAP修改为毛细管柱、固定相为(14%氰丙基苯基)-甲基聚硅氧烷(见6.3.3,JIS K 4108:1995的5.5中2.2.4);

——将JIS K 4108:1995的校正峰面积归一化法修改为峰面积归一化法(见6.3.6,JIS K 4108:1995的5.5中2.5);

——删除了熔点、结晶点和不挥发分相关内容(见JIS K 4108:1995的第3章、5.3、5.4、5.7)。

本标准做了下列编辑性修改:

——标准名称由《硝基苯类(硝基苯、邻硝基甲苯、间硝基甲苯、对硝基甲苯)》修改为《邻、对硝基甲苯》。

请注意本文件的某些内容可能涉及专利。本文件的发布机构不承担识别这些专利的责任。

本标准由中国石油和化学工业联合会提出。

本标准由全国染料标准化技术委员会(SAC/TC 134)归口。

本标准起草单位:沈阳化工研究院有限公司、江苏淮河化工有限公司、深圳泛胜塑胶助剂有限公司。

本标准主要起草人:朴克壮、杨辉、梁沛基、姬兰琴、吴九英、沈日炯。

邻、对硝基甲苯

1 范围

本标准规定了邻、对硝基甲苯的要求、安全信息、采样、试验方法、检验规则、标志、标签、包装、运输和贮存。

本标准适用于邻、对硝基甲苯的产品质量控制。

结构式：

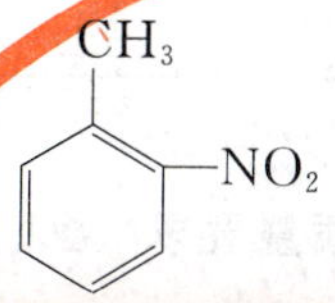

邻硝基甲苯

对硝基甲苯

分子式：$C_7H_7NO_2$

相对分子质量：137.14（按2007年国际相对原子质量）

邻硝基甲苯 CAS RN：88-72-2

对硝基甲苯 CAS RN：99-99-0

2 规范性引用文件

下列文件对于本文件的应用是必不可少的。凡是注日期的引用文件，仅注日期的版本适用于本文件。凡是不注日期的引用文件，其最新版本（包括所有的修改单）适用于本文件。

GB 190 危险货物包装标志

GB/T 191 包装储运图示标志（GB/T 191—2008，ISO 780：1997，MOD）

GB/T 2386—2006 染料及染料中间体 水分的测定

GB/T 6678—2003 化工产品采样总则

GB/T 6682—2008 分析实验室用水规格和试验方法（ISO 3696：1987，MOD）

GB/T 8170—2008 数值修约规则与极限数值的表示和判定

GB/T 9722—2006 化学试剂 气相色谱法通则

GB 12268—2005 危险货物品名表

GB 12463 危险货物运输包装通用技术条件

GB 15258 化学品安全标签编写规定

GB 15603 通用化学危险品贮存通则

GB 16483 化学品安全技术说明书 内容和项目顺序

3 要求

邻硝基甲苯的质量要求应符合表1的规定。

对硝基甲苯的质量要求应符合表2的规定。

表 1 邻硝基甲苯质量要求

项目	指标			试验方法
	优等品	一等品	合格品	
(1) 外观	浅黄色油状透明液体	浅黄色至浅棕色透明液体		6.2
(2) 邻硝基甲苯纯度/%	≥99.60	≥99.30	≥99.00	6.3
(3) 间硝基甲苯含量/%	≤0.30	≤0.50	≤1.00	6.3
(4) 对硝基甲苯含量/%	≤0.05	≤0.10	≤0.30	6.3
(5) 低沸物含量/%	≤0.10	≤0.20	≤0.30	6.3
(6) 高沸物含量/%	≤0.05	≤0.10	≤0.10	6.3
(7) 水分的质量分数/%	≤0.10	≤0.10	≤0.10	6.4

表 2 对硝基甲苯质量要求

项目	指标			试验方法
	优等品	一等品	合格品	
(1) 外观	浅黄色固体	浅黄色至浅棕色固体		6.2
(2) 对硝基甲苯纯度/%	≥99.50	≥99.00	≥98.50	6.3
(3) 邻硝基甲苯含量/%	≤0.05	≤0.10	≤0.20	6.3
(4) 间硝基甲苯含量/%	≤0.40	≤0.50	≤1.00	6.3
(5) 低沸物含量/%	≤0.05	≤0.10	≤0.10	6.3
(6) 高沸物含量/%	≤0.10	≤0.20	≤0.20	6.3
(7) 水分的质量分数/%	≤0.10	≤0.10	≤0.10	6.4

4 安全信息

4.1 安全

根据 GB 12268 中的第 6 章，邻、对硝基甲苯为 6.1 类毒性物质，危险品编号为 UN：1664（CN：61058），遇明火、高热能引起燃烧爆炸，有刺激性气味，触及皮肤可经皮肤吸收造成危害，误食或吸入蒸气、粉尘会引起中毒。使用及搬运时应采取必要的防护措施，严格注意安全。

4.2 安全技术说明书

按 GB 16483，该产品出厂应提供详细的安全技术说明书。安全技术说明书应包括如下内容：

a） 提供该产品的危险性信息；

b） 安全使用方法；

c） 运输、储存要求；

d） 防护措施；

e） 应急处理措施等。

5 采样

以批为单位采样，以每次检验的均匀产品为一批。每批采样数应符合 GB/T 6678—2003 中 7.6 的规定，所采样品的包装应完好，采样时勿使外界杂质落入产品中。邻硝基甲苯常温下为液体，可直接采样，所采样品应具有代表性，样品总量不得少于 500 mL。对硝基甲苯常温下为固体，采样时应将产品全部熔化为均匀的液体状态，用玻璃管从桶上、中、下三部分采样，采样总量不得少于 500 g，将采取的样品放入瓷研钵中，冷却后将其研碎混匀。将采取的样品充分混匀后，分装于两个清洁、干燥、密封良好的容器中，其上粘贴标签。注明：产品名称、批号、生产厂名称、取样日期、地点。一个供检验，一个保存备查。

6 试验方法

6.1 一般规定

除非另有规定，仅使用确认为分析纯的试剂和 GB/T 6682—2008 中规定的三级水。检验结果的判定按 GB/T 8170—2008 中的 4.4.3 修约值比较法进行。

6.2 外观的评定

在自然光线下采用目视评定。

6.3 邻硝基甲苯、对硝基甲苯纯度及其有机杂质含量的测定

6.3.1 测定原理

采用气相色谱法，样品经毛细管色谱柱分离，经氢火焰离子化检测器检测，用峰面积归一化法定量。

6.3.2 试剂

三氯甲烷。

6.3.3 仪器和设备

a) 气相色谱仪：仪器灵敏度和稳定性应符合 GB/T 9722—2006 中 6.3 和 6.4 的规定；
b) 检测器：氢火焰离子化检测器(FID)；
c) 色谱工作站或积分仪；
d) 微量注射器：1.0 μL～10.0 μL；
e) 色谱柱：长 30 m，内径 0.32 mm，膜厚 0.25 μm，固定相为(14%氰丙基苯基)-甲基聚硅氧烷，如 DB-1701 或能达到同等分离效果的其他毛细管柱。

6.3.4 色谱仪操作条件

色谱仪操作条件见表 3。

表 3 色谱操作条件

控制参数	操作条件
检测器温度/℃	300
汽化室温度/℃	280
载气(氮气)压力/kPa	70

表 3（续）

控制参数		操作条件
燃烧气（氢气）流量/(mL/min)		30
助燃气（空气）流量/(mL/min)		300
补偿气（氮气）流量/(mL/min)		20
分流比		50∶1
进样量/μL		0.2
程序升温	初始柱温/℃	120
	保持时间/min	3
	升温速度/(℃/min)	10
	中间温度/℃	180
	保持时间/min	0
	升温速度/(℃/min)	20
	终止温度/℃	260
	保持时间/min	5

可根据不同仪器设备，选择最佳分析条件。

6.3.5 测定步骤

开启色谱仪，待仪器各项操作条件稳定后，用微量注射器吸取样品或配制好的样品溶液进样，待出峰完毕后，用色谱工作站或积分仪进行结果处理。

邻硝基甲苯直接进样 0.2 μL。

对硝基甲苯称取样品 1 g(精确到 0.001 g)于 10 mL 容量瓶中，用三氯甲烷溶解并稀释至刻度后进样 1.0 μL。

6.3.6 结果计算

邻、对硝基甲苯纯度及其有机杂质含量以 w_i 计，数值用(%)表示，按式(1)计算：

$$w_i = \frac{A_i}{\sum A_i} \times 100\% \qquad \cdots\cdots(1)$$

式中：

A_i ——组分 i 的峰面积数值；

$\sum A_i$——试样中各组分 i 的峰面积数值之和。

邻硝基甲苯的低沸物为除去间硝基甲苯、对硝基甲苯、邻硝基甲苯峰之前所有峰之和，邻硝基甲苯峰后所有峰之和为高沸物。

对硝基甲苯的低沸物为除去邻硝基甲苯、间硝基甲苯、溶剂峰后至对硝基甲苯峰前所有峰之和，对硝基甲苯峰后所有峰之和为高沸物。

计算结果保留到小数点后两位。

6.3.7 允许差

邻、对硝基甲苯纯度的两次平行测定结果之差应不大于 0.20%，其他有机杂质两次平行测定结果之差应不大于平均值的 20%，取其算术平均值作为测定结果。

6.3.8 色谱图

邻硝基甲苯气相色谱图见图 1、对硝基甲苯气相色谱图见图 2。

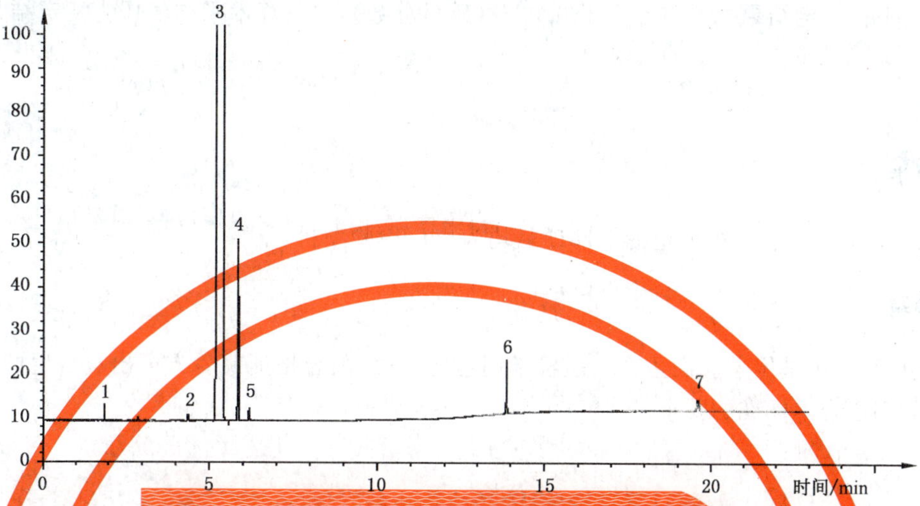

1——甲苯；
2——硝基苯；
3——邻硝基甲苯；
4——间硝基甲苯；
5——对硝基甲苯；
6——未知物；
7——未知物。

图 1 邻硝基甲苯气相色谱示意图

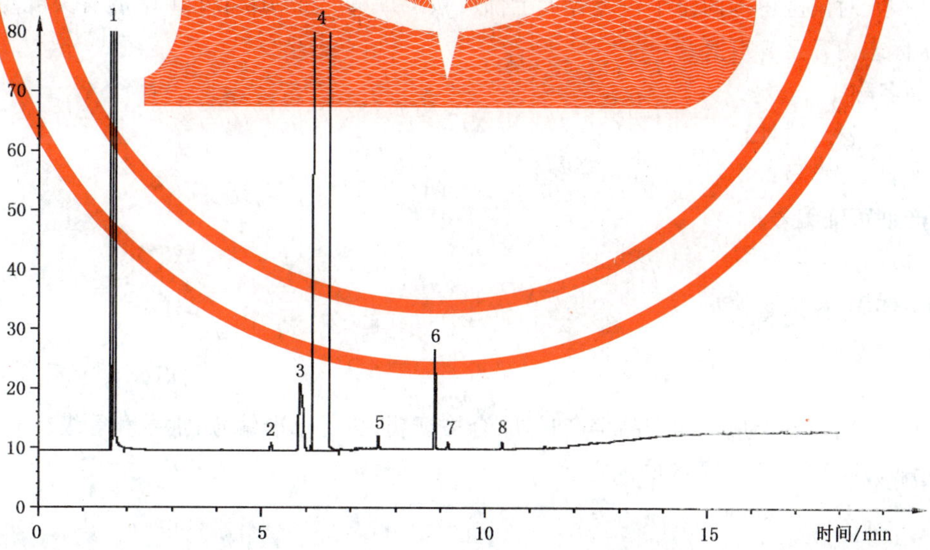

1——溶剂；
2——邻硝基甲苯；
3——间硝基甲苯；
4——对硝基甲苯；
5——未知物；
6——未知物；
7——未知物；
8——未知物。

图 2 对硝基甲苯气相色谱示意图

6.4 水分的测定

按 GB/T 2386—2006 中 3.4 的规定进行，邻硝基甲苯的进样量为 5 mL，密度按 1.163 g/mL 计算。对硝基甲苯进样量为 2 g(精确至 0.001 g)。

水分两次平行测定结果之差应不大于 0.02%(质量分数)，取其算术平均值作为测定结果。

7 检验规则

7.1 检验分类

本标准第 3 章表 1、表 2 中规定的全部项目均为出厂检验项目。

7.2 出厂检验

邻硝基甲苯、对硝基甲苯应由生产厂质检部门检验合格，附合格证明后方可出厂。生产厂应保证所有出厂的产品都符合本标准的要求。

7.3 复验

如果检验结果中有一项指标不符合本标准的规定时，应重新自两倍量的包装中取样进行检验，重新检验的结果即使只有一项指标不符合本标准的要求，则整批产品不合格。

8 标志、标签、包装、运输和贮存

8.1 标志

邻硝基甲苯、对硝基甲苯的每个包装容器上都应按 GB 190 和 GB/T 191 中的有关规定涂印耐久、清晰的标志，标志内容至少应有：

a) 产品名称；

b) 生产厂名称、地址；

c) 生产日期/批号；

d) 生产许可证编号；

e) 净含量；

f) 警示标志(毒性物质)。

8.2 标签

产品应有标签，标签上应注明产品生产日期、合格证明、执行标准编号、批号和等级。

标签的编写应符合 GB 15258 的规定。

8.3 包装

邻硝基甲苯、对硝基甲苯均用铁桶包装，每桶净含量 100 kg±1 kg 或 200 kg±1 kg，其他包装可与用户协商确定。产品包装应符合 GB 12463 及危险化学品包装的相关规定。

8.4 运输

邻硝基甲苯、对硝基甲苯产品应严格按照国家关于有毒货物的要求来运输，搬运时须戴劳动保护用具，应轻取轻放，不可撞击，避免发生泄露和中毒等事故。

8.5 贮存

邻、对硝基甲苯都是毒性物质，可燃烧，应按 GB 15603 及相关规定密闭贮存于阴凉干燥并具有良好通风的库房内，切勿日晒和雨淋，不可与易燃物放在一起，并远离火源和热源。

ICS 25.010
J 04

中华人民共和国国家标准

GB/T 28612—2012

机械产品绿色制造　术语

Green manufacturing of mechanical products—Terminology

2012-06-29 发布　　　　2012-12-01 实施

中华人民共和国国家质量监督检验检疫总局
中国国家标准化管理委员会　发布

前 言

本标准按照 GB/T 1.1—2009 给出的规则起草。

本标准由全国绿色制造技术标准化技术委员会(SAC/TC 337)提出并归口。

本标准起草单位:中机生产力促进中心、重庆大学、先进成形技术与装备国家重点实验室、中国人民解放军装甲兵工程学院。

本标准主要起草人:丁红宇、张秀芬、奚道云、肖承翔、曹华军、单忠德、张伟、韩琳琳。

机械产品绿色制造　术语

1　范围

本标准规定了机械产品绿色制造相关术语的表述与定义，覆盖机械产品生命周期全过程。

本标准适用于机械制造业绿色制造的研究、实施、评估、管理、标准制定及相关软件开发等工作。

2　综合性术语

2.1

绿色制造　green manufacturing

现代制造业的可持续发展模式，其目标是使得产品在其整个生命周期中，资源消耗极少、生态环境负面影响极小、人体健康与安全危害极小，并最终实现企业经济效益和社会效益的持续协调优化。

2.2

机械产品生命周期　mechanical product life cycle

机械产品从原材料的获取，到产品的设计、生产、包装、运输、使用、回收利用，直至最终处置的全过程。

2.3

绿色制造技术体系　green manufacturing technology system

为实现绿色制造所建立起来的技术体系。

注1：绿色制造技术体系涵盖了材料选择、毛坯加工、产品设计、零件制造、产品装配、使用维护及报废后的回收处理等过程。

注2：绿色材料及选择技术、绿色设计技术、绿色工艺及规划技术、绿色包装技术、绿色回收处理技术等关键技术以及绿色制造信息系统、绿色数据库、绿色供应链管理等制成技术。

2.4

绿色产品　green products

符合产品质量要求，在其整个生命周期中，对生态环境和人体健康无害或危害极小，资源利用率高，能源消耗低，并且便于回收利用的产品。

2.5

绿色制造属性　green manufacturing properties

产品生命周期中所表现出来的节约材料和能源、减少生态环境污染和降低对人体健康与安全危害的特性。

2.6

人体健康安全因素　human health and safety factors

生产或使用过程中，影响或可能影响工作人员、访问者、用户或任何相关人员（包括居民和过往人员）健康安全的条件和因素。

2.7

绿色供应链　green supply chain；GSC

将绿色制造的目的与要求（对资源、生态环境和人体健康与安全的影响最小）融入其整个过程的供应链系统，包括产品报废后的物流过程。

2.8

绿色供应链管理　green supply chain management

在供应链的计划、组织、协调、控制等过程中，以节约资源、保护生态环境、保护人体健康与安全、提高供应链企业的综合效益为主要目的，充分发掘和利用各种现代管理手段，有效整合企业资源，实现供应链企业可持续发展的现代管理模式。

2.9

生产物料　production materials

生产需要的原料、材料、燃料、辅料和半成品。

[GB 15735—2004，定义 3.3]

2.10

剩余物料　waste materials

生产过程中的余料和生产过程中产生的废品、废料，包括气态、液态和固态物质。

[GB 15735—2004，定义 3.4]

2.11

环境　environment

组织运行活动的外部存在，包括空气、水、土地、自然资源、植物、动物、人，以及它们之间的相互关系。

注：从这一意义上，外部存在从组织内延伸到全球系统。

[GB/T 24001—2004，定义 3.5]

2.12

环境影响　environmental impact

全部或部分地由组织的环境因素给环境造成的任何有害或有益的变化。

注：某一产品的能耗可以通过产生能量的过程产生多种环境影响，例如导致温室效应或酸化环境。

[GB/T 24001—2004，定义 3.7]

2.13

绿色因素　green aspect

产品、服务或活动中会对资源、生态环境、人体健康与安全产生影响的因素，这种影响指有益影响。

2.14

危险因素　hazardous factors

能对人造成伤亡或对物造成突发性损坏的因素。

[GB 15735—2004，定义 3.1]

2.15

有害因素　harmful factors

能影响人的身心健康，导致疾病(含职业病)，或对物造成慢性损坏的因素。

[GB 15735—2004，定义 3.2]

2.16

持续改进　continual improvement

增强满足绿色制造目标要求的能力的循环活动。

2.17

污染　pollution

由有机物或无机物、有害物、辐射或噪声对环境造成的有害影响。

[GB/T 20877—2007，定义 3.12]

2.18

二次污染　secondary pollution

污染物由污染源排入环境后,在物理、化学或生物作用下生成新的污染物(二次污染物)而对环境产生的再次污染。如光化学烟雾。

2.19

污染预防　prevention of pollution

为了降低有害的环境影响而采用(或综合采用)过程、惯例、技术、材料、产品、服务或能源以避免、减少或控制任何类型的污染物或废物的产生、排放或废弃。

[GB/T 24004—2004,定义 3.22]

2.20

预防措施　preventive action

为消除潜在不符合或其他不良情况的原因所采取的措施。

注1:一个潜在不符合可能有若干原因。

注2:采取预防措施是为了防止发生,而采取纠正措施是为了防止再次发生。

[GB/T 19000—2008,定义 3.6.4]

2.21

报废　scrap

为避免不合格产品原有的预期用途而对其所采取的措施。

示例:回收、销毁。

注:对不合格服务的情况,是通过终止服务来避免其使用。

[GB/T 19000—2008,定义 3.6.10]

2.22

废物　waste

处置的或打算予以处置的物质或物品。

注:本标准中不局限于危险废物。

2.23

排放物　releases

排放到空气、水体和土壤中的物质。

[GB/T 24044—2008,定义 3.30]

2.24

绿色标志　green label

贴在或印刷在产品或产品包装上的一种特定特制的图形,以表明该产品的生产、使用及处理过程皆符合绿色制造的要求,即不危害人体健康与安全,对生态环境无害或危害极小,节约物料和能源且利于资源再生和回收利用。

2.25

材料标识　material identification

用来指明产品部件或包装的物质成分的文字、数字或符号。

注:材料标识符号不是环境声明。

[GB/T 24021—2001,定义 3.1.9]

2.26

安全标志　safety sign

用以表达特定安全信息的标志,由图形符号、安全色、几何形状(边框)或文字构成。

[GB 18209.1—2000,定义 3.24]

2.27

环境声明　environmental declaration

表明产品、部件或包装的某种环境因素的说明、符号或图形。

注：环境声明可以置于产品或包装标签上，或产品文字资料、技术公告、广告、出版物、远程促销及数字或电子媒体（如因特网）等中。

[GB/T 24021—2001，定义 3.1.3]

3　产品生命周期各阶段术语

3.1　设计阶段术语

3.1.1

绿色设计　green design

在产品及其生命周期的全过程设计中，充分考虑产品的性能、质量、开发周期和成本，优化各有关设计因素，使产品使用及其制造过程资源消耗极小、对生态环境的总体负面影响最小且注重人体健康与安全的设计和开发活动。

3.1.2

可拆卸性设计　design for disassembly

产品或组件等装配体易于拆卸，维护方便，并在其使用期终止后能够通过拆解对其部件或组分进行再利用、再循环、能量回收或以其他方式转移出废物流的结构设计。

3.1.3

可回收性设计　design for recovery；DFR

充分考虑产品零部件及材料的回收利用问题，包括回收价值大小，回收处理方法，回收处理结构工艺性等，以提高产品、零件的回收利用率，从而节约材料和能源，减小环境污染的一种产品设计思想和方法。

注：可回收性设计主要包括可回收材料及标志、可回收工艺及方法、可回收经济性和可回收产品及零部件的结构设计等。

3.1.4

延长寿命设计　extend life design

提高产品的耐用性或改善产品的结构，以延长其使用寿命，从而节约资源或减少废物量的结构设计。

3.1.5

节能设计　energy saving design

通过合理设计产品结构、功能、工艺或利用新技术、新理论使产品在使用过程中消耗能量最小、能量损失最少的设计方法。

3.1.6

绿色包装设计　green packing design

在进行包装设计时，充分考虑包装及材料回收的可能性，回收处理方法，回收处理结构工艺性等与回收有关的一系列问题，以达到包装及材料资源和能源的充分有效利用、环境污染最小的一种设计的思想和方法。

3.1.7

绿色模块化设计　green modular design

将绿色设计思想和模块化设计方法结合起来，以同时满足产品的功能属性和绿色属性的设计方法。

3.1.8

绿色设计数据库　green product design database

具有一般设计数据库的特点,又含有面向绿色制造的设计技术和各种设计数据绿色特性的数据库。

3.1.9

绿色材料　green materials

资源消耗低、对生态环境和人体健康与安全危害小或无危害的材料。

3.1.10

均质材料　homogeneous materials

各部分组成相同且不能通过机械手段进一步拆分的材料。

3.2　制造阶段术语

3.2.1

生产过程　production process

从劳动对象进入生产领域到制成产品的全部过程。

[GB 13318—2003,定义 3.1]

3.2.2

工艺过程　process

改变生产对象的形状、尺寸,相对位置或性质等,使其成为成品或半成品的过程。

[GB/T 4863—2008,定义 3.1.10]

3.2.3

工艺规程　procedure

规定产品或零部件制造工艺过程和操作方法等的工艺文件。

[GB/T 4863—2008,3.1.14]

3.2.4

绿色制造工艺规划　green process planning

对将原材料、半成品转变为产品的工艺方法、过程及其相关因素和环节进行整体规划和设计,以改善其全过程的工艺绿色性,使得产品制造过程经济效益和社会效益协调优化的规划方法。

3.2.5

工艺绿色性　technological green efficiency

在满足机械产品性能要求的前提下,制造工艺方法和过程在资源消耗、环境排放、人体健康与安全危害方面的特性。

3.2.6

绿色加工　green processing

在保证产品的质量、成本、可靠性、功能和能量利用率的前提下,充分利用资源,尽量减轻加工过程对环境产生有害影响的程度,保障人体健康与安全的加工过程。

注:绿色加工的内涵是指在加工过程中实现优质、低耗、高效及清洁化。

3.2.7

工艺方案　process program

根据产品设计要求、生产类型和企业的生产能力,提出工艺技术准备工作具体任务和措施的指导性文件。

[GB/T 4863—2008,定义 3.1.12]

3.2.8

工艺路线　process route

产品或零部件在生产过程中,由毛坯准备到成品包装入库,经过企业各有关部门或工序的先后顺序。

[GB/T 4863—2008,定义 3.1.13]

3.2.9

工艺要素 process factor

与工艺过程有关的主要因素。

[GB/T 4863—2008,定义 3.1.16]

3.2.10

工艺要素优化 process element optimization

以绿色制造为主线,对加工过程中所涉及的工艺方法、机床设备、刀具、切削液、夹具、量具等的优化选择。

3.2.11

工艺参数 process parameter

为了达到预期的技术指标,工艺过程中所需选用或控制的有关量。

[GB/T 4863—2008,3.1.18]

3.2.12

工艺参数优化 process parameter optimization

以提高工艺绿色性,延长工装寿命,提高加工质量和加工效率为目标,对零件加工中涉及的工艺参数进行的优化。

3.2.13

绿色工艺技术 green processing technology

以传统工艺技术为基础,以合理利用资源、节约成本、降低环境污染、保障人体健康与安全为目标,并结合材料科学、表面技术、控制技术等新技术的先进制造工艺技术。

3.2.14

干式切削 dry cutting

在切削过程中不使用任何切削液的工艺方法。

[GB/T 28614—2012,定义 3.1]

3.2.15

准干式切削 permit dry machining

借助于一定技术方法,只使用少量切削液来实现微量润滑和冷却的切削技术。

3.2.16

无废料冲裁 scrap-free blanking

在板料上对同样的坯料进行落料时,对坯料进行合理设计和排料,以避免产生废料的冲裁。

[GB/T 8541—2012,定义 6.1.8]

3.2.17

绿色工艺数据库 green process database

具有一般工艺数据库的特点,又含有面向绿色制造的工艺技术和各种工艺的绿色特性数据的数据库。

3.2.18

废切削液 disused cutting fluid

在使用过程中,由于受空气的氧化、热分解作用和杂质污染,其理化性能已不能达到生产要求而不能继续被使用的切削液。

3.3 包装运输阶段术语

3.3.1

绿色物流 green logistics

以经济学一般原理为基础,以降低生态环境影响、减少资源消耗、降低人类健康与安全危害为目标,利用先进物流技术规划和实施运输、仓储、装卸搬运、流通加工、包装、配送等作业流程的物流活动。

3.3.2

绿色运输　green transportation

以节约资源、减少污染排放、减少对人体健康与安全的危害为目的的运输方式。其实施途径包括合理选择运输工具、缩短运输路线、克服重复运输、防止运输过程中泄漏等。

3.3.3

绿色包装　green packaging

对生态环境和人体健康无害、能重复使用和再生利用、有利于促进可持续发展的包装，也可称之为生态包装。

注：世界上发达国家要求包装要符合“4R+1D”原则，即低消耗、开发新绿色材料、再利用、再循环和可降解。

3.3.4

绿色包装材料　green packaging materials

对生态环境和人类健康无害，能重复使用和再生，或易于降解，符合可持续发展的包装材料。

3.3.5

绿色流通加工　green distribution processing

物品在从生产地到使用地的过程中，根据资源节约、生态环境保护和人体健康安全要求及其他需要所施加的包装、分割、计量、分拣、组装、刷标志、拴标签、商品检验等简单作业的总称。

3.4　使用与维护阶段术语

3.4.1

绿色维修　green maintenance

综合考虑环境影响和资源利用率的现代维修模式，在维修过程及维修后直至报废处理这一时期内，最大程度地使产品保持或恢复原来的规定状态，同时又使维修废弃物和有害排放物最少，且对人员（维修者和使用者）的劳动保护性好，资源利用率最高。

3.4.2

可维护性　maintainability

根据实际情况，采用特定的方法对机器执行所需的各种维护活动，使其实现或恢复预定使用条件下功能状态的能力。

[GB/T 15706.1—2007，定义 3.3]

3.4.3

预防性维护　preventive maintenance

为保证设备预定的性能、消除其意外失效带来的生产麻烦，而由用户按照文件资料中所规定的调整或者程序所做的工作。

3.4.4

故障　fault

产品呈现出不能执行所要求功能的状态，不包括预防性维修或其他有计划的活动期间或由于缺乏外部资源而不能执行所要求功能的情况。

注：故障通常是产品自身失效的结果，但它可以存在于没有失效之前。

3.4.5

失效　failure

产品执行所要求功能能力的终止。

注 1：失效后，产品就有故障。

注 2：“失效”是事件，区别于作为一种状态的“故障”。

注 3：定义的概念不适用于仅由软件组成的产品。

[IEC 60050-191:1990，04-01]

[GB/T 16855.1—2008,定义 3.1.4]

3.4.6

寿命终止 end of life;EOL

产品在终止预期使用达到的一种状态。

[GB/T 20877—2007,定义 3.1]

3.5 回收利用阶段术语

3.5.1

废弃产品 waste product

产品的拥有者不再使用且已经丢弃或放弃的产品,以及在生产、运输、销售、使用过程中产生的不合格产品、报废产品和过期产品等。

[GB/T 20861—2007,定义 2.1]

3.5.2

处理 treatment

对报废品及其零部件进行除污、拆解、破碎及其再生利用所采取的任何活动。

3.5.3

绿色处理 green disposal

在保证节约资源和防止或减少污染的前提下,对工艺、成品、报废品等所作的处理。

3.5.4

绿色回收 green recovery

以对环境影响最小为目标,同时综合考虑成本,对产品进行回收和处理的各种过程。

3.5.5

可回收性 recyclability

物质或材料制成产品报废或寿命终止后,产品本身或材质可否再利用的特性。

注:产品的可回收性不仅取决于产品中所含材料的可回收性,产品结构和输送供给系统也是极其重要的因素。

3.5.6

可再使用性 reusability

报废的产品或其零部件,能够被再使用的潜在性能。

3.5.7

可拆解性 disassemability

产品或总成或组件等装配体可以被拆解的性能。

3.5.8

可拆卸性 removability

零部件可从产品、总成或组件等装配体上被拆卸的性能。

3.5.9

绿色拆卸 green dismantle

在对产品拆卸时,尽量不损害产品,最大程度地保证其原有功能以实现回收再利用,同时对环境和人类健康的影响最小。

3.5.10

再使用 reuse

废弃产品或其中的元器件、零部件继续使用或经清理、维修后直接用于原来用途的行为。

[GB/T 20862—2007,定义 3.3]

3.5.11

再使用零部件 reusable components

经过清洗、维护、修复等,并经检验符合相应的国家、行业、地方或企业标准,仍能按原功能继续使用的废弃产品的元器件、零部件等。

3.5.12

再利用　reutilization

将废物直接作为产品或者经修复、翻新、再制造后继续作为产品使用或者将废物的全部或者部分作为其他产品的部件予以使用。

3.5.13

再生利用　recycling

对废弃产品进行处理，使之能够作为原材料重新利用的过程，但不包括对能量的回收和利用。

[GB/T 20862—2007，定义 3.4]

3.5.14

回收利用　recovery

对废弃产品进行处理，使之能够满足其原来的使用要求或用于其他用途的过程，包括对能量的回收和利用。

[GB/T 20862—2007，定义 3.1]

3.5.15

能量回收　energy recovery

通过焚烧、热解等方式处理废弃产品，以回收能量的过程。

[GB/T 20862—2007，定义 3.5]

3.5.16

收集率　collection rate

收集的废弃产品的数量或质量与所生产的数量或质量的百分比。

[GB/T 20861—2007，定义 2.12]

3.5.17

可回收利用率　rccovcrability ratc

新产品中能够被回收利用部分（包括再使用部分、再生利用部分和能量回收部分）的质量之和占新产品质量的百分比。

[GB/T 20862—2007，定义 3.2]

3.5.18

回收利用率　recovery rate

废弃产品中能够被回收利用部分（包括再使用部分、再生利用部分和能量回收部分）的质量之和与已回收的废弃产品的质量之比。

[GB/T 20861—2007，定义 2.14]

3.5.19

可再生利用率　recyclability rate

新产品中能够被再使用部分与再生利用部分的质量之和（不包括能量回收部分）占新产品质量的百分比。

[GB/T 20861—2007，定义 2.15]

3.5.20

可再生利用率限定值　the minimum allowable values of recyclability rate

按照现有技术和手段在设计阶段所确定的可以实现的产品可再生利用率的最小允许值。

3.5.21

可再生利用率目标值　the target values of recyclability rate

考虑本标准实施 5 年后的技术和手段，在设计阶段所确定的可以实现的产品可再生利用率预定的最小允许值。

3.5.22

再生利用率 recycling rate

废弃产品中能够被再使用部分与再生利用部分的质量之和(不包括能量回收部分)与已回收的废弃产品的质量之比。

[GB/T 20861—2007,定义2.13]

3.5.23

再生利用率限定值 the minimum allowable values of recycling rate

按照现有技术和手段所确定的废弃产品再生利用率的最小允许值。

3.5.24

再生利用率目标值 the target values of recycling rate

本标准实施5年后,按照当时技术和手段所确定的废弃产品再生利用率的最小允许值。

3.5.25

可再生材料 recyclable material

经过加工处理可使其重新获得使用价值的各种原材料。

[GB/T 20861—2007,定义2.17]

3.5.26

再生材料 recycled material

对失去原使用价值的材料经过加工处理产生的重新获得使用价值的材料。

[GB/T 20861—2007,定义2.18]

3.5.27

可回收利用材料 recovery material

在一定的技术、经济条件下,具有可再回收利用价值的材料,包括用于能量回收的材料。

[GB/T 21097.1—2007,定义3.12]

3.5.28

固体废物综合利用量 comprehensive utilization amount of solid wastes

报告期内企业通过回收、加工、循环、交换等方式,从固体废物中提取或者使其转化为可以利用的资源、能源和其他原材料的固体废物量。

3.5.29

固体废物综合利用率 comprehensive utilization ratio of industrial solid wastes

报告期内固体废物综合利用量占固体废物产生量的百分率。

3.5.30

再制造 remanufacturing

对再制造毛坯进行专业化修复或升级改造,使其质量特性不低于原型新品水平的过程。

注1:其中质量特性包括产品功能、技术性能、绿色性、经济性等。

注2:再制造过程一般包括再制造毛坯的回收、检测、拆解、清洗、分类、评估、修复加工、再装配、检测、标识及包装等。

3.5.31

再制造产品设计 remanufacturing product design

以废旧产品或其零部件毛坯重用为基础,进行功能化、技术条件优化的二次设计过程。

3.5.32

再制造寿命周期 remanufacturing life cycle

产品退出服役后所经历的回收、再制造加工及再制造产品的使用直至再制造产品再次退出服役阶段的时间。

3.5.33

再制造性 remanufacturability

再制造毛坯可以进行再制造的属性和能力。

3.5.34

再制造率 remanufacturing rate

单位再制造毛坯经过再制造生产加工，所获得的合格再制造零部件的数量之和、重量之和、价值之和占对应产品总数量、总重量、总价值的百分比。分别称为数量再制造率、重量再制造率、价值再制造率。

3.5.35

再装配 reassembly

按照再制造产品的技术条件，将再制造后的零部件、新制或新购零部件及系统重新装配成再制造新产品的过程。

4 绿色制造设备类术语

4.1

绿色生产设备 green production equipment

在生产过程中，为满足绿色生产需要而采用的能耗低、污染小、排放少的设备。

4.2

安全防护 safeguarding

采用各种安全装置等专用安全技术手段，以保护工作人员免遭在设备设计上不能彻底排除或完全避免的危险。

[GB 13567—1998，定义 3.6]

4.3

防护装置 guard

通过物体障碍方式专门用于提供防护的装置。根据其结构，防护装置可以是壳、罩、屏、门、封闭式防护装置等。

[GB 13567—1998，定义 3.8]

4.4

安全装置 safety device

消除或减小风险的单一装置或与防护装置联用(而不是防护装置)的装置。

[GB 13567—1998，定义 3.9]

5 绿色性评价术语

5.1

绿色性评价 green attributes assessment

对产品生命周期全过程、产品生命周期过程中的各个环节及各个环节的相关因素是否满足绿色制造目标要求所作出的评价。

5.2

绿色制造评价指标 assessment indicator of green manufacturing

用于衡量产品或其生产过程生态环境影响、资源消耗和人体健康与安全危害程度的指标。

5.3

绿色制造评价指标体系 assessment indicator frame of green manufacturing

由相互联系、相对独立、互相补充的系列绿色制造评价指标所组成的,用于评价绿色制造绩效的指标集合。

5.4

绿色性分析 green analysis

用来估计所选用方法或数据对绿色制造目标的影响程度的系统化程序。

5.5

绿色度 green degree

产品实现绿色制造的程度。

5.6

可靠度 reliability degree

产品在规定的条件下和规定的时间内完成规定功能的概率称为产品的可靠度。

5.7

资源能源利用指标 resources and energy utilization indicators

在正常的生产工艺中,生产单位产品所需的新水量、能耗和物耗,以及水、能源和物质利用的效率、重复利用率等反映资源能源利用效率的指标。

注:新水量(first used water quantity):用户从供水系统中获得的被第一次使用的水量。

5.8

材料利用率 material utilization ratio

零件加工后与加工前的质量之比。

5.9

废物回收利用指标 waste recovery indicators

反映生产过程中所产生废物可回收利用特征及废物回收利用情况的指标,如废物利用的比例、途径和技术,以及利用废物生产高附加值产品的废物利用比例等。

5.10

产品环境影响评价 environmental impact assessment for product;EIAP

对产品原材料获取、生产、销售、使用和处置生命周期阶段可能造成的环境影响,包括物理性、化学性或生物性的作用及其造成的环境变化进行系统地分析、预测和评估,提出预防或者减轻不利环境影响的对策和措施,并进行跟踪监测。

5.11

环境价值分析 environmental value analysis

在可靠地实现产品必要功能的前提下,以降低其生命周期环境影响为目标,着重于产品及其过程的环境排放的设计分析活动。

5.12

生命周期评价 life cycle assessment;LCA

对一个产品系统的生命周期中输入、输出及其潜在环境影响的汇编和评价。

[GB/T 24040—2008,定义 3.2]

5.13

生命周期清单分析 life cycle inventory analysis;LCI

生命周期评价中对所研究产品整个生命周期中输入和输出进行汇编和量化的阶段。

[GB/T 24040—2008,定义 3.3]

5.14

生命周期影响评价　life cycle impact assessment;LCIA

生命周期评价中理解和评价产品系统在产品整个生命周期中的潜在环境影响大小和重要性的阶段。

[GB/T 24040—2008,定义 3.4]

5.15

生命周期解释　life cycle interpretation

生命周期评价中根据规定的目的和范围的要求对清单分析和(或)影响评价的结果进行评估以形成结论和建议的阶段。

[GB/T 24040—2008,定义 3.5]

5.16

生命周期清单分析结果　life cycle inventory analysis result;LCI result

生命周期清单分析的成果,据此对通过系统边界的能量流和物质流进行分类,并作为生命周期影响评价的起点。

[GB/T 24040—2008,3.24]

5.17

稀缺性　scarcity

物料或能源获取来源是否丰富的特性。

5.18

降解性　degradation

物料能否降解及降解难易的特性。

5.19

再生长性　regeneration

物料短期内可否再生(长)的特性。

5.20

可再生能源　renewable energy

可再生能源是指风能、太阳能、水能、生物质能、地热能、海洋能等非化石能源。

[GB/T 23331—2009,定义 3.10]

5.21

耗能工质　energy-consumed medium

在生产过程中所消耗的不作为原料使用、也不进入产品,在生产或制取时需要直接消耗能源的工作物质。

[GB/T 2589—2008,定义 3.1]

5.22

综合能耗　comprehensive energy consumption

用能单位的统计报告期内实际消耗的各种能源实物量,按规定的计算方法和单位分别折算后的总和。

注 1:对企业,综合能耗是指统计报告期内,主要生产系统、辅助生产系统和附属生产系统的综合能耗总和。

注 2:企业中主要生产系统的能耗量应以实测为准。

5.23

产品单位产量综合能耗　comprehensive energy consumption for unit output

统计报告期内,用能单位生产某种产品或提供某种服务的综合能耗与同期该合格产品产量(工作量、服务量)的比值。简称单位产品综合能耗。

注:产品是指合格的最终产品或中间产品,对某些以工作量或原材料加工量为考核能耗对象的企业,其单位工作量、单位原材料加工量的综合能耗的概念也包括在本定义之内。

5.24

能源等价值　energy equivalent value

生产单位数量的二次能源或耗能工质所消耗的各种能源折算成一次能源的能量。

5.25

健康损害　ill health

可确认由工作活动和(或)工作相关状况引起或加重的不良身体或精神状态。

[GB/T 28001—2009,定义3.8]

5.26

危险物质或制剂　harmful substance and reagent

国家有关规定中列出的危险物质或制剂。

[GB/T 21097.1—2007,定义3.16]

5.27

有毒物质　toxic substances

作用于生物体,能使机体发生暂时或永久性病变,导致疾病、残疾甚至死亡的物质。

5.28

有毒有害物质　hazardous substance

产品中含有的对人、动植物和环境等产生危害的物质或元素,包括铅(Pb)、汞(Hg)、镉(Cd)、六价铬(Cr^{6+})、多溴联苯(PBB)、多溴二苯醚(PBDE)(十溴二苯醚除外)等以及国家规定的其他有毒有害物质。

5.29

禁用物质　prohibited substances

对人体健康、动植物生命安全及环境具有危害或潜在危险,由法规规定在某些产品中禁止使用的物质。

5.30

限用物质　restricted substances

法规规定的某类产品中含有的不能超过规定含量的物质(尚无合适的替代物质或替代技术,经济上不可行)。

5.31

有害配制品　hazardous preparations

具有爆炸性、氧化性、易燃性、毒性、伤害性、腐蚀性、刺激性、突变性、生殖毒性、对环境敏感或有害的配制品。

[GB/T 23687—2009,定义3.1.9]

5.32

工业企业厂界环境噪声　industrial enterprises noise

在工业生产活动中使用固定设备等产生的、在厂界处进行测量和控制的干扰周围生活环境的声音。

[GB 12348—2008,定义3.1]

5.33

无组织排放　fugitive emission

不通过烟囱或排气系统而泄漏烟尘、生产性粉尘和有害污染物的排放。

注:改写GB 9078—1996,定义3.3。

5.34

无组织排放源　fugitive emission source

设置于露天环境中具有无组织排放的设施,或指具有无组织排放的建筑构造(如车间、工棚等)。

[GB 16297—1996,定义 3.9]

5.35

排水量　water displacement

生产设施或企业向企业法定边界以外排放的废水的量,包括与生产有直接或间接关系的各种外排废水(如厂区生活污水、冷却废水、厂区锅炉和电站排水等)。

5.36

单位产品基准排水量　reference water displacement of unit product

用于核定水污染物排放浓度而规定的生成单位产品的废水排放量上限值。

5.37

排气量　air displacement

企业生产设施通过排气筒向外界环境排放的废气的量。

5.38

单位产品基准排气量　reference air displacement of unit product

用于核定废气污染物排放浓度而规定的生成单位产品的废气排放量的上限值。

5.39

最高允许排放浓度　maximum allowable emission concentration

经过处理设施后排放系统中污染物任何一小时浓度平均值不得超过的限值;或指无处理设施排放系统中污染物任何一小时浓度平均值不得超过的限值。

5.40

最高允许排放速率　maximum allowable emission rate

一定高度的排气筒任何一小时排放污染物的质量不得超过的限值。

注:改写 GB 16297—1996,定义 3.3。

5.41

职业接触限值　occupational exposure limits;OELs

职业性有害因素的接触限制量值。指劳动者在职业活动过程中长期反复接触,对绝大多数接触者的健康不引起有害作用的容许接触水平。化学有害因素的职业接触限值包括时间加权平均容许浓度、短时间接触容许浓度和最高容许浓度三类。

[GBZ 2.1—2007,定义 3.1]

5.42

时间加权平均容许浓度　permissible concentration-time weighted average;PC-TWA

以时间为权数规定的 8 h 工作日、40 h 工作周的平均容许接触浓度。

[GBZ 2.1—2007,定义 3.1.1]

5.43

短时间接触容许浓度　permissible concentration-short term exposure limit;PC-STEL

在遵守 PC-TWA 前提下容许短时间(15 min)接触的浓度。

[GBZ 2.1—2007,定义 3.1.2]

5.44

最高容许浓度　maximum allowable concentration;MAC

工作地点、在一个工作日内、任何时间有毒化学物质均不应超过的浓度。

[GBZ 2.1—2007,定义 3.1.3]

5.45

超限倍数　excursion limits

对未制定 PC-STEL 的化学有害因素,在符合 8 h 时间加权平均容许浓度的情况下,任何一次短时间(15 min)接触的浓度均不应超过的 PC-TWA 的倍数值。

[GBZ 2.1—2007,定义 3.2]

5.46

总粉尘 total dust

可进入整个呼吸道(鼻、咽和喉、胸腔支气管、细支气管和肺泡)的粉尘,简称总尘。技术上系用总粉尘采样器按标准方法在呼吸带测得的所有粉尘。

[GBZ 2.1—2007,定义 3.6]

注:空气动力学直径(aerodynamic diameter)某颗粒物(任何形状和密度)与相对密度为 1 的球体在静止或层流空气中若沉降速率相等,则球体的直径视作该颗粒物的空气动力学直径。

5.47

呼吸性粉尘 respirable dust

按呼吸性粉尘标准测定方法所采集的可进入肺泡的粉尘粒子,其空气动力学直径均在 7.07 μm 以下,空气动力学直径 5 μm 粉尘粒子的采样效率为 50%,简称"呼尘"。

[GBZ 2.1—2007,定义 3.8]

参 考 文 献

[1] GBZ 2.1—2007 工作场所有害因素职业接触限值 第1部分:化学有害因素
[2] GB/T 2589—2008 综合能耗计算通则
[3] GB/T 4863—2008 机械制造工艺基本术语
[4] GB/T 8541—2012 锻压术语
[5] GB 9078—1996 工业窑炉大气污染物排放标准
[6] GB 12348—2008 工业企业厂界环境噪声排放标准
[7] GB 13318—2003 锻造生产安全与环保通则
[8] GB 13567—1998 电火花加工机床 安全防护技术要求
[9] GB/T 15706.1—2007 机械安全 基本概念与设计通则 第1部分:基本术语和方法
[10] GB 15735—2004 金属热处理生产过程安全卫生要求
[11] GB 16297—1996 大气污染物综合排放标准
[12] GB/T 16855.1—2008 机械安全 控制系统有关安全部件 第1部分:设计通则
[13] GB 18209.1—2000 机械电气安全 指示、标志和操作 第1部分:关于视觉、听觉和触觉信号的要求
[14] GB/T 19000—2008 质量管理体系 基础和术语
[15] GB/T 20861—2007 废弃产品回收利用术语
[16] GB/T 20862—2007 产品可回收利用率计算方法导则
[17] GB/T 20877—2007 电气产品标准中引入环境因素的导则
[18] GB/T 21097.1—2007 家用和类似用途电器的安全使用年限和再生利用通则
[19] GB/T 23331—2009 能源管理体系 要求
[20] GB/T 23687—2009 信息通信技术和消费电子产品的环境意识设计导则
[21] GB/T 24001—2004 环境管理体系 要求及使用指南
[22] GB/T 24004—2004 环境管理体系 原则、体系和支持技术通用指南
[23] GB/T 24021—2001 环境管理 环境标志和声明 自我环境声明(Ⅱ型环境标志)
[24] GB/T 24040—2008 环境管理 生命周期评价 原则与框架
[25] GB/T 24044—2008 环境管理 生命周期评价 要求与指南
[26] GB/T 28001—2009 职业健康安全管理体系 要求
[27] GB/T 28614—2012 绿色制造 干式切削 通用技术指南

索　引

汉语拼音索引

英文对应词索引

A

C

D

E

F

G

H

S

T

W

ICS 25.010
J 30

中华人民共和国国家标准

GB/T 28613—2012

机械产品绿色制造工艺规划 导则

Green manufacturing process planning of mechanical products—Guideline

2012-06-29 发布 2012-12-01 实施

中华人民共和国国家质量监督检验检疫总局
中国国家标准化管理委员会 发布

前　言

本标准按照 GB/T 1.1—2009 给出的规则起草。

本标准由全国绿色制造技术标准化技术委员会(SAC/TC 337)提出并归口。

本标准主要起草单位:中机生产力促进中心、重庆大学、武汉科技大学、北京第二机床厂有限公司、先进成形技术与装备国家重点实验室。

本标准主要起草人:丁红宇、奚道云、曹华军、张秀芬、张华、张秀兰、单忠德、王贤琳。

机械产品绿色制造工艺规划 导则

1 范围

本标准规定了机械产品绿色制造工艺规划的总体目标、基本原则、总体框架、主要内容、工作程序和工艺绿色性综合评价等内容。

本标准适用于机械制造企业新产品工艺规划及旧工艺改造，为制定机械产品绿色制造工艺规划提供指导。

2 规范性引用文件

下列文件对于本文件的应用是必不可少的。凡是注日期的引用文件，仅注日期的版本适用于本文件。凡是不注日期的引用文件，其最新版本(包括所有的修改单)适用于本文件。

GB/T 28612—2012 机械产品绿色制造 术语

3 术语和定义

下列术语和定义适用于本文件。

3.1

绿色制造 green manufacturing

现代制造业的可持续发展模式，其目标是使得产品在其整个生命周期中，资源消耗极少、生态环境负面影响极小、人体健康与安全危害极小，并最终实现企业经济效益和社会效益的持续协调优化。

[GB/T 28612—2012 定义 2.1]

3.2

工艺绿色性 technological green efficiency

在满足机械产品性能要求的前提下，制造工艺方法和过程的资源消耗、生态环境影响、人体健康与安全危害属性。

3.3

绿色制造工艺规划 green manufacturing process planning

对将原材料、半成品转变为产品的工艺方法、过程及其相关因素和环节进行整体规划和设计，以改善其全过程工艺绿色性，使得产品制造过程经济效益和社会效益协调优化的规划方法。

注：本标准中“工艺规划”的含义是广义的，工作内容涵盖企业工艺发展规划、新产品工艺性审查、工艺总体方案设计、工艺设计及旧工艺改造各个阶段。

3.4

工艺参数优化 process parameter optimization

针对所选定的制造加工工艺，对零件加工中涉及的工艺参数(如切削速度、进给速度、切削深度、刀具的偏转角度、切削方式以及其他可控参数)进行优化，以减少能量的消耗，延长刀具寿命，并提高加工质量及工艺绿色性。

4 总体目标

绿色制造工艺规划的目标是在满足产品质量、生产成本、生产效率的基础上，尽可能减少资源消耗、降低生产过程中的生态环境影响及人体健康与安全风险。通过绿色制造工艺规划，实现以下6个目标的协调优化。

绿色制造工艺规划的6个目标：

——提高加工效率；

——提高加工质量；

——降低加工成本；

——降低资源消耗；

——减少生态环境影响；

——降低人体健康与安全危害。

本标准中资源消耗包括物料消耗、能源消耗。

5 基本原则

5.1 优化工艺流程和工艺布局，减少生产中的运输环节。

5.2 采用先进的工艺技术与装备，如干式切削，工艺模拟技术，高效、低耗、洁净的铸造、锻压、热处理及表面工程技术等。

5.3 进行工艺优化设计与评审，逐步淘汰低效率、高污染、高能耗、危害健康和影响安全的工艺技术及生产设备。

5.4 降低生产过程中的资源消耗，提高资源利用率。包括构成产品的材料、辅助材料、水资源及能源等。

5.5 提高产品合格率，减少生产过程中废品、废料的产生。

5.6 减少和有效控制环境污染物排放，包括固体废弃物、废液、废气、粉尘、噪声、辐射等。

5.7 优先使用清洁、可再生能源，提高能源利用效率，降低单位产品能源消耗量。

5.8 使用对人体影响小的工艺及辅助材料，减少或消除生产过程中有毒有害物质的排放及其对人体健康与安全的危害。

6 总体框架

绿色制造工艺规划总体框架见图1，绿色制造工艺规划与传统工艺过程相比，不同点主要体现在以下几个方面：

——目标：既要考虑制造工艺的技术、经济指标，又要考虑环境及安全指标，并且实现6个目标的协调优化；

——工作内容：在企业工艺发展规划、工艺布局、产品设计、工艺设计及旧工艺改造等工作中均要考虑工艺绿色性；

——法律法规及标准：需要考虑环境保护、人体健康与安全、降低能源消耗、清洁生产及绿色制造等法律、法规及标准方面的要求；

——工艺数据库：在工艺数据库中需补充完善绿色制造工艺知识及相关数据；

——工艺报告：工艺报告（工艺发展规划、旧工艺改造、工艺分析、审查及评价报告）中应增加对环境、资源及人体健康与安全方面的内容；

——工艺优化与评审：产品工艺方案、工艺路线、工艺规程中的重要的工艺方法、工艺设备、工艺装备、工艺参数及工艺辅料等需经过工艺优化或工艺绿色性评审。

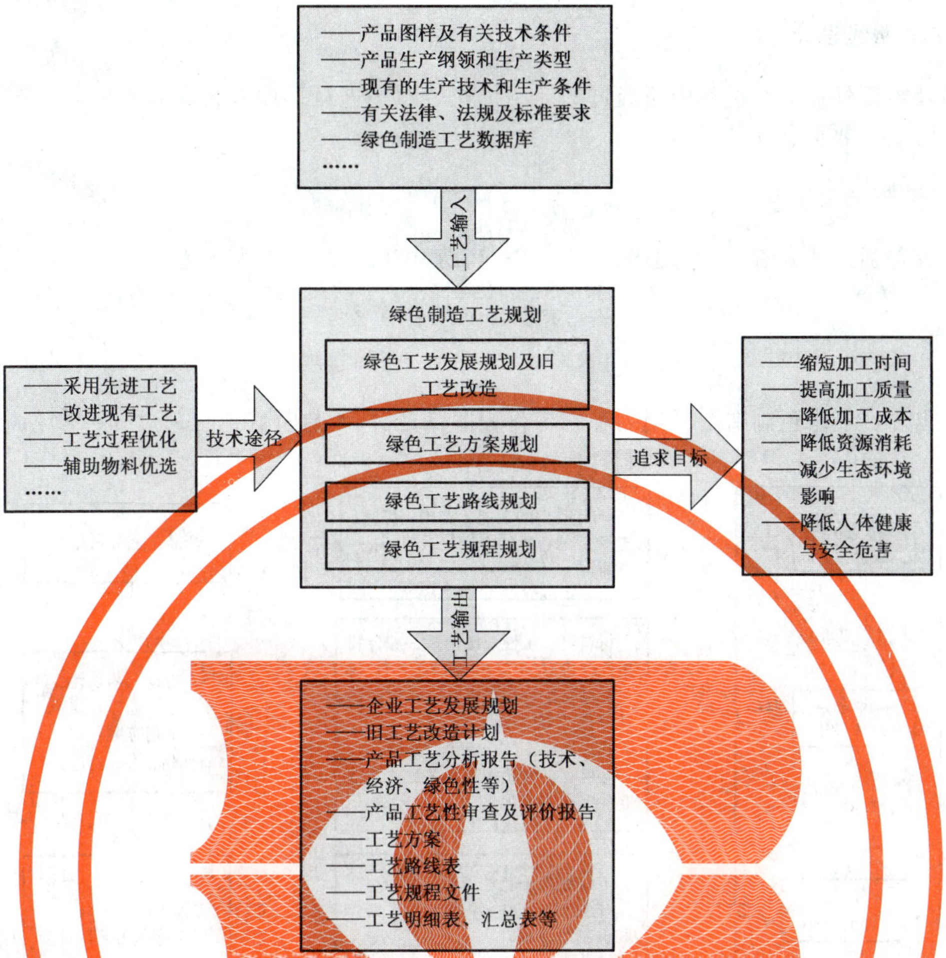

图 1 绿色制造工艺规划总体框架

7 主要内容

7.1 概述

绿色制造工艺规划应贯穿于企业发展规划、产品开发设计、工艺方案设计、工艺路线设计、工艺规程设计及旧工艺改造各个环节，综合 6 个目标元素进行协调优化和决策，以改善工艺过程及其各个环节的工艺绿色性，使得产品制造过程经济效益和社会效益协调优化。

7.2 工艺发展规划和旧工艺改造

制定工艺发展规划和旧工艺改造计划时应：

——关注国内外工艺技术的发展动态，绿色工艺技术、工艺设备，新的工艺设计方法及工艺管理技术；

——考虑国内外有关的环境法律、法规、标准的要求、产业发展动态及环境成本；

——对旧工艺进行绿色性评价及技术经济评估，必要时对不符合绿色制造要求的工艺进行淘汰或改造。

7.3 绿色工艺方案设计

包括关键工艺技术、特种工艺的选择，关键件、重要件工艺方案优化、新工艺新技术的应用，工艺流程的确定，工艺分工的调整，工艺装备的配置等。

7.4 绿色工艺路线设计

对产品及零部件在生产过程中所经过的部门按先后顺序进行排序及优化，对环境及安全影响大的重要件工艺路线需要重点规划。

7.5 绿色工艺规程设计

主要内容包括工艺方法、工艺设备、工艺装备、辅助材料、工艺参数优化选择。

8 工作程序

图 2 给出新产品绿色制造工艺规划基本工作程序，旧工艺改造及其他工艺过程可参考此程序。

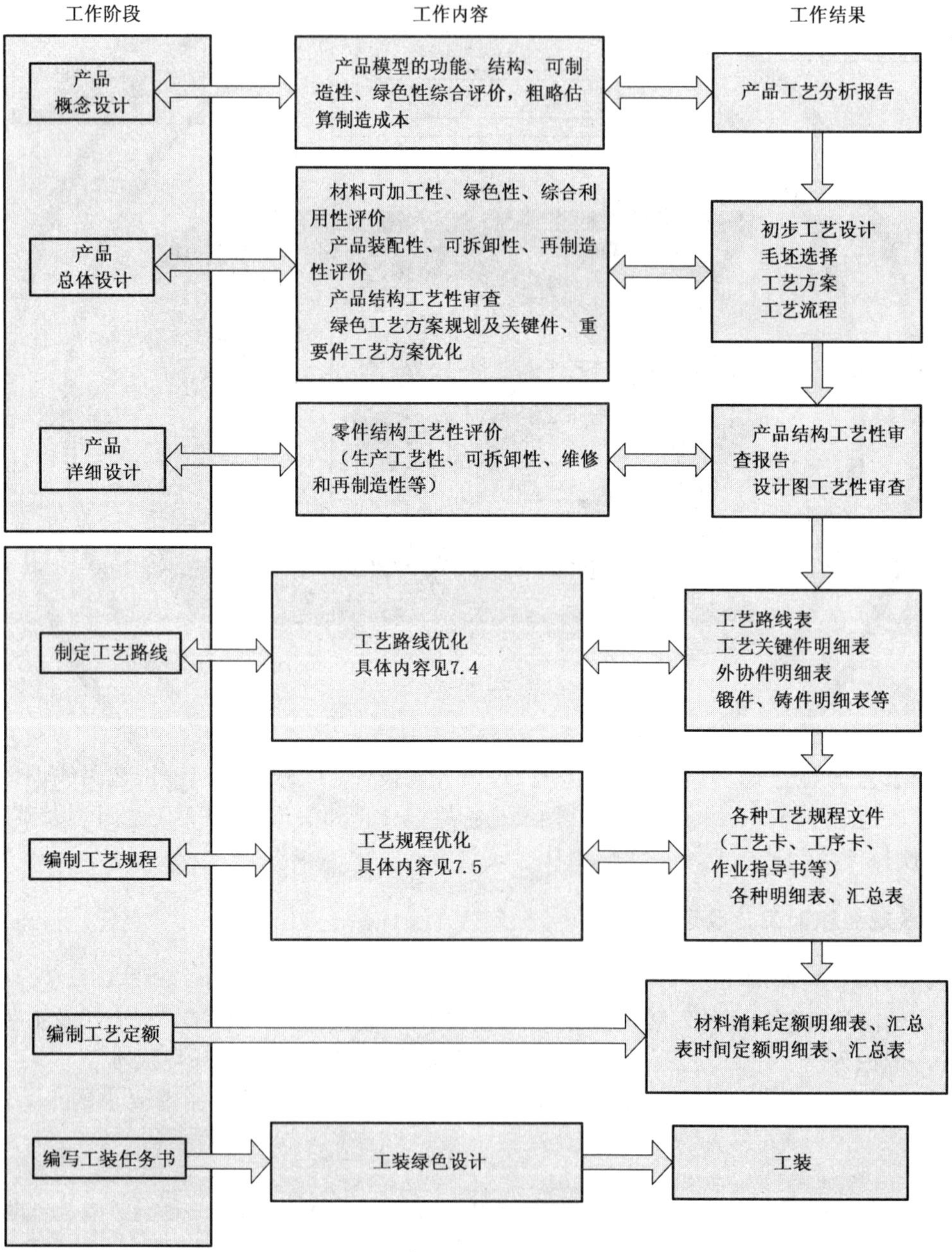

图 2 新产品绿色制造工艺规划基本工作程序

9 工艺绿色性综合评价

9.1 评价目的

对产品及零部件的工艺规划进行工艺绿色性评价，目的是检验工艺规划结果对总体目标的符合性，选出综合指标最优的工艺规划方案，以及发现工艺设计中的问题并进行改进。

9.2 评价原则

9.2.1 目标综合性原则 工艺绿色性评价综合考虑第4章中的六项总体目标，并实现6个目标的协调优化。

9.2.2 一般性原则 工艺绿色性评价过程和结果的依据、评价方法和数据采集方法等应该遵循一般性原则，以便被相关方理解、认可、比较或对评价结果的有效性进行评定。

9.2.3 准确性原则 量化数据力求准确，来源明确可靠；定性评价方法应该力求客观公正，立论有据。

9.2.4 适用性原则 评价方法与评价内容应相适应，力求简单适用。

9.3 评价内容

一般包括以下几个方面：

——企业工艺发展规划或旧工艺改造计划；

——产品工艺绿色性综合评价；

——工艺方案绿色性评价；

——工艺路线绿色性评价；

——工艺要素(工艺方法、工艺设备、工艺装备、辅助材料等)绿色性评价；

——工艺参数绿色性评价等。

9.4 评价指标

评价指标一般可分为技术经济性指标(加工时间、加工质量、加工成本)、工艺绿色性指标(资源消耗、环境排放、人体健康与安全危害)。评价指标可以分成若干层次，根据评价内容和评价方法的需要，评价指标及层次可由企业自行决定。

9.5 评价方法

工艺绿色性评价一般采用定量评价和定性评价相结合的方法，根据实际需要可采用下述评价方法，也可采取下述方法组合或集成的方法。

——专家打分法；

——生命周期评价法；

——层次分析法；

——模糊综合评价法；

——其他方法。

9.6 评价形式

评价者及评价形式各企业可根据评价目的、原则及内容需要自行决定。

ICS 25.010
J 30

中华人民共和国国家标准

GB/T 28614—2012

绿色制造　干式切削　通用技术指南

Green manufacturing—Dry cutting—The general technique guideline

2012-06-29 发布　　　　2012-12-01 实施

中华人民共和国国家质量监督检验检疫总局
中国国家标准化管理委员会　发布

前　言

本标准按照 GB/T 1.1—2009 给出的规则起草。

本标准由全国绿色制造技术标准化技术委员会(SAC/TC 337)提出并归口。

本标准起草单位:中机生产力促进中心、合肥工业大学、江苏科技大学、北京金万众科技发展公司、四川普什宁江机床集团股份有限公司、重庆成田低温加工技术有限公司。

本标准主要起草人:奚道云、丁红宇、刘志峰、任家隆、董金锁、刘雁、张昌义。

绿色制造　干式切削　通用技术指南

1　范围

本标准规定了干式切削一般要求及干式切削机床、刀具、工件、加工工艺参数的一般技术要求。

本标准适用于机械产品干式切削、辅助干切削(包括风冷、液氮冷却、激光辅助等干切削)加工工艺。

2　规范性引用文件

下列文件对于本文件的应用是必不可少的。凡是注日期的引用文件,仅注日期的版本适用于本文件。凡是不注日期的引用文件,其最新版本(包括所有的修改单)适用于本文件。

GB 15760　金属切削机床　安全防护通用技术条件

GB/T 16461　单刃车削刀具寿命试验

GB/T 16769　金属切削机床　噪声声压级测量方法

GB/T 23573　金属切削机床　粉尘浓度的测量方法

GB/T 28612—2012　机械产品绿色制造　术语

3　术语和定义

下列术语和定义适用于本文件。

3.1

绿色制造　green manufacturing

现代制造业的可持续发展模式,其目标是使得产品在其整个生命周期中,资源消耗极少、生态环境负面影响极小、人体健康与安全危害极小,并最终实现企业经济效益和社会效益的持续协调优化。

[GB/T 28612—2012,定义 2.1]

3.2

干式切削　dry cutting

在切削过程中不使用任何切削液的工艺方法。

4　干式切削的一般要求

4.1　在干式切削过程中,如有可能造成人身伤害或设备损害时,应采取安全防护措施,防止切屑、工件、刀具飞出。

4.2　干式切削工作场所总粉尘浓度应不大于 3 mg/m^3,粉尘浓度的测量应符合 GB/T 23573 的有关规定。

4.3　采取热辅助或低温冷却干切削时应采取保护措施,防止人体直接接触过热或过冷介质。

4.4　干式切削机床在空运转条件下,机床的噪声声压级应不大于 85 dB(A),噪声测量方法宜符合 GB/T 16769 的规定。

5 干式切削机床

5.1 干式切削机床防护要求应满足 GB 15760 中的有关要求。
5.2 干式切削机床应有足够的刚性、强度和热稳定性，以满足切削加工工艺的要求。
5.3 干式切削机床应有较好的减振降噪性能。
5.4 干式切削机床结构应具有良好的排屑性能、热平衡性能、冷却性能。
5.5 主轴、导轨等精密运动部件应采取相应的密封措施。
5.6 干式切削机床应具有相应的清洁措施，如排尘装置。

6 干式切削刀具

6.1 刀具一般性要求

6.1.1 为了保证刀具的使用寿命，干式切削刀具应具有良好的耐高温性、耐磨性及耐冲击性。刀具结构要利于排屑、散热及断屑。
6.1.2 刀具结构
6.1.2.1 干式切削刀具结构应有利于降低切削力及减少摩擦，刀具的几何形状要有利于切削热的扩散。
6.1.2.2 干式切削刀具结构应有利于辅助冷却介质到达切削区。
6.1.2.3 干式切削刀具前刀面形状应有利于减少刀具与切屑的接触面积，有利于断屑、排屑和防止积屑瘤的产生。
6.1.3 刀具寿命

干式切削刀具使用寿命一般应不低于普通切削用刀具，刀具寿命试验参照相关标准。如：单刃车刀寿命试验参照 GB/T 16461 进行。

6.2 干式切削常用刀具及特性

干式切削常用刀具及特性见附录 A。

6.3 刀具夹紧

干式切削通常是在高速加工状态下进行的，刀片在刀体上定位夹紧应牢固、安全，刀具与机床连接可靠，以保证刀具在高速回转时正常工作。

7 工件材质

工件材质在很大程度上决定了实施干式切削的可能性，工件常用材料的干式切削性能见附录 B。

8 加工工艺参数

实施干式切削时，一般应根据工件材质、加工技术要求、机床、刀具及辅助工艺方法等进行工艺试验，确定加工工艺参数。

附　录　A
（资料性附录）
干式切削常用刀具及特性

表 A.1　干式切削常用刀具、特性及其应用

刀具材料		刀具特性	主要应用
硬质合金	YG 系列	耐磨、韧性好	有色金属、铸铁等
	YT 系列	耐磨性较好	碳素钢、合金钢
	YW 系列	热硬性较好	耐热钢、高锰钢、不锈钢
	金属陶瓷	硬度高，耐磨、耐热，化学稳定性好	碳素结构钢
陶瓷		硬度、耐磨性高，热稳定好	铸铁、碳素钢、淬硬钢
聚晶立方氮化硼（PCBN）		高硬度，耐磨，热稳定好，低摩擦	冷硬铸铁、高温合金、碳素钢、硬质合金、淬硬钢
聚晶金刚石（PCD）		高耐磨性，高导热性，低摩擦、低热膨胀系数，强度高，韧性好	有色金属、复合材料
涂层刀具	氮化钛涂层	韧性、热硬性好	高硬度材料
	铝涂层	耐热，化学稳定性好	高硬度、高耐磨材料
	氧化物涂层	耐磨，阻热性好	耐磨铸铁等
	金刚石涂层	高硬度，耐磨，弹性好	铝合金、铜合金、复合材料
	碳氮化钛涂层	超硬，耐磨，热稳定好	淬硬钢等

附 录 B
（资料性附录）
常用材料干式切削性能

表 B.1 常用材料干式切削性能

工件材料	常用加工方法					
	车削	铣削	铰孔	攻丝	钻孔	齿形加工
铝及铝合金	★	☆	☆	☆	☆	☆
铸铁	★	★	★	★	★	★
普通碳素钢	★	★	☆	☆	☆	☆
复合材料	★	★	★	★	★	★
淬火钢	☆	○	○	○	○	○
不锈钢	☆	☆	○	○	☆	○
高温合金	○	○	○	○	○	○
钛合金	○	○	○	○	○	○
注1：★表示易于进行干式切削。 注2：☆表示可以进行干式切削。 注3：○表示难于进行干式切削。						

参 考 文 献

[1] GBZ 2.1—2007 工作场所有害因素职业接触限值 第1部分:化学有害因素
[2] GBZ 2.2—2007 工作场所有害因素职业接触限值 第2部分:物理因素
[3] JB/T 5073—1991 热处理车间空气中有害物质的限值

ICS 25.080.01
J 50

中华人民共和国国家标准

GB/T 28615—2012

绿色制造 金属切削机床再制造技术导则

Green manufacturing—The technology specification for metal-cutting machine tool remanufacturing

2012-06-29 发布

2012-12-01 实施

中华人民共和国国家质量监督检验检疫总局
中国国家标准化管理委员会 发布

前　言

本标准按照 GB/T 1.1—2009 给出的规则起草。

本标准由全国绿色制造技术标准化技术委员会(SAC/TC 337)提出并归口。

本标准起草单位:重庆大学、重庆机床(集团)有限责任公司、中国机电装备维修与改造技术协会、北京机床研究所、中机生产力促进中心。

本标准主要起草人:曹华军、李先广、李国龙、廖绍华、陈时权、刘飞、魏连成、李祥文、奚道云。

绿色制造
金属切削机床再制造技术导则

1 范围

本标准规定了金属切削机床再制造的一般要求、机械部分要求、电气部分要求及其他要求。

本标准适用于各类金属切削机床(以下简称机床)的再制造。

2 规范性引用文件

下列文件对于本文件的应用是必不可少的。凡是注日期的引用文件,仅注日期的版本适用于本文件。凡是不注日期的引用文件,其最新版本(包括所有的修改单)适用于本文件。

GB/T 90.1 紧固件 验收检查

GB/T 191 包装储运图示标志

GB 5226.1 机械电气安全 机械电气设备 第1部分:通用技术条件

GB/T 6576 机床润滑系统(ISO 5170)

GB/T 7932 气动系统通用技术条件(ISO 4414)

GB/T 9061 金属切削机床 通用技术条件

GB/T 9969 工业产品使用说明书 总则

GB 15760 金属切削机床 安全防护通用技术条件

GB/T 18759 机械电气设备 开放式数控系统(所有部分)

GB/T 23571 金属切削机床 随机技术文件的编制

GB/T 23572 金属切削机床 液压系统通用技术条件

GB/T 28612 机械产品绿色制造 术语

JB/T 3207 机床附件产品包装通用技术条件

JB/T 8356.1 机床包装 技术条件

JB/T 8356.2 机床包装箱

JB/T 8832 机床数控系统 通用技术条件

JB/T 9874 金属切削机床 装配通用技术条件

3 术语和定义

GB/T 28612 界定的以及下列术语和定义适用于本文件。

3.1

机床再制造 machine tool remanufacturing

基于废旧机床资源循环利用的机床制造模式,运用现代先进的制造、信息、数控及自动化等技术对废旧机床进行可再制造性评估、拆卸以及创新性再设计、再加工、再装配,制造出功能和性能均得到恢复或提升且符合绿色制造要求的新机床。

注:绿色制造要求指产品资源消耗、生态环境、职业健康与安全方面的要求。

3.2

再制造机床　remanufactured machine tool

以废旧机床及零部件为基础，经过再制造功能和性能达到或超过原有新品水平的机床。

3.3

机床拆卸　machine tool disassembly

采用一定的工具和手段，通过分解连接件及装配关系将原废旧机床装配体分解为单个零件、部件的过程。

3.4

再制造设计　redesign

以废旧产品或零部件为基础，通过功能强化、技术条件优化等手段对再制造产品及其零部件进行重新设计的过程。

3.5

更新件　replacement parts

根据再制造产品装配要求而选用的新零件。

3.6

机床再装配　machine tool reassembly

按照再制造机床的技术条件，将再利用和再制造后的零部件、更新件及控制系统等重新装配成再制造新机床的过程。

3.7

再制造性　remanufacturability

再制造毛坯可以进行再制造的属性和能力。

4　一般要求

4.1　机床再制造流程

包括废旧机床性能检测及再制造性评估、机床再制造总体方案的制定、拆卸、分类、清洗、检测、机床再制造设计、机械零部件再制造工艺方案制定、电气控制系统等再制造技术方案制定、再制造加工与方案实施、装配与调试、测试与检验、随机技术文件准备、包装发货等。

4.2　废旧机床性能检测及再制造性评估

对废旧机床整机进行性能测试，评价废旧机床的工况及性能指标，并在综合考虑技术、经济、环境、资源等因素的基础上，进行废旧机床的再制造性评估。

4.3　机床再制造总体方案的制定

结合机床再制造性评估结果及再制造要求，制定机床再制造总体方案，其中应明确给定再制造机床的总体技术要求。

4.4　拆卸、分类

要求将废旧机床拆卸成基本零件和部件，并按照可重用、再制造、再生利用等类别对零部件进行分类。

4.5　清洗、检测

拆卸后的零部件及系统必须进行清洗、检测以确定其失效、磨损、老化情况，从经济、技术、资源、环境等方面分析其再利用或再制造的可行性。

4.6 机床再制造设计

根据机床再制造总体方案要求，对再制造机床结构及零部件进行设计，形成设计文件。

4.7 机械零部件再制造工艺方案制定

应根据废旧零部件检测结果及再制造机床对零部件的技术要求，确定零部件再制造工艺设备、工艺参数等，制定再制造工艺规程。

4.8 电气控制系统再制造技术方案制定

应根据机床再制造总体方案制定电气控制系统方案，包括电气原理图、电气位置图、电气元器件选型等，方案制定后须形成技术文件。

4.9 装配与调试

再制造机床应按图样和再装配工艺规程进行装配。装配到再制造机床上的零部件(包括再制造零部件、更新件)均应符合质量要求。再制造机床的再装配过程及再装配质量应符合 JB/T 9874 的规定。

4.10 再制造机床的检验与验收

再制造机床的检验与验收应按照 GB/T 9061 规定执行。检验与验收主要内容包括：

a) 外观检验；
b) 附件和工具的检验；
c) 参数检验；
d) 机床的空运转试验；
e) 机床的负荷试验；
f) 机床的精度检验；
g) 加工和装配质量检验；
h) 其他。

4.11 随机技术文件

再制造机床随机技术文件应包括：符合 GB/T 9969 要求的使用说明书、合格证明书、装箱单、原机床及其再制造零部件毛坯性能及质量状态检测报告、再制造声明卡等。其中，使用说明书、合格证明书和装箱单等技术文件的编制方法应符合 GB/T 23571 的规定，再制造声明卡应注明原机床的生产厂家、再制造零部件的名称、编号及数量等。

4.12 包装

机床的包装应符合 GB/T 191、JB/T 8356.1、JB/T 8356.2、JB/T 3207 的规定。

5 机械部分要求

5.1 一般要求

5.1.1 再制造后的机械零部件，其基本尺寸及公差应尽量恢复到原设计要求或符合国家标准规定的互换性技术要求。

5.1.2 不满足互换性技术要求的再制造加工件，其图样及技术文件应建立相应的永久档案并作为随机资料提供给用户方。

5.1.3 对再制造机床重要的及易磨损的导轨副、主轴、丝杠、蜗杆副和高速、重载齿轮副等主要零件应采取耐磨措施，提高其工作寿命，并达到技术要求。

5.2 机床床身、箱体等结构件

床身、底座、箱体等结构件表面有裂纹、刻痕等缺陷，在不影响机床的强度、刚度和精度条件下，可通过表面处理或机械加工等方法进行修复而不必更换。

箱体上有配合关系的孔或者安装滚动轴承的孔，精度不满足要求时，孔径应进行修复。

5.3 轴

所有的轴都要进行缺陷检查。有缺陷但能进行再制造的轴，要进行再制造重用；对于有较大缺陷且不能再制造的轴使用更新件。

5.4 孔

孔径部位如有磨损，主要采用恢复原尺寸和修配两种方式修复：

a) 镗大镶套、堆焊、刷镀、粘补等工艺，恢复到原来孔的尺寸大小并校正；

b) 镗孔或磨孔，达到修配尺寸，满足原来的技术和性能要求。

5.5 轴承

轴承(包括滑动轴承和滚动轴承)应更换为同等或更高精度等级的轴承。

5.6 齿轮

所有齿轮都要经过检测，首先进行肉眼检查，然后进行探伤检测，对有缺陷的齿轮可通过机械加工、堆焊法、镶齿法、刷镀等工艺进行修复。

5.7 密封圈和垫圈

密封圈应更换，垫圈如有磨损应更换。

5.8 紧固件

螺栓、螺柱、螺钉、螺母、销等紧固件应全部更换。紧固件的验收检查应符合 GB/T 90.1 的有关规定。

5.9 刻度盘和标尺

有刮伤、毁坏、褪色或功能失效的刻度盘、标尺等应重新校准或更换。

5.10 皮带轮

有缺陷的皮带轮都要进行修理或更换为性能等同于或高于原皮带轮的更新件。

5.11 制动器和离合器

制动器和离合器应更换。

5.12 导轨面

导轨面应经过修复以满足机床的几何精度、性能、寿命等要求，通过磨削、铣削、刨削或人工刮削等机械加工方法以及焊补、粘结、刷镀等表面工程技术使导轨面修复到原来的精度要求，并消除缺口、沟槽、刻痕等缺陷。

5.13 滚珠丝杆

滚珠丝杆应经过检测，并重新研磨修复到原新品的技术要求或者更换为更新件。

5.14 工作台

工作台应去除凹槽、刻痕以及其他破损等。

5.15 变速箱

变速箱应拆卸、清洗和检测。破损的零部件应进行再制造或更换。

5.16 润滑系统

5.16.1 原有的润滑系统应改造或更换。

5.16.2 润滑油泵应拆卸、改造或者用同等或更优性能的泵更换。

5.16.3 软管和过滤器元件应更换。

5.16.4 油箱应经过彻底清理、清洗。

5.16.5 再制造机床的润滑系统应符合 GB/T 6576 的规定。

5.17 液压系统

5.17.1 液压系统应经过拆卸、清洗、改造或进行更换。

5.17.2 电磁阀、挡圈、O 形密封圈、软管及过滤器等零部件应更换。

5.17.3 损坏的或有缺陷的管路或配件应更换。

5.17.4 再制造机床的液压系统应符合 GB/T 23572 的规定。

5.18 气动系统

5.18.1 应对气动系统中的零件进行拆卸、冲洗、清理和检测。

5.18.2 破损或破坏的零件应更换。软管和有缺陷的管路系统应更换。

5.18.3 空气减压阀应更换新的气动薄膜并重新装配。

5.18.4 气缸应经过拆卸并检测磨损、刮伤等，如有缺陷应更换。

5.18.5 再制造机床的气动系统应符合国家标准规定，如 GB/T 7932。

5.19 冷却系统

5.19.1 冷却泵应拆卸、清洗、改造或更换。

5.19.2 冷却系统的蓄水池和通道应进行彻底的清理。

5.19.3 刚性冷却线应经过清理冲洗，如果损坏或者有缺陷则应更换。

5.19.4 软管、关闭阀、喷嘴和过滤器应更换。

5.19.5 再制造机床的冷却系统应保证冷却充分、可靠。

5.20 安全防护装置

再制造机床应按 GB 15760 的规定安装防护装置，如壳、罩、屏、门、封闭式防护装置等。

6 电气部分要求

6.1 电气系统

电气系统部分应拆除并且更换新的元器件(满足现有标准要求,电气设备外壳、电线槽、刚性导管等除外)。电气系统的再制造应遵守 GB 5226.1 的相关规定。

6.2 数控系统

再制造机床采用的数控系统应符合 GB/T 18759、JB/T 8832 的有关规定。

6.3 机床电气布线

机床应完全重新进行电气布线,并更换所有的柔性套管及机床上的开关原件。

6.4 检测与反馈装置

原有的检测与反馈装置(包括编码器、译码器、光栅尺等)应更换。

6.5 电动机

电动机应经过检测,如有故障,可通过拆卸、清洗、再制造使其恢复到原来的标准。电动机内的轴承都应更换。如果再制造电动机不能满足技术要求,则应更换性能更优的新电动机。

6.6 驱动器

应更换为性能相当或者更优的新驱动器。

7 其他要求

7.1 附件和工具

所有的附件,如物料输送系统、排屑器、油雾分离器、吸盘、尾座、转盘等,应根据用户要求按协议提供。附件和工具宜标有相应的标记。

再制造机床的标准附件和工具,均应保证功能和连接部位的互换性。

7.2 标识与标牌

7.2.1 再制造机床应有明确的再制造标识,标识应符合再制造品标识要求。

7.2.2 再制造机床标牌应符合 GB/T 9061 的规定。

参 考 文 献

[1] GB/T 3167 金属切削机床 操作指示形象化符号
[2] GB/T 3168 数字控制机床 操作指示形象化符号
[3] GB/T 6477 金属切削机床术语 基本术语
[4] GB/T 20861 废弃产品回收利用术语
[5] JB/T 9872 金属切削机床 机械加工件通用技术条件

ICS 25.010
J 00

中华人民共和国国家标准

GB/T 28616—2012

绿色制造属性　机械产品

Green manufacturing attributes—Mechanical products

2012-06-29 发布　　2012-12-01 实施

中华人民共和国国家质量监督检验检疫总局
中国国家标准化管理委员会　发布

前　言

本标准按照 GB/T 1.1—2009 给出的规则起草。

本标准由全国绿色制造技术标准化技术委员会(SAC/TC 337)提出并归口。

本标准起草单位：中机生产力促进中心、武汉科技大学、大连海事大学。

本标准主要起草人：杨东拜、丁红宇、张秀芬、肖承翔、韩琳琳、张华、邹玉堂。

绿色制造属性　机械产品

1　范围

本标准规定了机械产品绿色制造属性的分类基本原则、分类体系、内容及衡量指标等。

本标准适用于机械产品生命周期过程中的绿色性评价，包括材料、设备的选择、能源的使用以及生产、回收等过程。

本标准的属性分类不考虑成本、质量、时间等因素。

2　规范性引用文件

下列文件对于本文件的应用是必不可少的。凡是注日期的引用文件，仅注日期的版本适用于本文件。凡是不注日期的引用文件，其最新版本(包括所有的修改单)适用于本文件。

GBZ 1　工业企业设计卫生标准

GBZ 2.1—2007　工作场所有害因素职业接触限值　第1部分：化学有害因素

GB 8978　污水综合排放标准

GB 12348—2008　工业企业厂界环境噪声排放标准

GB/T 15706.1—2007　机械安全　基本概念与设计通则　第1部分：基本术语和方法

GB 15735—2004　金属热处理生产过程安全卫生要求

GB 16297　大气污染物综合排放标准

GB/T 20861—2007　废弃产品回收利用术语

GB 21900—2008　电镀污染物排放标准

GB/T 28612—2012　机械产品绿色制造　术语

3　术语和定义

GB/T 28612—2012 界定的术语和定义适用于本文件。

4　分类基本原则

4.1　通用性原则

绿色制造属性的确定应在满足绿色制造总要求的前提下，尽量满足机械行业内各类产品生命周期过程中的绿色性评价要求。

4.2　可操作性原则

属性的分类及属性指标的设置尽可能利用现有的标准资料、统计资料，且指标具有可测度性和可比性，易于量化。

4.3　综合性原则

绿色制造属性应能全面反映和测度评价对象的综合情况，应能从资源、环境、卫生、安全等方面进行评价，充分利用多学科知识、学科间的交叉和综合知识。

4.4 系统性原则

绿色制造属性应按一定的排列顺序予以系统化，明确绿色制造属性内容及含义，并形成一个科学合理的分类体系。

5 分类体系

根据影响对象的不同，将绿色制造属性分为资源属性、生态环境属性和人体健康与安全属性三大类，各大类下面又分成若干小类，分类情况如图1所示。

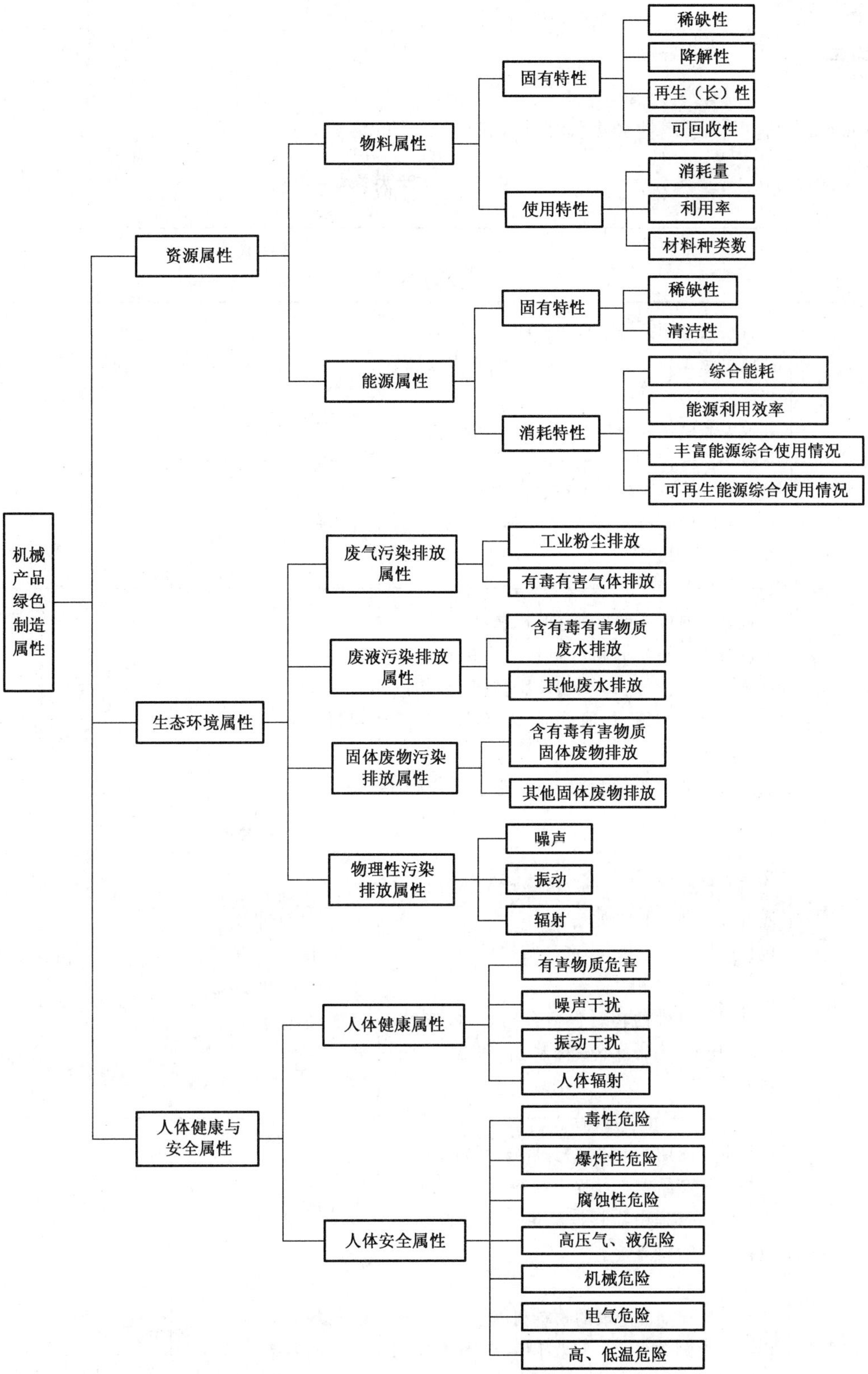

注：本标准中的固有特性仅限对绿色制造有影响的特性。

图 1　绿色制造属性分类体系

6 属性内容

为直观起见，这里仅限属性分类体系中最低层属性的内容，如表1所示。

表1 属性内容

属性		属性内容	可参考的衡量指标	参照标准
物料固有特性	稀缺性	物料获取来源是否丰富的特性。 获取来源丰富的物料如水、石灰、水泥、动植物纤维、天然橡胶等。 获取来源较稀缺的物料如大部分矿物质	储藏量	属性定义见GB/T 28612—2012有关规定
	降解性	物料能否降解及降解难易的特性。 具有易降解特性的物料如各种光降解物料和生物降解物料	降解速率	属性定义见GB/T 28612—2012有关规定
	再生(长)性	物料短期内可否再生(长)的特性。 短期内能够再生的物料包括大多数动植物材料，如木材、植物纤维、天然橡胶、动物皮毛、动植物油、糖、甘油、山梨醇及由他们生产的多元醇等。 短期内不能再生的物料，包括泥炭、金属矿产等	可再生速度	属性定义见GB/T 28612—2012有关规定
	可回收性	物质或材料制成产品报废后，产品本身或材质可否再利用的特性。 包括产品的可重用性、产品结构的可拆解性和材料的可利用性。 具有可回收性的物料包括金属材料、玻璃、木材、废机零部件、塑料制品、纸制品、布料等	再使用率；再生利用率；回收率；拆解分离率；回收成本	属性定义见GB/T 28612—2012有关规定
物料使用特性	消耗量	产品生命周期各阶段的物料消耗情况。 包括单位产品生产过程中物料消耗量、单位产品使用过程中物料消耗量和单位产品回收过程中物料消耗量	消耗量	—
	利用率	产品生命周期各阶段的物料利用情况。 包括原材料利用率、回收利用率和再生利用率	原材料利用率； 回收利用率； 再生利用率	衡量指标见GB/T 20861—2007有关规定
	材料种类数	各种材料使用情况。 包括单位产品中所用材料的种类数和产品中各类材料的百分比	种类数；比值	—

表 1（续）

属性		属性内容	可参考的衡量指标	参照标准
能源固有特性	稀缺性	能源获取来源是否丰富的特性。 获取来源丰富的能源，主要包括风能、太阳能、水能、核能、波浪能等。 获取来源稀缺的能源，主要包括煤、石油、天然气等	储藏量	—
	清洁性	能源是否排放污染物的特性。 清洁能源包括核能和可再生能源，可再生能源包括太阳能、水力、风力、地热、生物质能、波浪能、潮汐能、海洋温差能等。 非清洁能源包括煤、石油、天然气	是否排放污染物 碳排放量	—
能源消耗特性	综合能耗	产品生命周期各阶段的能源消耗情况。 包括单位产品材料本身生产过程中的能耗量、产品生产过程中的能耗量、产品使用过程中的能耗量和产品回收过程中的能耗量	能耗量	参考 GB/T 2589—2008 有关内容
	能源利用效率	产品生命周期各阶段的能源利用情况。 包括单位产品材料本身生产过程中的能源利用效率、产品生产过程中的能源利用效率、产品使用过程中的能源利用效率和产品回收过程中的能源利用效率	设备热效率； 单位产品能耗； 电能利用率	参考 GB/T 23331—2009、 GB/Z 18718—2002、 GB/T 16667—1996、 GB/T 17358—2009 有关内容
	丰富能源综合使用情况	是否使用丰富能源及使用的种类，各种类之间的比例	种类数；比值	—
	可再生能源综合使用情况	是否使用可再生能源及使用的种类，各种类之间的比例	种类数；比值	—
废气污染排放属性	工业粉尘排放	各种工业粉尘不经过处理或处理不彻底，而直接排放到大气中。 主要有二氧化硅粉尘、石棉粉尘、滑石粉尘、水泥粉尘、煤尘、铝、氧化铝、铝合金粉尘、黑色金属粉尘、玻璃棉和矿渣棉粉尘、砂粒、烟尘等	排放速率；排放浓度；监控点浓度；粉尘理化特性	GB 16297，表 1 参考 JBJ 16—2000、 JB 6953—1993 有关内容
	有毒有害气体排放	各种有毒有害气体不经过处理或处理达不到相应的国家排放标准，而直接排放到大气中。 主要有硫氧化物如 SO_2、SO_3 等，碳氧化物如 CO、CO_2 等，氮氧化物如 NO、NO_2 等，碳氢化合物如丙烯腈、环乙酮、甲苯气体等，氢化物如氰化氢、硫化氢、磷化氢、氟化氢等，金属及其化合物如铅烟、钒及其他化合物、钨及碳化钨等，另外还包括 Cl_2、醛、苯并[a]芘等	排放速率；排放浓度；监控点浓度；气体理化特性；排放量；排气筒高度	GB 16297，表 1 参考 GB 21900—2008、 JBJ 16—2000、 GB 14554—1993、 JB 8434—1996、 GB 9078—1996 有关内容

表 1（续）

属性		属性内容	可参考的衡量指标	参照标准
废液污染排放属性	含有毒有害物质废水排放	含有毒有害物质的废水不经过处理或处理不达标，而直接排放到江河湖海中。 包括含重金属、磷类、酚类、氰类、油类、酸碱废水等	排水量；排放浓度；化学需氧量；悬浮物；油量；pH 值；废水来源	参考 GB 21900—2008、GB 8978、JB 7740—1995、JB 8434—1996、GB 13318—2003 有关内容
	其他废水排放	除含有毒有害物质之外的废水，如含泥污水	排放浓度； 排水量	—
固体废物污染排放属性	含有毒有害物质固体废物排放	含有毒有害物质的废渣不经过处理或处理不彻底，而直接排放到土壤中。 包括氰盐渣、钡盐渣、硝盐渣、酸泥、含氰废渣、锌灰及锌渣等	浸出液的浓度； 排放体积； 排放重量	参考 JB 8434—1996 及 GB 18599—2001 有关内容
	其他固体废物排放	除含有毒有害物质之外的废渣，如燃煤炉渣、废型砂、工业垃圾等	排放体积；排放重量	—
物理性污染排放属性	振动	指那些会对生态环境造成影响的振动，如农林机械、矿山机械等工作过程中产生的会对动植物造成影响的强烈振动	振动强度； 频率计权振动加速度	—
	噪声	指那些会对生态环境造成影响的声音，如农林机械、矿山机械等工作过程中产生的可能对动植物造成影响的噪声	等效声级；倍频带声压级	噪声排放限值见 GB 12348—2008 有关规定
	辐射	指由于放射性物质遗漏、丢弃或掩埋不当等因素对生态环境所造成的辐射	辐射剂量；空气吸收剂量	参考 HJ/T 61—2001 有关内容
人体健康属性	有害物质危害	指长时间接触或吸入、食入有害物质后对人体健康造成的各种慢性损害或疾病	排放浓度；时间加权平均容许浓度；短时间接触容许浓度；最高容许浓度；接触浓度	指标限值参考 GBZ 2.1—2007 有关规定；粉尘的测定参考 GBZ/T 192.1-192.5(—2007)有关方法
	噪声干扰	直接对人体产生影响的各种噪声	噪声级；等效声级；倍频带声压级	指标限值见 GBZ 1 有关规定
	振动干扰	直接对人体产生影响的各种振动	频率 Hz；振动强度	指标限值见 GBZ 1 有关规定 锻造振动参考 GB 13318—2003 有关内容
	人体辐射	指产品生命周期过程中所产生的对人体的各种辐射，包括电磁辐射、高温辐射、激光辐射、紫外辐射等	频率范围；平均功率密度；温度；照射量；辐照度；照射时间	参考 GB 8702—88 及 GBZ 2.2—2007 有关内容

表 1（续）

属性		属性内容	可参考的衡量指标	参照标准
人体安全属性	毒性危险	主要指由接触或吸入毒性物质后所引起的中毒危险。 包括刺激性、窒息性、致敏性、致畸性、溶血性、麻醉性物质，如光气等	排放浓度； 时间加权平均容许浓度； 短时间接触容许浓度； 最高容许浓度；接触浓度；日接触时间	常见有毒物质参考附录 A。 指标及限值见 GBZ 2.1—2007 及 GB 15735—2004 的有关规定
	爆炸性危险	主要由易燃易爆物质所引起的爆炸性危险。 这些物质包括易燃易爆性气体、易燃易爆性液体、易燃易爆性固体及其他易燃易爆性物质，具体见附录 A	浓度； 燃点； 闪点	常见易燃易爆物质参考附录 A。 指标及限值见 GBZ 2.1—2007 及 GB 15735—2004 有关规定
	腐蚀性危险	主要由酸碱等腐蚀性物质对人所造成的危险。 各种酸如硫酸、硝酸、盐酸等和各种碱，如氢氧化钠(苛性钠)、氢氧化钾(苛性钾)等	浓度；pH 值 挥发性	参考 GB 15735—2004 有关规定
	高压气、液危险	由压力过大的气体、液体对人体造成的危险	事故发生率； 危险性	—
	机械危险	挤压、剪切、冲击、吸入或卷入、砸伤、迸溅等	事故发生率； 危险性	—
	电气危险	包括高压电、静电现象、带电部件接触等	电压；电流；事故发生率	见 GB/T 15706.1—2007，4.3 规定
	高、低温危险	由温度过高或过低对人所形成的危险。 包括与炽热物体接触造成烫伤、与氟利昂、液氮等制冷剂接触形成冻伤	温度；事故发生率	参考 GB/T 15706.1—2007，4.4 规定
注：“—”表示没有备注，本标准中凡出现“—”均为此意。				

7 应用示例

利用本标准中建立的属性体系来评价产品生命周期过程中的绿色性，应用过程见附录 B。

附 录 A
（资料性附录）
常见有毒有害物质示例

表 A.1 常见有毒有害物质示例

序号	名 称	衡量指标	参照标准	特性
1	氨氮	最高允许排放浓度，排放量	GB 8978 GB 21900—2008	—
2	动植物油	最高允许排放浓度，排放量	GB 8978	易燃易爆
3	氰化物（以 F 计）	最高允许排放浓度，排放量	GB 8978 JB 8434—1996 GBZ 2.1—2007	适量无害
4	锆及其化合物（按 Zr 计）	最高容许浓度	GBZ 2.1—2007	—
5	镉及其化合物（按 Cd 计）	最高容许浓度	GBZ 2.1—2007	—
6	钴及其化合物（按 Co 计）	最高容许浓度	GBZ 2.1—2007	—
7	铬	排放浓度	GB 8978	—
8	甲烷	空气中的浓度（%）	GB 15735—2004	易燃易爆
9	磷酸	最高容许浓度	GBZ 2.1—2007	—
10	磷酸盐（以 P 计）	最高允许排放浓度，排放量	GB 8978	—
11	硫化氢	最高允许浓度	GB 13318—2003	—
12	硫酸钡（按 Ba 计）	最高容许浓度	GBZ 2.1—2007	—
13	铝及其化合物	最高允许排放浓度，排放量	GB 21900—2008	—
14	锰及其无机化合物（按 MnO_2 计）	最高容许浓度	GBZ 2.1—2007	—
15	镍及其无机化合物（按 Ni 计）	最高容许浓度	GBZ 2.1—2007	—
16	溶剂汽油	最高容许浓度	GBZ 2.1—2007	—
17	石油类	悬浮物体积，排放量	GB 8978	易燃易爆
18	四氯化碳	最高允许排放浓度，排放量	GB 8978	—
19	钽及其氧化物（按 Ta 计）	最高容许浓度	GBZ 2.1—2007	—
20	碳酸钠（纯碱）	最高容许浓度	GBZ 2.1—2007	—
21	铜及其化合物（按 Cu 计）	浸出液的最高容许浓度	JB 8434—1996	—
22	锑及其化合物（按 Sb 计）	最高容许浓度	GBZ 2.1—2007	—
23	铁及其化合物	最高允许排放浓度，排放量	GB 21900—2008	—
24	锌及其化合物（按 Zn 计）	浸出液的最高容许浓度	JB 8434—1996	—
25	乙醚	最高容许浓度	GBZ 2.1—2007	—
26	钇及其化合物（按 Y 计）	最高容许浓度	GBZ 2.1—2007	—
27	铟及其化合物	最高容许浓度	GBZ 2.1—2007	—

表 A.1（续）

序号	名　　称	衡量指标	参照标准	特性
28	阴离子表面活性剂(LAS)	最高允许排放浓度，排放量	GB 8978	—
29	元素磷	最高允许排放浓度，排放量	GB 8978	—
30	银及其化合物	最高允许排放浓度，排放量	GB 8978	—
31	磷及其化合物	最高允许排放浓度，排放量	GB 21900—2008	—
32	氮及其化合物	最高允许排放浓度，排放量	GB 21900—2008	—
33	总有机碳(TOC)	最高允许排放浓度，排放量	GB 8978	—
34	钡及其化合物(可溶性)(以 Ba^{2+} 计)	浸出液的最高容许浓度	JB 8434—1996	—
35	苯	最高允许排放浓度，排放量	GB 8978	有毒 易燃易爆
36	苯胺类	最高允许排放浓度，排放量	GB 8978	—
37	苯硫磷	最高允许排放浓度，排放量	GBZ 2.1—2007	—
38	苯酚	最高允许排放浓度，排放量	GB 8978	—
39	苯乙烯	最高允许排放浓度，排放量	GBZ 2.1—2007	易燃易爆
40	丙醇	最高允许排放浓度，排放量	GBZ 2.1—2007	易燃易爆
41	丙酸	最高允许排放浓度，排放量	GBZ 2.1—2007	易燃易爆
42	丙酮	最高允许排放浓度，排放量	GBZ 2.1—2007	易燃
43	丙烯腈	最高允许排放浓度，排放量	GB 8978	易燃易爆
44	对-二甲苯	最高允许排放浓度，排放量	GB 8978	—
45	对-二氯苯	最高允许排放浓度，排放量	GB 8978	—
46	对-硝基氯苯	最高允许排放浓度，排放量	GB 8978	—
47	对硝基苯胺	最高容许浓度	GBZ 2.1—2007	剧毒
48	多氯联苯	最高容许浓度	—	剧毒
49	多溴联苯	最高容许浓度	—	剧毒
50	多溴二苯醚	最高容许浓度	—	有毒
51	二恶英	最高容许浓度	—	剧毒
52	二甲胺	最高容许浓度	GBZ 2.1—2007	易燃易爆
53	二甲基苯胺	最高容许浓度	GBZ 2.1—2007	—
54	二甲基甲酰胺	最高容许浓度	GBZ 2.1—2007	易燃易爆
55	二苯胺	最高容许浓度	GBZ 2.1—2007	—
56	二硫化碳	最高容许浓度	GBZ 2.1—2007	易燃易爆
57	二氧化硫	最高允许浓度	GB 13318—2003 GBZ 2.1—2007	(遇水)腐蚀性
58	二硝基苯	最高容许浓度	GBZ 2.1—2007	—
59	2,4-二硝基氯苯	最高允许排放浓度，排放量	GB 8978	—

表 A.1（续）

序号	名　　称	衡量指标	参照标准	特性
60	2,4-二氯酚	最高允许排放浓度,排放量	GB 8978	—
61	钒及其化合物(按 V 计)	浸出液的最高容许浓度	JB 8434—1996	—
62	汞及其化合物(以 Hg 计)	最高容许浓度	GBZ 2.1—2007	—
63	光气	最高容许浓度	GBZ 2.1—2007	剧毒
64	挥发酚	最高允许排放浓度,排放量	GB 8978	剧毒
65	甲苯	最高允许排放浓度,排放量	GB 8978	易燃易爆
66	甲醛	最高允许排放浓度,排放量	GB 8978	—
67	甲酸	最高容许浓度	GBZ 2.1—2007	—
68	甲硫醇	最高容许浓度	GBZ 2.1—2007	—
69	N-甲苯胺	最高容许浓度	GBZ 2.1—2007	—
70	间-二甲苯	最高允许排放浓度,排放量	GB 8978	—
71	间-甲酚	最高允许排放浓度,排放量	GB 8978	—
72	可吸附有机卤化物(AOX)(以 Cl 计)	最高允许排放浓度,排放量	GB 8978	—
73	邻-二氯苯	最高允许排放浓度,排放量	GB 8978	—
74	邻-二甲苯	最高允许排放浓度,排放量	GB 8978	—
75	邻苯二甲酸二丁脂	最高允许排放浓度,排放量	GB 8978	—
76	邻苯二甲酸二辛脂	最高允许排放浓度,排放量	GB 8978	—
77	六价铬	最高允许排放浓度,排放量	GB 8978	—
78	氯苯	最高允许排放浓度,排放量	GB 8978	易燃易爆
79	氯丙酮	最高容许浓度	GBZ 2.1—2007	易燃易爆
80	氯丙烯	最高容许浓度	GBZ 2.1—2007	—
81	氯化氢	最高容许浓度	GBZ 2.1—2007	强腐蚀性
82	氯甲烷	最高容许浓度	GBZ 2.1—2007	—
83	氯乙酸	最高容许浓度	GBZ 2.1—2007	强腐蚀性
84	氯乙烯	最高容许浓度	GBZ 2.1—2007	—
85	煤焦油沥青挥发物(按苯溶物)	最高容许浓度	GBZ 2.1—2007	—
86	钼及其化合物(按 Mo 计)	最高容许浓度	GBZ 2.1—2007	易燃易爆
87	铍及其化合物(按 Be 计)	最高容许浓度	GBZ 2.1—2007	—
88	铅及其化合物(按 Pb 计)	浸出液的最高容许浓度	JB 8434—1996	—
89	氢氧化钾	最高容许浓度	GBZ 2.1—2007	强腐蚀性
90	氢氧化钠	最高容许浓度	GBZ 2.1—2007	强腐蚀性
91	氰化氢(按 CN 计)	最高容许浓度	GBZ 2.1—2007	易燃,剧毒
92	氰化物(按 CN 计)	最高容许浓度	GBZ 2.1—2007	—
93	三氯乙烯	最高允许排放浓度,排放量	GB 8978	—

表 A.1（续）

序号	名　　称	衡量指标	参照标准	特性
94	三氯甲烷	最高允许排放浓度,排放量	GB 8978	有毒
95	2,4,6-三氯酚	最高允许排放浓度,排放量	GB 8978	—
96	砷及其化合物(按 As 计)	最高容许浓度	GBZ 2.1—2007	—
97	四氯乙烯	最高允许排放浓度,排放量	GB 8978	—
98	四氯化碳	排放浓度	GBZ 2.1—2007	—
99	铊及其化合物(按 Tl 计)	最高容许浓度	GBZ 2.1—2007	—
100	五氯酚及五氯酚钠(以五氯酚计)	最高允许排放浓度,排放量	GB 8978	—
101	钨及其不溶性化合物(按 W 计)	最高容许浓度	GBZ 2.1—2007	—
102	五硫化二磷	最高容许浓度	GBZ 2.1—2007	易燃
103	硒化氢	最高容许浓度	GBZ 2.1—2007	易燃易爆
104	硝基苯类	最高允许排放浓度,排放量	GB 8978	—
105	亚硝酸盐	浸出液的最高容许浓度	JB 8434—1996	—
106	乙苯	最高允许排放浓度,排放量	GB 8978	易燃易爆
107	乙腈	最高允许排放浓度,排放量	GBZ 2.1—2007	—
108	乙醛	最高允许排放浓度,排放量	GBZ 2.1—2007	易燃
109	异丙醇	最高容许浓度	GBZ 2.1—2007	易燃
110	烷基汞	不得检出	GB 8978	剧毒
111	苯并(a)芘	最高允许排放浓度	GB 8978	剧毒
112	对硫磷	不得检出	GB 8978	剧毒
113	甲基对硫磷	不得检出	GB 8978	剧毒
114	马拉硫磷	不得检出	GB 8978	剧毒

注 1：本表序号 1～32 为毒性较小但有害的物质,33～114 为毒性较显著的物质。

注 2：当在工作场所时,衡量指标还包括时间加权平均容许浓度、短时间接触容许浓度和最高容许浓度。

注 3：本表中所列有毒有害物质主要为机械行业常见物质。

附　录　B
（资料性附录）
应 用 示 例

将绿色制造属性用在机械产品生命周期评价过程中，如下图所示。

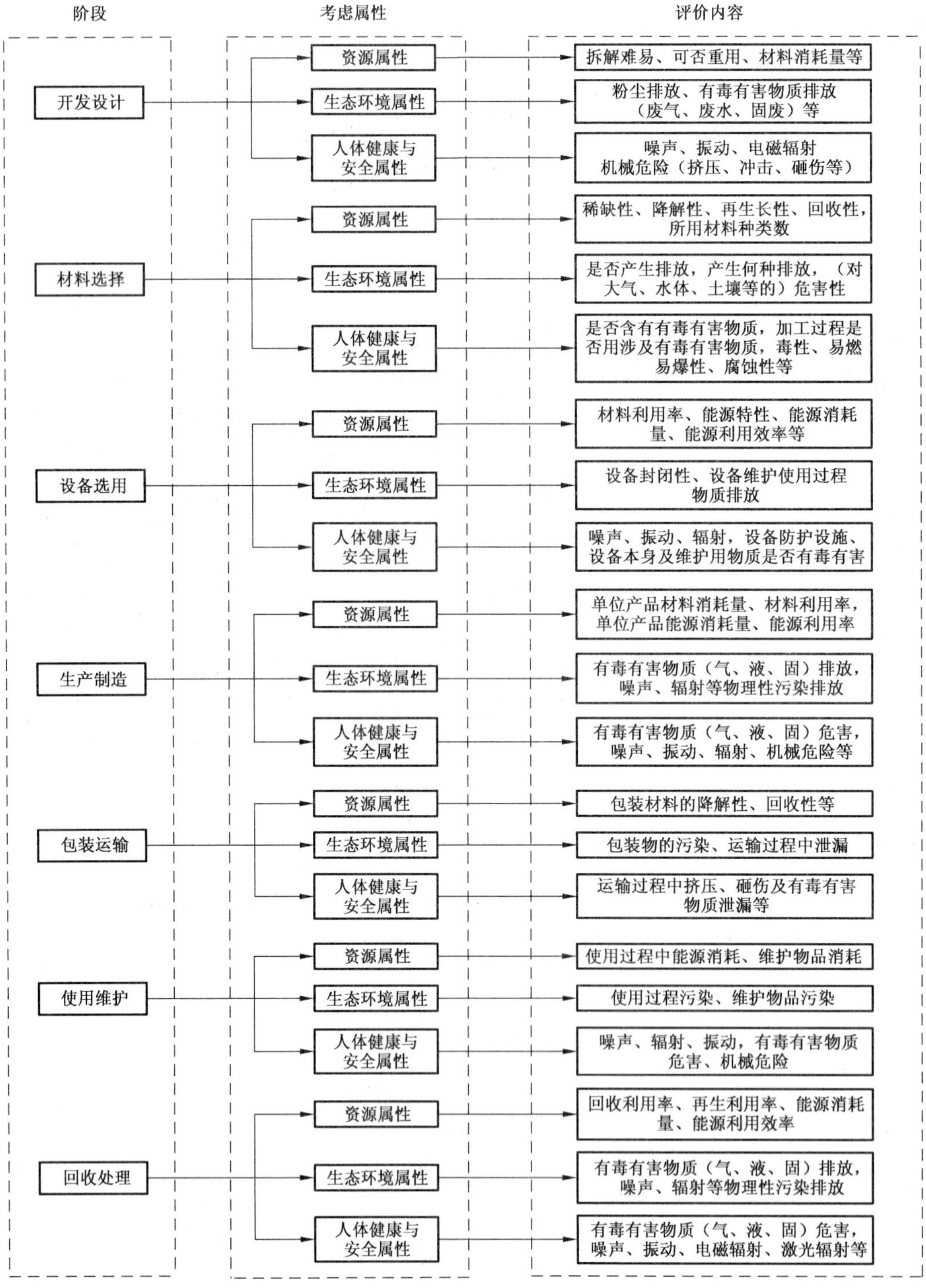

图 B.1　绿色制造属性在机械产品生命周期评价中的应用示例

参 考 文 献

[1] GBZ/T 192—2007(所有部分) 工作场所空气中粉尘测定

[2] GB 9078—1996 工业炉窑大气污染物排放标准

[3] GB 13318—2003 锻造生产安全与环保通则

[4] GB 14554—1993 恶臭污染物排放标准

[5] GB/T 16667—1996 电焊设备节能监测方法

[6] GB/T 17358—2009 热处理生产电耗计算和测定方法

[7] GB 18599—2001 一般工业固体废物贮存、处置场污染控制标准

[8] GB/Z 18718—2002 热处理节能技术导则

[9] GB/T 23331—2009 能源管理体系 要求

[10] HJ/T 61—2001 辐射环境监测技术规范

[11] JB 7740—1995 机械工业含油废水排放规定

[12] JB 8434—1996 热处理环境保护技术要求

[13] JBJ 16—2000 机械工业环境保护设计规范

[14] JB/T 6953—1993 铸造冲天炉烟尘排放标准

ICS 25.020
J 31

中华人民共和国国家标准

GB/T 28617—2012

绿色制造通用技术导则　铸造

General guidance for green manufacturing technology—Foundry section

2012-06-29 发布　　2012-12-01 实施

中华人民共和国国家质量监督检验检疫总局
中国国家标准化管理委员会　发布

前言

本标准按照GB/T 1.1—2009给出的规则起草。

本标准由全国绿色制造技术标准化技术委员会(SAC/TC 337)提出并归口。

本标准主要起草单位:中机生产力促进中心、沈阳铸造研究所。

本标准主要起草人:张红、房贵如、曾艺成、葛晨光、李传栻、曾大本、黄天佑、马敬仲。

引　言

为贯彻实施《中华人民共和国环境保护法》、《中华人民共和国清洁生产促进法》、《中华人民共和国节约能源法》和《国家中长期科学和技术发展规划纲要(2006～2020年)》中提出的关于制造业领域“积极发展绿色制造”的发展思路,建立我国绿色制造技术标准体系,并为制造业中铸造行业企业实施绿色制造提供导向性的技术支持,实现优质高效、节能降耗、少无污染的现代铸造生产模式,制定本标准。

根据绿色制造的要求、结合铸造行业特点及当前技术、装备水平,在识别我国铸造行业企业生产过程中的污染物排放特征、能耗、物耗因素的基础上,通过对关键技术的遴选,以不同类型铸造产品及其相关工艺为主线,面向铸件生产及使用过程的全生命周期,从铸件及铸造工艺设计技术、工艺及装备技术、原辅材料应用及再生回用技术、检测及控制技术和污染物末端治理技术等五个方面提出实现绿色铸造技术的指导原则和有效实施方案。

本标准为推荐性标准,适用于指导我国制造业铸件设计及生产企业(分厂、车间、工段)实施绿色制造,也可供铸造原辅材料、工艺装备生产企业参照执行。随着国内外铸造行业技术的不断进步和发展,本标准在实施过程中将根据需要进行修订。

绿色制造通用技术导则　铸造

1　范围

本标准规定了制造业铸件设计和生产过程宜采用的技术与工艺及适用范围、可被替代技术、注意事项等内容。

本标准适用于指导我国制造业铸件设计及生产企业(分厂、车间、工段)构建绿色制造生产模式、实现绿色制造,也可供铸造原辅材料、工艺装备生产企业参照执行。

2　规范性引用文件

下列文件对于本文件的应用是必不可少的。凡是注日期的引用文件,仅注日期的版本适用于本文件。凡是不注日期的引用文件,其最新版本(包括所有的修改单)适用于本文件。

GB/T 28612—2012　机械产品绿色制造　术语

JBJ 14—2004　机械行业节能设计规范

3　术语和定义

下列术语和定义适用于本文件。

3.1

绿色制造　green manufacturing

现代制造业的可持续发展模式,其目标是使得产品在其整个生命周期中,资源消耗极少、生态环境负面影响极小、人体健康与安全危害极小,并最终实现企业经济效益和社会效益的持续协调优化。

[GB/T 28612—2012,定义 2.1]

4　技术导则

4.1　一般要求

在保证铸件质量的前提下,应通过以下方法、技术或手段来实现绿色铸造:

——通过优化设计来提高能源、资源使用效率和降低或杜绝有害物质的使用;

——选择并优化铸造工艺、设备及检测控制等各个生产环节的技术方案,用节能减排的清洁生产技术、工艺和设备取代高耗能、高污染的落后生产技术、工艺和设备;

——用少、无污染的绿色原辅材料替代高污染、高材耗的原辅材料,并采用必要且有效的污染物末端治理及资源再生利用技术。

4.2　绿色铸件及铸造工艺设计导则

绿色铸件及铸造工艺设计过程宜采用技术及说明、适用范围和预期效果见表 1。

表 1 绿色铸件及铸造工艺设计

<table>
<tr><th>序号</th><th>宜采用技术</th><th>技术说明</th><th>适用范围</th><th>预期效果</th></tr>
<tr><td rowspan="3">1</td><td rowspan="3">根据铸件使用要求优选合金牌号优化铸件结构</td><td>(1) 合理确定铸造合金种类和相应牌号
根据铸件受力情况和服役条件，选用合适的铸造合金及相应牌号</td><td rowspan="3">铸件设计及研发过程</td><td rowspan="3">节材、减重，从源头提高铸件的本质环保性</td></tr>
<tr><td>(2) 铸件结构优化设计
根据铸件受力及服役条件，采用疲劳设计、动力学分析、有限元分析、摩擦学设计等先进方法，优化铸件结构及尺寸</td></tr>
<tr><td>(3) 铸件结构工艺性审查
根据合金铸造工艺性能特点，应用并行设计理念，加强铸件结构工艺性能审查，进一步优化铸件结构</td></tr>
<tr><td>2</td><td>快速成形及铸造模具快速开发</td><td>采用快速成形技术实现铸造模具的快速开发及快速制模</td><td>中小型铸件及铸模设计开发</td><td>缩短铸件研发及设计周期，实现研发试制阶段的节能减排</td></tr>
<tr><td rowspan="4">3</td><td rowspan="4">铸造工艺路线及原辅材料合理选择与优化设计</td><td>(1) 铸造工艺路线合理选择及优化设计
根据铸件生产规模(大批量、中小批量、单件)、重量、结构及尺寸、材质，合理确定铸造方法类别及其工艺路线</td><td rowspan="3">铸件研发及生产准备过程</td><td rowspan="4">节能、节材、减少贵重、稀有金属使用量，提高铸件成品率，从源头确保铸造生产过程的本质环保性</td></tr>
<tr><td>(2) 铸件成分优化设计
根据铸件牌号要求，科学合理设计铸件成分，少用或不用贵重、稀有金属，控制影响铸件质量的有害元素含量(如球铁、蠕铁中硫、磷、钛；不锈钢中碳等)</td></tr>
<tr><td>(3) 绿色铸造原、辅材料合理选择
根据铸造方法类别及其工艺路线，合理选择各大类原、辅材料(炉料、型芯材料、清整及表面保护材料)</td></tr>
<tr><td>(4) 淘汰或限制使用含法规要求控制的高污染化学元素的物质(如铅、六价铬、镉等)</td><td>电子信息产品用铸件的成分设计</td></tr>
<tr><td rowspan="2">4</td><td rowspan="2">铸造工艺参数计算机辅助优化设计</td><td>(1) 铸造工艺参数的数值模拟及优化设计
优化浇冒口系统，浇注温度、速度，工艺补贴、保温及激冷材料的合理布置等基本铸造工艺参数</td><td>铸件铸造工艺设计过程</td><td rowspan="2">提高铸件成品率、工艺出品率、节能节材，减少铸件及其工艺设计阶段的资源消耗及污染物排放</td></tr>
<tr><td>(2) 铸件组织、性能模拟及质量预测、缺陷预防
针对高参数铸件的特殊要求，进一步优化铸造参数，确保最佳的金相组织及相应的性能</td><td>高参数及有特殊要求铸件的铸造工艺设计过程</td></tr>
</table>

表 1（续）

序号	宜采用技术	技术说明	适用范围	预期效果
5	面向铸件使用、维修及无害化处置与回收的绿色设计	(1) 铸件易修复性、可拆卸性、再制造性设计 通过铸件成分及结构优化设计，提高铸件的可焊性，易于焊补及喷焊修复；优化铸件在主机产品中的可拆卸性，易于拆卸维修，最终提高铸件的再制造性	所有铸件的结构及成分设计	确保铸件在使用及维修中的环境友好性
		(2) 铸件易分解性、可回收性设计 在设计中尽量避免采用材料性能明显不同的复合结构；淘汰或限制使用铅、六价铬、镉等高污染元素，实现报废铸件的充分可再生利用		确保铸件报废后实现无害化处置与回用

4.3 绿色铸造工艺及工艺装备技术导则

绿色铸造工艺及工艺装备宜采用技术与工艺及其适用范围、可被替代技术与工艺见表 2。

表 2 绿色铸造工艺及装备技术

工序	序号	宜采用技术与工艺	可被替代技术与工艺	适用范围
熔化熔炼—铸铁	1	预热送风、富氧送风和脱湿送风		各种炉型冲天炉
	2	冲天炉炉气再点燃加热与余热回收		各种炉型冲天炉
	3	两排大间距冲天炉		冲天炉/熔炼一般铸铁材质
	4	冲天炉-感应电炉双联熔化 (按 JBJ 14—2004 中 3.0.5 规定)	单一冲天炉熔化	熔炼较高材质或要求较高铁水温度的大、中批量生产
	5	长炉龄水冷无(薄)炉衬冲天炉	短炉龄冲天炉	多班制连续生产或 7 t/h 及以上冲天炉
	6	冲天炉专用离心鼓风机	普通罗茨风机	小型冲天炉(≤5 t/h)
	7	变频罗茨风机	普通罗茨风机	大中型冲天炉(≥7 t/h)
	8	感应电炉熔化	冲天炉熔化	中小型熔化炉(≤5 t/h)
	9	中频电炉、变频感应电炉熔化	工频电炉熔化	中小型熔化炉(≤5 t/h)
	10	直接利用高炉铁液的短流程熔化工艺	冲天炉或电炉熔化	大批量生产球铁铸管或球铁、灰铁连铸型材
	11	强化脱氧(加氧助熔和复合脱氧剂的沉淀脱氧等)工艺	普通脱氧工艺	电弧炉
	12	应用电耗特性曲线，制定合理用电规范		电弧炉
	13	炉外精炼工艺（ASEA-SKF、VOD、AOD、LF 等）		电弧炉/大型铸钢件或高合金铸钢件
	14	镁尖晶石炉衬、中频电炉、变频感应电炉熔化	电弧炉、工频电炉熔化	小型铸钢件、熔模铸钢件

表 2（续）

工序	序号	宜采用技术与工艺	可被替代技术与工艺	适用范围
熔化熔炼—有色	15	炉料预热、熔化、保温一体化熔炼设备		铝合金熔化
	16	电炉、燃气炉熔化	油炉、焦炭炉熔化	有色合金熔化
炉前处理	17	喂丝法、转包法及盖包法	冲入法	球化、蠕化处理/球墨铸铁、蠕墨铸铁
	18	瞬时孕育、预孕育及动态孕育处理	普通孕育	薄壁灰铸铁件或铸态球铁
	19	惰性气体(氮、氩)无毒精炼	六氯乙烷	精炼工艺/铝合金
造型制芯	20	高紧实度(静压、高压、挤压、气冲)造型	震压造型及手工造型	砂型铸造/大批量生产/铸铁、铸钢件
	21	制芯中心		砂型铸造/大批量生产/中小铸铁件
	22	压边冒口		砂型铸造/铸铁件
	23	远红外烘芯(型)		砂型铸造/型芯烘干工艺
	24	铸铁型材水平连铸		铸铁型材生产
	25	消失模铸造		中大批量结构复杂铸件或单件小批大型铸件
清理及后处理	26	抛丸室清理	喷丸(砂)清理和手工清理	清理工艺
	27	铸态球铁	热处理球铁	QT 700-2 以下珠光体、混合基体及 QT 400-15 以下铁素体球铁
	28	振动消除应力	热时效	消除应力处理/大型铸铁件
	29	地坑控温时效	热时效	消除应力处理/大型铸铁件(>15 t)
	30	无铬酸盐氧化	有铬酸盐氧化	有色铸件氧化处理

4.4 绿色铸造原辅材料应用及再生利用绿色制造技术导则

绿色铸造原辅材料应用及再生利用宜采用技术及其适用范围、可被替代原辅材料及使用技术见表 3。

表 3 铸造原辅材料应用及再生回用技术

工序	序号	宜采用技术	可被替代原辅材料及使用技术	适用范围
熔化熔炼	1	炉料预净化处理		各种材质熔化熔炼
	2	冲天炉采用铸造焦	冶金焦	铸铁熔化/各种炉型冲天炉燃料
	3	铝合金无毒长效变质剂	普通变质剂	炉前处理/变质工艺/铝铸件

表 3（续）

工序	序号	宜采用技术	可被替代原辅材料及使用技术	适用范围
造型制芯	4	白色或其他环保型湿型辅料		砂型铸造/大批量生产造型/铸铁件
	5	树脂砂造型制芯	粘土烘干砂型及型芯	砂型铸造/多品种中小批量或单件小批量大型铸件
			油砂制芯	砂型铸造/大批量生产制芯
	6	冷芯盒制芯	热芯盒制芯	砂型铸造/大批量生产制芯
	7	无毒气硬（有机酯、CO_2）冷芯	三乙胺、SO_2 冷芯	砂型铸造/大批量生产制芯
	8	酯硬化水玻璃砂及再生回用	CO_2 水玻璃砂	砂型铸造/批量生产铸钢件
	9	水基涂料	醇基涂料	砂型铸造
	10	发热、保温冒口	普通冒口	砂型铸造/铸钢件、球墨铸铁件
铸造方法	11	硅溶胶结壳涂料	水玻璃和硅酸乙酯结壳涂料	熔模铸造/各种铸件结壳
	12	中温（树脂基）蜡料及无害（毒）再生回用	低温蜡料	熔模铸造/蜡模制造及再生回用
后处理	13	水基防锈液	苯基油漆	铸件表面处理/铸件涂装
	14	环保铸件浸渗剂	普通浸渗剂	铸件缺陷浸渗修复
再生利用	15	铸造生产用水（再生）循环使用	生产用水直排	熔化炉、造型制芯机、压铸机等冷却水，水力清砂、炉渣粒化等用水
	16	旧砂干（热）法再生回用	不回用或湿法再生	粘土砂、树脂砂、酯硬化水玻璃砂
	17	碎焦炭末加压成块回用	不利用	冲天炉熔化
	18	焦炭末、切屑等废弃物风口喷吹回用	不利用	冲天炉熔化
	19	废砂用于制砖	不利用	废弃的粘土湿型砂

4.5 绿色铸造检测及控制绿色制造技术导则

绿色铸造检测及控制宜采用技术及说明、适用范围、可被替代技术见表 4。

表 4 绿色铸造检测及控制技术

序号	宜采用技术	技术说明	可被替代技术	适用范围
1	冲天炉计算机控制技术	（1）计算机配料、炉料自动称量	人工经验控制	大中型冲天炉熔化
		（2）熔化过程及工艺参数（风量、风压等）的自动化控制，使冲天炉处于优化状态下工作		

表 4（续）

序号	宜采用技术	技术说明	可被替代技术	适用范围
2	金属液成分快速准确检测技术	(1)直读光谱仪检测技术 快速准确地测出金属（铸铁、钢、有色）液的化学成分，提高检测精度、速度及被测元素数量，及时调整成分，节能降耗，提高成品率	炉前化学分析	铸铁、铸钢、有色铸件大批量或重要铸件生产
		(2) 炉前热分析技术 快速测出铁水的碳、硅含量及凝固特性	炉前三角试片	铸铁炉前检验
3	混砂过程水分及型砂性能自动监测及控制技术	应用传感器监测及计算机控制技术，自动监测并控制型砂成分配比及性能，实现型砂性能的在线检测与控制，提高材料利用率及铸件成品率	人工经验控制	大批量砂型铸造混砂过程
4	铸件缺陷及质量检测与预测技术	(1) 铸件缺陷内窥镜检测技术 采用内窥镜技术检测形状复杂铸件的内腔、孔洞等部位的表面缺陷，避免或减少破坏性检测	人工经验操作	形状复杂铸件的缺陷检测
		(2) 铸件内部质量的在线无损检测（超声、射线、音频等）技术		重要铸件的内部质量检验
		(3) 铸件质量及内部组织性能模拟仿真及优化、预测技术 应用计算机宏微观模拟仿真技术预测铸件缺陷的类型、位置及大小，通过优化工艺参数事先预防铸件缺陷产生	人工经验预测	高参数铸件的缺陷预防

4.6 绿色铸造生产过程的污染物末端治理技术导则

绿色铸造生产过程中，针对不同污染因子宜采用的污染物末端治理技术及其适用范围、注意事项见表 5。

表 5 绿色铸造适用的污染物末端治理技术

序号	污染物		宜采用的末端治理技术	适用范围	注意事项
	类别	污染因子			
1	大气污染物	粉尘 烟尘	(1) 重力、惯性法：重力或惯性除尘器	(1) 粉（烟）尘浓度很低时单独采用； (2)高浓度粉（烟）尘的前置处理	只能分离≥20 μm 尘粒

表 5（续）

<table>
<tr><th rowspan="2">序号</th><th colspan="3">污染物</th><th rowspan="2">宜采用的末端
治理技术</th><th rowspan="2">适用范围</th><th rowspan="2">注意事项</th></tr>
<tr><th>类别</th><th colspan="2">污染因子</th></tr>
<tr><td rowspan="7">1</td><td rowspan="7">大气污染物</td><td colspan="2" rowspan="3">粉尘
烟尘</td><td>(2) 机械法：旋风除尘器(单管或多管)</td><td>(1) 粉(烟)尘浓度较低时单独采用；
(2) 高浓度粉(烟)尘的预处理</td><td>(1) 只能分离≥5 μm 尘粒；
(2) 多管旋风效率更高</td></tr>
<tr><td>(3) 过滤法：布袋除尘器</td><td>高浓度粉(烟)尘的最终处理</td><td>(1) 除尘率 95%～99%，可分离 0.5 μm 尘粒；
(2) 必要时，气流要预先降温除湿</td></tr>
<tr><td>(4) 湿法：喷淋塔除尘器等</td><td>(1) 粉(烟)尘量小，且与脱臭装置联用时；
(2) 粉(烟)尘中含活性金属粉(镁、铝等)时</td><td>要配备污水及污泥治理设施</td></tr>
<tr><td rowspan="4">工艺废气</td><td>苯系物、漆雾</td><td>水幕、过滤、吸附法</td><td>大批量生产的铸件及木模涂装</td><td>要配备除漆渣及冲渣污水治理设施</td></tr>
<tr><td>酸雾、碱雾</td><td>中和法：喷淋洗涤塔、泡沫洗涤塔</td><td>酸洗、蜡料回收、阳极及化学氧化、理化检验</td><td rowspan="3">要配备污水治理设施</td></tr>
<tr><td>三乙胺</td><td>中和法：喷淋洗涤塔</td><td>冷芯盒制芯</td></tr>
<tr><td>氨</td><td>中和法：喷淋洗涤塔</td><td>熔模铸造(水玻璃、硅酸乙酯制壳)</td></tr>
<tr><td rowspan="5">2</td><td rowspan="5">水污染物</td><td colspan="2">悬浮物</td><td>物理法：隔离沉淀
(粒径≥10 μm)
化学法：化学絮凝沉淀(粒径≤1 μm)</td><td rowspan="2">铸造生产相关工序，如：湿法除尘、水力清砂、渗透探伤、循环冷却水(熔化炉、造型机、压铸机、空压机等)定期清洗排放等</td><td rowspan="5">要定期进行污泥无害化处置</td></tr>
<tr><td colspan="2">石油类</td><td>物理法：隔离栅格
化学法：化学絮凝气浮</td></tr>
<tr><td colspan="2">重金属</td><td>化学法：氧化还原法</td><td>有色铸件阳极、化学氧化</td></tr>
<tr><td colspan="2">酸碱度(pH 值)</td><td>中和法</td><td>酸洗、理化检验</td></tr>
<tr><td colspan="2">COD</td><td>化学法(化学絮凝)、生物法</td><td>铸造生产相关工序、生活污水</td></tr>
<tr><td rowspan="6">3</td><td rowspan="6">噪声污染</td><td colspan="2" rowspan="5">机械振动噪声
起重运输噪声</td><td>阻尼减振</td><td rowspan="5">各类机械振动和起重运输噪声</td><td rowspan="5"></td></tr>
<tr><td>防止共振</td></tr>
<tr><td>隔声间(罩)</td></tr>
<tr><td>吸声材料吸声</td></tr>
<tr><td>距离衰减</td></tr>
<tr><td colspan="2">空气动力噪声</td><td>消声器消声</td><td>风机、空压机、风动工具运行</td><td></td></tr>
</table>

参 考 文 献

[1] GB 9078—1996 工业炉窑大气污染物排放标准
[2] GB 14554—1993 恶臭污染物排放标准
[3] GB/T 16297—1996 大气污染物综合排放标准
[4] JBJ 16—2000 机械工业环境保护设计规范
[5] JB/T 5992.1—1992 机械制造工艺方法分类与代码 总则
[6] JB/T 5992.2—1992 机械制造工艺方法分类与代码 铸造
[7] JB/T 6953—1993 铸造冲天炉烟尘排放标准

ICS 01.040.25
J 04

中华人民共和国国家标准

GB/T 28618—2012

机械产品再制造 通用技术要求

Remanufacturing—General technical requirements for mechanical products

2012-06-29 发布 2012-12-01 实施

中华人民共和国国家质量监督检验检疫总局
中国国家标准化管理委员会 发布

前　　言

本标准按照 GB/T 1.1—2009 给出的规则起草。

本标准由全国绿色制造技术标准化技术委员会(SAC/TC 337)提出并归口。

本标准起草单位:装备再制造技术国防科技重点实验室、中机生产力促进中心、中国重汽集团济南复强动力有限公司、徐工集团工程机械股份有限公司、合肥工业大学、中国人民解放军第五七一九工厂、中国标准化研究院。

本标准主要起草人:徐滨士、邱城、张伟、史佩京、刘渤海、肖承翔、奚道云、罗建明、黄铁、闫丽娟、伍佳伟、张秀芬、付允、向巧、何勇、周新远、王文宇、刘赟。

机械产品再制造　通用技术要求

1　范围

本标准规定了机械产品再制造通用性技术要求。

本标准适用于机械产品再制造，其他产品再制造也可参考使用。

2　规范性引用文件

下列文件对于本文件的应用是必不可少的。凡是注日期的引用文件，仅注日期的版本适用于本文件。凡是不注日期的引用文件，其最新版本(包括所有的修改单)适用于本文件。

GB/T 191　包装储运图示标志

GB/T 6388　运输包装收发货标志

GB/T 27611　再生利用品和再制造品通用要求及标识

GB/T 28619—2012　再制造　术语

3　术语和定义

GB/T 28619—2012 界定的术语和定义适用于本文件。

4　总则

4.1　机械产品再制造应符合国家有关资源利用、环境保护法律法规及相关国家标准规定。

4.2　再制造产品的质量特性和安全性能应不低于原型新品。

4.3　机械产品再制造基本流程参见附录 A。

4.4　拆解后的机械产品零部件应进行清洗。

4.5　拆解及清洗后的产品零部件应进行再制造性评估并分类。

4.6　可再制造的产品应进行再制造设计，包括制定再制造技术方案及实施技术依据。

4.7　再制造产品出厂前应通过产品性能检测。

4.8　再制造产品必须明示再制造标识，标识应符合 GB/T 27611 的规定。

4.9　再制造产品包装及随机技术文件参照同类新产品要求执行。

5　通用技术要求

5.1　再制造毛坯初步检验

5.1.1　再制造毛坯再制造前应进行初步检验，以判断其是否符合再制造要求。

5.1.2　对于初步判断有再制造价值的产品，在拆解或清洗以后应做进一步的再制造性评估。

5.2　再制造毛坯拆解

5.2.1　再制造毛坯拆解前应对其功能或性能状态进行确认，并根据再制造毛坯不同的功能、性能状态及机型选择不同的拆解方案。

5.2.2 再制造毛坯一般应拆解至最小不可拆解单元，拆解过程中尽量避免损伤零部件。

5.3 零部件清洗

5.3.1 对拆解的零部件进行分类处理，对于不同物理形状及化学性质的零部件选择相应的清洗方法。

5.3.2 零部件清洗后保证清洁无污物，无残留清洗液，避免造成锈蚀。

5.3.3 对于不同污垢应采用合适的方法处理，避免造成二次损伤并应满足国家相关环境保护要求。

5.3.4 对于清洗过程中产生的废弃物的处理，应满足相关国家环保要求。

5.4 零部件检测及分类

5.4.1 清洗后的零部件应进行检测并分类，一般分为直接使用件、可再制造件和弃用件三类。

5.4.2 检测后的零部件应做相应的检测记录并分类存放。

5.4.3 存放时应采取必要的防护措施，弃用件存放和处置应符合国家相关法律法规和标准规定。

5.5 再制造性评估

5.5.1 在对再制造毛坯进行性能测试及工况指标分析的基础上，综合考虑技术、经济、环境、资源等因素，进行再制造性评估。

5.5.2 评估一般包括再制造毛坯失效分析、剩余寿命评估、环境影响分析、资源利用及成本分析、能效分析等。

5.6 再制造设计

5.6.1 结合再制造性评估结果及产品再制造要求，进行再制造产品技术方案和工艺设计等。

5.6.2 设计文件应满足再制造产品生产、检验、管理等需要。

5.7 再制造加工

5.7.1 加工过程应严格按照再制造设计的文件执行。

5.7.2 应根据可再制造件的特性及损伤程度选择合适的修复技术。

5.7.3 修复及加工后的可再制造件应不低于原型新品的功能和性能要求。

5.7.4 可再制造件应按工序检查验收，在前道工序检验合格后，方可转入下道工序制作。

5.7.5 用尺寸修理法加工的零件，加工后的主要配合尺寸应符合工艺规定。

5.7.6 成组配对加工的零件，应有配对标记。

5.8 再制造装配

5.8.1 再制造装配应参照原型新品装配要求及相关的规定进行。

5.8.2 装配环境如温度、湿度、降尘量、照明、防震等必须符合有关规定。

5.8.3 产品零部件(包括更新件)须经检验合格后方能进行装配。

5.8.4 再制造装配过程中要根据工艺要求进行过程检验并留有装配记录。

5.9 标识

5.9.1 再制造产品的标识除应符合国家相关法律法规和标准的规定外，还应在产品、产品说明书或产品包装物(如适用)的明显位置上标有再制造标识。标注在再制造产品上的标识应能永久保持。

5.9.2 再制造产品标识应含有以下内容：

a) 再制造产品名称；

b） 再制造商名称；

c） 再制造品型号；

d） 再制造日期。

5.10 质量保证及包装

5.10.1 再制造产品质量检验符合原型新品或再制造产品要求。

5.10.2 再制造产品的质量保证要求应与原型新品相同。

5.10.3 再制造机械产品出厂文件应包含以下内容：

a） 再制造产品合格证；

b） 使用维修说明书；

c） 质保卡。

5.10.4 再制造机械产品应采取必要的防尘、防腐蚀及防物理性损坏等措施。

5.10.5 再制造产品的包装应符合 GB/T 191 和 GB/T 6388 等标准的规定。

附 录 A
（资料性附录）
机械产品再制造流程

机械产品再制造流程见图 A.1。

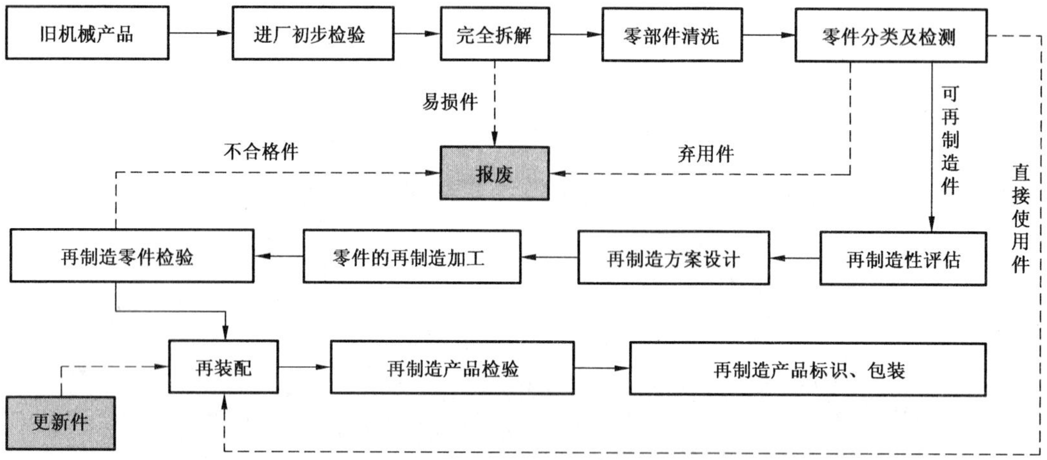

图 A.1 机械产品再制造流程

ICS 01.040.25
J 04

中华人民共和国国家标准

GB/T 28619—2012

再制造　术语

Remanufacturing—Terminology

2012-06-29 发布　　2012-12-01 实施

中华人民共和国国家质量监督检验检疫总局
中国国家标准化管理委员会　发布

前　言

本标准按照 GB/T 1.1—2009 给出的规则起草。

本标准由全国绿色制造技术标准化技术委员会提出。

本标准由全国绿色制造技术标准化技术委员会(SAC/TC 337)、全国产品回收利用基础与管理标准化技术委员会(SAC/TC 415)归口。

本标准起草单位:装备再制造技术国防科技重点实验室、中国重汽集团济南复强动力有限公司、合肥工业大学、徐工集团工程机械股份有限公司、中机生产力促进中心、中国标准化研究院、佛山市顺德区质量技术监督标准与编码所、中国人民解放军第五七一九工厂。

本标准主要起草人:徐滨士、张伟、史佩京、刘渤海、罗建明、黄铁、闫丽娟、伍佳伟、奚道云、林翎、张秀芬、周新远、欧阳丹、李军生、向巧、何勇、王文宇、刘赟。

再制造 术语

1 范围

本标准规定了产品再制造的术语和定义。

本标准适用于产品再制造生产、科研及管理等,其他相关工作也可参考使用。

2 术语和定义

2.1

再制造毛坯 core

蕴涵使用价值,由于功能性损坏或技术性淘汰等原因不再使用的产品。

2.2

再制造 remanufacturing

对再制造毛坯进行专业化修复或升级改造,使其质量特性不低于原型新品水平的过程。

注1:其中质量特性包括产品功能、技术性能、绿色性、经济性等。

注2:再制造过程一般包括再制造毛坯的回收、检测、拆解、清洗、分类、评估、修复加工、再装配、检测、标识及包装等。

2.3

再制造产品 remanufactured product

经过再制造过程并达到再制造要求,重新上市销售的产品。

2.4

恢复性再制造 resumed remanufacturing

恢复再制造毛坯质量特性的再制造模式。

2.5

升级性再制造 upgrade remanufacturing

对再制造毛坯进行技术改造、局部更新,改善或提升其质量特性的再制造模式。

2.6

再制造性 remanufacturability

再制造毛坯可以进行再制造的属性和能力。

2.7

固有再制造性 intrinsic remanufacturability

设计过程中赋予产品的再制造性。

2.8

实际再制造性 actual remanufacturability

产品再制造过程中实际具有的再制造性。

2.9

再制造性评估 remanufacturability assessment

综合技术、经济、环境、安全、服务等因素对再制造毛坯进行评估,以确定其是否满足再制造要求的过程。

2.10

再制造性设计 remanufacturability design

在产品设计阶段,考虑产品再制造性要求的设计方法。

2.11

再制造毛坯剩余寿命 residual life

再制造毛坯在满足规定的条件下可继续工作的时间。

2.12

再制造产品可靠性 remanufactured product reliability

再制造产品在规定的条件下和规定的时间区间内完成规定功能的能力。

2.13

再制造工艺 remanufacturing technics

以再制造毛坯为加工对象,使其质量特性恢复到不低于原有新品的方法和过程。

2.14

尺寸修理法 size repair method

在满足再制造要求的前提下,将再制造毛坯修复到符合配合要求的修理方法。

2.15

尺寸恢复法 size renewal method

恢复再制造毛坯几何参数和表面性能的修理方法。

2.16

换件修理法 exchange repairing method

在满足再制造要求的前提下,将损伤零件更换为新件的修理方法。

2.17

拆解 disassembly

将再制造毛坯进行拆卸、解体的活动。

2.18

清洗 cleaning

对再制造毛坯及其零部件去除锈蚀、毛刺、表面各种污渍的过程。

2.19

直接使用件 directly used parts

拆解后经清洗、检测可直接使用的旧零件。

2.20

可再制造件 remanufacturable parts

可以经过再制造恢复或提高其质量特性的旧零件。

2.21

弃用件 disposed parts

不再具备使用价值的旧零件。

2.22

更新件 replacement parts

根据再制造产品装配要求而选用的新零件。

2.23

再制造装配 reassembly

将再制造后的合格零件与部分更新件组装成再制造产品的过程。

2.24

再制造产品生命周期　life cycle of remanufactured product

经历再制造毛坯回收、再制造加工、再制造产品销售及使用,直至再制造产品再次处置的全过程。

2.25

再制造管理　remanufacturing management

对再制造产品生命周期全过程进行计划、组织、控制等的一系列活动。

2.26

再制造产品质量　quality of remanufactured product

再制造产品特性满足要求的程度。

2.27

再制造系统　remanufacturing system

用于产品再制造过程的各种资源及其组合。

2.28

再制造物流　remanufacturing logistics

产品从消费市场到再制造加工地并重新回到消费市场的流动过程。

2.29

再制造率　remanufacturing rate

单位再制造毛坯经过再制造生产加工,所获得的合格再制造零部件的数量之和、质量之和、价值之和占对应产品总数量、总质量、总价值的百分比。分别称为数量再制造率、质量再制造率、价值再制造率。

2.30

再制造标识　remanufacturing labeling

用于辨识再制造产品的标志及说明。

2.31

再制造商　remanufacturer

从事再制造产品生产加工或销售的组织。

2.32

原始设备制造商　original equipment manufacturer (OEM)

新产品的原制造商或产权所有者。

2.33

独立再制造商　independent remanufacturer

从事产品再制造而不进行新品制造的产品制造商。

参 考 文 献

[1] GB/T 4863—2008 机械制造工艺基本术语

[2] GB/T 20861—2007 废弃产品回收利用术语

[3] GB/T 3187—94 可靠性、维修性术语

[4] GB/T 19000—2008 质量管理体系 基础和术语

[5] 徐滨士,等.再制造与循环经济.北京:科学出版社,2007.

索　引

汉语拼音索引

英文对应词索引

A

C

D

E

I

L

O

Q

R

ICS 25.010
J 01

中华人民共和国国家标准

GB/T 28620—2012

再制造率的计算方法

The calculating methods of remanufacturing rate

2012-06-29 发布　　2012-12-01 实施

中华人民共和国国家质量监督检验检疫总局
中国国家标准化管理委员会　发布

前　言

本标准按照GB/T 1.1—2009给出的规则起草。

本标准由全国绿色制造技术标准化技术委员会(SAC/TC 337)提出并归口。

本标准起草单位:装备再制造技术国防科技重点实验室、合肥工业大学、徐工集团工程机械股份有限公司、中国重汽集团济南复强动力有限公司、中机生产力促进中心、佛山市顺德区质量技术监督标准与编码所、中国标准化研究院、中华人民共和国上海出入境检验检疫局。

本标准主要起草人:徐滨士、刘渤海、张伟、史佩京、奚道云、闫丽娟、伍佳伟、张秀芬、罗建明、黄铁、欧阳丹、李军生、周新远、王文宇、刘赟、王秀腾、吴益文。

再制造率的计算方法

1 范围

本标准规定了再制造率的计算方法。

本标准适用于在中国境内进行再制造生产的产品。

2 规范性引用文件

下列文件对于本文件的应用是必不可少的。凡是注日期的引用文件,仅注日期的版本适用于本文件。凡是不注日期的引用文件,其最新版本(包括所有的修改单)适用于本文件。

GB/T 28619—2012 再制造 术语

3 术语和定义

下列术语和定义适用于本文件。

3.1

再制造率 remanufacturing rate

单位再制造毛坯经过再制造生产加工,所获得的合格再制造零部件的数量之和、质量之和、价值之和占对应产品总数量、总质量、总价值的百分比。分别称为数量再制造率、质量再制造率、价值再制造率。

[GB/T 28619—2012,定义 2.29]

3.2

产量再制造率 output remanufacturing rate

单位时间内(如月、年等)再制造产品的产量占制造商所生产的所有产品(包含非再制造产品)总产量的比例。

3.3

产值再制造率 output value remanufacturing rate

单位时间内(如月、年等)再制造产品的产值占制造商所生产的所有产品(包含非再制造产品)的总产值的比例。

4 再制造率的计算方法

4.1 数量再制造率可按公式(1)进行计算。

$$RR_q=\frac{\sum_{i=1}^{n} q_{ri}}{n\cdot Q} \qquad \cdots\cdots(1)$$

式中:

RR_q ——数量再制造率;

q_{ri} ——第 i 件再制造产品中的再制造零、部件的数量,$i=1,2,\cdots,n$,n 为再制造产品的数量;

Q ——每件再制造产品的总的零、部件数量。

4.2 质量再制造率可按公式(2)进行计算。

$$RR_w = \frac{\sum_{i=1}^{n} w_{ri}}{n \cdot W} \quad \cdots\cdots(2)$$

式中：

RR_w ——质量再制造率；

w_{ri} ——第 i 件再制造产品中的再制造零、部件的质量，$i=1,2,\cdots,n$，n 为再制造产品的数量；

W ——每件再制造产品的总的零、部件质量，即每件再制造产品的质量。

4.3　价值再制造率可按公式(3)进行计算。

$$RR_v = \frac{\sum_{i=1}^{n} v_{ri}}{n \cdot V} \quad \cdots\cdots(3)$$

式中：

RR_v ——价值再制造率；

v_{ri} ——第 i 件再制造产品中的再制造零、部件的价值，$i=1,2,\cdots,n$，n 为再制造产品的数量；

V ——每件再制造产品的总的零、部件价值，即每件再制造产品的价值。

数量再制造率、质量再制造率和价值再制造率的数值并不是一个常数，随着再制造产品生产量的变化而变化。

4.4　产量再制造率可按公式(4)进行计算。

$$RR_{pq} = \frac{\int_0^T r(t)\mathrm{d}t}{\int_0^T r(t)\mathrm{d}t + \int_0^T m(t)\mathrm{d}t} \quad \cdots\cdots(4)$$

式中：

RR_{pq}——产量再制造率；

$m(t)$——任意时刻 t 时的新品生产率，$\forall t \in [0,T]$，T 为规定的再制造率计算周期；

$r(t)$ ——任意时刻 t 时的再制造产品生产率，$\forall t \in [0,T]$。

4.5　如果产品(包括新品及再制造产品)的价值不随时间变化，则产值再制造率可按公式(5)进行计算。

$$RR_{pv} = \frac{p_r \cdot \int_0^T r(t)\mathrm{d}t}{p_r \cdot \int_0^T r(t)\mathrm{d}t + p_m \cdot \int_0^T m(t)\mathrm{d}t} \quad \cdots\cdots(5)$$

式中：

RR_{pv}——产值再制造率；

p_m ——单件新品的价值(为了区别独立再制造商，这里重新赋值不同的代号)；

p_r ——单件再制造产品的价值(为了区别独立再制造商，这里重新赋值不同的代号)。

4.6　如果产品(包括新品及再制造产品)的价值随时间变化，则产值再制造率可按公式(6)进行计算。

$$RR_{pv} = \frac{\int_0^T p_r(t) \cdot r(t)\mathrm{d}t}{\int_0^T p_r(t) \cdot r(t)\mathrm{d}t + \int_0^T p_m(t) \cdot m(t)\mathrm{d}t} \quad \cdots\cdots(6)$$

式中：

$p_m(t)$——任意时刻 t 的新品的价值，$\forall t \in [0,T]$，T 为规定的再制造率计算周期；

$p_r(t)$——任意时刻 t 的再制造产品的价值，$\forall t \in [0,T]$，T 为规定的再制造率计算周期。

ICS 91.140.90
Q 78

中华人民共和国国家标准

GB 28621—2012

安装于现有建筑物中的新电梯制造与安装安全规范

Safety rules for the construction and installation of new lifts in existing building

2012-06-29 发布　　2013-05-01 实施

中华人民共和国国家质量监督检验检疫总局
中国国家标准化管理委员会　发布

前　言

本标准的第 2 章、第 3 章、附录 B 为推荐性的，其余为强制性的。

本标准按照 GB/T 1.1—2009 给出的规则起草。

本标准使用重新起草法修改采用 EN 81-21:2009《电梯制造与安装安全规范　载客和载货电梯　第 21 部分：现有建筑物中的新乘客电梯和客货电梯》(英文版)。

本标准与 EN 81-21:2009 的技术性差异及其原因如下：

——关于规范性引用文件，本标准做了具有技术性差异的调整，以适应我国的技术条件，调整的情况集中反映在第 2 章“规范性引用文件”中，具体调整如下：

- 用 GB/T 2893.1—2004 图形符号　安全色和安全标志　第 1 部分：工作场所和公共区域中安全标志的设计原则(ISO 3864-1:2002，MOD)代替 ISO 3864-1:2002。
- 用 GB 7588—2003 电梯制造与安装安全规范(EN 81-1:1998，MOD)代替 EN 81-1:1998。
- 用 GB 21240—2007 液压电梯制造与安装安全规范(EN 81-2:1998，MOD)代替 EN 81-2:1998。
- 删除了未引用的 EN 81-1:1998/A1:2005、EN 81-2:1998/A1:2005、EN 81-1:1998/A2:2004、EN 81-2:1998/A2:2004 和 EN 81-71:2005。
- 将 EN 81-21:2009 参考文献中的 EN ISO 13857:2008 和 EN ISO 14121-1:2007 分别用国内文件 GB 23821—2009(ISO 13857:2008，IDT)和 GB/T 16856.1—2008(ISO 14121-1:2007，IDT)代替，按照 GB/T 1.1—2009 将这些文件列入本标准“规范性引用文件”中。

——本标准 5.8.2 b)4)中用“在失电的情况下(断电或隔离)，当轿厢位于完全压缩缓冲器的位置到最低层站地坎以上不大于 1 m 的区域以外时，轿厢护脚板应能自动伸展到完全伸展的位置”代替了 EN 81-21:2009 的“在失电的情况下(断电或隔离)，轿厢护脚板应能自动伸展到完全伸展的位置”，在不影响电梯的安全性条件下，防止轿厢护脚板在底坑附近伸展时被损坏，也提高了可操作性。

——删除了 EN 81-21:2009 附录 A 表 A.1 的 SIL 列，以便与 GB 7588—2003 和 GB 21240—2007 附录 A 对应的表相协调。

本标准与 EN 81-21:2009 相比还做了下列编辑性修改：

——删除了 EN 81-21:2009 引言中不适合我国国情的内容。

——本标准第 1 章中增加了有关“电梯”的注，以适用于我国国情和便于理解与执行。

——本标准增加了表 1 的脚注 a，以说明该表序号的含义。

——本标准 5.4 中用“GB 7588—2003 和 GB 21240—2007 中 6.1.2”代替了 EN 81-21:2009 的“EN 81-1:1998/A2:2004 和 EN 81-2:1998/A2:2004 中 6.7.2”，因为 GB 7588—2003 和 GB 21240—2007 中 6.1.2 与 EN 81-1:1998/A2:2004 和 EN 81-2:1998/A2:2004 中 6.7.2 的技术要求基本相同，修改后与 GB 7588—2003 和 GB 21240—2007 相协调，便于使用。

——本标准 5.9 中用“GB 7588—2003 和 GB 21240—2007 中 6.3.2.1”代替 EN 81-21:2009 的“EN 81-1:1998/A2:2004 和 EN 81-2:1998/A2:2004 中 6.3.3.1”；5.10 中用“GB 7588—2003 和 GB 21240—2007 中 6.3.3.1”代替了 EN 81-21:2009 的“EN 81-1:1998/A2:2004 和 EN 81-2:1998/A2:2004 中 6.3.4.1”；5.11 中用“GB 7588—2003 和 GB 21240—2007 中 6.3.3.2”代替 EN 81-21:2009 的“EN 81-1:1998/A2:2004 和 EN 81-2:1998/A2:2004 中 6.3.4.2”；5.12 中用“GB 7588—2003 和 GB 21240—2007 中 6.4.2.2.2”代替 EN 81-21:2009

的“EN 81-1:1998/A2:2004 和 EN 81-2:1998/A2:2004 中 6.7.1.2.4”;5.13 中用“GB 7588—2003 和 GB 21240—2007 中 6.4.3.2”代替 EN 81-21:2009 的“EN 81-1:1998/A2:2004 和 EN 81-2:1998/A2:2004 中 6.7.1.3.2”,因为他们对应的条款内容相同,便于使用。

——删除了 EN 81-21:2009 附录 ZA(资料性附录),因其不适合我国国情且其存在与否对本标准的理解和使用没有任何影响。

本标准由全国电梯标准化技术委员会(SAC/TC 196)提出和归口。

本标准起草单位:中国建筑科学研究院建筑机械化研究分院、上海三菱电梯有限公司、日立电梯(中国)有限公司、通力电梯有限公司、迅达(中国)电梯有限公司、东南电梯股份有限公司、奥的斯电梯(中国)有限公司、西子奥的斯电梯有限公司、蒂森电梯有限公司、华升富士达电梯有限公司、巨人通力电梯有限公司、江南嘉捷电梯股份有限公司、上海市特种设备监督检验技术研究院、广东省特种设备检测院、上海永大电梯设备有限公司、广州广日电梯工业有限公司、康力电梯股份有限公司、苏州市申龙电梯有限公司、苏州帝奥电梯有限公司、杭州优耐德电梯有限公司、杭州西子孚信科技有限公司。

本标准主要起草人:陈凤旺、朱维良、刘建军、王军、石毅、马依萍、曹英姿、温爱民、冯宝祥、庞秀玲、惠志全、陶宪德、常晓清、佘昆、陆宏伟、贺云朗、孟庆东、唐志荣、唐林钟、胥文明、马凌云。

引　言

根据 GB/T 15706.1—2007，本标准属于 C 类标准。

本标准所涉及的机械以及所涵盖的危险、危险状态和危险事件的范围在本标准的范围中给出。

当本 C 类标准的要求与 A 类标准或 B 类标准中的要求不同时，对于已按照本 C 类标准设计和制造的机器，本 C 类标准中的要求优先于其他标准中的要求。

由于某些原因（例如：现有建筑物结构限制），GB 7588—2003 或 GB 21240—2007 的某些要求不能满足时，可应用本标准相应的要求。

本标准主要针对因现场条件减小的顶部和底部间距。所采用的安全原则基于两级实现：首先操作电气开关中断轿厢运行；其次对电梯轿厢进行机械制动。

在起草本标准时，对于减小的顶部和底部间距，考虑了下列情况：

a) 除防止误操作的方法不可用的极少数情况外（如：电梯维修和安装过程中，安全装置不起作用的情况），仅依靠符合程序的操作来降低风险的措施被视为不可接受。

b) 降低风险的措施应是自动动作的（不需任何干预），或者在采用了防止误操作措施后可以为手动动作，或者是它们两者的组合。

安装于现有建筑物中的新电梯制造与安装安全规范

1 范围

本标准规定了永久安装于现有建筑物中，因受建筑物限制而不能满足 GB 7588—2003 和 GB 21240—2007 某些要求的、新的乘客电梯及载货电梯的安全准则。

注：本标准中的“电梯”根据情况可以指“电力驱动电梯”、“液压驱动电梯”。

本标准列举了这些限制并给出了解决方案的要求。本标准与 GB 7588—2003 或 GB 21240—2007（包括它们的引言）结合在一起理解和应用。

本标准适用于：

——安装于现有建筑物中的新电梯（包括现有建筑物新建井道和机器空间）的制造和安装；

——用新电梯更换已有井道和机器空间中的在用电梯。

本标准不适用于：

——在用电梯部件的更新或改装；

——GB 7588—2003 或 GB 21240—2007 范围之外的应用。

2 规范性引用文件

下列文件对于本文件的应用是必不可少的。凡是注日期的引用文件，仅注日期的版本适用于本文件。凡是不注日期的引用文件，其最新版本（包括所有的修改单）适用于本文件。

GB/T 2893.1—2004　图形符号　安全色和安全标志　第 1 部分：工作场所和公共区域中安全标志的设计原则（ISO 3864-1:2002，MOD）

GB 7588—2003　电梯制造与安装安全规范（EN 81-1:1998，MOD）

GB/T 15706.1—2007　机械安全　基本概念与设计通则　第 1 部分：基本术语和方法（ISO 12100-1:2003，IDT）

GB/T 15706.2—2007　机械安全　基本概念与设计通则　第 2 部分：技术原则（ISO 12100-2:2003，IDT）

GB/T 16856.1—2008　机械安全　风险评价　第 1 部分：原则（ISO 14121-1:2007，IDT）

GB 21240—2007　液压电梯制造与安装安全规范（EN 81-2:1998，MOD）

GB 23821—2009　机械安全　防止上下肢触及危险区的安全距离（ISO 13857:2008，IDT）

3 术语和定义

GB/T 15706.1—2007、GB 7588—2003 和 GB 21240—2007 中界定的以及下列术语和定义适用于本文件。

3.1

现有建筑物　existing building

已建成两年以上，正在使用或订购电梯之前已使用过的建筑物。内部结构全部更新的建筑物视为新建筑物。

3.2

可移动止停装置　movable stop

在正常运行状态下，允许电梯在端站之间自由移动的机械装置。在人员进入轿顶或底坑时，该装置限制轿厢的行程，保证顶层或底坑有足够的安全空间。

3.3

触发装置　triggering device

当轿厢到达井道中的预定位置时，该装置通过机械传动机构操纵止动钳。

注：对于自动操作的触发装置，当用钥匙打开进入井道的门或活板门时，触发装置应自动操作。

3.4

止动钳　stopping gear

当电梯轿厢在井道中的预定位置向上和/或向下意外移动时，为保护在轿顶和/或在底坑人员的安全而使轿厢停止并保持静止状态的机械装置。

3.5

预触发停止系统　pre-triggered stopping system

该系统包括触发装置、机械止动钳和两者之间的机械传动机构。在电梯正常运行状态下，该系统允许电梯在端站之间自由移动。人员进入到轿顶或底坑时，该系统保证在顶层或底坑有足够的安全空间。

4　重大危险清单

本章包括所有的重大危险、危险状态和事件，凡是本标准中涉及且由风险评价识别为重大危险的，均需要采取措施消除或降低风险（见表 1）。

表 1　重大危险清单

序号[a]	重大危险 （按照 GB/T 16856.1—2008 附录 A 列出）	相关条款
1	机械危险： —机器部件或工作元件，例如： —机器内部能量的聚积，例如：	
	挤压	5.5，5.7
	剪切	5.1 a)，5.3.1
	缠绕	5.4 a)
	吸入或陷入	5.5.3，5.7.3
	碰撞	5.2，5.3.2，5.4 b)，5.9，5.10，5.11，5.12，5.13，5.14
	人员滑倒、绊倒、跌倒（涉及机器）	5.1 b)，5.3.1，5.8
	—失控的运动幅度	5.2，5.3.2
	—部件机械强度不足	5.4 b)，5.5.2.2.2 d)，5.6.2 a)，5.7.2.2.2 d)，5.8.1 c)
	—滑轮和卷筒设计不合理	5.4 b)
	—人员从站立处跌落	5.4 c)，5.6，5.8.2 a)，5.8.2 b)

表 1（续）

序号[a]	重大危险 （按照 GB/T 16856.1—2008 附录 A 列出）	相关条款
8	**由于机械设计时忽略人类工效学原则产生的危险，例如：**	
	通道	5.3.1 d)，5.4 c)，5.9，5.10，5.11，5.12，5.13，5.14
	局部照明不足	5.3.1 h)，5.3.1 i)
	不健康的姿势	5.5
	人为错误、行为不当	5.5.4，5.7.4，7.2
	安装、试验、使用和维护时的异常情况	5.3，5.5，5.6，5.7，5.8
9	**与机器使用环境相关的危险**	
	电源故障	5.5.2.4.1，5.5.3.1，5.5.3.2.2，5.7.2.4.1，5.7.3.1，5.7.3.2.2
	控制电路故障	5.5，5.7
	意外起动、越程或超速（或类似的故障）：	
	—电源断开后的恢复	5.5.4，5.7.4

[a] 序号对应于 GB/T 16856.1—2008 表 A.1 的编号。

5 安全要求和/或保护措施

当 GB 7588—2003 或 GB 21240—2007 中的某些要求不能满足时，属于本标准范围内的电梯应符合本章相关的安全要求和/或保护措施。此外，对于本标准未涉及的非重大危险，应按照 GB/T 15706.1—2007 和 GB/T 15706.2—2007 的相关原则设计。

5.1 有孔的电梯井道壁

GB 7588—2003 和 GB 21240—2007 中 5.2.1 补充以下规定：

如果满足下列要求，已有的井道壁可以是有孔的：

a) 符合 GB 23821—2009 中 4.2.4.2 的要求；和

b) 层门门锁装置周围应设置无孔的隔障，以防止用长度为 0.3 m 的刚性棒对门锁装置做任何操作。

注 1：为保存历史建筑，可能需要保留有孔的外墙。

注 2：对于可能遭受故意破坏的电梯，参见 EN 81-71:2005 中 5.1.1 的要求。

5.2 轿厢与对重（或平衡重）的间距

GB 7588—2003 和 GB 21240—2007 中 11.3 可用下列要求代替：

轿厢及其关联部件与对重（或平衡重）及其关联部件之间的距离不应小于 25 mm。

轿厢和对重（或平衡重）上应设置紧急导向装置，以避免正常导向失效的情况下，轿厢及其关联部件与对重（或平衡重）及其关联部件的撞击。

5.3 在分离井道内的对重(或平衡重)

如果现场的结构布置所允许安装电梯的轿厢面积不能满足相应的运输需求时，对重(或平衡重)可以设置在与轿厢分离的井道内。

注：本标准适用于分离井道内仅安装一个对重(或平衡重)。

5.3.1 对重(或平衡重)井道的规定

GB 7588—2003 和 GB 21240—2007 中 5.1.2 补充以下规定：

对重(或平衡重)安装在分离井道内时，应符合下列要求：

a) 对重(或平衡重)的井道应满足全封闭井道的有关要求(见 GB 7588—2003 和 GB 21240—2007 中 5.2 和 5.3)；
b) 分离井道的两端以及需要对井道设备安全地进行维护和检测的地方应设置检修活板门，检修活板门应满足 GB 7588—2003 和 GB 21240—2007 中 5.2.2 的要求；
c) 检修活板门与需要维护或检查的设备之间的距离不应大于 0.7 m；
d) 对重(或平衡重)安装安全钳时，应在整个运行路径设置检修活板门；
e) 在分离井道内，井道两端的检修活板门打开处，应设置从井道外可接近的停止装置，停止装置应符合 GB 7588—2003 和 GB 21240—2007 中 14.2.2 和 15.7 的要求；
f) 在分离井道内，井道两端的检修活板门打开处，应设置符合 GB 7588—2003 和 GB 21240—2007 中 13.6.2 要求的电源插座；
g) 分离井道应为电梯专用，应符合 GB 7588—2003 和 GB 21240—2007 中 5.8 的要求；
h) 分离井道应设置永久性的电气照明装置，在需要维护或检查的设备处的照度不应小于 50 lx；
i) 在分离井道内，井道底端的检修活板门打开处应设置分离井道照明的开关。

5.3.2 对重(或平衡重)的导向

GB 7588—2003 和 GB 21240—2007 中 10.2 补充下列规定：

在分离井道内运行时，对重(或平衡重)可通过钢丝绳导向，或者通过对重(或平衡重)及井道壁的形状导向。

对重(或平衡重)压在缓冲器上时，应利用其到井道壁的较小间隙或一个紧急导向装置使其保持在基本垂直的位置。

应采取防止对重(或平衡重)旋转的措施，如：使用相同根数的左捻制和右捻制悬挂钢丝绳。

当对重(或平衡重)由井道的形状导向时，井道壁应是连续且平整的，没有凸出物阻碍对重(或平衡重)的运行。井道壁应采用耐用的材料覆盖。

使用钢丝绳作为导向部件时，钢丝绳数量应至少为 4 根，并应采用弹簧或重物张紧。如果井道壁是连续且平整的，对重(或平衡重)与井道壁之间的水平自由距离不应小于 50 mm；否则水平自由距离应随导向钢丝绳两端固定装置之间的距离每米至少增加 2 mm。

5.4 井道内滑轮

GB 7588—2003 和 GB 21240—2007 中 6.1.2 可用以下要求代替：

如果导向滑轮安装在井道顶部轿顶的投影内，应满足下列要求：

a) 导向滑轮的防护应符合 GB 7588—2003 中 9.7 或 GB 21240—2007 中 9.4 的要求；
b) 应设置防止导向滑轮在滑轮、轴或轴承发生机械故障时坠落的保持装置，该装置应能支承滑轮的重量和滑轮的悬挂负载；
c) 能够从轿顶上、轿厢内、平台上或井道外安全地进行检测、试验和维护工作；
d) 顶层空间应满足 GB 7588—2003 中 5.7 或 GB 21240—2007 中 5.7 或本标准 5.5 的要求。

5.5 减小的顶部间距

GB 7588—2003 中附录 K 不适用。

GB 7588—2003 中 5.7.1.1 b)、5.7.1.1 c)、5.7.1.1 d)和 5.7.2.2 以及 GB 21240—2007 中 5.7.1.1 b)、5.7.1.1 c)和 5.7.1.1 d)可用下列要求代替。

5.5.1 总则

电梯应设置保证顶层安全空间的装置(5.5.2)和控制电梯运行的安全系统(5.5.3)。

5.5.2 保证顶层安全空间的装置

保证顶层安全空间的装置应是:

a) 可移动止停装置;或

b) 预触发停止系统。

5.5.2.1 可移动止停装置

自动操作的可移动止停装置应设计成:防止其在完全收回位置和完全伸展位置之间移动时因任何撞击而造成的损坏。

5.5.2.1.1 布置

5.5.2.1.1.1 对于曳引驱动电梯,可移动止停装置应安装在对重下面并机械地制停轿厢。

5.5.2.1.1.2 对于强制驱动电梯,可移动止停装置应安装在轿顶上面并机械地制停轿厢。

5.5.2.1.1.3 对于液压电梯,可移动止停装置应由位于轿厢投影以外的液压缸的一个或多个外部设备组成,其合力应施加在液压缸的中心线上。

5.5.2.1.2 可移动止停装置的缓冲

5.5.2.1.2.1 对于曳引驱动电梯和强制驱动电梯,可移动止停装置应设置符合 GB 7588—2003 中 10.3 和 10.4 要求的缓冲器。

5.5.2.1.2.2 对于液压电梯,可移动止停装置制停轿厢时,轿厢的平均减速度不应超过 1 g_n,对于间接驱动的液压电梯,其减速度还不应导致钢丝绳或链松弛。

5.5.2.2 预触发停止系统

预触发停止系统应包括触发装置,当轿厢上行到达固定的触发点时,应通过该触发装置的连接件使机械止动钳动作。

5.5.2.2.1 触发装置应易于接近,从底坑、轿顶或井道外能安全地进行检测、试验和维护操作。

5.5.2.2.2 预触发停止系统应符合下列规定:

a) 止动钳应固定在轿厢上并作用于轿厢导轨;

b) 止动钳应由机械触发装置触发,该机械触发装置应通过其机械连接件实现触发动作;

c) 当轿厢位于触发点以上的任何位置时,应通过触发装置的机械连接件使止动钳保持在动作状态;

在止动钳由于动力作用或援救操作释放的情况下,当轿厢再次向上运行至触发点上方时,止动钳应再次动作以保证需要的安全空间;

d) 止动钳的动作应可靠:

1) 使用弹簧时，弹簧应在压缩状态下工作；
2) 使用钢丝绳时，钢丝绳的安全系数应符合 GB 7588—2003 中 9.9.6.2 和 GB 21240—2007 中 9.10.6.2 的要求；

e) 考虑到摩擦的影响，止动钳的触发力不应小于以下两个值的较大者：
1) 止动钳起作用所需力的 2 倍；
2) 300 N；

f) 止动钳动作时，应操作一个符合 GB 7588—2003 和 GB 21240—2007 中 14.1.2 要求的电气安全装置以证实其动作状态；
g) 止动钳动作后的释放须经称职人员进行；
h) 释放后，止动钳应处于正常状态；
i) 预触发停止系统的操作不应被异物、灰尘和腐蚀所影响；
j) 当轿厢速度在零与上行超速保护装置的动作速度之间时，预触发停止系统应能制停轿厢并使其保持在停止状态；
k) 按照附录 C 的最不利工况验证，止动钳产生的最大减速度不应大于 1 g_n；
l) 止动钳动作时，对于空载或装有均匀分布载荷的轿厢，轿厢地板的倾斜度不应大于正常位置的 5%；
m) 预触发停止系统应按照附录 C 的规定设计和验证。

5.5.2.3 净空间

当可移动止停装置的缓冲部件被完全压缩或轿厢被预触发停止系统(见附录 C)制停时，应同时满足下列要求：

a) 符合 GB 7588—2003 和 GB 21240—2007 中 8.13.2[不包括 5.5.2.3 b)所述的部件面积]尺寸要求的轿顶最高面积的水平面，与位于轿厢投影部分井道顶最低部件的水平面(包括梁和固定在井道顶下的零部件)之间的自由垂直距离不应小于 1.20＋0.035 v^2(m)[1)]；
b) 井道顶的最低部件与：
1) 固定在轿顶上的设备的最高部件之间的自由垂直距离[不包括下面 2)中所述及的部件]不应小于：0.30＋0.035 v^2(m)；
2) 导靴或滚轮、钢丝绳附件和垂直滑动门的横梁或部件的最高部分之间的自由垂直距离不应小于：0.10＋0.035 v^2(m)；
3) 护栏(GB 7588—2003 和 GB 21240—2007 中 8.13.3)或伸展状态的可伸展护栏(见 5.6)的最高部分之间的自由垂直距离不应小于：0.30＋0.035 v^2(m)；
c) 轿厢上方应有足够的空间，该空间的大小以能容纳一个不小于 0.50 m×0.60 m×0.80 m 的长方体为准，任一平面朝下放置即可。对于用钢丝绳、链直接系住的电梯，只要每根钢丝绳或链的中心线距长方体的一个垂直面(至少一个)的距离均不大于 0.15 m，则钢丝绳或链及其附件可以包括在这个空间内；
d) a)和 b)提及的值 0.035 v^2 仅在装有可移动止停装置的曳引驱动和间接液压驱动的电梯中考虑。

对于液压电梯应采用上行速度 v_m 计算 0.035 v^2 值。

5.5.2.4 操作

可移动止停装置或触发装置应：

---

1) 通过对提供安全空间的机械装置的布置，避难空间从 1.0 m(见 GB 7588—2003 和 GB 21240—2007)到 1.20 m 的改进是可行的，并不需要对现有建筑物进行改造。

a) 最迟在安全系统(5.5.3)动作时自动地操作;或

b) 手动操作。

5.5.2.4.1 电源故障情况下:

a) 自动操作的可移动止停装置或触发装置应动作,至少在电源恢复前保持在动作状态;

b) 对于手动操作的可移动止停装置或手动操作的触发装置,保持轿厢停止的机械安全装置应动作,至少在电源恢复前保持在动作状态。

5.5.2.4.2 手动操作可移动止停装置或触发装置时,如果可移动止停装置或触发装置不在动作位置,符合5.5.2.4.1 b)要求的机械安全装置应通过安全系统(5.5.3)操作,以防止轿厢在上行方向上的任何移动。

5.5.2.5 电气监测

应为可移动止停装置或触发装置设置符合GB 7588—2003和GB 21240—2007中14.1.2要求的电气安全装置以监测其:

a) 完全伸展(动作)位置;和

b) 完全收回(未动作)位置。

5.5.3 安全系统

5.5.3.1 一个符合GB 7588—2003和GB 21240—2007中14.1.2要求的电气安全装置,应:

a) 使安全系统动作,中止电梯的正常运行;

b) 用钥匙打开通往轿顶的任何门或活板门时,该电气安全装置应动作;

c) 是双稳态开关;

d) 与安全系统一起复位(见5.5.3.2)。

装有手动层门的电梯,应设置符合GB 7588—2003和GB 21240—2007中14.1.2要求的第二开关,防止当任何进入轿顶的门被打井时轿厢的任何移动。该开关只能通过工具才可接近。

5.5.3.2 安全系统的复位和电梯恢复到正常运行状态只能通过操作一个电气复位装置来实现。

5.5.3.2.1 复位仅在以下情况有效:

a) 电梯不在检修运行状态;

b) 底坑和轿顶的停止装置[GB 7588—2003和GB 21240—2007中14.2.2.1 a),c)和d)]不在**"停止"**位置;

c) 任何进入井道的门或活板门是关闭的且被锁紧;

d) 保证安全空间的装置在未动作位置(见5.5.2)。

5.5.3.2.2 电源故障不应导致安全系统复位。

5.5.3.3 电气复位装置应:

a) 采用挂锁或其他等效装置锁住,以保证不会出现误操作;和

b) 设置在井道外,仅被授权人员(维护、检查和救援)可接近;和

c) 由一个符合GB 7588—2003和GB 21240—2007中14.1.2要求的电气安全装置监测,以防止该电气复位装置处于工作状态时电梯正常运行。

5.5.3.4 检修运行状态下,在撞击可移动止停装置的缓冲部件或触发装置触发止动钳之前,一个符合GB 7588—2003和GB 21240—2007中14.1.2要求的附加极限开关应中断轿厢向上的运动。该开关应仅允许轿厢向下运行。

轿厢在停止位置时,从轿顶或从井道外应能安全地对位于顶层空间内的所有部件进行检测、试验和维护。

5.5.3.5 只有可移动止停装置或触发装置处在未动作位置并且安全系统未动作时,电梯才能进行正常运行。

5.5.3.6 只有安全系统动作，且可移动止停装置或触发装置处在动作位置时，电梯才能进行检修运行。

5.5.3.7 当安全系统动作且可移动止停装置或触发装置处在未动作位置时，电梯仅能进行向下方向的紧急电动运行。

5.5.4 视觉信号和/或听觉信号

通过钥匙开启进入轿顶的任何门或活板门时（见 5.5.3.1），应有听觉和/或视觉信号提示下列装置处于动作位置或未动作位置：

a) 可移动止停装置；或

b) 触发装置。

如果行程的两端都由可移动止停装置和/或预触发停止系统来保护，应能分辨该视觉信号和/或听觉信号是来自于井道顶还是井道底。

听觉信号可在可移动止停装置或触发装置动作 60 s 后关闭。

有关注意和警告的要求见 7.2.1。

5.5.5 同一井道内多台电梯的保护

如果减小顶部间距的电梯与相邻电梯的轿顶边缘间的水平距离小于 2.0 m，应设置符合 GB 7588—2003 和 GB 21240—2007 中 5.6.2 要求的隔障，以防止人员从相邻电梯接近减小顶部间距的电梯。

该隔障应贯穿整个井道。

5.6 轿顶护栏

GB 7588—2003 和 GB 21240—2007 中 8.13.3 补充下列规定：

5.6.1 当不能满足 GB 7588—2003 和 GB 21240—2007 中 8.13.3 的要求时，应在轿顶上永久安装一个安全且易操作的可伸展护栏。

有关注意和警告的要求见 7.2.2。

5.6.2 可伸展护栏应满足下列规定：

a) 护栏应具有足够的强度，固定装置应能承受可预知的力（见 GB 7588—2003 和 GB 21240—2007 中 0.3.9）并能够将护栏保持在展开或伸出的状态；

b) 站立在安全区域应能完全展开（或伸出）和折叠（或缩回）护栏；

c) 当站人区域在轿顶时，该区域应符合下列要求：

 1) 符合 GB 7588—2003 和 GB 21240—2007 中 8.13.2 的要求；

 2) 清楚地标示并从层站可见；

 3) 当存在坠落风险时，应设置在距离轿顶边缘不小于 0.50 m 处；

d) 下列条件下，符合 GB 7588—2003 和 GB 21240—2007 中 14.1.2 要求的电气安全装置应防止轿厢移动：

 1) 在正常运行时，护栏未完全收回；

 2) 在检修运行时，护栏未完全伸展；

e) 对于紧急电动运行，在未折叠（缩回）的护栏可能与井道顶发生碰撞的区域，一个与运行方向有关的开关（GB 7588—2003 和 GB 21240—2007 中 14.1.2）应防止向上方向的紧急电动运行。

注：该开关可采用符合 5.5.3.4 要求的附加极限开关。

5.7 减小的底部间距

GB 7588—2003 中 5.7.3.3 和 GB 21240—2007 中 5.7.2.3 可用下列要求代替：

5.7.1 总则

电梯应设置保证底坑安全空间的装置(5.7.2)和控制电梯运行的安全系统(5.7.3)。

5.7.2 保证底坑安全空间的装置

保证底坑安全空间的装置应是:

a) 可移动止停装置;或

b) 预触发停止系统。

5.7.2.1 可移动止停装置

可移动止停装置应符合下列规定:

a) 安装在底坑并机械地制停轿厢;

b) 设置符合 GB 7588—2003 中 10.3 和 10.4 或 GB 21240—2007 中 10.3 和 10.4 要求的缓冲器;

c) 自动操作的可移动止停装置应设计成:防止其在完全收回位置和完全伸展位置之间移动时因任何撞击而造成的损坏。

5.7.2.2 预触发停止系统

预触发停止系统应包括触发装置,当轿厢下行到达固定的触发点时,应通过该触发装置的连接件使机械止动钳动作。

5.7.2.2.1 触发装置应易于接近,从底坑、轿顶或井道外能安全地进行检测、试验和维护操作。

5.7.2.2.2 预触发停止系统应符合下列规定:

a) 止动钳应固定在轿厢上并作用于轿厢导轨;

b) 止动钳应由机械触发装置触发,该机械触发装置应通过其机械连接件实现触发动作;

c) 当轿厢位于触发点以下的任何位置时,应通过触发装置的机械连接件使止动钳保持在动作状态;

在止动钳由于动力作用或援救操作释放的情况下,当轿厢再次向下运行至触发点下方时,止动钳应再次动作以保证需要的安全空间;

d) 止动钳的动作应可靠:

1) 使用弹簧时,弹簧应在压缩状态下工作;

2) 使用钢丝绳时,钢丝绳的安全系数应符合 GB 7588—2003 中 9.9.6.2 和 GB 21240—2003 中 9.10.6.2 的要求;

e) 考虑到摩擦的影响,止动钳的触发力不应小于以下两个值的较大者:

1) 止动钳起作用所需力的 2 倍;

2) 300 N;

f) 止动钳动作时,应操作一个符合 GB 7588—2003 和 GB 21240—2007 中 14.1.2 要求的电气安全装置以证实其动作状态;

g) 止动钳动作后的释放须经称职人员进行;

h) 释放后,止动钳应处于正常状态;

i) 预触发停止系统的操作不应被异物、灰尘和腐蚀所影响;

j) 当轿厢速度在零与安全钳触发速度之间时,预触发停止系统应能制停轿厢并使其保持在停止状态;

k) 止动钳产生的最大减速度不应大于安全钳产生的减速度;

l) 止动钳动作时,对于空载或装有均匀分布载荷的轿厢,轿厢地板倾斜度不应大于正常位置的 5%;

m) 预触发停止系统应按照附录 C 的规定设计和验证。

5.7.2.3 净空间

当可移动止停装置的缓冲部件被完全压缩或轿厢被预触发停止系统(见附录C)制停时,应同时满足下列条件:

a) 底坑中应有足够的空间,该空间的大小以能容纳一个不小于 0.50 m×0.60 m×1.0 m 的长方体为准,任一平面朝下放置即可;

b) 底坑底与轿厢最低部件之间的自由垂直距离不小于 0.6 m[2],下述之间的水平距离在 0.15 m 之内时,此距离可最小减少到 0.10 m:

   1) 夹持装置、棘爪机构、护脚板或垂直滑动轿门的部件与相邻的井道壁;

   2) 轿厢最低部件与导轨;

   当轿厢在正常运行状态完全压在缓冲器上时,需防止轿厢最低部件与底坑底部之间的碰撞;

c) 底坑中固定的最高部件,例如补偿绳张紧装置位于最上位置时,其与轿厢的最低部件之间的自由垂直距离不应小于 0.30 m,上述 b)1)和 b)2)除外;

d) 底坑底部或安装在底坑的设备顶部与反向油缸在下行时柱塞头部最低部件之间的自由垂直距离不应小于 0.50 m;

   然而,如果不可能进入柱塞头部下面的空间(如:按照 GB 21240—2007 中 5.6.1 的要求设置隔障),该垂直距离可以从 0.50 m 减小到最小 0.10 m;

e) 底坑底部与直接驱动液压电梯轿厢下方的伸缩式油缸最低导向横梁之间的自由垂直距离不应小于 0.50 m。

5.7.2.4 操作

可移动止停装置或触发装置应:

a) 最迟在安全系统(5.7.3)动作时自动地操作;或

b) 手动操作。

5.7.2.4.1 在电源故障情况下:

a) 自动操作的可移动止停装置或触发装置应动作,至少在电源恢复前保持在动作状态;

b) 对于手动操作的可移动止停装置或手动操作的触发装置,保持轿厢停止的机械安全装置应动作,至少在电源恢复前保持在动作状态。

5.7.2.4.2 手动操作可移动止停装置或触发装置时,如果可移动止停装置或触发装置不在动作位置,符合 5.7.2.4.1 b)的机械安全装置应通过安全系统(5.7.3)操作,以防止轿厢在下行方向上的任何移动。

5.7.2.5 电气监测

应为可移动止停装置或触发装置设置符合 GB 7588—2003 和 GB 21240—2007 中 14.1.2 要求的电气安全装置以监测其:

a) 完全伸展(动作)位置;和

b) 完全收回(未动作)位置。

5.7.3 安全系统

5.7.3.1 一个符合 GB 7588—2003 和 GB 21240—2007 中 14.1.2 要求的电气安全装置,应:

---

2) 由于配置了提供安全空间的机械装置,保护空间从 0.5 m(见 GB 7588—2003 和 GB 21240—2007)到 0.6 m 的改进是可行的,并不需要对现有建筑物进行改造。

a) 使安全系统动作，中止电梯的正常运行；

b) 用钥匙打开进入底坑的任何门或活板门时，该电气安全装置应动作；

c) 是双稳态开关；

d) 与安全系统一起复位(见 5.7.3.2)。

装有手动层门的电梯，应设置符合 GB 7588—2003 和 GB 21240—2007 中 14.1.2 要求的第二开关，防止当任何进入底坑的门被打开时轿厢的任何移动。这个开关只能通过工具才可接近。

地坎距底坑地面的距离小于 2.5 m 的任何门或活板门视为进入底坑的门。

5.7.3.2 安全系统的复位和电梯恢复到正常运行状态只能通过操作一个电气复位装置来实现。

5.7.3.2.1 复位仅在以下情况有效：

a) 电梯不在检修运行状态；

b) 底坑和轿顶的停止装置(GB 7588—2003 和 GB 21240—2007 中 14.2.2.1 a)、c)和 d))不在**“停止”**位置；

c) 任何进入井道的门或活板门是关闭的且被锁紧；

d) 保证安全空间的装置在未动作位置(见 5.7.2)。

5.7.3.2.2 电源故障不应导致安全系统复位。

5.7.3.3 电气复位装置应：

a) 采用挂锁或其他等效装置锁住，以保证不会出现误操作；且

b) 设置在井道外，仅被授权人员(维护、检查和救援)可接近；且

c) 由一个符合 GB 7588—2003 和 GB 21240—2007 中 14.1.2 要求的电气安全装置监测，以防止该电气复位装置处于工作状态时电梯正常运行。

5.7.3.4 检修运行状态下，在撞击可移动止停装置的缓冲部件或触发装置触发止动钳之前，一个符合 GB 7588—2003 和 GB 21240—2007 中 14.1.2 要求的附加极限开关应中断轿厢向下的运动。该开关仅允许轿厢向上运行。

轿厢在停止位置时，从底坑或井道外应能安全地对所有安装在轿厢底部的零部件进行检测、试验和维护。

5.7.3.5 只有可移动止停装置或触发装置处在未动作位置并且安全系统未动作时，电梯才能进行正常运行。

5.7.3.6 只有安全系统动作，且可移动止停装置或触发装置处在动作位置时，电梯才能进行检修运行。

5.7.3.7 当安全系统动作且可移动止停装置或触发装置处在未动作位置时，电梯仅能进行向上方向的紧急电动运行。

5.7.4 视觉信号和/或听觉信号

通过钥匙开启进入底坑的任何门或活板门时(见 5.7.3.1)，应有视觉信号和/或听觉信号提示下列装置处于动作位置或非动作位置：

a) 可移动止停装置；或

b) 触发装置。

如果行程的两端都由可移动止停装置和/或预触发停止系统来保护，应能分辨该视觉信号和/或听觉信号是来自于井道顶还是井道底。

听觉信号可在可移动止停装置或触发装置动作 60 s 后关闭。

有关注意和警告的要求见 7.2.3。

5.7.5 底坑隔障

在装有多台电梯的井道中，按照 GB 7588—2003 中 5.6.2.1 或 GB 21240—2007 中 5.6.2.1 要求设置的隔障应至少延伸至距底坑地面 4.0 m 的高度，且应能防止人员从一个底坑进入另一个底坑。

5.7.6 安全的底坑入口

GB 7588—2003 中 5.7.3.2 和 GB 21240—2007 中 5.7.2.2 补充下列规定：
如果底坑深度不超过 0.5 m，不需要设置这样的永久性措施。

5.8 护脚板

GB 7588—2003 和 GB 21240—2007 中 8.4.1 和 8.4.2 可用下列要求代替：

5.8.1 总则

每一轿厢地坎上均应设置满足下列要求的可伸展的护脚板：
a) 护脚板固定部件和活动部件的宽度应覆盖对应层站入口的整个净宽度；
b) 护脚板最低活动部件的垂直部分以下应成斜面向下延伸，斜面与水平面的夹角不应小于 60°，该斜面在水平面上的投影不应小于 20 mm；
c) 可伸展的护脚板应具有这样的机械强度：即用 300 N 的力从井道外向井道内方向垂直作用于护脚板的任一点上，且均匀地分布在 5 cm^2 的圆形或方形面积上，护脚板应：
   1) 无永久变形；
   2) 水平方向的变形不应大于 35 mm；
d) 固定的垂直部件的高度不应小于层门地坎以上开锁区域的高度；
e) 伸展后的护脚板的垂直部分的高度不应小于 0.75 m。
有关注意和警告的要求见 7.2.4。

5.8.2 特殊要求

应满足下列 a)、b)或 c)的规定之一：
a) 在正常运行状态下收回的护脚板，需要时可手动伸展并满足下列条件：
   1) 如果护脚板不在完全收回的位置，一个符合 GB 7588—2003 和 GB 21240—2007 中 14.1.2 要求的电气安全装置应停止电梯的正常运行；
   2) 轿门应设置符合 GB 7588—2003 中 8.9.3 和 GB 21240—2007 中 8.9.2 要求的门锁装置；
   3) 应提供一个从救援层站可获得的用于打开轿门锁的机械装置；
   4) 护脚板应使用开锁三角形钥匙(GB 7588—2003 和 GB 21240—2007 中附录 B)打开；
   5) 只有从最低层站、底坑地面或轿顶，才能通过适当的方法手动地将轿厢护脚板收回；
   6) 在没有收回的护脚板可能与底坑地面发生碰撞的区域，一个与运行方向有关的开关(GB 7588—2003 和 GB 21240—2007 中 14.1.2)应能防止向下的检修运行和紧急电动运行。

注：该开关可采用符合 5.7.3.4 要求的附加极限开关。

b) 正常运行状态下收回的护脚板，在任何层门被开锁三角形钥匙打开时应自动伸展至完全伸展的位置，并满足下列条件：
   1) 如果护脚板不在完全收回的位置，一个符合 GB 7588—2003 和 GB 21240—2007 中 14.1.2 规定的电气安全装置应停止电梯的正常运行；
   2) 轿门应设置符合 GB 7588—2003 中 8.9.3 和 GB 21240—2007 中 8.9.2 要求的门锁装置；
   3) 应提供一个从救援层站可获得的用于打开轿门锁的机械装置；
   4) 在失电的情况下(断电或隔离)，当轿厢位于完全压缩缓冲器的位置到最低层站地坎以上不大于 1 m 的区域以外时，轿厢护脚板应能自动伸展到完全伸展的位置；
   5) 在下列情况轿厢护脚板应能收回到完全收回的位置：

ⅰ) 在层门关闭并锁住后自动进行；或

ⅱ) 只有从最低层站、底坑地面或轿顶用适当的方法手动进行；

6) 在没有收回的护脚板可能与底坑地面发生碰撞的区域，一个与运行方向有关的开关(GB 7588—2003 和 GB 21240—2007 中 14.1.2)应能防止向下的检修运行和紧急电动运行。

注：该开关可采用符合 5.7.3.4 要求的附加极限开关。

c) 正常运行状态下伸展，轿厢到达最低位置时收回的护脚板，并满足下列条件：

当轿厢位于完全压缩缓冲器的位置到最低层站地坎以上不大于 1 m 的区域以外时，如果护脚板不在完全伸展状态，一个符合 GB 7588—2003 和 GB 21240—2007 中 14.1.2 要求的电气安全装置应能停止电梯的正常运行。

5.9 机房的高度

GB 7588—2003 和 GB 21240—2007 中 6.3.2.1 对机房高度的要求可用下列要求代替：

当工作区域的净高度小于 2 m 时，应在适当的位置设置相应的警告：如按照 GB/T 2893.1—2004 中图 17 的要求使用黄色和对比色黑色的组合的指示危险位置的安全标志和/或适当的警告标志，并应在那些区域的天花板上安装软性材料。

工作区域的机房净高度，测量到机房顶部软性材料的下表面，不应小于 1.80 m。

5.10 机房门的高度

GB 7588—2003 和 GB 21240—2007 中 6.3.3.1 对通道门高度的要求可用下列要求代替：

门的宽度不应小于 0.60 m，高度不应小于 1.70 m，且门不应向机房内开启。

当门高小于 1.80 m 时，应在门两侧的适当位置设置相应的警告：如按照 GB/T 2893.1—2004 中图 17 的要求使用黄色和对比色黑色的组合的指示危险位置的安全标志和/或适当的警告标志。

5.11 机房活板门的尺寸

GB 7588—2003 和 GB 21240—2007 中 6.3.3.2 对机房活板门尺寸的要求可用下列要求代替：

供人员进出的检修活板门其净通道尺寸不应小于 0.60 m×0.80 m，且开门后能保持在开启位置。

当活板门的其中一个尺寸小于 0.80 m 时，应在活板门两侧的适当位置设置相应的警告：如按照 GB/T 2893.1—2004 中图 17 的要求使用黄色和对比色黑色的组合的指示危险位置的安全标志和/或适当的警告标志。

5.12 滑轮间的高度

GB 7588—2003 和 GB 21240—2007 中 6.4.2.2.2 对滑轮间高度的要求可用下列要求代替：

如滑轮间内有控制屏或控制柜，并且工作区域的净高度小于 2.0 m 时，应在适当的位置设置相应的警告：如按照 GB/T 2893.1—2004 中图 17 的要求使用黄色和对比色黑色的组合的指示危险位置的安全标志和/或适当的警告标志，并应在该区域的顶部安装软性材料。

工作区域的滑轮间净高度，测量到顶部软性材料的下表面，不应小于 1.80 m。

5.13 滑轮间活板门的尺寸

GB 7588—2003 和 GB 21240—2007 中 6.4.3.2 对滑轮间活板门通道尺寸的要求可用下列要求代替：

供人员进出的活板门其净通道尺寸不应小于 0.60 m×0.80 m，开门后能保持在开启位置。

当活板门的其中一个尺寸小于0.80 m时，应在活板门两侧的适当位置设置相应的警告：如按照GB/T 2893.1—2004中图17的要求使用黄色和对比色黑色的组合的指示危险位置的安全标志和/或适当的警告标志。

5.14 层门高度

GB 7588—2003中7.3.1和GB 21240—2007中7.3.1对层门高度的要求可用下列要求代替：

层门入口的净高度应是建筑物限制条件下允许的最大值，但不应小于1.80 m。

当层门入口的净高度小于2.0 m时，应在轿厢和层站适当位置设置相应的警告：如按照GB/T 2893.1—2004中图17的要求使用黄色和对比色黑色的组合的指示危险位置的安全标志和/或适当的警告标志，并且：

a) 门楣边缘应设置一个与水平面夹角不超过30°的斜面，该斜面一直延伸到2.0 m的高度；或

b) 门楣的边缘应覆盖软性材料。

层门的机械装置应被遮挡至轿门的高度。

6 安全要求和/或保护措施的验证

6.1 验证表

第5章和第7章的安全要求和/或保护措施应按照表2验证。

注：表2列出的验证方法可适用于电梯使用前的验收(验证、投入使用等)。

表2 验证符合要求的方法

子条款	要求	目测检查[a]	设计文件的检查[b]	功能测试[c]	测量[d]
5.1	有孔的电梯井道壁	√			√
5.2	轿厢与对重(或平衡重)的间距	√			√
5.3.1	对重(或平衡重)井道的规定	√			√
5.3.2	对重(或平衡重)的导向	√			√
5.4	井道内滑轮	√			√
5.4 b)	保持装置	√	√		
5.5	顶部间距	√	√	√	√
5.5.2.1	可移动止停装置	√	√	√	
5.5.2.2	预触发停止系统	√	√	√	
5.5.2.3	净空间	√			√
5.5.2.4	操作	√		√	
5.5.2.5	电气监测	√		√	
5.5.3	安全系统	√		√	
5.5.4	视觉信号和/或听觉信号	√		√	
5.5.5	同一井道内多台电梯的保护	√			√

表 2（续）

子条款	要求	目测检查[a]	设计文件的检查[b]	功能测试[c]	测量[d]
5.6	轿顶护栏	√		√	√
5.7	底部间距	√	√	√	√
5.7.2.1	可移动止停装置	√	√	√	
5.7.2.2	预触发停止系统	√	√	√	
5.7.2.3	净空间	√			√
5.7.2.4	操作	√		√	
5.7.2.5	电气监测	√		√	
5.7.3	安全系统	√		√	
5.7.4	视觉信号和/或听觉信号	√		√	
5.7.5	底坑隔障	√			√
5.7.6	安全的底坑入口	√			√
5.8	护脚板	√		√	√
5.8.1 c)	护脚板机械强度	√	√		
5.9	机房的高度	√			√
5.10	机房门的高度	√			√
5.11	机房活板门的尺寸	√			√
5.12	滑轮间的高度	√			√
5.13	滑轮间活板门的尺寸	√			√
5.14	层门高度	√			√
7.1	使用说明	√			√

[a] 目测是通过对所提供的零部件进行目视检查以验证其必要的性能。

[b] 图纸或计算的检查验证所提供零部件的设计特性是否满足要求。

[c] 功能测试用于验证其功能是否满足要求。

[d] 测量检查是使用测量仪器验证特定限制条件下是否满足要求。相应的测量方法应与所应用的测试标准一起使用。

6.2 电梯交付使用前的检验

除 GB 7588—2003 和 GB 21240—2007 中附录 D 所列的检验项目之外，还应进行下列检验：

a) 顶部间距

——可移动止停装置和预触发停止系统应用空轿厢在额定速度下进行动态试验。

对于曳引驱动电梯，制动器应保持在打开状态。

对于强制驱动电梯和液压电梯，附加的极限开关应被短接。

试验后，应目测检查确认未出现对电梯正常使用造成不利影响的损坏。

——可移动止停装置的缓冲装置行程的检验。

——预触发停止系统制动距离的检验。

b) 底部间距

——可移动止停装置和预触发停止系统应用装有额定载荷的轿厢在额定速度下进行动态试验。

对于曳引驱动和强制驱动电梯，制动器应保持在打开状态。

对于液压电梯，附加的极限开关应被短接。

试验后，应目测检查确认未出现对电梯正常使用造成不利影响的损坏。

——可移动止停装置的缓冲装置行程的检验。

——预触发停止系统制动距离的检验。

6.3 技术文件

GB 7588—2003 和 GB 21240—2007 中附录 C.3 补充如下规定：

——在减小底坑和/或顶层空间的情况下，所采取保护措施的说明。

7 使用信息

7.1 使用说明

除 GB 7588—2003 和 GB 21240—2007 中 16.3 的要求之外，使用说明书还应包括本标准相关规定的功能说明、使用说明和维护说明（如：安全系统，可移动止停装置，预触发停止系统，可伸展的护栏，可伸展的护脚板等）。

对于预触发停止系统，名义的、最小的和最大的制动距离应在技术文件（6.3）和电梯使用说明书中说明。如果现场试验的制动距离超出这个范围，应告知如何处理。

7.2 注意和警告

所有标牌、须知、标记及操作说明应清晰易懂（必要时借助标志或符号），采用不能撕毁的耐用材料制成，设置在明显位置。应使用中文书写（必要时可同时使用几种文字）。

须知所用字体的最小高度应满足下列规定：

a) 用于机器空间、应急操作装置和复位装置所在区域：

——汉字、大写字母和数字为 10 mm；

——小写字母为 7 mm。

b) 用于底坑和轿顶区域：

——汉字、大写字母和数字为 17 mm；

——小写字母为 12 mm。

警告标志的最小尺寸应符合 GB/T 2893.1—2004 第 10 章的要求。

7.2.1 减小的顶部间距

应在下列位置设置“**危险-减小的顶部间距-注意有关说明**”的安全须知：

a) 机器空间内的应急操作装置上；

b) 电梯复位装置上；

c) 在轿顶。

该安全须知可以附加图 1 所示的黄色和对比色黑色的警告标志：

图 1

7.2.2　**可伸展的护栏**

应在轿顶设置安全须知，以便提醒进入轿顶进行任何施工前需先伸展护栏。

7.2.3　**减小的底部间距**

应在下列位置设置“**危险-减小的底部间距-注意有关说明**”的安全须知：

a)　机器空间内的应急操作装置上；

b)　电梯复位装置上；

c)　在底坑。

该安全须知可以附加图 2 所示的黄色和对比色黑色的警告标志：

图 2

7.2.4　**可伸展的轿厢护脚板**

应在符合 5.8.2 a)3)和 b)3)要求的机械装置上(或附近)或在护脚板固定部件上设置安全须知：“**在援救被困人员前护脚板应完全伸展**”。打开层门后，该安全须知在层站应清晰可见。

该安全须知可以附加图 3 所示的黄色和对比色黑色的警告标志：

图 3

附　录　A
（规范性附录）
电气安全装置表

在 GB 7588—2003 和 GB 21240—2007 中附录 A 电气安全装置表中补充表 A.1 中的电气安全装置。

表 A.1　电气安全装置表

条款号	所检查的装置
5.3.1 e)	在对重(平衡重)分离井道中的停止装置
5.5.2.2.2 f)	止动钳动作的检查
5.5.2.5 a)	可移动止停装置或触发装置完全伸展位置的检查
5.5.2.5 b)	可移动止停装置或触发装置完全收回位置的检查
5.5.3.1	打开通往轿顶的任何门或活板门的检查
5.5.3.2	电气复位装置
5.5.3.4	附加的极限开关
5.6.2 d) 1)	护栏完全收回位置的检查
5.6.2 d) 2)	护栏完全伸展位置的检查
5.6.2 e)	预防与电梯井道顶部碰撞的与运行方向有关的开关
5.7.2.2.2 f)	止动钳动作的检查
5.7.2.5 a)	可移动止停装置或触发装置完全伸展位置的检查
5.7.2.5 b)	可移动止停装置或触发装置完全收回位置的检查
5.7.3.1	打开通往底坑的任何门或活板门的检查
5.7.3.2	电气复位装置
5.7.3.4	附加的极限开关
5.8.2 a) 1)	护脚板收回位置的检查
5.8.2 a) 6)	预防与底坑碰撞的与运行方向有关的开关
5.8.2 b) 1)	护脚板收回位置的检查
5.8.2 b) 6)	预防与底坑碰撞的与运行方向有关的开关
5.8.2 c)	护脚板伸展位置的检查

附 录 B
（资料性附录）
定期检验和重大改装或事故后的检验

B.1 定期检验

GB 7588—2003 和 GB 21240—2007 中附录 E.1 第二段用以下内容代替：

定期测试不应造成过度的磨损或产生可能降低电梯安全性能的应力，特别是安全钳、缓冲器和可移动止停装置等部件的试验。在对这些部件进行试验时，应在轿厢空载和降低速度的情况下进行。

B.2 重大改装或事故后的检验

GB 7588—2003 和 GB 21240—2007 中附录 E.2 b)补充如下：

——可移动止停装置；

——预触发停止系统；

——可伸展的轿顶护栏；

——可伸展的护脚板。

附 录 C
（规范性附录）
预触发停止系统的检验

本附录规定了预触发停止系统符合性验证的试验程序。GB 7588—2003 和 GB 21240—2007 中 F0 也适用于本附录。

C.1 总则

应提供下列信息：

a) 最小和最大触发速度；

b) 最小和最大额定载重量；

c) 轿厢、对重、钢丝绳、随行电缆和补偿绳或其他补偿装置的最小和最大质量；

d) 电梯驱动主机和其他相关旋转部件的最小和最大转动惯量；

e) 所用导轨的详细信息：材料、型号、表面状态（冷拔、铣削、磨削等），润滑的类型和特性以及任何能影响制停的有关信息；

f) 可能导致失控运行并在制动距离的计算中需要考虑的可预知的故障列表；

g) 预定的使用条件，包括温度范围、湿度范围、气候条件和其他任何能影响制停的因素；

h) 在试验工况和最不利工况下，制动距离的计算公式；

i) 体现结构、动作原理、使用材料、结构零件的尺寸和公差的装配详图；

j) 如果必要，应提供与弹性元件相关的载荷图；

k) 预触发停止系统的使用说明书，包括维护说明以及功能、制动距离、磨损和老化等方面的定期检查说明。

C.2 声明和试验样品

C.2.1 应说明需要验证的电梯参数和预触发停止系统的应用范围。如果需要验证的预触发停止系统的参数是一个范围，则应附加说明参数的调整是分段的还是连续的。

C.2.2 应提供多套预触发停止系统，以便在有关的各种工况下进行试验。成套装置可包括与系统相关的轿厢架和其他部件。同时应提供该装置作用的适当尺寸的导轨。

C.3 实验室试验

C.3.1 试验方法

为了验证系统的实际功能而制定本试验方法。应尽可能模拟电梯的实际工况，如：使用一个在形式上与电梯系统一样的测试台，测试台曳引轮两边具有可变的质量和可分离的转动惯量。应包括触发装置、传动机构和止动钳的试验。

应检测下列各项：

a) 加速度和速度；

b) 制停距离；

c) 减速度。

检测结果应以时间的函数记录。

C.3.2 止动钳名义制动力的确定

止动钳在其最小和最大调节位置分别进行最大动作速度试验,每组试验应至少做6次。该试验应给出制动力的范围并说明试验后的磨损状况。

该测试应在导轨的相同部分进行,以确定导轨在什么时候需要更换。

每次试验的减速度取平均值。峰值不应超过平均减速度的2倍。依据平均减速度计算平均制动力。

同一止动钳在一次调整后的6次连续试验,其平均制动力与这次调整相应的名义制动力的偏差不应大于±25%。

名义制动力应近似为测试台曳引轮上的最大静态不平衡力的2倍(±20%)。

在导轨不同部分进行附加试验,以验证在正常运行中出现的各种可预期因素影响下的制停过程,如:具有不足或过度润滑、止动钳的公差等。

在导轨不同部分以减小的触发速度(最大触发速度的50%、10%和0%)进行进一步试验,以验证在指定的负载条件下电梯是否将被制停并保持在停止状态。

C.3.3 试验后的检查

试验后:

a) 夹紧元件的硬度应与原始状态的数值进行比较。特殊情况可以进行其他分析;

b) 应检查试验样品的破裂、变形和其他变化情况(如:裂缝、变形或夹紧元件的磨损、摩擦表面的外观);

c) 如果必要,应对有变形或破裂的元件拍照以作为依据。

C.4 计算

C.4.1 计算方法

计算方法允许基于现场试验工况和可预知的最不利工况下以名义制动力计算名义制停距离和减速度。

C.4.2 现场试验工况

计算应验证按照6.2要求的现场试验工况下的名义、最小和最大制停距离,现场试验工况考虑了公差、摩擦力、磨损和正常运行条件下可预期的其他因素的影响。

表C.1和表C.2给出了各影响因素的最小和最大工况组合的例子。应按照C.3进行验证制动力的公差。

C.4.3 最不利工况

计算应验证在可预知最不利工况下的最小和最大制停距离,最不利工况应考虑负载条件、触发速度、电梯驱动主机的故障(如:断轴、制动器故障)和公差、摩擦力、磨损和其他的影响。表C.1和表C.2给出了各影响因素的最小和最大工况组合的例子。

最大不利工况下的制停距离应与触发装置位置相关。最小不利工况下的制动距离应与最大减速度计算相关。

表 C.1 现场试验工况和不利工况的影响和组合示例——上行方向

<table>
<tr><th rowspan="2">项 目</th><th colspan="5">条 件</th></tr>
<tr><th>最大
现场试验工况</th><th>最小
现场试验工况</th><th>最大
不利工况</th><th colspan="2">最小
不利工况</th></tr>
<tr><td>轿内或轿顶的载荷</td><td>0</td><td>0</td><td>750 N[a]</td><td>100%[b]</td><td>2 000 N[c]</td></tr>
<tr><td>制动器闭合</td><td>否</td><td>否</td><td>否</td><td>是</td><td>否</td></tr>
<tr><td>附加在有齿曳引机的转动惯量</td><td>有</td><td>有</td><td>有</td><td>有</td><td>无</td></tr>
<tr><td>部件的公差</td><td>最大预期的制动力减小</td><td>最大预期的制动力增加</td><td>最大可预知的制动力减小</td><td colspan="2">最大可预知的制动力增加</td></tr>
<tr><td>摩擦力的公差</td><td>最大预期的制动力减小</td><td>最大预期的制动力增加</td><td>最大可预知的制动力减小</td><td colspan="2">最大可预知的制动力增加</td></tr>
<tr><td>磨损</td><td>最大预期的制动力减小</td><td>0</td><td>最大可预知的制动力减小</td><td colspan="2">0</td></tr>
<tr><td>其他</td><td>最大预期的制动力减小</td><td>最大预期的制动力增加</td><td>最大可预知的制动力减小</td><td colspan="2">最大可预知的制动力增加</td></tr>
<tr><td colspan="6">[a] 750 N 表示一名人员在轿厢内或在轿顶的状态。
[b] 100%表示轿厢载有额定载重量的状态。
[c] 2 000 N 表示二名人员在轿顶的状态。</td></tr>
</table>

表 C.2 现场试验工况和不利工况的影响和组合示例——下行方向

项 目	条 件			
	最大 现场试验工况	最小 现场试验工况	最大 不利工况	最小 不利工况
轿内或轿顶的载荷	100%[a]	100%	100%	750 N[b]
制动器闭合	否	否	否	是
附加在有齿曳引机的转动惯量	有	有	有	有
部件的公差	最大预期的制动力减小	最大预期的制动力增加	最大可预知的制动力减小	最大可预知的制动力增加
摩擦力的公差	最大预期的制动力减小	最大预期的制动力增加	最大可预知的制动力减小	最大可预知的制动力增加
磨损	最大预期的制动力减小	0	最大可预知的制动力减小	0
其他	最大预期的制动力减小	最大预期的制动力增加	最大可预知的制动力减小	最大可预知的制动力增加

[a] 100%表示轿厢载有额定载重量的状态。

[b] 750 N 表示一名人员在轿厢内或在轿顶的状态。

C.5 测试报告

为了试验的再现性,测试报告应记录所有的细节,例如:

——预触发停止系统的型号和应用;

——允许的质量和其他电梯参数的极限值;

——最大的触发速度;

——最大制停距离;

——最小制停距离;

——起制动作用的元件的类型;

——确定的测试方法;

——测试布置的描述;

——在测试布置中测试部件的位置;

——进行测试的次数;

——测试数据的记录;

——测试期间的观察报告;

——测试结果的评估,用于说明测试结果是否符合标准的要求。

参 考 文 献

[1] EN 81-71:2005 Safety rules for the construction and installation of lifts—Particular applications to passenger lifts and goods passenger lifts—Part 71:Vandal resistant lifts(电梯制造与安装安全规范 乘客电梯和客货电梯的特殊使用 第71部分:抗故意损坏的电梯)

ICS 97.200.40
Y 57

中华人民共和国国家标准

GB/T 28622—2012

无动力类游乐设施　术语

No power type of amusement devices—Terminology

2012-06-29 发布　　2012-12-01 实施

中华人民共和国国家质量监督检验检疫总局
中国国家标准化管理委员会　发布

前　言

本标准按照 GB/T 1.1—2009 给出的规则起草。

本标准参考了 EN 1176-1:2008《游乐设备和地面设施　第 1 部分:一般安全要求和测试方法》、EN 1176-2:2008《游乐设备和地面设施　第 2 部分:秋千的附加特殊安全要求和测试方法》、EN 1176-3:2008《游乐设备和地面设施　第 3 部分:滑梯的附加特殊安全要求和测试方法》、EN 1176-5:2008《游乐设备和地面设施　第 5 部分:转椅的附加特殊安全要求和测试方法》、EN 1176-6:2008《游乐设备和地面设施　第 6 部分:摇马(跷跷板)的附加特殊安全要求和测试方法》等欧盟标准中的术语和定义。

本标准由全国索道与游乐设施标准化技术委员会(SAC/TC 250)提出并归口。

本标准起草单位:温州市教玩具行业协会、凯奇集团有限公司、永嘉县质量技术监督局、永嘉县产品质量监督检验所、育才控股集团有限公司、浙江华东游乐设备有限公司、永浪集团有限公司、奇特乐集团有限公司、温州华夏游乐设备有限公司、浙江贝旺玩具有限公司、永嘉县金色年华游乐玩具有限公司、浙江爱嘉游乐设备有限公司、南京万德游乐设备有限公司、立本实业有限公司、温州康龙游乐设备有限公司、浙江飞友康体设备有限公司、温州天使体育设备有限公司、永嘉桥下大家好玩具厂、永嘉贝嘉乐游乐设备有限公司、温州贝德玩具有限公司。

本标准主要起草人:曹玉婷、吴建静、吴文珍、林美、章常义、章金飞、章定长、陈素娟、吴文景、苏尚州、黄良崇、金利群、吴立敏、吴良权、吴向兴、吴万鹏、赵义、白洁人、王金林、叶陈献、叶晓朋、戴凤全、王永宝。

无动力类游乐设施　术语

1　范围

本标准规定了无动力类游乐设施的通用术语及其定义与滑梯、秋千、无动力类转椅、摇马 、跷跷板的术语及其定义。

本标准适用于无动力类游乐设施的生产、使用和管理等领域。

2　通用术语

2.1

攀爬设施　climbing equipment

使用者必须手脚支撑，至少有三点(手、脚)接触，可以上升或下降的游乐设施。

2.2

梯子　ladder

使用者通过手的辅助可以上升或下降的，由横档或台阶等组成的攀爬设施(见图 1)。

图 1　梯子示意图

2.3

阶梯　stairs

由台阶等组成的，使用者可以上升或下降的攀爬设施(见图 2)。

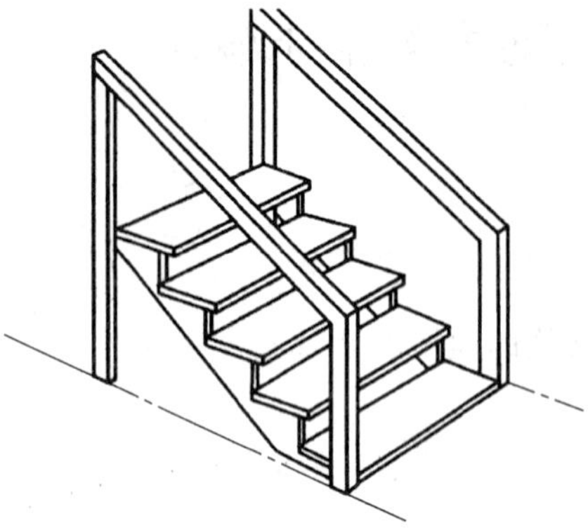

图 2　楼梯示意图

2.4

斜坡　ramp

使用者可以用以上升或下降的倾斜表面(见图 3)。

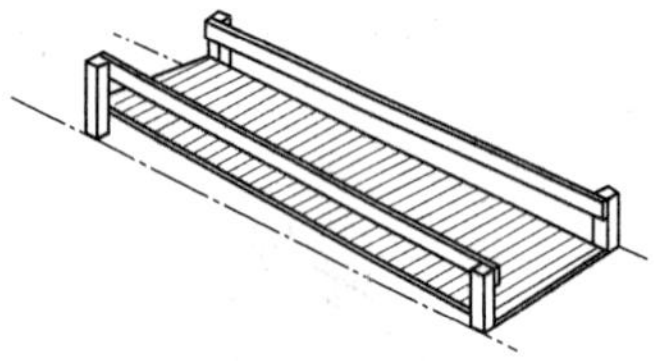

图 3　斜坡示意图

2.5

爬梯　climbing rack

由形状不规则且大小不同的攀爬孔等组成的使用者手脚并用可以上升或下降的攀爬设施(见图 4)。

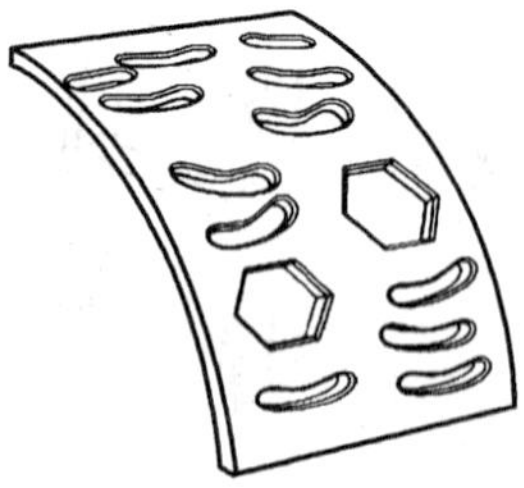

图 4　爬梯示意图

2.6

扣梯　gangway ramp

由形状规则但大小不同的攀爬孔等组成的使用者手脚并用可以上升或下降的有扶手的攀爬设施(见图 5)。

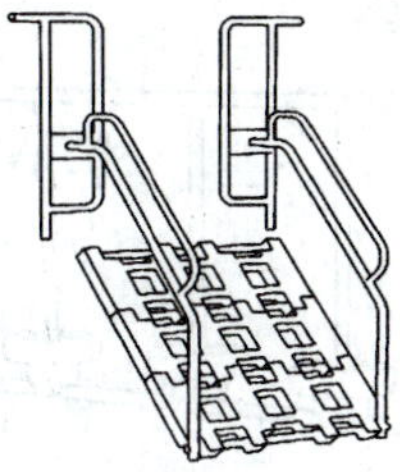

图 5　扣梯示意图

2.7

云梯　monkey bridge

由水平横档或一组圆环等组成的使用者可以进行引体向上、悬挂或从一端以手代步走向另一端的游乐设施(见图 6)。

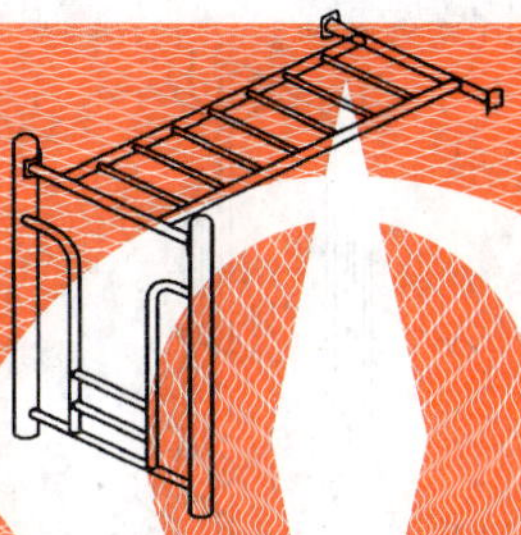

图 6　云梯示意图

2.8

吊环　flying ring

由一排悬挂的圆环等组成的使用者可以做引体向上、悬挂、前后摆动等动作的游乐设施(见图 7)。

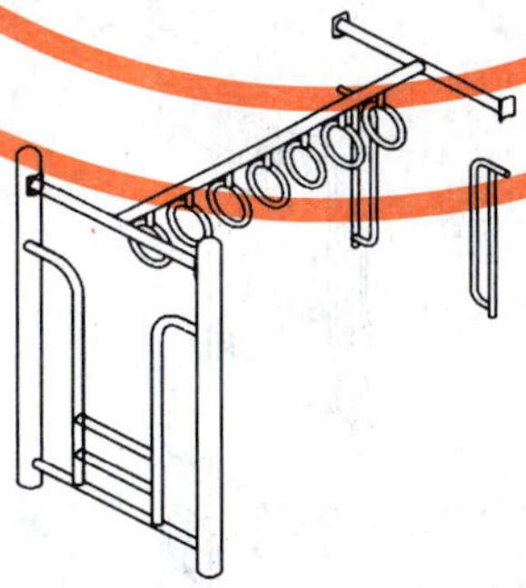

图 7　吊环示意图

2.9

吊桩　suspension rod

由安装在立杆上的桩形踏块等组成,使用者双手紧握立杆双脚踩在桩形踏块上从一端走向另一端的游乐设施(见图 8)。

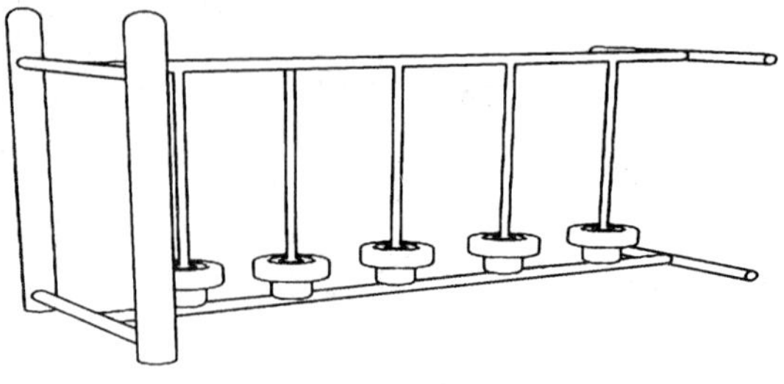

图8 吊桩示意图

2.10

圆爬梯 circularity climbing rack

由滑杆与塑料片组成的攀爬架,与平台等附助件连接,供儿童攀踏娱乐的攀爬设施(见图9)。

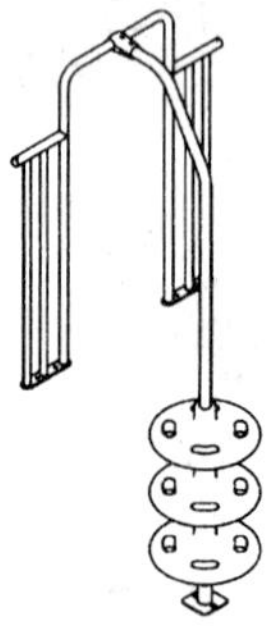

图9 圆爬梯示意图

2.11

B形梯 "B" shape rack

由滑杆与B形圈组成的攀爬架,与平台等附助件连接,供儿童攀踏娱乐的的攀爬设施(见图10)。

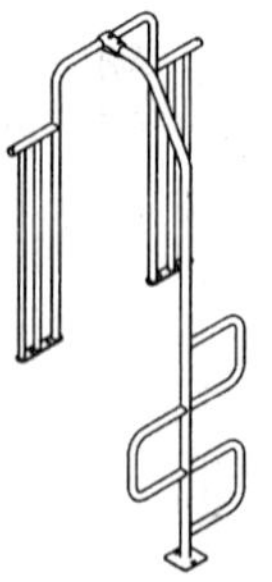

图10 B形梯示意图

2.12

蜈蚣梯 wu gong shape rack

结构形状象蜈蚣,使用者借助于手、脚进行上、下攀登运动娱乐的的攀爬设施(见图11)。

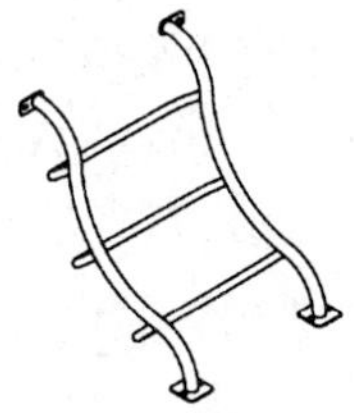

图 11 蜈蚣梯示意图

2.13

爬网梯 network climbing rack

使用者借助于手、脚进行上、下攀登运动娱乐的由绳索组成的攀爬设施(见图 12)。

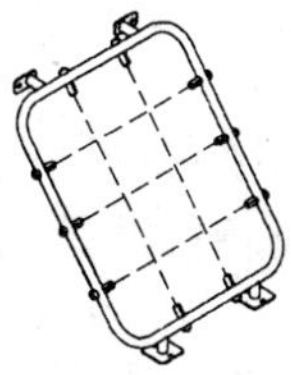

图 12 爬网梯示意图

2.14

爬筒 climbing rube

用于钻洞游乐的封闭横截面管道、网状通道或栅栏状通道。

2.15

陡峭攀爬设施 steep play element

与水平地面的角度大于 45°的攀爬设施。

[GB/T 27689—2011,定义 3.37]

2.16

区域 zone

游乐设施及其使用者所占用的二维和三维空间。

2.17

防碰撞区域 protect from impact area

使用者经由下落空间跌落后,可能碰撞的区域。

[GB/T 27689—2011,定义 3.21]

2.18

场地表面 playing surface

游乐设施的场地表面,包括防碰撞区域。

[GB/T 27689—2011,定义 3.22]

2.19

自由空间 free space

在游乐设施的运动路线周围(包括设备内部、上部)所需最小的安全空间。

[GB/T 27689—2011,定义 3.23]

2.20

跌落高度 free height of fall

从身体的支撑部位到防碰撞区域的最大垂直距离 h(见图 13)。

注：身体的支撑部位包括所有可能达到的地方。

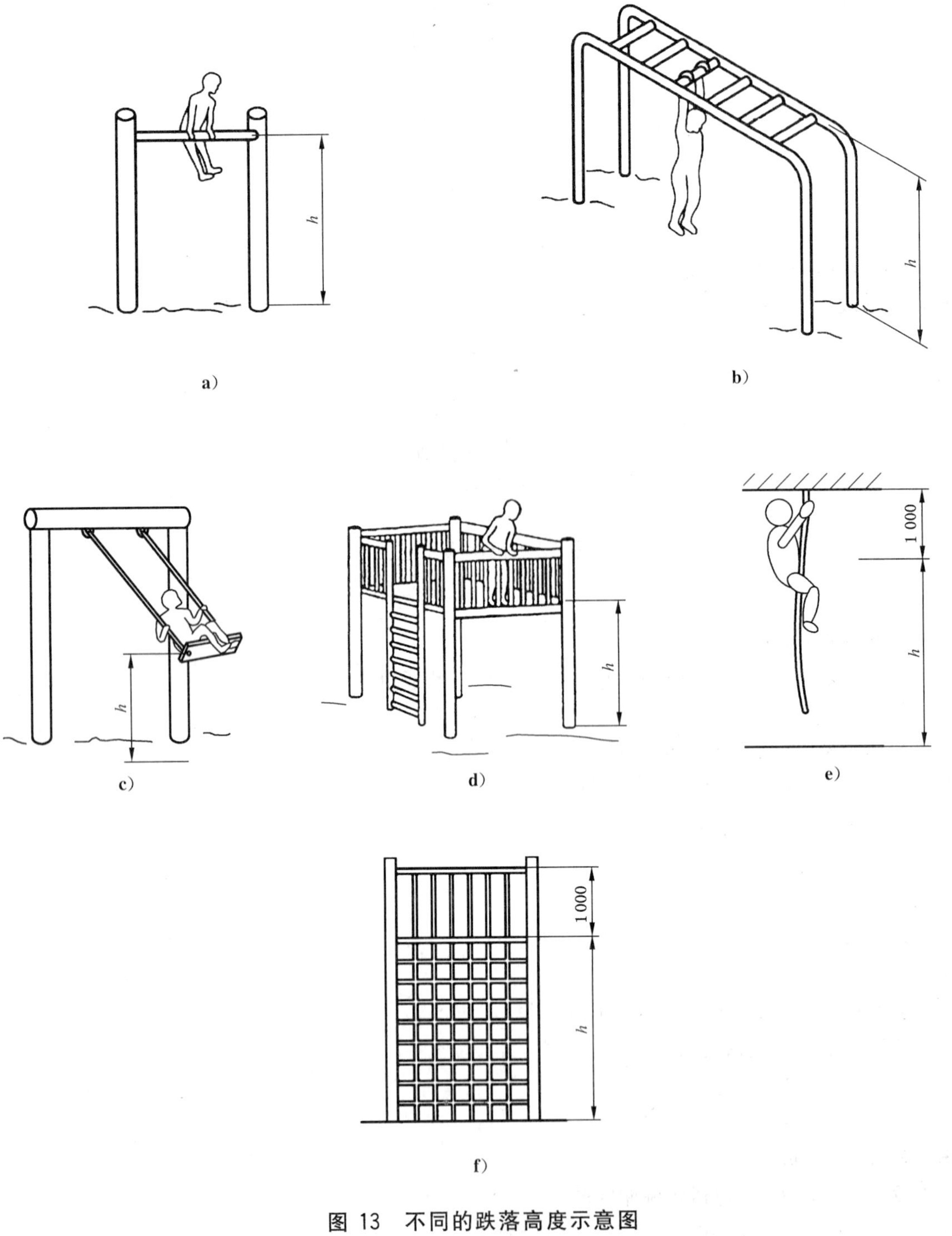

图 13 不同的跌落高度示意图

2.21

下落空间 falling space

使用者从设备上某一高度跌落时所经过的设备内部、上部或周围的空间(见图 14)。

注：下落空间从自由下落高度开始。

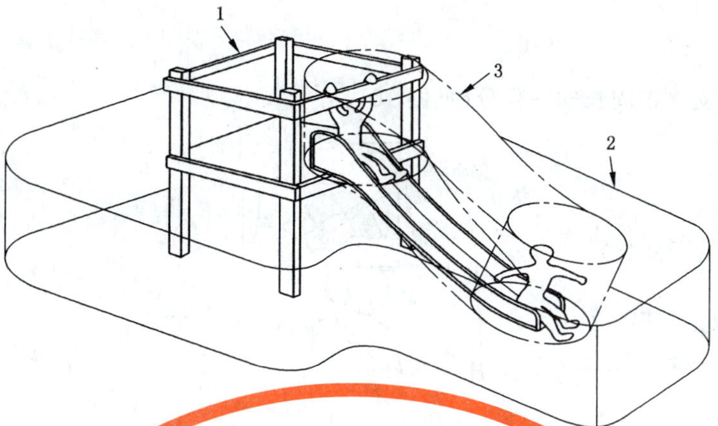

说明：

1——设备占用的空间；

2——下落空间；

3——自由空间。

图 14 空间示意图

[GB/T 27689—2011，定义 3.25]

2.22

最小安全空间 minimum security space

安全地使用游乐设施所需要的最小空间，包括下落空间、自由空间和设备占用的空间。

[GB/T 27689—2011，定义 3.26]

2.23

挤压点 crushing point

人体或人体某些部位在活动中可能产生被挤压的位置。

[GB/T 27689—2011，定义 3.27]

2.24

剪切点 shearing point

人体或人体某些部位在活动中可能产生被切割的位置。

[GB/T 27689—2011，定义 3.28]

2.25

握持 grip

由人体单手握住支撑物的整个周长(见图 15)。

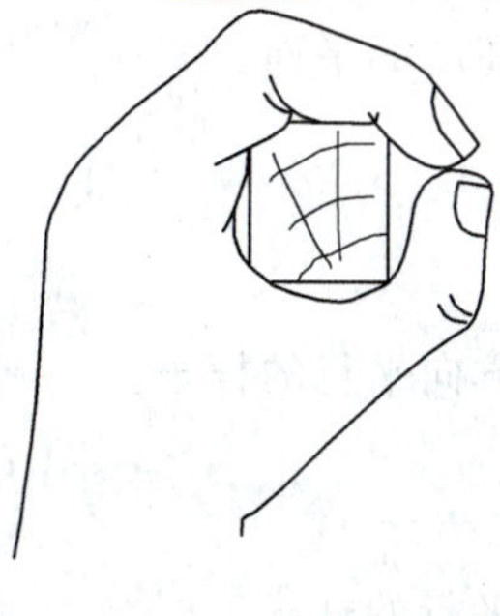

图 15 握持

[GB/T 27689—2011，定义 3.29]

2.26

抓持 grasp

由人体单手抓住支撑物周长的一部分(见图16)。

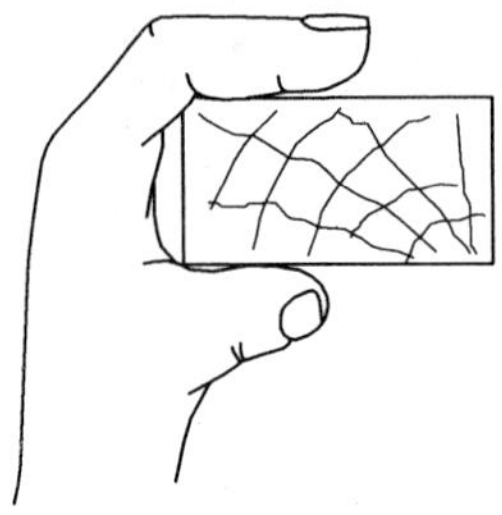

图16 抓持

[GB/T 27689—2011,定义3.30]

2.27

挤夹 entrapment

身体或身体的某个部位,或衣服被夹住、钩挂而产生的危险。

注:本标准仅考虑了那些使用者不能自行解脱,且挤夹会导致受伤的特定类型的挤夹。

[GB/T 27689—2011,定义3.31]

2.28

障碍物 obstacle

设备占据的空间、下落空间或使用者自由空间内部突出的或延伸到运动路线上的物体或物体的一部分。

[GB/T 27689—2011,定义3.32]

2.29

产品系列 family of products

可以用不同方式组装的模块化的系统或部件。

2.30

设备群 cluster

设计用来提供游乐连续性活动,以相互接近安装的两个或以上的分离设备。

[GB/T 27689—2011,定义3.33]

2.31

平台 platform

站台 platform

无需手的支撑即可站立的具有一定高度的平面。

[GB/T 27689—2011,定义3.34]

2.32

扶手 handrail

用于协助使用者保持平衡的与运动方向平行的杆子。

2.33

护栏 guardrail

用于防止使用者跌落的与运动方向平行的杆子。

2.34

围栏 barrier

用于防止使用者跌落和穿过的装置。

2.35

例行目视检查 routine visual inspection

以判断是否存在隐患为目的,用目测方法进行的检查。

2.36

运行检查 operation inspection

比例行目视检查更仔细的检查,察看游乐设施的运行和稳定性,型式检查包括对磨损程度的检查。

3 滑梯

3.1

滑梯 slide

滑道部件带有倾斜表面,由起始段、滑行段、出口段组成,能引导使用者从指定的轨道内滑下,并配套攀爬、登高等其他游乐部件的无动力类游乐设施(滑梯滑道部件示意图见图 17)。

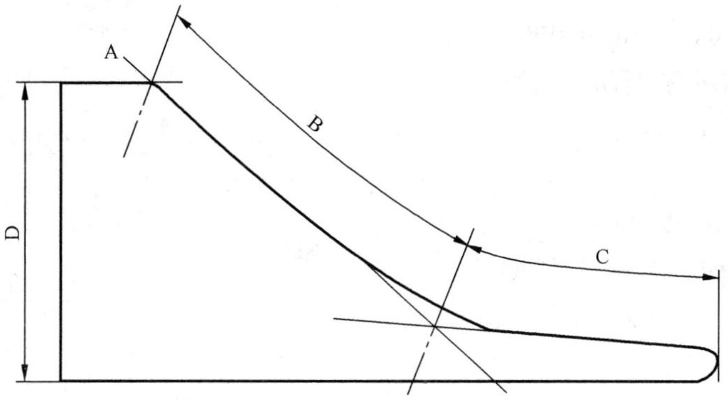

说明:

A——起始段;

B——滑行段;

C——出口段;

D——滑梯高度;

B+C——滑道长度。

图 17 滑梯滑道部件示意图

3.2

儿童滑梯 children slide

由通道、站台、滑道部件等功能部件及其支撑、保护、连接部件组成的具有滑行、攀爬或登高等游乐功能的供儿童娱乐用的滑梯。

[GB/T 27689—2011,定义 3.1]

3.3

独立滑梯 independent slide

与设备其他部分分开,通过自有的通道从地面直接进入起始段的滑梯。

[GB/T 27689—2011,定义 3.2]

3.4

附属滑梯 embankment slide

只能通过其他设备或部件进入起始段的滑梯。

[GB/T 27689—2011,定义 3.3]

3.5

管筒滑梯　barrel of pipe slide

滑行段横截面是圆形封闭式的滑梯。

[GB/T 27689—2011,定义 3.4]

3.6

管道滑梯　tunnel slide

滑行段横截面是非圆形封闭式的滑梯。

[GB/T 27689—2011,定义 3.5]

3.7

混合管筒滑梯　mixed barrel of pipe slide

只有滑行段上半部分有封闭管筒的滑梯。

[GB/T 27689—2011,定义 3.6]

3.8

混合管道滑梯　mixed tunnel slide

只有滑行段上半部分有封闭管道的滑梯。

[GB/T 27689—2011,定义 3.7]

3.9

多轨滑梯　multi-track slide

中间有隔离的多个确定轨迹的滑梯。

[GB/T 27689—2011,定义 3.8]

3.10

组合滑梯　combination slide

由平面开口型、管筒型、管道型等两种及以上不同形状的滑道部件组成的或直线型、曲线型、螺旋型等两种及以上不同滑行轨迹组成的滑梯。

[GB/T 27689—2011,定义 3.9]

3.11

波浪滑梯　wave slide

在滑梯的滑行方向上,滑行段有多次角度变化的滑梯。

[GB/T 27689—2011,定义 3.10]

3.12

曲线滑梯　curved slide

在滑梯的滑行方向上,滑行段形成曲线的滑梯。

[GB/T 27689—2011,定义 3.11]

3.13

螺旋滑梯　helical slide

在滑梯的滑行方向上,滑行段形成螺旋状的滑梯。

[GB/T 27689—2011,定义 3.12]

3.14

起始段　starting section

使用者可以开始进入到滑行位置的一段。

注:起始段也可以是儿童滑梯的平台或平台延伸。

[GB/T 27689—2011,定义 3.14]

3.15

滑行段　sliding section

使用者进行非自主运动的滑道的一段。

[GB/T 27689—2011,定义 3.15]

3.16

出口段　run-out section

使用者的滑行速度减慢,以便可以从滑道上安全离开的滑道的一段。

[GB/T 27689—2011,定义 3.16]

3.17

侧向保护　lateral protection

在起始段或滑行段,起到限制、引导使用者运动的侧板。

[GB/T 27689—2011,定义 3.17]

3.18

滑梯高度　slide height

滑道部件起始段最高点离地面的垂直距离。

[GB/T 27689—2011,定义 3.18]

3.19

滑梯宽度　chute width

在距离滑道侧边上端面深 100 mm 处测得的滑道的宽度为有圆弧过渡的滑道宽度,如图 18 所示;滑道底部的宽度为扁平滑梯的滑道宽度。包括起始段宽度、滑行段宽度、出口段宽度。

注:滑梯宽度通常是指滑行段宽度。

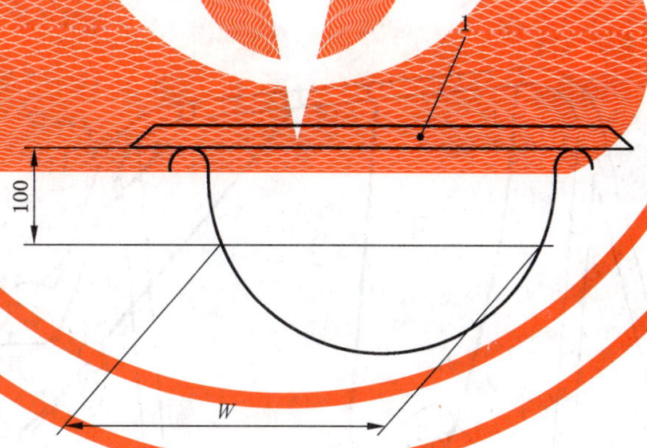

说明:

1——直尺;

W——滑梯宽度。

图 18　滑梯宽度测试示意图

[GB/T 27689—2011,定义 3.19]

3.20

滑梯深度　chute depth

滑梯的滑行段侧边上端面到滑行段底部的垂直距离,如图 19 所示。

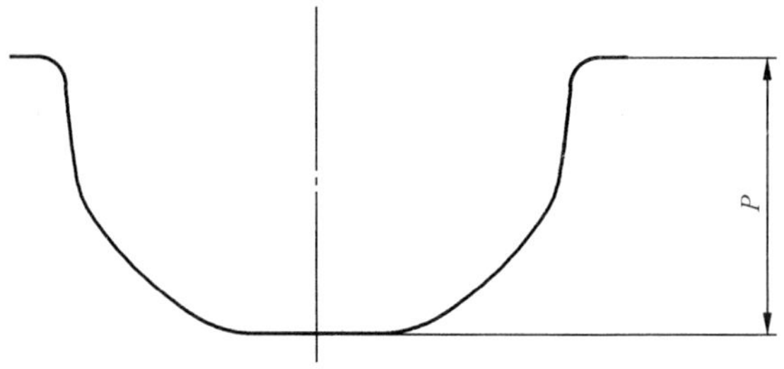

说明：
P ——滑梯深度。

图 19 滑梯深度测试示意图

[GB/T 27689—2011,定义 3.20]

4 秋千

4.1

秋千 swing

通过枢轴或铰链柔性吊挂,使用者靠自身重量绕水平回转中心往复摆动的游乐设施。

4.2

单转轴秋千 swing with one rotational axis

枢轴或绞链为单转轴,垂直于横梁摆动的秋千(见图 20)。

图 20 单转轴秋千示意图

4.3

多转轴秋千　swing with several rotational axis

枢轴或绞链为多转轴，平行或垂直于横梁摆动的秋千(见图 21)。

图 21　多转轴秋千示意图

4.4

单点秋千　single point swing

绳子或链条固定于一点，可以进行摆动、旋转运动的秋千(见图 22)。

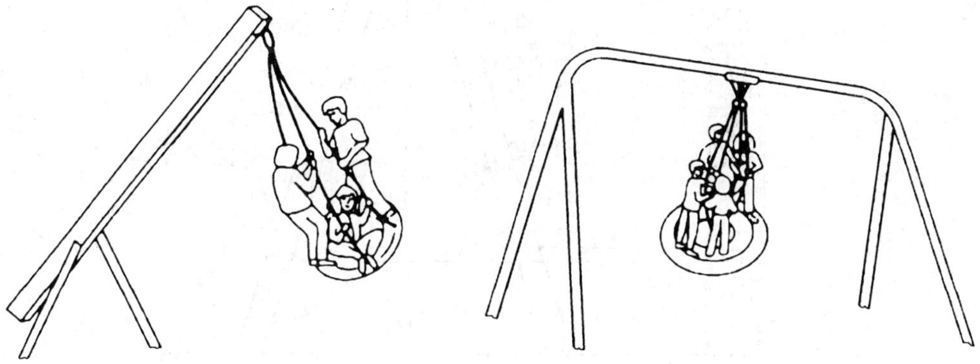

图 22　单点秋千示意图

4.5

接触式秋千　contact swing

通过秋千梁悬挂、使用竖直轮胎并带有限制横档的秋千座，有秩序排列在中心轴四边(中心点)的若干个首尾相连的秋千(见图 23)。

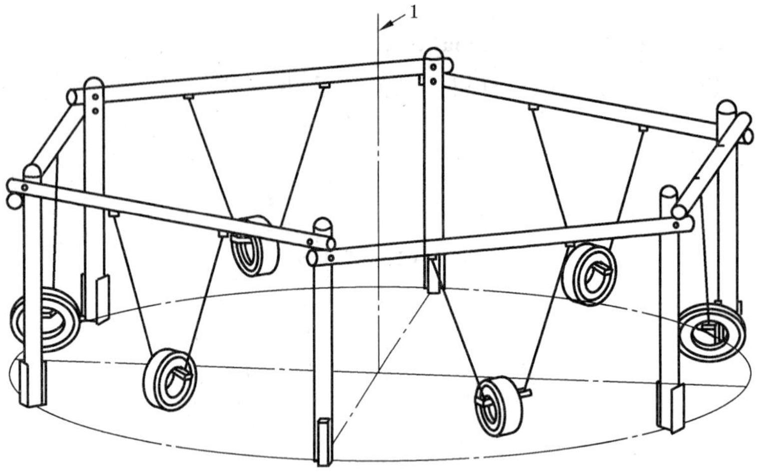

说明：
1——中心轴。

图 23 接触式秋千示意图

4.6

儿童秋千 children swing

跌落高度不超过 1 200 mm 且身高不超过 1 200 mm 的儿童娱乐用的秋千。

4.7

秋千高度 swing height

从旋转轴中心到地面的距离 h_1（见图 24）。

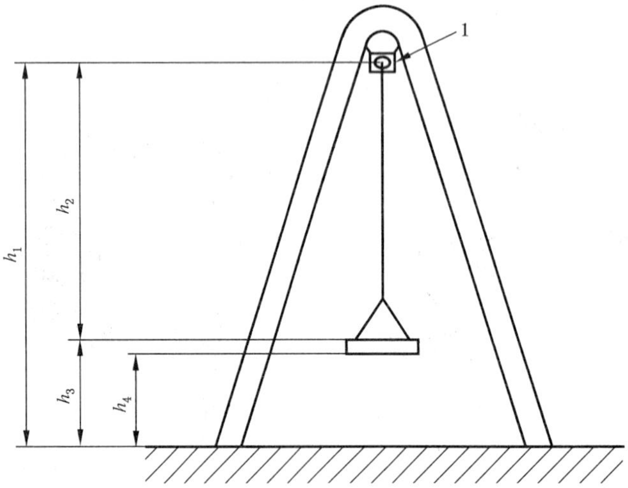

说明：
1——旋转轴；
h_1——秋千高度；
h_2——秋千悬挂高度，$h_2=h_1-h_3$；
h_3——秋千座高度；
h_4——地面距离。

图 24 秋千的高度示意图

4.8

秋千悬挂高度　length of swing suspension member

从旋转轴中心到秋千座上表面的最高点的距离 h_2(见图 24)。

4.9

秋千地面距离　swing ground clearance

秋千静止时,从秋千座下表面的最低点到地面的距离 h_4(见图 24)。

4.10

秋千座高度　height of seat

秋千静止时,从秋千座上表面的最高点到地面的距离 h_3(见图 24)。

4.11

座位距离　seat clearance

从秋千座的最低点到在秋千运行轨迹任何障碍物的距离 h_5(见图 25)。

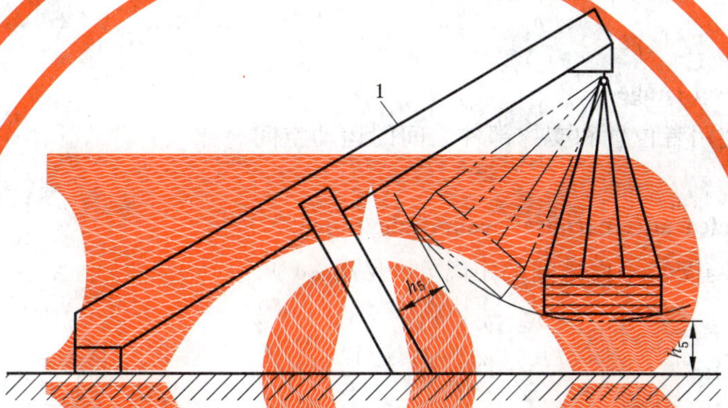

说明:

1——支撑梁;

h_5——座位距离。

图 25　类型 3 秋千的座位距离示意图

4.12

秋千板　flat swing seat

不带背部和侧边保护的秋千座椅。

4.13

摇篮椅　cradle seat

供幼儿或年龄更小的儿童使用的带有摇篮型的座椅。

4.14

儿童秋千椅　cradle seat

带有身体支撑,主要供幼儿或残疾儿童使用的座椅。特别设计成儿童不会从四周的保护中滑出。

4.15

秋千平台　platform

单点秋千用的使用者站立的支撑装置。

4.16

枢轴　pivotal

多个物体围绕着一个中心旋转的中心轴,如曲轴连杆机构的主轴可以称为“枢轴”,曲轴则不能称为“枢轴”。

5 无动力类转椅

5.1

转椅 carousel

围绕一个竖直中心轴转动供多人使用的游乐设施。

5.2

手推平转转椅 flat turn push carousel

高度 2 m 以下的，速度不超过 1.2 m/s 的，不带任何动力装置的靠手推动产生平转的转椅。

5.3

使用者位置 user station

可以让使用者固定位置或驱动转椅的座位、平台或手柄。使用者位置可紧紧连接到支撑结构上，或者安装在支撑结构上。

5.4

转椅范围 carousel range

当转椅运动时，使用者位置和支撑部件之间的运动空间。

5.5

转椅地面距离 clearance carousel ground clearance

转椅的运动部件与安装平面之间的距离 h_1（见图 26 ）。

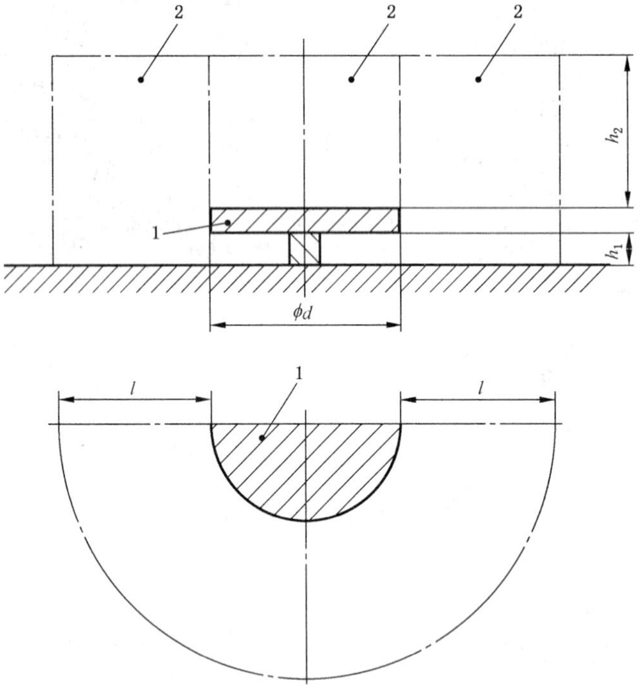

说明：

1——平台；

2——自由空间；

d——平台直径；

l ——自由空间/跌落空间（转椅边缘）；

h_1——地面距离；

h_2——头部间距。

图 26 转椅地面距离示意图

5.6

转椅直径　carousel diameter

当转椅运动时，离转动轴最远的部件到转动轴的距离的 2 倍(用 D 表示)。

5.7

转椅轴　carousel axis

与地基或安装部件相连的中心轴。

注：转椅轴也可能是一条理论上的线(如果转椅安装在环形轨道上)。

6　摇马

6.1

摇马　rocking equipment

一种单人即可参与的，通过中心支撑或圆弧形支撑的刚性部件，摇晃产生运动的游乐设施。通过中心支撑的摇马见图 27a)，通过圆弧形支撑的摇马见图 27b)。

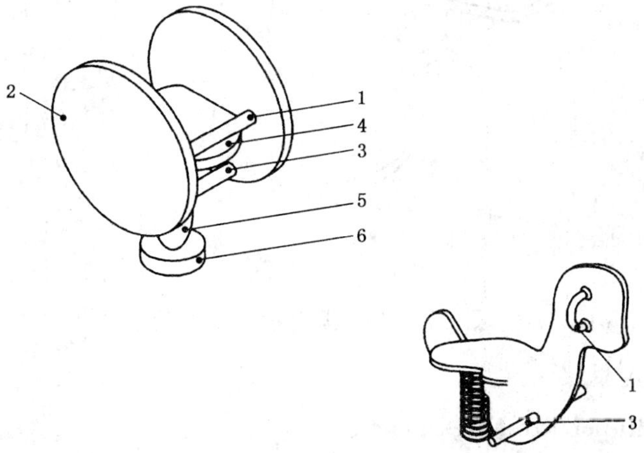

a)

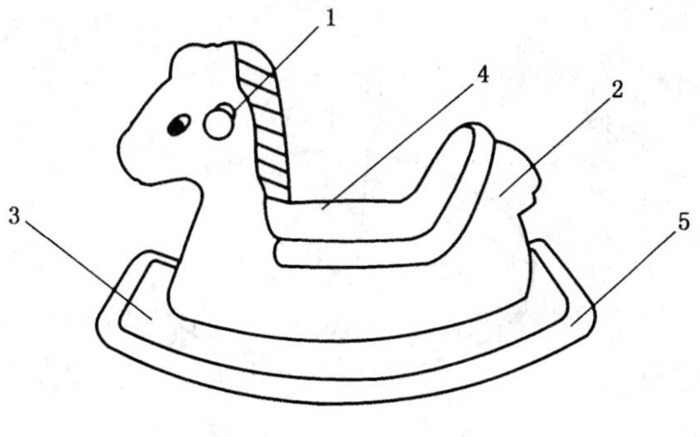

b)

说明：

1——手柄；

2——主体；

3——脚蹬；

4——座位/站立位置；

5——支撑部件；

6——锚固件。

图 27　摇马示意图

6.2

单点固定摇马　single-point rocking equipment

能实现预定主方向运动或多向运动的由单点固定的摇马(见图28)。

注：典型的单点固定包括弹簧、压缩块。

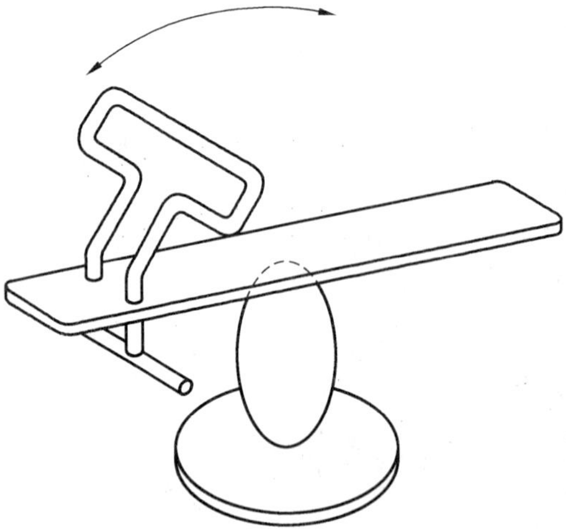

图28　单点固定摇马示意图

6.3

多点固定摇马　multi-point rocking equipment

能实现多向运动的由多点固定的摇马(见图29)。

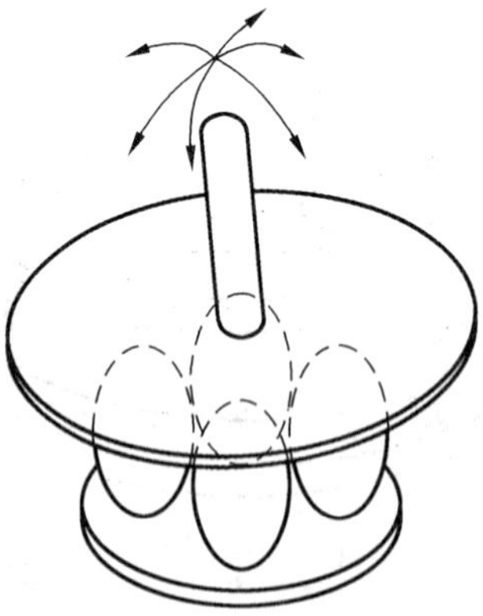

图29　多向运动摇马示意图

6.4

摇摆型摇马　swing type rocking equipment

能实现水平方向运动的在轴向上固定设备的摇马(见图30)。

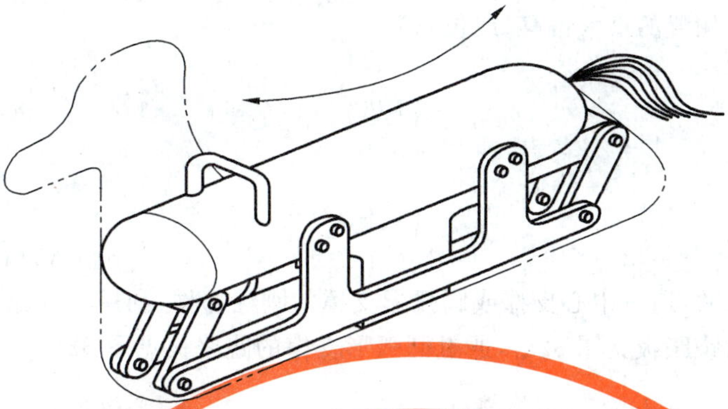

图 30　摇摆型摇马示意图

6.5

圆弧形支撑摇马　circular-arc support rocking equipment

能实现水平方向运动的由圆弧形支撑的摇马(见图 31)。

图 31　圆弧形支撑摇马示意图

6.6

主体　equipment body

与支撑部件连接的主要摇摆部件。

6.7

支撑部件　supporting component

将主体与锚固件相连的部件。

6.8

锚固件　anchorage

与地面相连起稳固作用的部件。

6.9

减震　damping

能实现减缓设备运动速度、减低震动效果的支撑部件的能力。

6.10

运动幅度　range of movement

运动体在三维空间位置的最大偏移(或位移)。

7　跷跷板

7.1

跷跷板　seesaw

一种至少二人参与的,通过中心支撑或圆弧形支撑的刚性部件,利用杠杆原理摇晃产生运动的游乐设施。通过中心支撑的跷跷板见图32a),通过圆弧形支撑的跷跷板见图32b)。

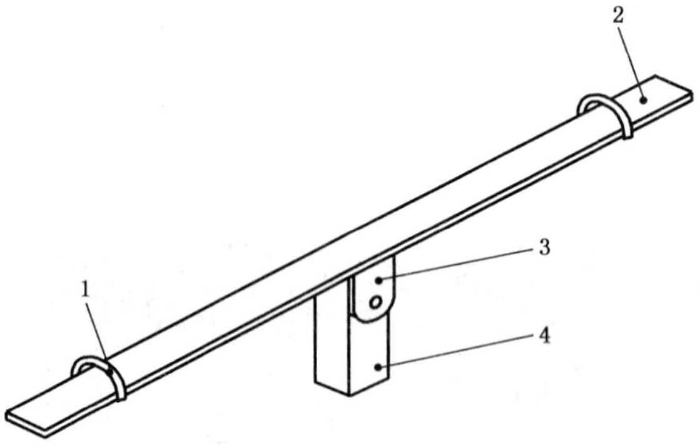

a)

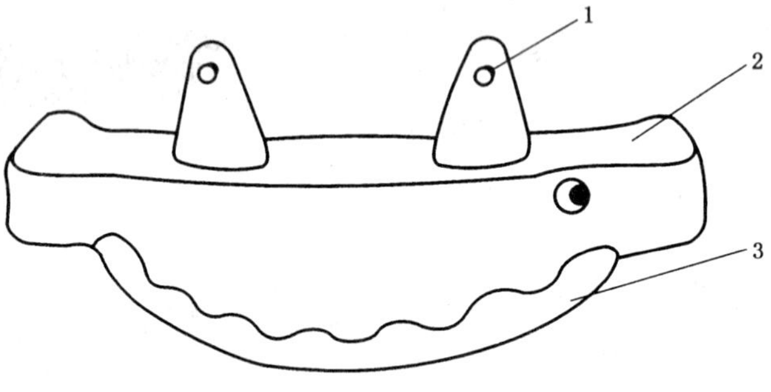

b)

说明:

1——手柄;

2——座位/站立位置;

3——支撑部件;

4——锚固件。

图32　跷跷板示意图

7.2

轴向跷跷板　axial seesaw

只有竖直方向运动的跷跷板(见图33)。

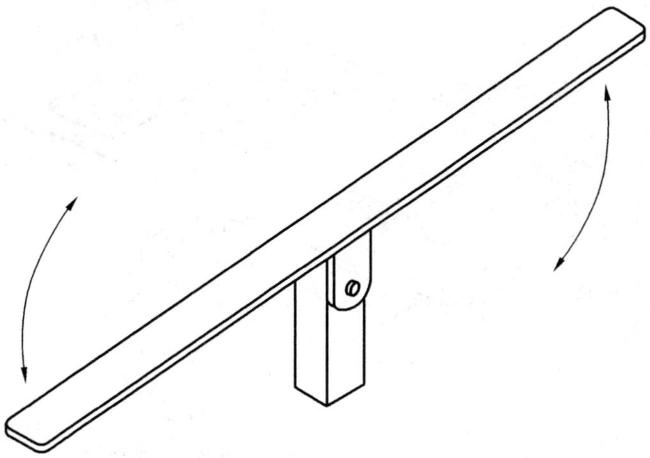

图 33　轴向跷跷板示意图

7.3

单点固定跷跷板　single-point seesaw

能实现预定主方向运动或多向运动的由单点固定的跷跷板(见图 34)。

注：典型的单点固定包括弹簧、压缩块。

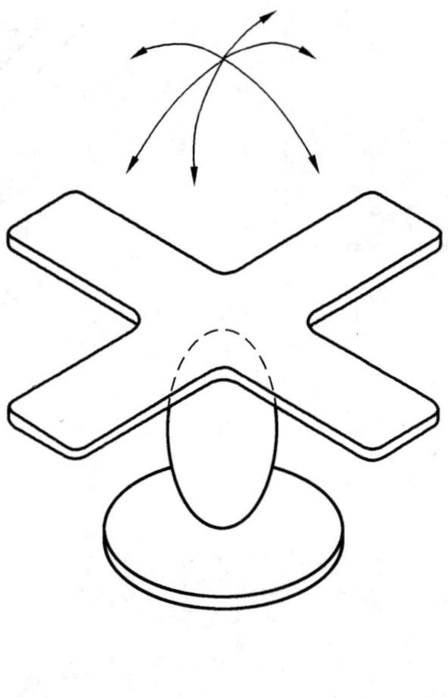

图 34　单点固定跷跷板示意图

7.4

多点固定跷跷板　multi-point seesaw

能实现预定主方向运动或多向运动的由多点固定的跷跷板(见图 35)。

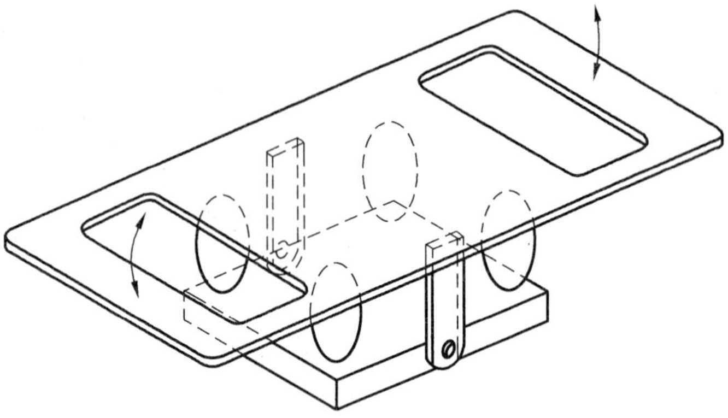

图 35　带有预定运动主方向跷跷板示意图

7.5

带有上部支撑的跷跷板　spinning seesaw

可以在竖直和水平方向运动的,能产生摇摆运动的,由上部支撑的跷跷板(见图 36)。

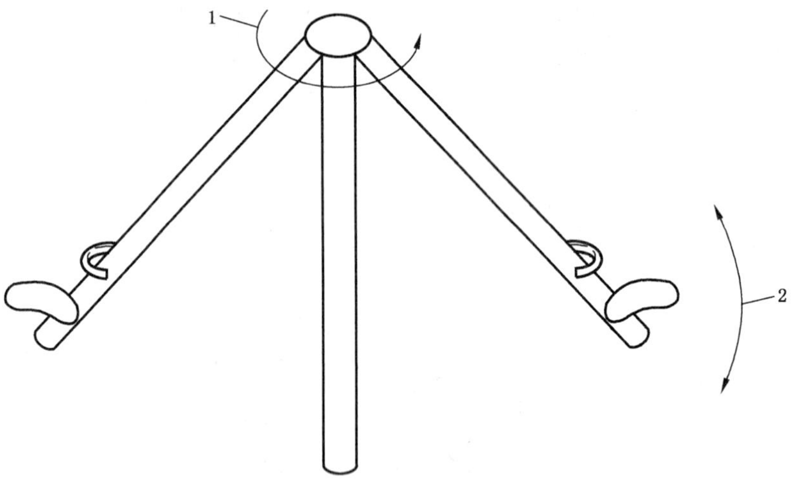

说明:

1——围绕中心柱的圆周运动;

2——摇摆运动。

图 36　带有上部支撑的跷跷板示意图

7.6

上部单轴跷跷板　seesaw with upper single axis

使用者位置柔性悬挂在单轴下,可以提供额外的受限的摇摆运动的跷跷板(见图 37)。

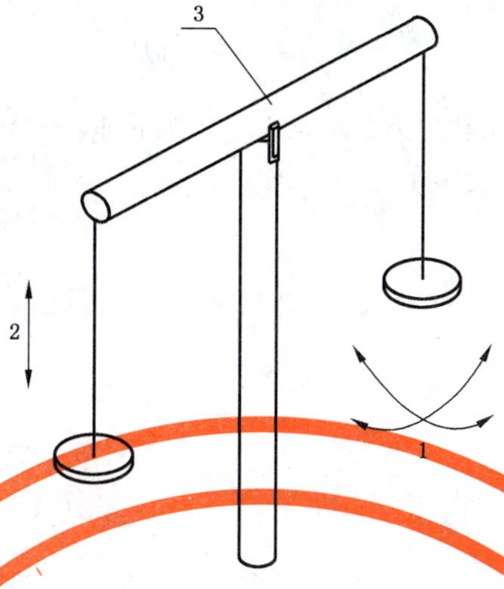

说明：

1——受限的摇摆运动；

2——摇摆运动；

3——轴。

图 37 上部单轴跷跷板示意图

7.7

圆弧形支撑跷跷板 circular-arc support seesaw

能实现水平方向运动的由圆弧形支撑的跷跷板(见图 38)。

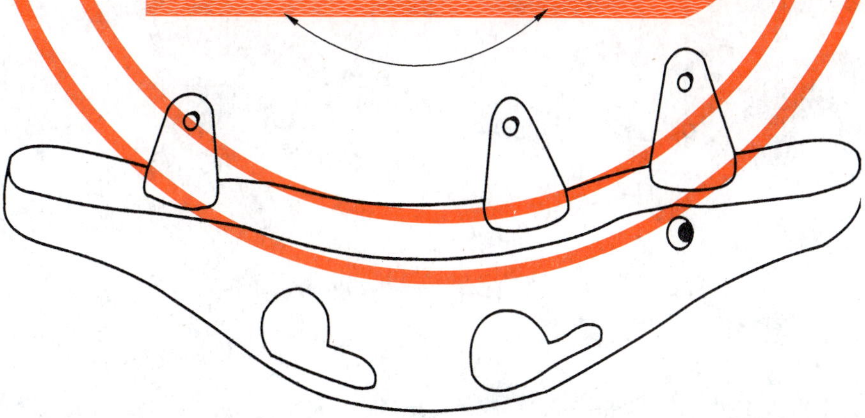

图 38 圆弧形支撑跷跷板示意图

参 考 文 献

[1] GB/T 27689—2011 无动力类游乐设施 儿童滑梯

中 文 索 引

英 文 索 引

A

B

C

D

E

F

G

H

I

L

M

N

O

U

W

Z

ICS 35.240.80
L 07

中华人民共和国国家标准化指导性技术文件

GB/Z 28623—2012/ISO/TR 18307:2001

健康信息学 消息传输与通信标准中的互操作性与兼容性 关键特性

Health informatics—Interoperability and compatibility in messaging and communication standards—Key characteristics

(ISO/TR 18307:2001,IDT)

2012-07-31 发布 2012-11-01 实施

中华人民共和国国家质量监督检验检疫总局
中国国家标准化管理委员会 发布

前　言

本指导性技术文件按照GB/T 1.1—2009给出的规则起草。

本指导性技术文件使用翻译法等同采用ISO/TR 18307:2001《健康信息学　消息传输与通信标准中的互操作性与兼容性　关键特性》(英文版)。

与本指导性技术文件引用的国际文件有一致性对应关系的我国文件如下:

GB/T 5271.4—2000　信息技术　词汇　第4部分:数据的组织(eqv ISO/IEC 2382-4:1999)

GB/T 20000.1—2002　标准化工作指南　第1部分:标准化和相关活动的通用词汇(ISO/IEC Guide 2:1996,MOD)

本指导性技术文件由中国标准化研究院提出并归口。

本指导性技术文件起草单位:中国标准化研究院、中国中医科学院广安门医院。

本指导性技术文件主要起草人:董连续、郭玉峰、石丽娟、尹书蕊、陈煌、任冠华。

健康信息学 消息传输与通信标准中的互操作性与兼容性 关键特性

1 范围

本指导性技术文件给出了可信的健康信息在通信应用系统之间进行信息交换时实现互操作性和兼容性的关键特性集合的指南。

关键特性描述了医疗保健团体的交互应用的互操作性需求,特别是医疗护理主体、医疗保健专业人员/医疗护理提供者、医疗保健提供组织及其业务单元和整合交互网络对应用间的互操作需求。

本指导性技术文件适用于医疗保健领域内的消息传输与通信标准的起草和实施关键特性,也适用于软件开发人员、经销商、医疗保健提供方和最终用户应用关键特性。

2 规范性引用文件

下列文件对于本文件的应用是必不可少的。凡是注日期的引用文件,仅注日期的版本适用于本文件。凡是不注日期的引用文件,其最新版本(包括所有的修改单)适用于本文件。

GB/T 9387.2—1995 信息处理系统 开放系统互连 基本参考模型 第2部分:安全体系结构(idt ISO 7498-2:1989)

GB/T 18336.1—2001 信息技术 安全技术 信息技术安全性评估准则 第1部分:简介和一般模型(idt ISO/IEC 15408-1:1999)

GB/T 18714.2—2002 信息技术 开放分布式处理 参考模型 第2部分:基本概念(idt ISO/IEC 10746-2:1996)

GB/T 18714.3—2003 信息技术 开放分布式处理 参考模型 第3部分:体系结构(ISO/IEC 10746-3:1996,IDT)

ISO 2382-4 信息技术 词汇 第4部分:数据的组织(Information technology—Vocabulary—Part 4:Organization of data)

ISO 6523-1:1998 信息技术 机构和机构各部门标识结构 第1部分:机构标识方案的标识(Information technology—Structure for the identification of organizations and organization parts—Part 1:Identification of organization identification schemes)

ISO/IEC 10746-4:1998 信息技术 开放分布式处理 参考模型 第4部分:体系结构语义(Information technology—Open Distributed Processing—Reference Model: Architectural Semantics)

ISO/IEC 15408-1:1999 信息技术 安全技术 信息技术安全评估准则 第1部分:简介及一般模型(Information technology—Security techniques—Evaluation criteria for IT security—Part 1: Introduction and general model)

ISO/IEC 指南:1996 指南2:定义3.2(guide 2:definition 3.2)

3 术语和定义

下列术语和定义适用于本文件。

3.1

访问　access

读取、写入、更改或传送数据/信息,或使用任何系统资源的必要能力或手段。

[HIPAA]

所提供的查看、检查、审查、使用数据或信息的机会。

[CPRI]

主体和客体之间进行交互的特定类型,其结果产生从一方至另一方的信息流。

[GCST]

3.2

访问控制　access control

确保数据处理系统的资源只能由被授权实体按授权方式进行访问的手段。

注:改写自 GB/T 5271.8—2001,定义 08.04.01。

防止对资源的未授权使用,包括防止以未授权方式使用某一资源。

[GB/T 9387.2—1995]

防止无访问权限人员访问的策略和程序。

[IOM]

3.3

访问级别　access level

关于可以访问信息的个人等级(例如,许可等级)……,可以访问的信息的级别(例如分类等级)。

[HIPAA]

3.4

可确认性　accountability

确保一个实体的活动可以被独一无二地追踪到该实体的性质。

注:改写自 GB/T 9387.2—1995,定义 3.3.3。

个人或实体对特定活动所负的责任。

[NRC]

向所有直接或者间接负责的或者真正地感兴趣的各方定期地、以充分的细节和连贯的形式公开所有的活动、业务或者委派所涉及的目的、原则、程序、相互关系、结果、收入和支出的义务,以便有关方面能够对他们做出评估。

[JCAHO]

3.5

参与者　actor

参与一项活动的一个企业对象(或实体)。

[ISO/IEC 15414]

3.6

代理　agent

为另一企业对象(在行使管理、履行职能等方面)进行代理,且获得该企业对象授权(管理、职能等)的企业客体(或实体)。

[ISO/IEC 15414]

3.7

聚合(动词)　aggregate

聚合(名词)　aggregation

把标准化的数据和信息组合在一起。

[JCAHO]

3.8

算法(名词)　algorithm

算法的(形容词)　algorithmic

解决一个特定问题的一系列的步骤。

[JCAHO]

3.9

应用　application

可标识的计算机运行软件程序。

注1：本文件中，它是用于医疗保健信息系统的任何软件程序，包括在治疗或诊断中不起任何直接作用的软件程序。

注2：在一定权限内，包括可对医疗设备进行调节的软件程序。

3.10

架构　architecture

以关于组织和业务语境的逻辑构造和内在联系为基础的一套原则。

注：软件架构是软件设计活动的结果。

3.11

存档(记录)　archived(records)

档案(记录)　archival(records)

为以后参考或者使用而保存的(医疗保健)数据，可能是脱机的。

[COACH]

3.12

保证　assurance

相信、确定、确信的理由。

实体达到其安全性目的的信任基础。

[GB/T 18336.1—2008]

开发、文件编制、测试、程序和操作活动以确保系统安全服务确实可提供所宣称的保护级别。

[OMG 97]

3.13

非对称密码算法　asymmetric cryptographic algorithm

在执行加密或与之相应的解密中用于加密和解密的密钥不同的算法。

[GB/T 18794.1—2002]

3.14

审计控制　audit control

记录和检查系统活动所使用的机制。

[HIPAA]

3.15

审计跟踪　audit trail

访问和/或使用资源的记录。

[GB/T 9387.2—1995]

监控有关健康信息的每一项操作(医疗保健参与方的)的文件证据。

[NRC]

足以重现、复审和检验一系列的环境和活动的序列，而这些环境和活动序列应是围绕或导致一个完整(从开始到最终结果)处理过程中某种操作、程序或者事件的。

[GCST]

3.16

健康记录条目的鉴别　authentication of health record entries

用于验证记录条目的完整性、准确性和确定性的过程。

[JCAHO]

3.17

鉴别　authentication

提供有关主体(作者)或对象(信息)的身份识别的保证。

[ASTM E1762]

3.18

鉴别(数据)　authentication(data)

对已经存储、传输或其他可能容易未经授权而修改的数据进行完整性验证。

[GCST]

3.19

鉴别(数据来源)　authentication(data source)

确认接收到的数据的来源是所要求的。

[GB/T 9387.2—1995]

3.20

鉴别(用户)　authentication(user)

提供对于某个实体自称身份的保证。

[GB/T 18794.2—2002]

3.21

授权(动词)　authorize

授权(名词)　authorization

授予权限,包括允许基于访问权的访问。

[GB/T 9387.2—1995]

不得阻止的特定行为的规定。

[ISO/IEC 15414]

3.22

授权用户　authorized user

依据安全策略可以执行某项操作的用户。

[GB/T 18336.1—2008]

3.23

可用性　availability

依据授权实体的请求可被访问与使用。

[GB/T 9387.2—1995]

防止未经授权而对信息或资源的扣交。

[ITSEC]

3.24

生物测定的　biometric

生物测定　biometrics

修饰语,说明利用个人特有的特征(如指纹、眼睛血纹或声纹)来确认人的身份。

[GB/T 5271.8—2001]

3.25

业务单元　business unit

一个组织内的离散的并有责任功能或子功能的单元。

注：例如，一个业务单元包括医疗保健提供方组织的部门、服务或专业。

3.26

护理　care

向医疗护理个体对象（患者）提供住宿、安慰和治疗，也意味着负责其安全。

[JCAHO]

3.27

医疗护理提供者　caregiver

参见医疗保健专业人员(3.76)。

3.28

医疗保健计划　care plan

参见关键路径(3.47)。

3.29

证书　certificate

公钥证书　public key certificate

用户证书　user certificate

用户的公钥连同其他信息，并由发布该证书的证书认证机构的私钥进行加密使其不可伪造。

[GB/T 16264.8—2005]

将用户名与公钥绑定在一起的由可信赖的发行方签名的协议。

[NRC]

注：公钥证书使用框架在"国际电信联盟(ITU)标准 X.509"中有定义。

3.30

证书策略　certificate policy

规则的指定集合，它指出特定团体证书的适用性和/或一般安全性要求的应用类别。

[X.509]

3.31

认证　certification

第三方作出保证数据处理系统的全部或部分符合安全要求的过程。

[GB/T 5271.8—2001]

批准一个系统用于特定应用的管理行动。

[NRC]

3.32

证书认证机构　certification authority

认证机构　CA

证书发行方　certificate issuer

负责创建和分配证书，受用户信任的权威机构。用户可以选择该机构为其创建密钥。

[GB/T 16264.8—2005]

注：也可以选择由认证管理机构创建依赖方的密钥。

3.33

密文　ciphertext

通过使用加密技术产生的数据；结果内容的语义内容不可用。

[GB/T 9387.2—1995]

3.34

分类级别　classification level

信息的安全等级。

[NSC]

3.35

许可级别　clearance level

许可个人在某一特定的安全级别或低于该级别访问数据或信息。

[GB/T 5271.8—2001]

3.36

临床信息　clinical information

关于医疗护理主体，与医疗护理主体的健康或治疗有关的信息，由医疗保健人员进行记录或由别人代为记录。

[CEN ENV 1613:1995]

与收集到的个人健康和医疗保健有关的或关于接收医疗服务的数据/信息；包括医疗护理提供者对患者身体或精神状态的客观量度或者主观评价；对个人和家族健康史的描述；诊断性研究；做决定的根本理由；执行程序的描述；调查的结果；治疗干预；处方；对治疗反应的描述；预后症状的陈述；社会经济学的描述以及与患者健康有关的环境因素。

[ASTM E1769,CPRI]

3.37

代码集　code set

用来进行数据元素编码的任何一套代码，如术语表、医学概念、医疗诊断代码、或者医疗程序代码。

[HIPAA]

3.38

编码方案　coding scheme

将一个集合的元素映射到另一个集合中的元素的规则汇集。

[GB/T 18139.1—2000]

3.39

完整的健康记录　complete health record

个体的最终的、经过组合和鉴别的健康记录。

需满足下列条件：a)其内容反映诊断、诊断化验的结果、提供的治疗、(医疗护理主体的)身体状况，以及(医疗护理主体)出院时的状况；b)包括所有需要的临床病历或最后的进展记录在内的信息已被组合和鉴别，且最终诊断和所有并发症的记录均不使用符号或缩写。

[JCAHO]

3.40

机密性　confidentiality

使信息不泄露给非授权的个人、实体或进程，不为其所用的性质。

注：改写自 GB/T 9387.2—1995，定义 3.3.16。

以受控方式进行信息共享或发布情况。

[NRC]

防止信息非法泄露。

[ITSEC]

对有需要、有理由并被许可访问数据和信息的个体的访问限制。

[JCAHO]

数据或信息所符合的状态,此状态表明由于某种原因其数据或信息是敏感的,需要得到保护,以防止被盗窃或者撤销,并且只能向得到授权的个人或组织传播。

[OTA]

3.41

同意　consent

自愿同意正在做的或建议(明示或暗示)做的事情。

[CIHI]

医疗护理提供者与医疗护理主体之间的交流过程,这涉及得到对治疗、特别程序、发布信息和预付款指示的同意(这可以给出医疗护理主体关于在特殊的医疗情况下其意愿的说明)。

[CPRI]

3.42

医疗护理的连贯性　continuity of care

患者医疗护理质量的组成部分,由患者所需医疗护理等级组成,需要在执业医师之间协调,并跨组织和时间实施。

[JCAHO]

3.43

群体　constituency

共同接受服务的一类人。

注:具有明确的共同利益的一群个人和/或组织,他们可以选择或以不同方式指定代理来代表他们的这种利益。

3.44

凭证(用于身份标识)　credentials(for identity)

为确立实体所声称的身份而传送的数据。

[GB/T 5271.8—2001]

3.45

执业证书(用于医疗保健实践)　credentials(for healthcare practice)

(医疗保健专业人士的)执照、教育、培训、经历或其他资格的文件证明。

[JCAHO]

3.46

准则　criteria

业绩的预期水平或用以评估工作的规范。

[JCAHO]

3.47

关键路径　critical path(s)

医疗护理计划　care plan(s)

临床路径　clinical pathway(s)

基于(医疗护理主体)评估期间所采集数据的计划,它确定医疗护理需要,列出了为满足这些需求提供服务的策略,提供治疗目的和目标的文档,简述终止特定的干预的准则,并列出(医疗护理主体)的对应特定的目的和目标的进展。

[JCAHO]

3.48

密码学　cryptography

包含数据转换的原则、手段和方法的规定,目的是隐藏其信息内容,防止其在未被发现的情况下被修改和/或防止未经授权的使用。

[GB/T 9387.2—1995]

使数据加密的方式，主要是通过使用数学或逻辑功能，使易懂的数据变换成看起来无法理解的数据，并且能再还原。

[NRC]

3.49

加密算法　cryptographic algorithm

密码　cipher

为隐藏其信息内容的数据转换方法，防止其在未被发现的修改和/或防止未经授权使用。

[GB/T 9387.2—1995]

3.50

数据属性、数据元素或数据项　data attribute, element or item

单个数据单元，在一定语境内被认为是不可分割的。

[ENV 13606-4]

3.51

数据可靠性　data reliability

数据的稳定性、再现性或准确度。

[JCAHO]

3.52

数据传输　data transmission

数据传送　data transmittal

将数据或信息从一个地点发送到另一个地点。

[JCAHO]

在发送方和接收方距离较远的情况下人与程序、程序与程序之间所进行的数据交换。

[CPRI]

3.53

数据有效性　data validity

正确性验证(反映真实情况)。

[JCAHO]

3.54

决策支持　decision support

(典型的情况)为辅助医疗保健专业人员做出临床决策所设计的电子系统。

3.55

解密　decipherment

解码　decryption

从密文中获取对应的原始数据的过程。

[GB/T 5271.8—2001]

对消息进行译码，使得其含义明了的过程。

[OTA]

3.56

去标识的数据　de-identified data

进行删除或更改一个或多个属性的过程之后，由个人可标识信息所产生的数据，使得在不知道初始信息的情况下要想(直接或间接)确定相关人员的标识是无法实现的，或者需要大量的时间和人力才能做到。

［MEDSEC］

3.57

委托　delegate

将权力、功能等交予另一方。

［ISO/IEC 15414］

3.58

设备　device

可标识的、由计算机控制的装置或者仪器，是私钥的持有者。

注：包括满足上述定义的合法取证的医疗设备类别。本文提及的设备包括任何用于医疗保健信息系统的设备，也包括那些在治疗或诊断中不起任何直接作用设备。

3.59

数字签名　digital signature

附加在数据单元上的一些数据，或是对数据单元所作的密码变换（见“密码学”），这种数据或变换允许数据单元的接收者用以确认数据单元来源和数据单元的完整性，并保护数据，防止被人（例如接收者）进行伪造。

［GB/T 9387.2—1995］

基于原发者鉴别加密方法的电子签名，它使用的一套规则集合及一套参数集合进行运算，使得签名者的身份和数据的完整性是可验证的。

［HIPAA］

注：此术语通常为数据数值而保留，或为使用非对称加密技术计算出的校验和而保留，只有消息的原发者可以生成数字签名，但许多人可以验证它。

3.60

（健康信息的）泄露　disclosure(of health information)

以任何其他信息方式在持有该信息的机构以外进行的发布、传递、提供访问或公开。

［HIPAA］

不管是否得到了（健康）记录所属人的允许，向医疗保健提供组织内或组织外的第三方发布个人的（健康）记录的信息。

［CPRI］

3.61

文件编制　documentation

在（健康）记录中记录信息的过程。

［JCAHO］

3.62

（医疗护理的）有效性　effectiveness(of care)

为了实现（对医疗护理主体的）期望或计划的结果，以适合当时的知识水平的正确方式提供的医疗护理所达到的程度。

［JCAHO］

3.63

电子健康记录 EHR　electronic health record

电子医疗保健记录 ECHR　electronic healthcare record

关于医疗护理主体的计算机可读形式的健康记录。

［CEN ENV 13606-1］

3.64

加密　encipherment

加密技术　encryption

对数据进行密码变换(见“密码学”)以产生密文。

[GB/T 9387.2—1995]

对一条消息进行编码使其含义不明的过程。

[OTA]

3.65

医疗保健阶段　episode of care

可标识的医疗保健的分组,它与以医疗护理的主体和医疗护理提供者之间的实体关系为特征的活动有关,这种分组是由医疗保健提供方来确定。

3.66

防火墙　firewall

在专用网络安全域和不可信的公共网络之间提供一个隔离层的计算机系统。

[CIHI]

3.67

健康信息　health information

口述的或以任何形式或媒介所记录的信息:a)由医疗保健提供者、健康计划成员、公共卫生管理机构、雇主、人寿保险公司、学校、大学、或医疗保健结算所创建或接收;b)与一个人的过去、现在或将来的身心健康或状态相关;向个人提供医疗保健品;过去、现在或将来对个人医疗保健的付款。

[HIPAA]

3.68

健康记录　health record

医疗保健记录　healthcare record

由医疗保健方(医生及其他医疗保健专业人员)汇编的各种(护理主体的)健康信息报告,例如,(医疗护理主体的)评估结果、治疗细节及进展说明。

[JCAHO]

3.69

健康记录条目　health record entry

医疗保健记录条目　healthcare record entry

赋予了适当属性的数据集,是在同一时间、同一地点所形成的健康(护理)记录的一部分或者全部。

[CEN ENV 13606-2]

3.70

医疗保健　healthcare

与个人健康有关的护理、服务或供应品。

[HIPAA]

注:包括下列所有项目:a)与患者的身体、心理情况或功能状态有关的或影响身体组织或功能的、预防的、诊断的、治疗的、康复的、保养的或姑息的治疗、咨询、服务或过程;b)按照处方配药或者销售药物、器械、设备或其他项目;c)采购或存储供病人需要的血液、精子、器官及任何其他组织。

3.71

医疗保健代理　healthcare agent

医疗设备(如仪器、监测器)和计算机软件(如应用软件、组件),它们用来:

a)　在提供医疗保健服务中完成一项任务;

b) 对与健康记录有关的和/或影响健康记录的行动负责任。

[CEN ENV12265,modified]

3.72

医疗保健数据　healthcare data

由支持医疗保健组织的临床和业务功能的自动信息系统输入、存储、处理或输出的数据;这些数据可能与个人可标识记录相关,也可能是一个无法标识个人身份的管理系统的一部分。

[HL7]

3.73

医疗保健信息学　healthcare informatics

该学科关注于对医疗保健实践、教育和研究的认知、信息处理和通信角色,包括支持这些任务的信息科学和技术。

[Directory of the European Standardization Requirements for Healthcare Informatics and Telematics v2.1,1994]

3.74

医疗保健组织　healthcare organization

用于描述提供医疗保健服务的各类组织的通称术语。

[JCAHO]

3.75

医疗保健方　healthcare party

个人、组织或业务单位,包括:a)医疗护理主体(患者、健康计划成员);b)向个人或者群体直接或间接提供医疗保健服务所涉及的个人、组织或业务单位;c)对健康记录有关的行为和/或影响健康记录的行为负责的个人、组织或业务单位。

[CEN ENV 1613:1995,modified]

3.76

医疗保健专业人员　healthcare professional

由国家承认的机构授予某些保健服务资格的人员。

受委托直接或间接地向个人医疗护理主体或群体提供规定医疗服务的个人。

[CEN ENV 1613:1995]

注1:在不同的国家和不同的专业领域,注册或审批机构的类型是不同的。国家承认的机构包括地方或区域的政府机构,独立的专业协会和其他正式的和国家承认的组织。在其领域或区域内可以只有排他性的一家,也可以有非排他性的多家这样的组织。

注2:例如,医疗保健专业人员可以是内科医生、注册护士和药剂师。

3.77

医疗保健提供者　healthcare provider

负责向医疗护理主体或群体提供医疗保健的医疗保健组织或专业人员。

[CEN 13940:2000]

3.78

健康计划　health plan

提供医疗保健或支付医疗保健费用的个人或团体计划

[HIPAA]

3.79

标识符　identifier

在确证之前,由相应的认证者用来声明的身份信息单元。

[CEN ENV 13608-1]

3.80

不可消除的 indelible

不可消除性 indelibility

不能永久性地消除或涂掉。

3.81

(绩效)指标 indicator(of performance)

随时间推移来确定对(一个组织的)职能、过程和结果的绩效所采用的度量。

[JCAHO]

3.82

个人可标识的健康信息 individually identifiable health information

包括收集的个人人口统计学信息在内的所有信息,也就是a)由医疗保健提供者、健康计划雇主、或者医疗保健结算所创建或收到的信息;b)与一个人的过去、现在或将来的身体或心理健康或状态有关的信息;向个人提供医疗保健供应的信息;过去、现在或将来对个人医疗保健供应的付款信息,以及标识个人的或有合理依据来令人相信的可用于标识个人的信息。

[HIPAA]

3.83

信息 information

能够对判定起辅助作用的数据解释集合。

[JCAHO]

根据语境和设计约定赋予了含义的数据。

[NSC]

3.84

住院患者 in-patient

被接收到医疗保健机构住院以便接受医疗保健的医疗护理主体。

3.85

(数据)完整性 integrity(data)

这一性质表明数据没有遭受以非授权方式所作的篡改或破坏。

[GB/T 9387.2—1995]

数据的精确性、一致性和完整性。

[JCAHO]

3.86

(消息)完整性 integrity(message)

对消息内容在传输过程中没有被以任何方式有意地或无意进行过改动的证明。

[ISO/IEC 7498-2]

3.87

接口 interface

允许数据流以结构化的方式从一个系统传输到另一个系统的处理。

3.88

互操作性 interoperability

当一个应用可以从另一个应用接收数据,且无需人工干预即可以以适当的、满意的(同接收系统用户的判断)方式执行任务时,关于特定任务在两个应用之间得以存在的情况。

[CEN]

来自多个供应商多台机器上的软件和硬件通信的能力;一个系统使用另一个系统的部件或设备的能力。

[HL7 Security SIG]

3.89

密钥　key

控制加密与解密操作的一序列符号。

[GB/T 9387.2—1995]

3.90

密钥管理　key management

在一种安全策略指导下密钥的产生、存储、分配、删除、归档及应用。

[GB/T 9387.2—1995]

3.91

纵向的或终生的个人健康记录　longitudinal or lifetime personal health record

按照时间顺序的、永久性的、经整理的重要信息记录;它可以包括所有收集的历史数据,或者可以按照使用者指定的大纲和在自动系统中所维护的事件进行检索,大纲的要素包括人口统计学的、遗传的、临床的和环境的。

[ASTM E1384]

3.92

主文件　master file

包含跨系统、跨业务单位及在某些情况下跨组织边界的共同定义条目的数据集。

注:例如,主文件可以包括数据组和属性定义、安全策略和域定义、机密等级和许可定义、医疗保健服务定义、医疗护理协议定义。

3.93

患者主索引　master patient index;MPI

在一个特定的医疗保健组织中,作为患者(医疗护理主体)目录进行服务的索引。

[CPRI]

3.94

度量　measure

收集关于功能和过程的量化的数据。

[JCAHO]

3.95

消息　message

用来在系统之间传输实质性信息的按逻辑排序的数据集。

3.96

需知　need-to-know

数据的预期接受方数据所表示的敏感信息要求了解、访问或者拥有的合法需求。

[GB/T 5271.8—2001]。

用户只能根据其执行的特定功能的需要访问数据。

[HIPAA]

3.97

网络　network

电子数据传输设施,可以只由两个设备之间点对点的有线通信线路组成,也可以由传输线路的复杂布置组成。

3.98

抗抵赖性(来源的、提交的、接收的)　non-repudiation(of origin,of submission,of receipt)

提供数据的来源和完整证明的服务(两者均关系到不可伪造性),其来源和完整可以由任一方进行验证

[ASTM]

(向第三方提供的)只是由签名人签署的证明:数字签名的法律认可依据。

[ASTM E1762]

提供证据,该证据将防止参与者否认他/她在活动中所负的责任。

[OMG]

3.99

对象　object

提供一项或多项服务的可标识的、封装的实体。

[OMG]

3.100

组织　organization

机构的独特框架,这个框架内人或团体为共同目标做事或做被指派的事。

[ISO 6523:1984]

3.101

输出　outcome

一项功能或过程绩效(或非绩效)的结果。

[JCAHO]

3.102

门诊患者　out-patient

在一个医疗护理保健组织内有这样医疗护理情节的医疗护理主体,该医疗护理主体不需要在此医疗组织内过夜(或逗留少于 24 h)。

3.103

参与方　party

一个自然人或认为与自然人具有相同的权利、权限和义务任何其他实体的模型化对象。

[ISO/IEC 15414]

3.104

患者　patient

见医疗护理主体。

3.105

患者评估　patient assessment

对具体患者数据的系统性收集和评论。

[JCAHO]

3.106

患者重新评估　patient reassessment

对新产生数据的收集,继初评估之后,将最近的数据与前次的评估收集到数据进行比较。

[JCAHO]

3.107

口令　password

由一个字符串组成的机密鉴别信息。

[GB/T 9387.2—1995]

个人向一个系统提出的用来进行鉴别的数列。

[NRC]

3.108

支付担保人　payment guarantor

对所提供的医疗保健服务的全部或部分偿还或支付负责的个人或组织。

[CEN ENV 13607]

3.109

绩效　performance

个人、团体或者组织实施或完成其重要的功能和程序的情况。

[JCAHO]

实行、实施、完成;操作或运作,通常与有效性有关联。

[Webster's New World Dictionary]

3.110

绩效度量　performance measure

用来评估任何组织的功能或过程的绩效的度量,诸如标准或指标。

通过一维或多维绩效对过程和输出进行的量化,例如时间维度或有效性维度。

[JCAHO]

3.111

持久的　persistent

持久　persistence

耐久的　enduring

以同样状态存在或保持无限长的时间。

3.112

个人健康信息　personal health information

以人可以鉴别的形式记载的关于个人的健康、病历、治疗或遗传特征的所有信息。

[MEDSEC]

3.113

个人信息　personal information

与所识别或可标识的自然人有关的任何信息。

[EU Directive 95/46/EC,MEDSEC]

3.114

策略和程序(用于临床护理)　policies and procedures(for clinical care)

对临床护理过程的管理是如何规定的、如何组织的、如何执行的所做的正式被认可的描述。

[JCAHO]

3.115

策略　policy

与特定用途有关的一套规则;规则是以职责、授权、许可或禁止的形式来表示的。

[ISO/IEC 15414]

3.116

实施指南　practice guidelines

通过综合带有专家意见的、有效的、最科学的证据的正式过程开发的在典型情况下典型的医疗护理(医疗护理主体)的描述工具或标准规范。

[JCAHO]

3.117

隐私权 privacy

防止因不正当或非法收集和使用个人数据而对个人的私生活或私事进行侵犯。

[GB/T 5271.8—2001]

个人拥有的防止将本人信息透露给任何其他人的权利。

[CPRI]

安全性原则,即防止收集、储存和传播个人信息和保护个人免于非法发布信息造成的伤害。

[HL7 Security SIG]

3.118

私密密钥 private key

私钥

和非对称加密算法中使用的并且其拥有者是受限制(通常只能由一个实体拥有)的密钥。

[GB/T 18794.1—2002]

注:该密钥可以用来加密、解密、或者生成签名。

3.119

过程 process

步骤的汇总,这些步骤以规定的方式完成的并导致某些结果得以实现。

[ISO/IEC 15414]

以目标为导向的、相互关联的一系列活动、事件、机制或步骤。

[JCAHO]

3.120

协议(医疗护理) protocol(care)

参见关键路径。

3.121

公开密钥 public key

公钥

在非对称密码算法中使用的并且可以被公开的密钥。

注:[GB/T 18794.1—2002] 该密钥可以用来加密、解密或签名验证。

3.122

公钥证书 public key certificate

X.509 公钥证书(PKCs)[X.509],将一个身份和一个公钥绑定在一起。

[RFC2459,modified]

注:当客户证明访问与公钥证书中的公钥相对应的私钥后,身份可能会被用来支持基于身份的访问控制判定。

3.123

公钥基础设施 public key infrastructure;PKI

基础设施用于密钥持有者和使用证书的依赖方之间的关系,这种关系允许依赖方至少在一个应用中使用一项关于密钥持有者的证书,其应用使用了一个安全服务确定的公钥。

注:PKI 包括一个认证机构、证书数据结构、依赖方在撤销证书的状态取得目前资料的手段、使认证实施有效的认证策略和方法。

3.124

(一个系统的)目的 purpose(of a system)

该系统的实际优势或者预期效果。

[ISO/IEC 15414]

3.125

质量　quality

产品、过程或服务的全部特性和特征，其产品、过程或服务通过发挥其能力来满足规定的或预期的需求。

[CEN]

任何事物的特征、特性或属性，他们确定了该事物是优良的还是劣质的，是值得称赞的还是应该责备的；一件事物具有的卓越程度；产品或服务的全部功能和特性，其产品、过程或服务通过发挥其能力来满足规定的或隐含的需求；适合使用。

[JCAHO]

3.126

质量改进　quality improvement

为满足患者及其他人的需求，对提供医疗服务的过程所进行的持续研究和改进。

[JCAHO]

3.127

恢复　recovery

将信息系统修复回到一个无错误和安全的状态，在这一状态下可以重新开始正常操作。

[CEN]

3.128

注册　registry

为按特定规则维护的信息对象能系统地和持续地运行而提供的保存数据的服务能力。

3.129

信息发布　release of information

向第三方请求者发布包含可标识(医疗护理主体)的信息的文件。

[CPRI]

3.130

抵赖　repudiation

由全部或部分通信中一项通信所隐含的实体之一做出的否定。

[ASTM E1762]

3.131

资源　resource

企业对象模型化的一个实体，它对于某些行为是重要的，需要配置或者因为它正在被使用或已经用完而变得难于获得。

[ISO/IEC 15414]

3.132

保存　retention

在规定的一段时间内以某种形式(例如纸张、缩微胶片或者电子存储)对信息的保持和维护。

[CPRI]

3.133

次级记录　secondary record

由原始纪录得来的和包含挑选数据元素的记录。

[ASTM E1384]

3.134

安全性　security

可用性、机密性、完整性和责任性的结合。

[CEN ENV 13608-1]

在存储、处理或传输过程中，保护信息系统免遭未经授权的访问或信息修改，防止对已授权的用户拒绝服务或对未经授权的用户提供服务，包括对检测、证明的必要度量和对威胁的计算。

[NSC]

对数据的机密性和完整性的保护以及对数据的责任性和可用性的保障；可用性、机密性、完整性和责任性的结合。

[CEN ENV 12924，MEDSEC]

有效保护措施的结果，其度量保护数据/信息，不允许出现未经批准的传播、无意或者故意地透露给未经批准的人，防止意外的或恶意的修改、非法复制、软件失效、运行错误或遭受破坏。

[IOM]

3.135

(数据)安全性　security(data)

保护数据免受有意的或者无意的破坏、修改或泄漏。

[JCAHO]

3.136

安全策略；安全政策　security policy

为保障计算机安全所采取的行动计划或方针。

[GB/T 5271.8—2001]

规范一个组织如何管理、保护和发布敏感信息的法律、法规和规范的集合。

[DOD Orange Book]

一个组织为达到期望的机密目标建立需要的信息安全等级的框架；对一个系统的信息价值、保护责任和组织承诺的声明；一个组织如何管理、保护和发布敏感信息的法律、法规和规范的集合。

[OTA]

3.137

标准　standard

为了在一定的范围内获得最佳秩序，经协商一致制定并由公认机构批准，共同使用的和重复使用的一种规范性文件。

[ISO/IEC Guide 2：1996]

注：标准宜以科学、技术和经验的综合成果为基础，以促进最佳的共同效益为目的。

3.138

步骤　step

一个过程中的任务。

[ISO/IEC 15414]

3.139

医疗护理主体　subject of care

正在接受、或按条件注册成功以获得医疗保健服务、或已经获得医疗保健服务的个人或规定群体。

[CEN ENV 12443：1996]

注：例如，一个患者、客户、消费者，或者健康计划成员。

3.140

系统化　systematic

以有计划的、逐步的方式追求所定义的目标。

[JCAHO]

3.141

信任　trust

信赖;依靠、约定或希望的基础;对某人或者某事的特性、实力或忠诚的保证性依赖。

[Merriam-Webster's Dictionary]

3.142

可信系统　trusted system

确信能够使得一套规定的属性增强到所阐述的保证(信任)程度的系统。

[NRC]

采用足够的硬件和软件的保证措施,允许使用其同时处理一系列敏感的或机密分级的信息的系统。

[GCST]

3.143

(健康信息的)用法　use(of health information)

这种信息的分享、采用、应用、利用、审核,或者分析。

[HIPAA]

3.144

用户　user

由提供者授权使用提供者提供的某些或所有服务的人或者其他实体。

[COACH]

使用系统向对象发出请求,以便使它们代替他/她执行系统功能的人。

[OMG]

4　缩略语

下列缩略语适用于本文件。

AHA	American Hospital Association	美国医院协会
ANSI	American National Standards Institute	美国国家标准协会
API	Application Program Interface	应用程序接口
ASC X12	Accredited Standards Committee X12, an ANSI Accredited SDO	被认可的标准委员会 X12,它是美国国家标准委员会认可的标准开发组织
ASTM E31	American Society for Testing Materials, Committee E31 on Healthcare Informatics	美国材料试验学会,医疗保健信息的 E31 委员会
DICOM	Digital Imaging and Communications in Medicine; standard developed by NEMA	医学的数字图像和通信,美国电器制造商协会(NEMA)开发的标准
CCITT	Consultative Committee on International Telephony and Telegraphy	国际电报电话咨询委员会
CEN	Comité Européen de Normalisation, European Committee for Normalization	欧洲标准化委员会
CIHI	Canadian Institute for Health Information	加拿大健康信息研究所
COACH	Canadian Organisation for the Advancement of Computers in Health(now Canadian Health Informatics Association)	加拿大推动健康计算机应用组织(现为加拿大医疗信息协会)

CPRI	Computer-Based Patient Record Institute	计算机化病历研究所
DOD	U. S. Department of Defense	美国国防部
EDI	Electronic Data Interchange	电子数据交换
EDIFACT	Electronic Data Interchange for Administration, Commerce and Transport (also referred to as UN/EDIFACT)	行政、商业和运输业的电子数据交换(也称作 UN/EDIFACT)
EHR,EHCR	electronic health record, electronic healthcare record	电子健康记录,电子医疗保健记录
ENV	CEN European Pre-Standard	CEN 欧洲预备标准
GCST	US DOD Glossary of Computer Security Terms	US DOD 美国国防部计算机安全术语词汇表
HCFA	US DHHS Healthcare Financing Administration	US DHHS 美国医疗卫生和人类服务部医疗保健财务管理
HIPAA	Health Insurance Portability and Accountability Act of 1996, US Public Law 104-191	健康保险流通与责任法案,1996 年,美国公法 104-191
HISB	ANSI Healthcare Informatics Standards Board	ANSI 美国国家标准委员会医疗保健信息标准局
HL7	Health Level Seven, an ANSI Accredited SDO	"健康层 7",被美国国家标准委员会接受的标准研制组织(SDO)
HMO	Health Management Organization	健康维护组织
IEC	International Electrotechnical Commission	国际电工委员会
IEEE	Institute of Electrical and Electronics Engineers	国际电气和电子工程师学会
IOM	Institute of Medicine, a body of the US National Institutes of Health	医学研究所,美国国家卫生研究院的一个团体
ISO	International Organization for Standardization	国际标准化组织
ISO TC215	ISO Technical Committee 215 on Healthcare Informatics	国际标准化组织的第 215 技术委员会,健康信息学
ITSEC	Information Technology Security Evaluation Criteria	信息技术安全评价标准
JCAHO	Joint Commission for Accreditation of Healthcare Organizations	医疗保健机构认证联合委员会
KC	Key Characteristic(s), the primary topic of this ISO Technical Report	关键特性,本指导性技术文件/ISO 技术报告的主题
MEDSEC	Healthcare Security and Privacy in the Information Society, project sponsored by the European Commission	信息社会中医疗保健的安全和隐私,一个由欧洲经济共同体委员会资助的项目
MIB	IEEE Committee P1073, Medical Information Bus	医学信息数据传输总线,国际电气和电子工程师学会的第 P1073 委员会

NCQA	National Council for Quality Assurance (US)	国家质量保证委员会(美国)
NCVHS	U. S. DHHS National Council for Vital and Health Statistics	美国卫生和人类服务部全国致命和健康统计委员会
NEHRT	National Electronic Health Records Task-force(Australia)	国家电子健康记录特别工作组(澳大利亚)
NEMA	National Electrical Manufacturers Association	美国电器制造商协会
NHS	National Health Service(UK)	国民健康保险制度(英国)
NIST	National Institute for Standards and Technology(US)	国家标准和工程技术研究所(美国)
NMB	ISO National Member Body	ISO 国际标准化组织的国家会员机构
NRC	National Research Council(US)	国家科学研究委员会(NRC)(美国)
NSC	National Security Council(US)	国家安全委员会(NSC)(美国)
ODP	Open Distributed Processing	开放分布式处理
OLAP	On-Line Analytical Processing	在线分析处理
OLTP	On-Line Transaction Processing	在线事务处理
OMG	Object Management Group	对象管理组
OTA	Office of Technology Assessment(US)	技术评估办公室(美国)
PKC	Public Key Certificate	公钥证书
PKI	Public Key Infrastructure	公钥基础设施
RM-ODP	Reference Model for Open Distributed Processing	开放分布式处理的参考模型
SDO	Standards Developing Organization	标准研制组织
SIG	Special Interest Group	特殊兴趣小组
TR	ISO Technical Report	ISO 技术报告
USHIK	U. S. Health Information KnowledgeBase, a data registry maintained by the U. S. DHHS(HCFA) and DOD	美国健康信息知识库,由美国卫生和人类服务部(医疗卫生财务管理部)和美国国防部维护的数据记录
UN	United Nations	联合国
WEDI	Work Group for Electronic Data Interchange	电子数据交换工作组
WG2	ISO TC215, Working Group 2 on Messaging and Communications	ISO 第 215 技术委员会第二工作组,消息和通信

5 信任群体

信任群体由个人、组织和业务单位组成。信任群体基本是依靠 ISO/TC 215 及其制定的标准来保护并运用他们在健康信息交换方面的权利和义务的。

表 1 列出了信任群体所含各方的属性。

表 1　信任群体(用于健康记录及记录的交换)

成分	信任群体 适合健康记录内容,包含个人可标识的信息									
	个人	组织	业务单位	健康记录的主体	责任源(健康记录的作者)	健康记录内容的责任校对人	健康记录内容的责任抄写人	健康记录内容的责任使用者	健康记录的责任管理者	记录中记载的健康服务的责任提供者
医疗护理主体、健康计划成员	×			是	是	可适用	不适用	可适用	否	否
近亲、紧急联系人	×			是	否	否	否	否	否	否
卫生保健专业人员、医疗护理提供者	×			是	是	是	是	是	是	是
医疗护理助理	×			是	是	是	是	是	是	是
随声打字员	×			是	否	可适用	是	可适用	是	否
部门、服务、专业			×	是	不适用	不适用	不适用	是	是	是
健康医疗护理提供者	×	×		是	不适用	不适用	不适用	是	是	是
集成传送网络(IDN)		×		是	不适用	不适用	不适用	是	是	是
支付担保人、健康计划成员、保健组织	×	×		可适用	否	否	否	是	是	否
增值网络、理赔办事处		×		否	否	否	否	是	是	否
雇主	×	×		可适用	否	否	否	是	可适用	否
公共卫生机构		×		否	否	否	否	是	可适用	否
管理机构		×		否	否	否	否	是	可适用	否
认证机构		×		否	否	否	否	是	可适用	否
研究	×	×		否	否	否	否	是	可适用	否
专业教育	×	×		否	否	否	否	是	可适用	否
其他										

6　原则和目标

ISO/TC 215/WG 2 工作项目的一个重要基础是一套能够凭借其进行可信的健康信息交换的原则和目标(见表 2)。

表 2 原则和目标(用于确保可信的健康信息交换)

ISO/TC 215/WG 2 工作项目的原则和目标	对参与信息交互工作的各方,确保健康记录的真实与保护(信任度)
制定和/或采用医疗保健消息传输和通信的标准,这些标准用于:	确认、保证和保护全部参与方(信任群体)的切实利益。
	确认和保证基本的健康记录权利。
	确认和保证基本的健康记录义务。
	确保充分地表达健康记录及其组成。
	确保充分地表达医疗保健方及其责任行为。
	确保充分地表达医疗保健代理及其责任行为。
	确保充分地表达医疗保健方和代理的行动及与行动相应的责任范围(责任的单位)。
	确保并启用一套完整的鉴别服务,包括用户、数据源/来源、数据验证、数据交换。
	确保责任方和责任代理及其负责的行动的可审查性。
	确保跟踪信息流程从原点(如服务/医疗护理点)至使用点的信任链。
	确保健康记录和其内容的真实性、永久性、持续性和不可消除性。
	确保数据定义的稳定方法,包括形式化和与数据注册协调。
	确保数据完整性的重要方面,包括准确性、语境、一致性、可比性、持续性、完整性和相关性。
	确保完整性的重要方面,包括医疗卫生服务过程的完整性、健康记录完整性、健康记录的个别主体的完整性。

6.1 确保信任

组成方(个人、组织和业务单位)在涉及健康记录(包括其初定、修订、管理和使用)的真实性时具有重要的信任义务。特别是:

a) 隐私权和机密性;

b) 个人可标识信息的保护;

c) 交换过程中的保护——“转换”。

6.2 信任群体

健康记录及其内容涉及多个参与方,每一方都有确定的权利和义务(见第5章):

a) 作为健康记录主体,例如:

  1) 个体医疗护理主体、健康计划成员;
  2) 个体医疗保健专业人员、医疗护理提供者;
  3) 健康记录内容的个体创作者,如作者、抄写员和校验员;
  4) 组织,包括:提供者、健康计划成员;
  5) 业务单位,包括:部门、服务、专业;
  6) 其他,包括:近亲、紧急联系人、支付保证人。

b) 作为参与医疗保健服务的提供、实施和完成的一方,并且其相关行为影响健康记录。例如:

  1) 个体医疗保健专业人员、医疗护理提供者;
  2) 组织;
  3) 业务单位。

c) 作为参与健康记录的初定、修订、管理和使用的一方，并且其相关行为影响健康记录。例如：
   1) 个体医疗保健专业人员、医疗护理提供者；
   2) 个体作者、抄写员和校对员；
   3) 组织；
   4) 业务单位。

参与方在健康记录及其内容方面的具体权利和义务，以不同的方式由地方立法、条例、实施标准规定或自定义，这些不属于本指导性技术文件范围。

6.3 健康记录权利

健康记录权利包括可靠的信息，这些信息应当完整、精确并可由记录主体进行访问。健康记录其他的重要权利包括：

a) 机密和隐私的保护，特别是对如下内容的访问、使用和公开：
   1) 个人可标识的信息；
   2) 通过以下方面保护信息主体：
      ——法规、条例、实施标准或自定义内容；和/或
      ——明确、公开的许可和协议；
   3) 此类许可和协议使得信息可以：
      ——适用于预期的目的；
      ——由参与方授权使用；
      ——在指定时期(时间)内；以及
      ——基于“需知”原则使用。
b) 对健康状况及干预措施的完整、准确描述；
c) 对保健服务的提供、执行和完成的完整、准确描述；
d) 跟踪健康记录的创建、修订、访问、使用和公开的详细审计记录。

以不同的方式由地方立法、条例、实施标准规定或自定义的具体的健康记录权利不适用于本指导性技术文件。

6.4 健康记录义务

健康记录义务包括以下责任：

a) 健康记录内容的初定和修订，由作者、抄写员和/或校对员完成；
b) 保健服务的提供、执行和完成，如健康记录中所记载的并且由医疗保健专业人员、医疗护理提供者完成；
c) 记录内容的准确性和完整性；
d) 记录内容的访问和使用；
e) 记录内容的复制；
f) 记录内容的公开、传送和接收；
g) 记录内容的转换(例如，映射到替代代码和分类表)。

以不同的方式由地方立法、条例、实施标准规定或自定义的具体的健康记录义务不适用于本指导性技术文件。

6.5 健康记录的组成

最完整形式的(医疗护理主体的)健康记录包括：

a) 按时间顺序排序健康状态和干预措施；

b) 与医疗保健服务的提供、执行和完成相对应的保健服务记录；

c) 离散记录实例集合(文件)，通常与保健服务事件 1∶1 对应。

6.6 医疗保健方及其责任行为

医疗保健方是对其与健康记录相关，和/或对影响健康记录的行为负责的个人、组织和业务单位，包括：

a) 记录内容的初定或修改：例如作者、抄写员，校对员；

b) 医疗保健服务的提供、执行和/或完成，尤其是医疗保健服务事件；

c) 记录内容的访问和使用；

d) 记录内容的复制；

e) 记录内容的公开、传送和/或接收；

f) 记录内容的转换。

在大部分情况下，作为医疗保健方的个人扮演代理/雇员的角色和/或代表组织和业务单位。

6.7 医疗保健代理及其责任行为

医疗保健代理包括医疗设备(例如器械、监测器)和计算机软件(例如应用、组件)，对与健康记录相关行为，和/或影响健康记录的行为负责，包括：

a) 健康记录内容的初定(典型预验证)；

b) 健康记录内容的复制；

c) 健康记录内容的传送和/或接收；

d) 健康记录内容的转换。

医疗保健代理通常在其领域内，受上述医疗保健方直接控制，代表医疗保健方行动。

6.8 责任范围、责任单位

为配合医疗保健方的可究责行为，医疗保健代理相应建立起责任范围包括以下健康记录内容：

a) 在提供、执行和/或完成医疗保健服务中，具有特定作用的医疗保健方；

b) 在健康记录的初定、修订、管理和使用中，具有特定作用的医疗保健方和代理；

责任范围可被简化成由一系列属性值或数据元素组成的责任离散单位：

c) 描述离散的医疗保健服务事件的执行、提供和/或完成；

d) 包含一个离散的记录实例。

6.9 鉴别

鉴别对于医疗保健信息的可信交换非常重要，它使接收器能够可靠地全部或部分检验健康记录的初定、确认、传输和接收的各方。具体的鉴别功能是至关紧要的，包括：

a) 用户鉴别：个人身份证据；

b) 数据源/来源的鉴别：作者身份、原始文件、修订的证据；

c) 数据有效性鉴别：数据验证的证据，例如：

  1) 另一方数据来源的证据；

  2) 自动化设备输入的证据。

d) 数据交换鉴别：数据传输、接收的证据；

附加的鉴别包括：

e) 抗抵赖(例如：作者身份)；

f) 数字签名；

g) 公钥/私钥的基础设施；

h) 加密封装：将健康记录内容与经过鉴别的来源绑定。

6.10 可审计性

全责任制的实质，是建立健全的审计跟踪和审计复核工具，从而足以全面跟踪医疗保健方/代理及他们所负责的行为。

6.11 信任链

作为端到端的信息流必须进行信任链（即保管链）跟踪，包括健康记录的管理，以及健康记录的交换转接点、转换点和汇聚点。

6.12 真实性、永久性、持续性和不可消除性

确保健康记录从起源点直到使用点始终以永久、不可消除、不变的形式如实地加以保存，也是健康信息交换工作的一个重要先觉条件。包括：

a) 原始内容和语境的保存；

b) 只能通过（添加）修正进行修订；

c) 保存初稿及全部修订稿的离散数据状态；

d) 具有重建任何特定的历史日期/时刻的健康记录的能力。

6.13 数据定义、数据注册

简明的数据定义是数据完整性的基础，包括属性的定义（即数据元素）和数据组（如最小、核心和参考数据集）。数据注册，如美国医疗卫生信息知识库（USHIK），是确保属性/数据组的定义在跨标准开发组织、认证和管理机构即其他组织时正规与协调的基本方法。

6.14 数据完整性

数据完整性包括对准确性、语境、一致性、可比性、持续性、完整性和相关性的定义及衡量标准。数据可靠性与数据完整性密不可分包括稳定性、可重复性和精确性等。如上所述，数据完整性基于数据定义，同时也本质上地依赖于完整信息流的稳健方法。

6.15 完整性和持续性

这一要求用来确保完整性和持续性：

a) 在交付医疗服务的过程中，包括离散事件、意外事件和偶发事件的完整性；

b) 在健康记录中，包括与交付医疗卫生服务过程相关的文件编制；

c) 在健康记录中，有关个别医疗护理主体，即使记录的多个子集可能分别源自不同时间、不同地点及不同的医疗保健提供者。

7 关键特性（KC）

7.1 可标识的信息

7.1.1 可标识的个人或组织信息的交换

本消息传输/通信关键特性涉及健康记录或信息的交换，此处的健康记录或信息应可识别具体健康参与方（即个人、组织机构、业务单位），和/或应包括健康参与方的鉴别特征。

以下示例中,可标识为个人医疗保健方的信息可能被交换:

——多个前端临床应用之间的信息交换,用于管理实时的健康交付过程与工作流;

——临床前端应用至后端存储库之间的数据交换;

——与第三方的信息交换(如:付款方声明、公共卫生机构的免疫接种、传染性疾病的登记)。

7.1.2 可标识的参与方

可标识的参与方(可能)包括:

a) 作为健康记录主体,例如:
   1) 个体的医疗护理主体;
   2) 个体医疗保健专业人员、医疗护理提供者;
   3) 健康记录内容的各创作者:作者、抄写员和校验员;
   4) 各组织,包括:提供者、健康计划成员;
   5) 各业务单位,包括:部门、服务、专业;
   6) 其他,包括:近亲、紧急联系人、支付保证人。
b) 作为参与医疗保健服务的提供、实施和完成的一方,并且其相关行为影响健康记录的示例:
   1) 个体执业医师/医疗护理提供者;
   2) 组织;
   3) 业务单位。
c) 作为参与健康记录的初定、修订、管理和使用的一方,并且其相关行为影响健康记录的示例:
   1) 个体医疗保健专业人员、医疗护理提供者;
   2) 个体作者、抄写员和校对员;
   3) 组织;
   4) 业务单位。

7.2 架构基础

7.2.1 概要

本消息传输/通信关键特性,建立在形式化的架构基础之上。

示例:架构模板应用于医疗保健提供企业间或信息分发集成网络中的不同临床、管理、手续等应用系统间的信息交换。

7.2.2 架构的构成

架构的构成(可能)包括下列具体内容:

a) 数据定义:
   1) 健康记录及其子集;
   2) 数据组:数据集、模板;
   3) 属性:数据元素;
   4) 标识符;
   5) 业务对象、关系;
   6) 版本。
b) 信息模型:
   1) 业务类(对象);
   2) 主体域;
   3) 主体类(即状态类);

4) 属性、标识符；
5) 类、属性之间的关系；
6) 词汇表、编码、分类；
7) 审计；
8) 版本。

c) 业务操作(过程)模型：
1) 参与者(包括责任方和代理)；
2) 行为(包括负有责任的行为)；
3) 状态、状态/变换；
4) 工作流；
5) 审计。

d) 信息流模型：
1) 端对端：
(1) 起源点(服务/医疗护理点)至使用点；
(2) 前端至后端至第三方；
2) 管理、信任链；
3) 审计。

e) 应用互操作模型：

对于应用或软件组件；

1) 应用角色；
2) 应用交互：作为发送器或接收器；
(1) 触发事件；
(2) 主动提供的更新；
(3) 请求/响应；
(4) 接收确认。
3) 应用间的关系：
(1) 点对点交互作用模型：配对的发送器、接收器角色；
(2) 相互依赖性。
4) 应用绑定：
(1) API(应用接口)：紧耦合、传递的参数、授权控制；
(2) 消息：松耦合(例如：ASTM、DICOM、EDI/EDIFACT、HL7、MIB)；
(3) 中介交换(例如，通过接口引擎、集线器)：
ⅰ) 沿途排队、存储和转发；
ⅱ) 数据组的、属性的沿途译码、转换；
ⅲ) 阶段Ⅰ确认信息：中介器至发送器；
ⅳ) 阶段Ⅱ确认信息：接收器至中介器；
ⅴ) 端对端确认信息：接收器至发送器；
ⅵ) 阶段Ⅰ线程的消息顺序：发送器至中介器；
ⅶ) 阶段Ⅱ线程的消息顺序：中介器至接收器；
ⅷ) 端对端线程的消息顺序：发送器至接收器。
(4) 安全性、访问控制；
(5) 审计；
(6) 时钟同步；

(7) 数据同步；

(8) 事务处理、多步提交(至同步数据存储)；

(9) 数据定义；

(10) 主文件；

(11) 主注册表。

5) 版本。

f) 安全、访问控制模型；

1) 访问控制；

2) 分类：针对信息、功能；

3) 许可证：针对用户、角色；

4) 安全策略域；

5) 鉴别：用户、数据来源、数据验证、数据发送/接收；

6) 抗抵赖；

7) 数字签名；

8) 审计。

g) 可审计模型(整合到安全、访问控制模型)：

1) 责任方/责任代理；

2) 负责的行为。

h) 词汇表模型：

1) 词汇表域；

2) 编码、分类法及其版本。

7.3 主文件

7.3.1 概要

示例：通过服务于同一个医疗提供企业的全部应用软件间的信息交换实现同步的主文件更新。

本消息传输/通信关键特性用于指定主文件定义信息的交换。

在上述交换，消息(可能)包括：

a) 同步，跨 2-n 个主文件：

1) 在最初应用点绑定；

2) 动态，实时；

3) 个体定义实例；

4) 2-n 定义实例；

5) 所有定义实例。

b) 使用匹配的标识符和/或特性来查找/匹配定义实例；

c) 更新定义实例，包括标识符和/或特性，且包括初定、修订/转换等行为；

d) 验证定义实例；

e) 激活/去活定义实例；

f) 列出定义实例的审计跟踪；

g) 更新定义实例的审计跟踪，包括对访问、初定、修订/转换、验证、传输、接收的行为；

h) 启用主文件事务处理，多步提交：命令、打开/锁定、更新、关闭/解锁；

i) 把定义记录存档。

7.3.2 主文件:数据定义

数据定义(可能)包括:

a) 健康记录及其子集;
   1) 个人健康记录:针对医疗护理主体、健康计划成员;
   2) 群体健康记录;
   3) 业务(操作)记录:针对组织、业务单位;
   4) 个人服务记录:对于个体医疗保健专业人员、医疗护理提供者。

b) 数据组(数据集、模板):
   1) 命名、标识符;
   2) 准确用法;
   3) (其中包含的)聚合属性;
   4) 在数据组层次上,用于保证准确性、语境、一致性、可比性、持续性、完整性和相关性的措施和规则。

c) 属性(数据元素):
   1) 命名、标识符;
   2) 准确用法;
   3) 数据类型、格式;
   4) 分类、编码方案及其版本;
   5) 范围;
   6) 在属性层次上,用于保证语境中数据(属性)的相互关系、准确性、一致性、可比性、持续性、完整性和相关性的措施和规则。

d) 业务类(对象):
   1) 命名、标识符;
   2) 准确用法;
   3) 与其他业务对象的关系;
   4) (其中包含的)聚合属性;
   5) 在类别层次上,用于保证准确性、语境、一致性、可比性、持续性、完整性和相关性的措施和规则。

7.3.3 主文件:语境集/模板定义

语境集的定义(可能)包括:

a) 责任性语境;
b) 数据完整性语境;
c) 临床语境;
d) 操作语境。

7.3.4 主文件:功能定义

功能定义(可能)包括:信息访问、管理和处理功能。

7.3.5 主文件:安全类别定义

安全类别定义(可能)包括:

a) 信息的类别，用于信息的聚合或单元，例如：
   1) 健康记录及其子集；
   2) 数据组（数据集）；
   3) 属性（数据元素）。
b) 信息的访问许可：例如，访问/使用、初定、修订/转换、验证、复制、公开、传输、接收；
c) 功能的分类：例如，用于信息访问、管理和操作功能，用于已安装的防火墙；
d) 功能的访问许可：例如，访问、处理。

7.3.6 主文件：安全许可定义

安全许可定义（可能）包括：

a) 对责任医疗保健方的许可：个人、组织、业务单位；
b) 对责任医疗保健角色的许可。

7.3.7 主文件：安全策略域定义

安全策略域定义（可能）包括：组织范围内，通过如部门、服务、专业等业务单位。

7.3.8 主文件：预约、预约集定义

预约、预约集定义（可能）包括：

a) 可预约的保健服务：例如治疗、诊断、医疗护理服务；
b) 可预约的药物治疗；
c) 可预约的医疗保健资源：人员、场所、设备、辅助材料、时间。

7.3.9 主文件：保健服务、服务事件定义

服务、服务事件的定义（可能）包括：

a) 保健服务：例如治疗、诊断、医疗护理；
b) 有关的药物治疗（如果有）；
c) 有关的资源参数：例如，人员、场所、设备、辅助材料；
d) 有关的日程/时间参数：例如，频率、期限。

7.3.10 主文件：协议定义

协议定义（可能）包括：

a) 协议：例如，医疗护理计划、关键路径；
b) 有关的保健服务；
c) 有关的条件和相互依存性；
d) 事件、任务、顺序和分期。

7.3.11 主文件：决策支持规则定义

决策支持定义（可能）包括：规则、条件、导致的行为。

7.3.12 主文件：设备和场所定义

设备和场所定义（可能）包括：

a) 组织：设备；

b) 业务单位:部门、服务、专业;

c) 医疗护理室、病房、床位。

7.3.13 主文件:资源定义

资源定义(可能)包括:

a) 人员;

b) 设备/场所;

c) 器械;

d) 辅助材料;

e) 时间/期限。

7.3.14 主文件:费用和成本定义

费用和成本定义(可以)包括:

a) 保健服务;

b) 人员;

c) 设备/场所;

d) 器械;

e) 辅助材料;

f) 时间/期限。

7.4 主注册表

7.4.1 责任医疗保健方

本消息传输/通信关键特性规定注册信息的交换,须足以使主注册表由责任医疗保健方(个人,组织和业务单位)的注册信息组成。每个责任医疗保健方可由一个或多个标识符标识,可能会被指派扮演一个或多个医疗保健角色,并且可被提供在一个或多个安全许可下的访问特权(见6.6)。

本注册表的信息内容可能包括一个或多个:个人标识符、人口统计数据、联系信息、执照/凭证、角色、安全许可、访问细节(例如,口令、生物特征)、激活状态、附属机构(例如,实践团体、组织)、特权,业务单位(部门、服务、专业)等。

示例:用于医疗保健提供业务单位、信息分发集成网络的医疗保健专业人员、医疗护理提供者和系统用户的主注册表。

用于注册信息的交换,消息(可能)包括:

a) 同步,跨2-n注册表:

   1) 在初始应用点绑定;

   2) 动态、实时;

   3) 个体参与方实例;

   4) 2-n参与方实例;

   5) 注册表中所有各方实例。

b) 使用标识符和/或特性查找/匹配参与方实例;

c) 更新参与方实例,其标识符和/或特性,包括初定、修订/转换等行为;

d) 验证参与方实例;

e) 激活/去活参与方实例;

f) 启用/禁用参与方安全许可:用于信息和功能的访问;

g) 合并/分解参与方实例;

h) 列出参与方实例的审计追踪明细；

i) 更新参与方实例的审计追踪，包括对访问、初定、修订/转换、验证、激活/去活、启用/禁用安全许可、合并/分解、传输、接收等行为；

j) 启用事务处理，多步提交：命令、打开/锁定、更新、关闭/解锁；

k) 将参与方实例归档。

7.4.2 责任医疗保健角色

本消息传输/通信关键特性规定了注册信息的交换，需足以使责任医疗保健角色的主注册表发挥作用，特别是针对下列方面：

——保健服务的提供、执行和/或完成；

——健康记录的初定、修订、管理和使用。

每个角色都可在一个或多个安全许可下被赋予访问特权。

示例：主治医生、住院医师、注册护士、呼吸治疗师、药剂师、临床顾问、医生助理、随声打字员、办事员、以及专家，如放射线学家、病理学家、心脏病专家。

用于注册信息的交换，消息(可能)包括：

a) 同步，跨 2-n 注册表：
   1) 在初始应用点绑定；
   2) 动态、实时；
   3) 个体角色实例；
   4) 2-n 角色实例；
   5) 注册表中所有角色实例。

b) 使用标识符和/或特性，查找/匹配角色实例；

c) 更新角色实例，包括起始、修订/转换等行为中其标识符和/或特性；

d) 验证角色实例；

e) 激活/去活角色实例；

f) 启用/禁用作用的安全许可：用于信息和功能的访问；

g) 合并/分解角色实例；

h) 列出角色实例的审计追踪；

i) 更新角色实例的审计追踪，包括对访问、初定、修订/转换、验证、激活/去活、启用/禁用安全许可、合并/分解、传输、接收等行为；

j) 启用事物处理、多步提交：命令、打开/锁定、更新、关闭/解锁；

k) 将角色实例归档。

7.4.3 责任医疗保健代理

本消息传输/通信关键特性规定注册信息的交换，足以使包括设备和应用的负责的医疗保健代理(见 6.7)的主注册表发挥作用。

示例：设备：床旁监护仪、呼吸机、静脉输液泵、化验室仪器、配药设备；软件：患者登记/入院/出院/转院、床边、化验室、放射科、药房、医嘱录入、日程安排、工作流、服药管理、医疗护理、辅助设备。

用于注册信息的交换，消息(可能)包括：

a) 同步，跨 2-n 注册表：
   1) 在初始应用点绑定；
   2) 动态、实时；
   3) 个体代理实例；

4) 2-n 代理实例;

5) 注册表中所有代理实例。

b) 使用标识符和/或特性,查找/匹配代理实例;

c) 更新代理实例,包括对初定、修订/转换等行为中其标识符和/或特性;

d) 验证代理实例;

e) 激活/去活代理实例;

f) 列出代理实例的审计追踪;

g) 更新参与方实例的审计追踪,包括对访问、初定、修订/转换、验证、激活/去活、传输、接收等行为;

h) 启用事务处理,多步提交:命令、打开/锁定、更新、关闭/解锁;

i) 将代理实例归档。

7.4.4 医疗护理主体(人)

本消息传输/通信关键特性规定注册信息的交换,足以激活并保持个体医疗护理主体(如病人和健康计划成员)的主注册表发挥作用。

示例:由医疗保健提供企业、健康计划成员、信息分发集成网络等提供服务的人员的注册;接受临床服务的人员的注册。

用于注册信息的交换,消息(可能)包括:

a) 同步,跨 2-n 注册表:

1) 在初始应用点绑定;

2) 动态、实时;

3) 个体人员实例;

4) 2-n 人员实例;

5) 注册表中所有人员实例。

b) 使用标识符和/或特性,查找/匹配人员实例;

c) 更新人员实例,包括对初定、修订/转换等行为中其标识符和/或特性;

d) 验证人员实例;

e) 合并/分解人员实例;

f) 连接/断开就诊人员实例;

g) 将人员实例与另一个人员实例连接/断开;

h) 启用/禁用角色的安全许可:用于信息和功能的访问;

i) 列出人员实例的审计追踪;

j) 更新人员实例的审计追踪,包括对访问、初定、修订/转换、验证、合并/分解、连接/断开就诊、连接/断开人员、启用/禁用安全许可、传输、接收等行为;

k) 启用事务处理,多步提交:命令、打开/锁定、更新、关闭/解锁;

l) 将人员实例归档。

7.4.5 本地标识符分配

本消息传输/通信关键特性规定信息交换足以启动和跟踪本地标识符(ID)分配。

示例:

——医疗护理主体/健康计划成员的 ID:例如,医疗记录编号;

——医疗保健专业人员的 ID:例如,执照、证书的编号;

——职工、用户的 ID;

——就诊、偶发事件 ID；
——财务账户 ID；
——业务单位 ID：例如，部门、服务、专业 ID；
——场所 ID；
——保健服务 ID：例如，操作 ID；
——器械、属性标签/ID；
——本地产品 ID。

7.5 电子记录

7.5.1 个人健康记录

本消息传输/通信关键特性规定了个人健康记录及其子集的交换。个人健康记录按时间顺序记载了个体医疗护理主体的健康状况和干预措施。个人健康记录的信息内容(可能)包括：个人 ID 和人口统计数据、环境信息、社会信息和金融/保险信息、过敏、临床干预措施、医疗护理的问题/细节、访问/就诊、个人日程、同意、公开、已接受的卫生服务、药物治疗概况、审计等。

示例：用于医疗保健提供企业或者信息分发集成网络的，医疗护理为中心的电子健康记录系统的主体。

用于个人健康记录的交换，消息(可能)包括：

a) 同步，跨 2-n 健康记录系统：
   1) 在初始应用点绑定；
   2) 动态、实时；
   3) 个人健康记录；
   4) 2-n 个人健康记录；
   5) 所有个人健康记录。
b) 更新个人健康记录交换的审计追踪：访问、修订/转换、传输、接收；
c) 基于机密等级、安全许可和数据定义启动交换；
d) 启用事务处理，多步提交：命令、打开/锁定、更新、关闭/解锁；
e) 将个人健康记录归档；
f) 启用多媒体记录：文本、音频、视频、图像/图形、波形、二进制。

7.5.2 群体健康记录

本消息传输/通信关键特性规定了与群体健康记录相关信息的交换。群体健康记录可包括多个个人健康记录的汇总或摘要，同时，可不包含个别医疗护理主体的可标识或可选择的信息。

示例：执行情况的提取、汇总和总结，质量保证和结局报告、使用、公共卫生、流行病学、临床研究等。

用于群体健康记录的交换，消息(可能)包括：

a) 同步群体健康记录，跨 2-n 健康记录系统：
   1) 在初始应用点绑定；
   2) 动态、实时；
b) 更新群体健康记录交换的审计追踪：访问、修订/转换、传输、接收；
c) 基于机密等级、安全许可和数据定义启动交换；
d) 启用事务处理，多步提交：命令、打开/锁定、更新、关闭/解锁；
e) 将群体健康状况归档；
f) 启用多媒体记录：文本、音频、视频、图像/图形、波形、二进制。

7.5.3 业务(操作)记录

本消息传输/通信关键特性规定了与业务(操作)记录相关信息的交换。业务记录定义和时序记述了组织或业务单位的操作,包括已执行/提供的服务、既往和现状。它可能会(也可能不会)包含个体医疗护理主体的可标识或可选择的信息。

示例:业务(操作)记录及其子集:策略、操作、实践/医疗护理的标准、指导原则、计划安排、配置、部署、赋予的责任、工作流、执行情况、一致性、利用、生产率、质量保证、成本、已给予的服务、结果、审计、法律等。

对于业务记录的交换,消息(可能)包括:

a) 同步业务记录,跨 2-n 记录系统:
   1) 在初始应用点绑定;
   2) 动态、实时;
b) 更新业务记录交换的审计追踪:访问、修订/转换、传输、接收;
c) 基于机密等级、安全许可和数据定义启动交换;
d) 启用事务处理,多步提交:命令、打开/锁定、更新、关闭/解锁;
e) 将业务档案归档;
f) 启用多媒体记录:文本、音频、视频、图像/图形、波形、二进制。

7.5.4 个人医疗保健专业人员服务记录

本消息传输/通信关键特性规定了与个人医疗保健专业人员服务记录相关的信息的交换。个人服务记录时序性记载了由个体医疗保健专业人员或医疗护理提供者执行或提供的分配与服务,包括当前状况。

示例:个人服务记录和其子集:指定的职责、个人日程表、已给予的服务、审计等。

对于个人服务记录的交换,消息(可能)包括:

a) 同步个人服务记录,跨 2-n 记录系统:
   1) 在初始应用点绑定;
   2) 动态、实时;
b) 更新个人服务记录交换的审计追踪:访问、修订/转换、传输、接收;
c) 基于机密等级、安全许可和数据定义启动交换;
d) 启用事务处理,多步提交:命令、打开/锁定、更新、关闭/解锁;
e) 将个人服务记录归档;
f) 启用多媒体记录:文本、音频、视频、图像/图形、波形、二进制。

7.6 记录年表、持续性、完整性

7.6.1 事件的时间排序

本消息传输/通信关键特性规定了足以描述下列事件的时序表和相应记录的信息交换:

a) 个人健康记录;
b) 群体健康记录;
c) 业务(操作)记录;
d) 个人医疗保健专业人员服务记录。

示例:医疗护理健康记录的纵向主体;业务操作日志;抽提基于时间的群体研究用于临床或者结局;医疗护理主体与医疗保健专业人员的联系史(例如,确定接触传染性疾病)。

7.6.2 事件时间线

本消息传输/通信关键特性规定了足够描述事件时间线的信息交换。

a) 预期的(未来):预定的事件,尚未进行;
b) 并发的(现在):正在进行中的事件,尚未完成;

c） 回顾的（既往）：已完成（或被取消）的事件，处于终点状态。

示例：个人医疗护理主体的健康史；保健服务事件正在进行中，尚未完成；即将进行的卫生服务事件，包括健康检查和已列入计划的预防性干预。

7.6.3 历史快照

本消息传输/通信关键特性规定了信息的交换，足以再生某个既往日期/时间（或为一个时间点或为一段时间）的健康服务交付过程状态和健康记录（或其子集）。

示例：在关键临床决策时刻的个人健康记录数据库快照，事发后的回顾。

7.6.4 持续性、完整性

本消息传输/通信关键特性规定了足以保证健康记录持续性和完整性的信息交换。

示例：就诊发起的健康记录完成摘要：什么是未完成的？谁对其负责？就诊是否完成，准备关闭？能否最后结算？

相关的持续性/完整性功能（可能）包括：

a） 完整性指标：用于健康记录及其子集，用于数据组（即数据集）、属性（即数据元素）；

b） 缺口分析。

7.7 鉴别、抗抵赖服务

7.7.1 用户鉴别

本消息传输/通信关键特性规定了足以保证用户鉴别的信息的交换，包括责任医疗保健方及其责任性行为的证据。

示例：用户、医疗保健专业人员、医疗护理提供者的可信身份。

7.7.2 数据来源鉴别

本消息传输/通信关键特性规定了足以保证数据来源鉴别的信息交换，包括责任医疗保健方/医疗保健代理及其作为作者对健康记录进行原创或修改的责任性行为的证据。

示例：健康记录内容作者、抄写员的可信身份。

7.7.3 验证鉴别

本消息传输/通信关键特性规定了足以保证验证鉴别的信息交换，包括责任医疗保健方的身份及其验证健康记录内容的责任性行为的证据。

示例：健康记录内容检验者的可信身份（例如，内容由他人创作，数据由自动化设备输入）。

7.7.4 数据交换鉴别

本消息传输/通信关键特性规定了足以保证数据交换鉴别的信息交换，包括责任医疗保健方的身份及其公开、传输或接收健康记录内容等责任性行为的证据。

示例：发送器、接收器的可信身份，防火墙设施。

7.7.5 抗抵赖服务

本消息传输/通信关键特性规定了足以启动可信的抗抵赖服务的信息交换。

示例：关于健康记录的原创作者、初定、修订、验证、复制、公开、传送、接收的抗抵赖服务。

7.8 数字签名，公钥基础设施

7.8.1 数字签名

本消息传输/通信关键特性规定了足以启动稳定的数字签名方法的信息交换。数字签名将责任医疗保健方的身份及其对健康记录内容和/或对临床服务事件的执行、提供和完成等责任性行为的确认绑定在一起。这一绑定还确立了责任的范围。

示例：健康记录内容原作者的可信确认、医疗保健服务执行或提供的责任的可信确认。

7.8.2 公钥基础设施(PKI)

本消息传输/通信关键特性指定了一个基于可信认证机构和公钥基础设施的数字签名。

示例：依赖于非对称密码算法的公钥/私钥。

7.9 审计

7.9.1 审计跟踪

本消息传输/通信关键特性规定了足以跟踪责任医疗保健方的责任行为的信息交换。

示例1：显示源于一个检验室服务指令的事件流的审计日志：安排指令、验证指令、提取样本、添加标本、分析标本、发布初步结果、验证并签署最后的结果、发布最后结果、发布补充或校正的结果。

示例2：显示一个源于放射服务指令的事件流的审计日志：安排指令、验证指令、安排检查室、安排医疗护理主体禁食、转运医疗护理主体、到达部门/检验室并登记医疗护理主体、执行检查、检查医疗护理主体，将医疗护理主体转运回到医疗护理室、读片、口述初步报告、眷写报告、检查和修订报告、眷写修订、检查并签署最终报告、发布最终报告。

审计跟踪(可以)跟踪：

a) 医疗保健服务，特别是医疗服务事件的准备、执行和/或完成：作为医疗保健专业人员和医疗护理提供者；
b) 健康记录内容的访问和使用；
c) 健康记录内容的初定或修改：作为作者、抄写员；
d) 健康记录内容的验证；
e) 健康记录内容的复制；
f) 健康记录内容的公开、传送或接收；
g) 健康记录内容的转换；
h) 提供的第三方保管协议，并进行密封。

7.9.2 审计复核

本消息传输/通信关键特性规定了足以实现对审计跟踪细节进行检查的信息交换。

示例：显示用户或医疗保健专业人员在访问未被指定给他们的医疗护理主体的个人健康记录(如同事，名人病例)的审计日志。

7.10 永久性、持续性、不可消除性

本消息传输/通信关键特性规定了足以保证健康记录永久性、持续性和不可消除性的信息交换。

示例1：健康记录内容可信的持续性，从其起源点到使用点不会改变。

示例2：显示初始内容以及之后连续的每次修订的审计日志。

相关的持续性功能(可能)包括：

a) 健康记录及其子集、数据组和属性的保存；
b) 记录内容的不可消除性，保持与原始资料相同；
c) 正式修订过程，保存既往内容；
d) 数据状态保存：原始内容以及经过每一次修订的内容(仅作为附加内容)。

7.11 联机事务处理(OLTP)

示例1：实时的，高度集成的电子健康记录系统，包含医疗保健提供组织及其业务单位、集成的交付网络。

示例 2：高度交互式电子健康记录系统，支持对医疗保健交付过程和时序性医疗健康记录的前瞻、当前和回顾性浏览。

示例 3：紧耦合的应用软件、部件和设备。

示例 4：同步数据存储。

7.11.1 紧耦合的联机事务处理(OLTP)服务

本消息传输/通信关键特性规定了足以支持实时、高性能联机事务处理(OLTP)的紧耦合的交换服务。

7.11.2 多步提交

本消息传输/通信关键特性规定了足以支持跨同步数据储存、多步提交的紧耦合交换服务：例如，命令、打开/锁定、更新、关闭/解锁。

7.12 联机分析处理(OLAP)

示例 1：用于对业务(操作)和临床信息进行回顾聚集、导出、总结、报表的联机分析处理(OLAP)数据仓库。

示例 2：执行信息系统。

本消息传输/通信关键特性规定了足以支持联机分析处理应用(如数据仓库)的信息交换。

7.13 容错

示例：容错架构支持医疗保健供应组织和信息分发集成网络的医疗保健操作不间断工作(即 24×7×365)。

7.13.1 冗余通信架构

本消息传输/通信关键特性规定了足以支持容错交换的冗余的通信架构。

7.13.2 无效/失效检测

本消息传输/通信关键特性规定了足以确定通信设备和应用软件非操作(即无效)状态的实时失效检测架构。

7.13.3 有效/重启检测

本消息传输/通信关键特性规定了足以确定通信设备和应用软件操作(即有效，包括其刚刚重启动)状态的实时检测架构。

7.13.4 故障时间和反应慢时等候

本消息传输/通信关键特性规定了消息排队方案，其足以确保在故障停机或者通信应用软件与设备之间发生慢响应周期的情况下缓冲交换。

7.13.5 恢复

本消息传输/通信关键特性规定了一个或多个应用软件和/或设备已无效一段时间情况下，故障停机后重启动和恢复的方法。

7.14 数据同步

示例：多个带独立数据储存的应用软件或部件需要跨医疗保健提供组织、跨信息分发集成网络的同步服务。

本消息传输/通信关键特性规定了足以保证跨通信应用软件、部件和设备的信息和数据存储的逻辑同步的信息交换。

a) 在最初绑定点;

b) 在重启动时;

c) 在正常工作状态下持续进行。

7.15 时间同步

示例:多个应用软件或部件需要跨医疗保健提供组织、跨信息分发集成网络的时间同步服务。

本消息传输/通信关键特性规定了在认可的容错范围内,跨通信应用软件、部件和设备足以保持时间同步的信息交换。

a) 在最初绑定点;

b) 在重启动时;

c) 在正常工作状态下,周期性间隔进行。

7.16 可信的端对端信息流

示例1:确保健康记录从起点(服务/医疗护理点)到某一特定使用点内容一致。

示例2:健康记录的原稿是何时、何地以及受何人指示的保证。

示例3:责任性和信任链的保证。

示例4:数据完整性的保证。

示例5:重要的临床和操作语境的保证。

示例6:防火墙完整性的保证。

7.16.1 概要

本消息传输/通信关键特性基于一种足以保证可信的、从起点(服务/医疗护理点)到使用点的端对端信息流的架构。在这种信息流动过程中,信息(通常处于消息形式)可以遍历:

a) 一个或多个交换点:即应用软件/设备间的接口;

b) 一个或多个转换点:例如在某处,记录内容被从一种编码/分类法转换为另一种;

c) 一个或多个汇聚点:例如在某处,可能发生数据聚集、导出或摘要。

7.16.2 端对端记录审计

本消息传输/通信关键特性规定的信息交换,应足以可靠地审计健康记录从起点到使用点的信息流动,跟踪责任医疗保健方/代理的责任性行为。

示例:显示详细记录历史的审计日志:例如,创建记录、验证并签署记录、修订记录、公开/传送记录、转换记录内容、接收记录、管理记录、访问/使用记录。

重点审计(可能)包括:

a) 保健服务事件(特别是能够初始化信息流的真实世界触发事件)的准备、执行和/或完成;

b) 健康记录或信息的访问和使用;

c) 健康记录或信息的初定或修订;

d) 健康记录或信息的验证;

e) 健康记录或信息的复制;

f) 健康记录或信息的公开、传送或者接收;

g) 健康记录或信息的转换;

h) 健康记录或信息(即静态数据)的管理;

i) 防火墙安装。

7.16.3 信任链审计

本消息传输/通信关键特性规定的信息交换,应足以可靠地从起点到使用点(实际上是一串信任链)

跟踪健康记录或者它的子集，这种跟踪包括遍历交换点和转换点。

示例：带有在信任链(即沿端对端交换连续流)中每一个责任的医疗保健代理的入口的审计日志。

7.16.4 语境集、模板

本消息传输/通信关键特性规定了足以从起点到使用点启动语境集(模板)的信息交换。

示例1：从记录起源点(服务/医疗保健点)使用点保持一致的语境集/模板。

示例2：描述临床服务事件的重要语境的语境集/模板。

语境集、模板(可能)包括：

a) 责任语境，描述：人物、事件、时间、地点、原因、方式。

b) 数据完整性语境，描述信息/数据的规则、措施指示符：
   1) 准确性；
   2) 语境；
   3) 可比性、一致性；
   4) 持续性、完整性；
   5) 相关性。

c) 临床语境，描述：
   1) 理论依据；
   2) 临床参数；
   3) 临床语境和条件；
   4) 确保持续性和完全性的措施(如临床服务事件的)；
   5) 确保一致性的措施(如用医疗护理/实践的标准)；
   6) 执行措施；
   7) 质量指标；
   8) 结果指标。

d) 操作语境，描述：
   1) 分配，部署；
   2) 指定的责任；
   3) 资源利用(例如，对于人员、时间、设备、器械、辅助材料)；
   4) 费用；
   5) 生产率。

7.17 公布、输出

示例1：个人健康信息受控制的和经授权公开的保证，此公开基于明确的许可权限和须知，针对特定参与方及其所述目的/用途。

示例2：健康记录、信息公开的审计日志。

7.17.1 公布授权、范围、目的

本消息传输/通信关键特性规定的信息交换，足以跟踪公布的授权。

授权功能(可能)包括：

a) 医疗护理主体同意(授权)信息发布；

b) 适于公开信息的范围；

c) 来源于谁；

d) 向谁公布；

e） 为何目的；

f） 持续多长时间。

7.17.2 受控公开跟踪

本消息传输/通信关键特性规定的信息交换，足以跟踪敏感或者受保护内容的实际公开。

服务（可能）包括：

a） 公开，传送审计；

b） 接收审计。

7.17.3 公开标记

本消息传输/通信关键特性规定的信息交换，足以确保公开的内容标识为敏感的或者受保护的，如果可适用的话。

7.17.4 去标识化、别名

本消息传输/通信关键特性规定的信息交换，足以确保数据输出的去标识化或别名，如果可适用的话。

相关服务（可能）包括下列事项的去标识化或别名：

a） 个人、组织机构、业务单位的标识符；

b） 人员人口统计数据和特征；

c） 与下列事项有关的敏感/受保护的信息：

  1） 个体医疗护理主体；

  2） 个体医疗保健专业人员、医疗护理服务提供者；

  3） 组织、业务单位。

7.18 预期的服务

7.18.1 医疗护理主体日程表

本消息传输/通信关键特性规定了足以激活医疗护理主体预期的医疗保健日程表的信息交换。

示例：企业范围内以医疗护理为中心的主体的日程表。

日程表特征（可能）包括：

a） 跨多个医疗护理学科、业务单位（部门、服务、专业）的综合日程表；

b） 包含所有管辖地及就诊类别的综合日程表：住院患者、急诊、门诊、长期医疗护理、家庭医疗护理；

c） 基于时间线的，包括即将发生的临床服务事件；

d） 健康、预防和随访事件；

e） 由医疗保健专业人员的命令、命令集启动；

f） 由医疗保健专业人员的医嘱、医嘱套启动；

g） 用药策略、用药事件。

7.18.2 指定的责任

本消息传输/通信关键特性规定的信息交换，基于业务和临床实践规则足以启动预定的临床服务事件的指定责任。

示例 1：临床服务事件的执行、准备和完成所指定责任的保证。

示例 2：作为作者、抄写员或校对员，完成健康记录输入的指定责任的保证。

指定特征(可能)包括：

a) 对具体的个体医疗保健专业人员的指定；

b) 对一个医疗保健组的指定；

c) 对一个医疗保健角色的指定。

7.18.3 医疗保健专业人员日程表

本消息传输/通信关键特性规定的信息交换，足以启动医疗保健专业人员、医疗护理提供者、组和角色的预定日程表。

示例：以医疗保健专业为中心的全企业范围的日程表和工作明细。

日程表特征(可能)包括：

a) 基于时间线的，包括即将发生的事件；

b) 指定的责任；

c) 基于业务和临床规则。

7.18.4 资源安排日程表

本消息传输/通信关键特性规定的信息交换，足以启动基于资源的预定的日程表。

示例 1：以资源为导向的，企业范围内的日程表。

示例 2：流动的预约日程安排；例如，诊室、检查室、操作间。

示例 3：外科日程表：住院患者或者门诊患者。

日程表特征(可能)包括：

a) 基于业务和临床规则；

b) 资源因素：

  1) 设备、场所；

  2) 人力资源因素；

  3) 时间资源因素；

  4) 设备资源因素；

  5) 供应资源因素。

c) 复审选项：

  1) 由个体医疗护理主体；

  2) 由个体医疗保健专业人员；

  3) 由医疗保健组或角色；

  4) 跨/由组织或者业务单位：部门、服务、专业；

  5) 由资源：器械、位置、设备、时间槽。

7.18.5 规划

本消息传输/通信关键特性规定的信息交换，足以在预期基础上启动重要的操作规划。

示例 1：成本规划。

示例 2：资源规划：器材、位置、人员、设备、辅助材料、时间。

规划特性(可能)包括：

a) 关于资源分配、部署的优化规划；

b) 成本的优化规划；

c) 基于业务和临床规则。

7.19 工作流

7.19.1 概要

本消息传输/通信关键特性规定的信息交换足以启动和跟踪业务工作流。

示例：实时的，集成了工作流引擎的，跨医疗保健供应组织、信息分发集成网络的工作流。

工作流特征(可能)包括：

a) 实时、交互的工作流管理；
b) 共享的工作流管理：
   1) 在联合的医疗保健专业人员、组之间；
   2) 跨学科和业务单位及在学科和业务单位中；
   3) 跨多个管辖地及就诊类别：住院患者、急诊、门诊、长期医疗护理、家庭医疗护理。
c) 基于预期进度的紧密整合：医疗护理主体、医疗保健专业人员、资源；
d) 临界资源的分配和部署：器材、位置、人员、设备、辅助材料、时间等；
e) 工作流服务：
   1) 启动、分配；
   2) 配置、部署(资源)；
   3) 条件；
   4) 阶段、顺序、路径；
   5) 跟踪、检查点、状态；
   6) 完成。
f) 启动：
   1) 通过命令、命令集；
   2) 通过协议：例如，医疗护理计划、关键路径。
g) 线程：
   1) 单线程工作流：按序排列的任务；
   2) 多线程工作流：并发的任务。
h) 相互依赖性：紧耦合的任务；
i) 基于业务和临床实践规则。

7.19.2 持续性、完整性

本消息传输/通信关键特性规定的信息交换，足以保证工作流和相应医疗保健服务交付过程的持续性和完整性的。

示例：工作流、医疗保健交付过程完成情况摘要：未完成情况？缺口情况？责任人？

持续性、完整性服务(可能)包括：

a) 完整性度量；
b) 持续性监测，从开始直到完成；
c) 缺口分析。

7.20 并发状态、记录

7.20.1 医疗护理主体并发状态

本消息传输/通信关键特性规定的信息交换，足以并发地跟踪医疗护理主体健康状态和相关的医疗保健交付服务。

示例：实时的以医疗护理主体为中心的状态跟踪；例如：

——当前健康状态；

——当前的问题、症状、诊断；

——即将发生事件的个人日程表；

——进行中的事件，当前状态；

——当前以问题为导向的偶发事件，活动的问题清单、里程碑、状态；

——当前的协议(例如，医疗护理计划，关键路径)：状态、里程碑、变化；

——当前的就诊；

——当前的医疗护理的器材、场所；

——当前的药物治疗；

——当前的诊断、结果、状态；

——当前的治疗干预措施、结果、状态；

——当前指定的医疗保健专业人员、医疗护理提供者。

7.20.2 并发的医疗保健专业人员的状态

本消息传输/通信关键特性规定的信息交换，足以并发跟踪医疗保健专业人员的状况和有关的医疗保健交付服务。

示例：实时的，以医疗保健专业人员为中心的指定责任及未完成的工作的跟踪。

7.21 回顾状况、记录

7.21.1 医疗护理主体回顾记录

本消息传输/通信关键特性规定的信息交换，足以回顾性地跟踪健康状态和有关的医疗保健交付服务。

示例 1：实时的，以医疗护理为中心的历史的主体：

——既往健康状态；

——既往的问题、症状、诊断；

——已完成或删除(处于终点状态)的事件；

——既往的面向问题的偶发事件；

——既往的协议(例如，医疗护理计划，关键路径)：里程碑、变化；

——既往的就诊；

——既往的医疗护理的器材、场所；

——既往的药物治疗；

——既往的诊断、结果；

——既往的治疗干预措施、结果；

——以前指定的医疗保健专业人员、医疗护理提供者。

示例 2：档案文件、归档的健康记录。

7.22 个人医疗保健专业人员服务

7.22.1 个人医疗保健专业人员门户

本消息传输/通信关键特性规定的信息交换，足以支持一个个体化的医疗保健专业人员门户网站。

示例：用于医疗保健提供组织、信息分发集成网络的电子健康记录的个人门户网站。

个人医疗保健专业人员门户网站特征(可能)包括：

a) 指定的责任、未完成的工作列表：个人的和/或所附属的医疗保健组；

b) 活动项(例如，需要签字的项目)；

c) 通知、提示、报警、提醒信号；

d) 电子邮件功能；

e) 自上次访问以来重大的、未复审的事件(例如，新的紧急结果)；

f) 基于个体化的准则。

7.22.2 个体化功能

本消息传输/通信关键特性规定的信息交换，足以为个体医疗保健专业人员、医疗护理提供者启动个体化的功能。

示例：基于开业医师自己的个性标准：

——健康记录及其子集的视图；

——命令、命令集；

——协议；

——决策支持、决策代理。

7.23 数据完整性

本消息传输/通信关键特性规定的信息交换，足以保证数据完整性：准确性、语境、一致性、可比性、持续性、完整性和相关性。

示例：

——统一的数据定义的保证；

——统一的数据语境和可比性的保证；

——统一的词汇表、编码和分类的保证；

——从起源点(服务/医疗护理点)到使用点的交换过程中数据完整性的保证。

数据完整性服务(可能)包括：

a) 在数据粒度不同层次上的统一的数据定义：

   1) 公用数据注册(如 USHIK(美国医疗卫生信息知识库))；

   2) 健康记录及其子集；

   3) 数据组(即数据集)；

   4) 属性(即数据元素)。

b) 准确度、语境、一致性、可比性、持续性、完整性及相关性的措施和指标；

c) 系统、统一的数据采集；

d) 连贯的、结构化的内容；

e) 连贯的词汇表、编码和分类。

7.24 协议：医疗护理计划、关键路径

7.24.1 协议基础

本消息传输/通信关键特性规定了足以启动协议用户化的信息交换。

示例：

——来自公认的权威机构(如专业协会)的标准临床协议；

——针对特殊诊断、疾病状态制定的协议；

——针对组织、业务单位制定的协议：例如，部门、服务、专业；

——针对个别医疗保健专业人员/组制定的协议。

7.24.2 协议管理

本消息传输/通信关键特性规定了足以启动实时的协议管理的信息交换。

示例：实时、高度集成的协议管理工具，用于接受医疗保健提供组织、信息分发集成网络所提供服务的医疗护理主体。

协议管理特征(可能)包括：

a) 协议状况的即时、交互式审查：由个体医疗护理主体(患者、医疗计划成员)；

b) 协议变动的实时监视；

c) 协议撤销、变动许可。

7.25 问题列表

本消息传输/通信关键特性规定了足以启动实时问题列表管理的信息交换。

示例：实时、高度集成的问题列表管理程序，用于接受医疗保健提供组织、综合信息分发集成网络所提供服务的医疗护理主体。

问题列表特征(可能)包括：

a) 当前问题列表的即时、交互式审查：由个体医疗护理主体(患者、健康计划成员)；

b) 当前问题的定义、状况、里程碑；

c) 按照相应协议的当前问题：医疗护理计划、关键路径；

d) 按照指定责任的当前问题；

e) 既往问题的回顾：问题、里程碑、最终决定/状态。

7.26 决策支持

本消息传输/通信关键特性规定了足以启动决策支持的信息交换。

示例：

——在服务/医疗护理点交互的实时决策代理；

——扫描特定条件和开展相关通知的背景决策代理。

决策支持特征(可能)包括：

a) 实时、并发的决策支持：

 1) 在服务/医疗护理点；

 2) 在临床服务事件的完成点：例如，结果、干预措施、观察。

b) 回顾性决策支持：例如，数据仓库技术；

c) 基于：

 1) 业务和临床实践规则；

 2) 实践指导原则、医疗护理标准；

 3) 协议；

 4) 执行措施；

 5) 质量指标；

 6) 结果指标；

 7) 成本参数。

d) 对下列事项检查：

 1) 重复/冗余的临床服务；

 2) 冲突和干扰。

e) 因前提条件采取的行为：

 1) 启动通知、提示、报警、提醒信号；

 2) 启动命令、命令集；

 3) 启动、修改协议；

4） 启动、取消、暂缓临床服务事件。

f） 将基于决策支持的行为与健康记录链接。

7.27 监测、测量和分析

7.27.1 测量和指标

这一消息传输/通信关键特性规定的信息交换，足以启动关于临床和运算性能/质量关键方面的定义、规则、测量和指标。

示例1：临床方面的定义、规则、测量和指标，包括：

——持续性、完整性：关于医疗保健或操作记录，关于工作流和医疗保健交付过程；

——顺应性：例如，与实践/服务的标准；

——执行、效力；

——质量、质量改进；

——结局；

——协议、变更。

示例2：操作方面的定义、规则、测量和指标，包括：

——分配、部署；

——指定的责任；

——资源利用：器材、场所、人员、设备、辅助材料、时间；

——成本；

——生产率、工作量。

7.27.2 流行病学监测

本消息传输/通信关键特性规定的信息交换足以启动流行病学监测。

示例：

——医疗保健提供者，器材和物理位置、医疗护理室、病房、外科小组、检查室、走廊、电梯等的流行病学监测；

——相关的临床参数的流行病学监测：化验结果、用药医嘱等。

7.28 通信基础设施

本消息传输/通信关键特性规定的信息交换足以保证及时可信的信息传输。

示例：供医疗保健供应组织及其业务单位或者信息分发集成网络使用的，优化的通信基础设施。

通信服务（可能）包括：

a） 实时的即时信息传输：例如，从起源点（服务/医疗护理点）到使用点；

b） 通知、提示、报警、提醒；

c） 电子邮件功能；

d） 电话交换功能；

e） 文件交换功能；

f） 接收的肯定应答：由个体医疗保健专业人员、医疗护理提供者。

7.29 多人连接

本消息传输/通信关键特性规定的信息交换足以启动多人的逻辑连接。

示例：

——近亲、家庭成员；

——母亲/子女；

——多胎产，包括顺序；

——供体/受体；

——支付担保人、被保人；

——参保的、捐款人、健康计划成员；

——紧急联系人。

7.30 医疗保健专业人员——医疗护理主体连接

本消息传输/通信关键特性规定的信息交换，足以启动医疗护理主体和医疗保健专业人员的逻辑连接。

示例：医疗保健专业人员及其指定的责任与约定的医疗护理主体的可靠连接。

7.31 本地化、本地权限

本消息传输/通信关键特性规定的信息交换足以实现本地化。

示例：

——本地业务和临床实践规则；

——本地语言、词汇表、代码集；

——逐业务单位、组织或信息分发集成网络的本地适应。

本地化要求(可能)包括：

a) 安全性、访问控制：
   1) 安全策略、策略域；
   2) 分类：针对功能、信息；
   3) 许可：针对使用者、功用；
b) 标识符；
c) 责任医疗保健方、代理；
d) 责任医疗保健角色；
e) 责任医疗保健组；
f) 数据定义：健康记录及其子集、数据组和属性；
g) 语境集、模板；
h) 业务和临床实践的规则；
i) 医疗准则、医疗护理的标准；
j) 命令、命令集；
k) 服务、服务事件；
l) 工作流；
m) 协议：医疗护理计划、关键路径；
n) 决策支持规则、条件、行为；
o) 设备、场所；
p) 费用、成本；
q) 监视、标准和分折：规则、措施和指标等。

7.32 用户环境

本消息传输/通信关键特性规定的信息交换，足以支持多个离散用户环境。

示例：

——生产；

——试验、开发；

——教育、培训。

7.33 版本管理

本消息传输/通信关键特性规定的信息交换，足以启动版本管理和转换到新修订。

示例：版本化的构成包括：

——应用、组件或设备软件；

——词汇表：代码集、分类法；

——主定义文件；

——API 标准；

——消息、EDI 标准：例如，ASTM、CEN、DICOM、EDI/EDIFACT、HL7、MIB；

——网络和通信标准。

7.34 应用间的互操作性

7.34.1 概要

示例：

——以紧耦合方式结合，基于应用编程接口的应用软件和部件，用来支持医疗保健供应组织或者信息分发集成网络；

——互相连接的应用软件和部件加入松耦合的，基于通信的接口方案。

7.34.2 应用角色

本消息传输/通信关键特性规定的信息交换，足以实现具体应用/组件角色，如明确被描述。

7.34.3 应用的相互作用

本消息传输/通信关键特性规定的信息交换，足以支持典型的应用/组件相互作用范型。

相关的范型(可能)包括：

a) 触发事件；

b) 主动提供的更新；

c) 请求/响应；

d) 接收确认。

7.34.4 应用间的相互关系

本消息传输/通信关键特性规定的信息交换，足以启动典型应用/组件间的关系。

相关的相互关系(可能)包括：

a) 点对点交互作用模型：配对的发送器/接收器；

b) 相互依赖性。

7.34.5 应用间的服务

本消息传输/通信关键特性规定的信息交换，足以启动典型的应用/组件间的服务。

服务(可能)包括：

a) API：紧耦合、传递的参数、授权控制；

b) 信息：松耦合(例如：ASTM、DICOM、EDI/EDIFACT、HL7、MIB)；

c) 中介信息的交换(例如:通过接口引擎、集线器):
   1) 沿途排队、存储和转发;
   2) 沿途转换、变形:数据组的、属性的;
   3) 阶段Ⅰ确认信息:中介器至发送器;
   4) 阶段Ⅱ确认信息:接收器至中介器;
   5) 端对端确认信息:接收器至发送器;
   6) 阶段Ⅰ线程信息顺序:发送器至中介器;
   7) 阶段Ⅱ线程信息顺序:中介器至接收器;
   8) 端对端线程信息顺序:发送器至接收器。
d) 安全性、访问控制;
e) 审计;
f) 时钟同步;
g) 数据同步;
h) 事务处理,多步提交(至同步数据存储);
i) 数据定义;
j) 主文件;
k) 主注册表。

7.35 改变规模(可伸缩性)

本消息传输/通信关键特性规定的信息交换足以实现可扩展性,以改变健康记录系统及其支持的环境的扩展性。

示例:

——改变规模,从小型、中型到大型医疗保健提供组织;

——改变规模到大型信息分发集成网络;

——改变规模,从少数到多数医疗护理主体、健康计划成员;

——改变规模,从少数到多数医疗保健专业人员;

——改变规模,从少数到多数互相连接的应用软件、部件和设备;

——改变规模,从基于就诊的健康记录到终生医疗护理主体健康记录;

——改变规模,从单位时间内少数到多数事务处理;

——在没有可察觉的执行障碍情况下改变规模。

7.36 验证

本消息传输/通信关键特性已充分证明了针对其已经定向,并且从目的角度来说是有意的环境中,有广泛基础的验证。

示例:

——对一些供应商产品配套生产的实施的验证;

——对一些离散的位置实施的验证;

——对实施多样性和范围的验证。

8 由关键特性启动的原则和目标

关键特性体现的原则和目标见表 3。

表 3 关键特性启动的原则和目标

原则和目标	通过以下关键特性启动
6.1 确保信任	7.1 可标识的信息 7.2 架构基础 7.3 主文件 7.4 主注册表 7.5 电子记录 7.6 记录年表、持续性、完整性 7.7 鉴别、抗抵赖服务 7.8 数字签名、公钥基础设施 7.9 审计 7.10 永久性、持续性、不可消除性 7.14 数据同步 7.15 时间同步 7.16 可信的端对端信息流 7.17 公布、输出 7.20 并发状态、记录 7.21 回顾状况、记录 7.23 数据完整性 7.28 通信基础设施 7.34 应用间的相互操作性 7.36 验证
6.2 信任群体	7.1 可标识的信息 7.2 架构基础 7.3 主文件 7.5 电子记录 7.6 记录年表、持续性、完整性 7.7 鉴别,抗抵赖服务 7.8 数字签名、公钥基础设施 7.9 审计 7.10 永久性、持续性、不可消除性 7.16 可信的端对端信息流 7.17 公布、输出 7.20 并发状态、记录 7.21 回顾状况、记录 7.23 数据完整性 7.28 通信基础设施 7.30 医疗保健专业人员——医疗护理主体连接 7.31 本地化、本地权限 7.36 验证
6.3 健康记录权利	7.1 可标识的信息 7.2 架构基础 7.3 主文件 7.4 主注册表 7.5 电子记录 7.6 记录年表、持续性、完整性 7.7 鉴别、抗抵赖服务 7.8 数字签名、公钥基础设施

表 3（续）

原则和目标	通过以下关键特性启动
6.3　健康记录权利	7.9　审计 7.10　永久性、持续性、不可消除性 7.16　可信的端对端信息流 7.17　公布、输出 7.20　并发状态、记录 7.21　回顾的状况、记录 7.23　数据完整性 7.28　通信基础设施 7.29　多人连接 7.30　医疗保健专业人员——医疗护理主体连接 7.36　验证
6.4　健康记录义务	7.1　可标识的信息 7.2　架构基础 7.3　主文件 7.4　主注册表 7.5　电子记录 7.6　记录年表、持续性、完整性 7.7　鉴别、抗抵赖服务 7.8　数字签名、公钥基础设施 7.9　审计 7.10　永久性、持续性、不可消除性 7.16　可信的端对端信息流 7.17　公布、输出 7.20　并发状态、记录 7.21　回顾的状况、记录 7.23　数据完整性 7.28　通信基础设施 7.30　医疗保健专业人员——医疗护理主体连接 7.36　验证
6.5　健康记录的组成	7.1　可标识的信息 7.2　架构基础 7.3　主文件 7.4　主注册表 7.5　电子记录 7.6　记录年表、持续性、完整性 7.7　鉴别、抗抵赖服务 7.8　数字签名、公钥基础设施 7.9　审计 7.10　永久性、持续性、不可消除性 7.18　预期的服务 7.19　工作流 7.20　并发状态、记录 7.21　回顾的状况、记录 7.22　个人医疗健康专业人员服务 7.23　数据完整性 7.24　协议：医疗护理计划、关键路径

表 3（续）

原则和目标	通过以下关键特性启动
6.5　健康记录的组成	7.25　问题列表 7.26　决策支持 7.27　监测、测量和分析 7.29　多人连接 7.30　医疗保健专业人员——医疗护理主体连接 7.31　本地化、本地权限 7.36　验证
6.6　医疗保健方及其责任行为	7.1　可标识的信息 7.4　主注册表 7.5　电子记录 7.6　记录年表、持续性、完整性 7.7　鉴别、抗抵赖服务 7.8　数字签名、公钥基础设施 7.9　审计 7.10　永久性、持续性、不可消除性 7.16　可信的端对端信息流 7.17　公布、输出 7.18　预期的服务 7.19　工作流 7.20　并发状态、记录 7.21　回顾的状况、记录 7.22　个人医疗保健专业人员服务 7.23　数据完整性 7.24　协议：医疗护理计划、关键路径 7.26　决策支持 7.28　通信基础设施 7.30　医疗保健专业人员——医疗护理主体连接 7.36　验证
6.7　医疗保健代理及其责任行为	7.1　可标识的信息 7.4　主注册表 7.7　鉴别、抗抵赖服务 7.8　数字签名，公钥基础设施 7.9　审计 7.10　永久性、持续性、不可消除性 7.16　可信的端对端信息流 7.17　公布、输出 7.18　预期的服务 7.19　工作流 7.23　数据完整性 7.28　通信基础设施 7.34　应用间的相互操作性 7.36　验证
6.8　责任范围、责任的单位	7.1　可标识的信息 7.5　电子记录 7.6　记录年表、持续性、完整性 7.7　鉴别、抗抵赖服务

表 3（续）

原则和目标	通过以下关键特性启动
6.8　责任范围、责任的单位	7.8　数字签名、公钥基础设施 7.9　审计 7.10　永久性、持续性、不可消除性 7.16　可信的端对端信息流 7.17　公布、输出 7.23　数据完整性 7.36　验证
6.9　验证	7.1　可标识的信息 7.4　主注册表 7.5　电子记录 7.7　鉴别、抗抵赖服务 7.8　数字签名、公钥基础设施 7.9　审计 7.10　永久性、持续性、不可消除性 7.23　数据完整性 7.31　本地化、本地权限 7.34　应用间的相互操作性 7.35　改变规模(可伸缩性) 7.36　验证
6.10　可审计性	7.1　可标识的信息 7.2　架构基础 7.4　主注册表 7.5　电子记录 7.6　记录年表、持续性、完整性 7.7　鉴别、抗抵赖服务 7.8　数字签名、公钥基础设施 7.9　审计 7.10　永久性、持续性、不可消除性 7.15　时间同步 7.16　可信的端对端信息流 7.17　公布、输出 7.19　工作流 7.20　并发状态、记录 7.21　回顾的状况、记录 7.23　数据完整性 7.28　通信基础设施 7.31　本地化、本地权限 7.34　应用间的相互操作性 7.35　改变规模(可伸缩性) 7.36　验证
6.11　信任链	7.1　可标识的信息 7.2　架构基础 7.5　电子记录 7.6　记录年表、持续性、完整性 7.7　鉴别、抗抵赖服务 7.8　数字签名,公钥基础设施 7.9　审计 7.10　永久性、持续性、不可消除性

表 3（续）

原则和目标	通过以下关键特性启动
6.11 信任链	7.16 可信的端对端信息流 7.17 公布、输出 7.20 并发状态、记录 7.21 回顾状况、记录 7.23 数据完整性 7.28 通信基础设施 7.31 本地化、本地权限 7.34 应用间的相互操作性 7.36 验证
6.12 真实性、永久性、持续性和不可消除性	7.2 架构基础 7.5 电子记录 7.6 记录年表、持续性、完整性 7.9 审计 7.10 永久性、持续性、不可消除性 7.14 数据同步 7.16 可信的端对端信息流 7.23 数据完整性 7.31 本地化、本地权限 7.34 应用间的相互操作性 7.35 改变规模(可伸缩性) 7.36 验证
6.13 数据定义、数据注册	7.1 可标识的信息 7.2 架构基础 7.3 主文件 7.5 电子记录 7.11 联机事务处理(OLTP) 7.12 联机分析处理(OLAP) 7.16 可信的端对端信息流 7.23 数据完整性 7.27 监视、测量和分析 7.31 本地化、本地权限 7.34 应用间的相互操作性 7.35 改变规模(可伸缩性) 7.36 验证
6.14 数据完整性	7.2 架构基础 7.3 主文件 7.5 电子记录 7.6 记录年表、持续性、完整性 7.7 鉴别、抗抵赖服务 7.8 数字签名、公钥基础设施 7.9 审计 7.10 永久性、持续性、不可消除性 7.14 数据同步 7.16 可信的端对端信息流 7.23 数据完整性 7.27 监视、测量和分析 7.31 本地化、本地权限 7.36 验证

附 录 A
(资料性附录)
关键特性的验证

A.1 概述

ISO/TC 215/WG 2 的医疗设备分组成员以位于德国杜塞尔多夫的海因里希·海涅大学附属医院为基地设计了活动流程图(图 A.1),用以解释病人的健康记录服务器的医院信息系统(第 2 层)和面向设备环境的重症监护病房(ICU)的部门计算机系统(第 1 层)间建立的不同层次的通信。保健领域的许多其他部分也存在着不同的通信层次,例如,一般执业医师诊所或医院的专家门诊,社区药店或医院的药房,社区医疗护理或医院医疗护理。

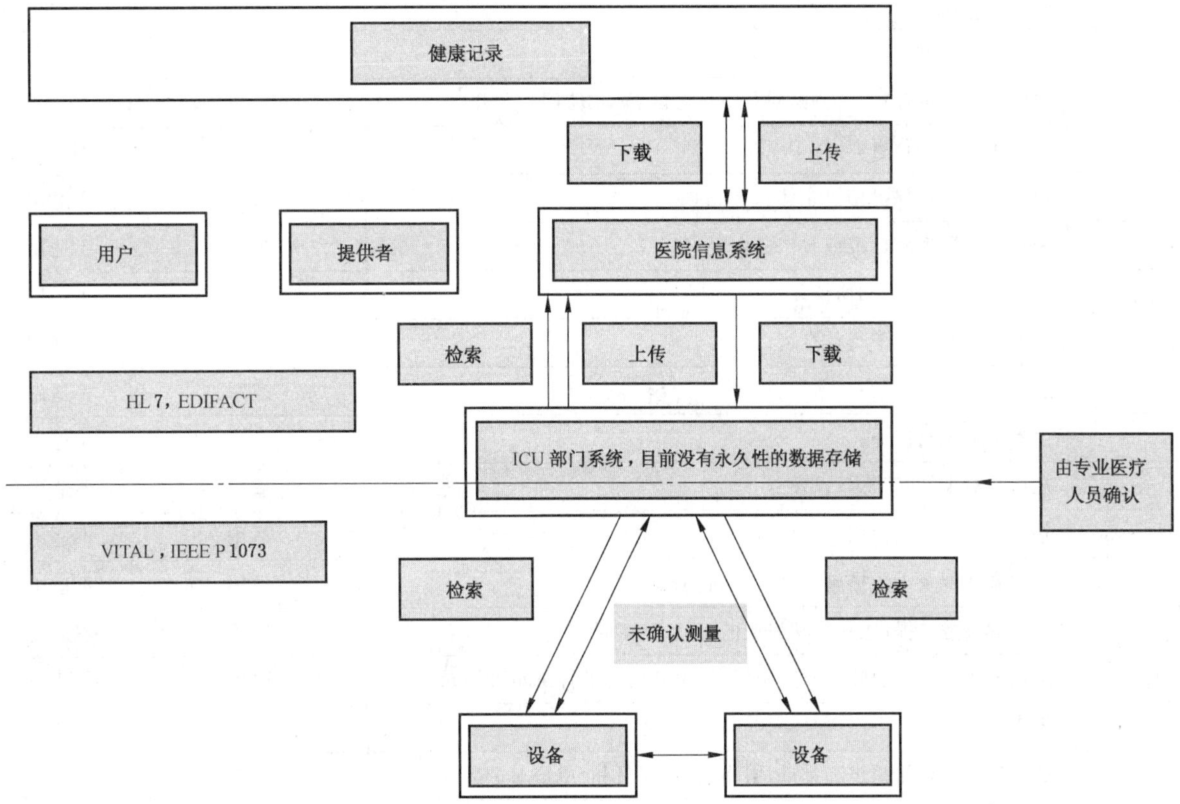

图 A.1 医院环境中通信流的流程图

杜塞尔多夫团队随后运用正文中列出的关键特性来验证了各项建议。下列(生成)表格证明所列关键特性是开发完整消息包所需组件的重要清单。

表 A.1 针对第 6 章所述原则和目标在域“Level 1”和“Level 2”中的适用性。

表 A.2 针对第 7 章所述关键特性在域“Level 1”和“Level 2”中的适用性。

表 A.1 适用于医院信息系统(HIS)和部门系统的原则和目标

章条和列项	原则和目标	医院信息系统(HIS)的部门系统	部门系统的设备
6.1	确保信任	适用	适用
a)	隐私权和机密性;	适用	适用
b)	个人可标识信息的保护;	适用	适用
c)	交换过程中的保护——“转接”。	适用	适用
6.2	信任群体	适用	不适用
a)	健康记录的主体;	适用	不适用
b)	参与医疗保健服务的提供、实施和完成的一方,并且其相关行为影响健康记录;	适用	不适用
c)	参与健康记录的初定、修订、管理和使用的一方,并且其相关行为影响健康记录。	适用	不适用
6.3	健康记录权利	适用	不适用
a)	机密和隐私的保护,特别是对如下内容的访问、使用和公开:		
1)	个人可标识的信息;	适用	不适用
2)	通过以下方面保护信息主体:	适用	不适用
——	法规、条例、实施标准或自定义内容;和/或	适用	不适用
——	明确、公开的许可和协议;	适用	不适用
3)	此类许可和协议使得信息可以:	适用	不适用
——	适用于预期的目的;	适用	不适用
——	由参与方授权使用;	适用	不适用
——	在指定时期(时间)内;以及	适用	不适用
——	基于“需知”原则使用。	适用	不适用
b)	对健康状况及干预措施的完整、准确描述;	适用	不适用
c)	对保健服务的提供、执行和完成的完整、准确描述;	适用	不适用
d)	跟踪健康记录的创建、修订、访问、使用和公开的详细审计记录。	适用	不适用
6.4	健康记录义务		
a)	健康记录内容的初定和修订,由作者、抄写员和/或校对员完成;	适用	不适用
b)	保健服务的提供、执行和完成,如健康记录中所记载的并且由医疗保健专业人员、医疗保健提供者完成;	适用	不适用
c)	健康记录内容的准确性和完整性;	适用	不适用
d)	健康记录内容的访问和使用;	适用	不适用
e)	健康记录内容的复制;	未定	不适用
f)	健康记录内容的公开、传送和接收;	适用	不适用
g)	健康记录内容的转换(例如,映射到替换代码和分类表)。	适用	不适用
6.5	健康记录的组成		
a)	按时间顺序排序健康状态和干预措施;	(适用)	不适用

表 A.1(续)

章条和列项	原则和目标	医院信息系统(HIS)的部门系统	部门系统的设备
b)	与医疗保健服务的提供、执行和完成相对应的保健服务记录;	(适用)	不适用
c)	离散记录实例集合(文件),通常与健康服务事件 1:1 对应。	(适用)	不适用
6.6	医疗保健方及其责任行为		
a)	记录内容的初定或修改:例如作者、抄写员、校对员;	适用	不适用
b)	医疗保健服务的提供、执行和/或完成,尤其是保健服务事件;	适用	不适用
c)	记录内容的访问和使用;	适用	不适用
d)	记录内容的复制;	未定	不适用
e)	记录内容的公开、传送和/或接收;	适用	不适用
f)	记录内容的转换。	未定	不适用
6.7	医疗保健代理及其责任行为		
a)	健康记录内容的初定(典型预验证);	适用	适用
b)	健康记录内容的复制;	未定	不适用
c)	健康记录内容的传送和/或接收;	适用	适用
d)	健康记录内容的转换。	未定	不适用
6.8	责任范围、责任单位		
a)	在提供、执行和/或完成医疗保健服务中,具有特定作用的医疗保健方;	不适用	不适用
b)	在健康记录的初定、修订、管理和使用中,具有特定作用的医疗保健方和代理;	不适用	不适用
c)	描述离散的医疗保健服务事件的执行、提供和/或完成;	未定	不适用
d)	包含一个离散的记录实例。	未定	不适用
6.9	鉴别		
a)	用户鉴别:个人身份证据;	适用	未定
b)	数据源/来源的鉴别:作者身份、原始文件、修订的证据;	适用	适用
c)	数据有效性鉴别:数据验证的证据,例如:		
1)	另一方数据来源的证据;	未定	不适用
2)	自动化设备输入的证据。	适用	不适用
d)	数据交换鉴别:数据传输、接收的证据;		未定
e)	抗抵赖(例如:作者身份);	未定	不适用
f)	数字签名;	适用	不适用
g)	公钥/私钥基础设施;	未定	不适用
h)	加密封装:将健康记录内容与经过鉴别的来源绑定。	未定	未定
6.10	可审计性	适用	不适用
6.11	信任链	适用	不适用
6.12	真实性、永久性、持续性和不可消除性		不适用

表 A.1（续）

章条和列项	原则和目标	医院信息系统（HIS）的部门系统	部门系统的设备
a)	原始内容和语境的保存；	适用	不适用
b)	只能通过（添加）修正进行修订；	适用	不适用
c)	保存初稿及全部修订稿的离散数据状态；	适用	不适用
d)	具有重建任何特定的历史日期/时刻的健康记录的能力。	适用	不适用
6.13	数据定义、数据注册	适用	未定
6.14	数据完整性	适用	适用
6.15	完整性和持续性		

表 A.2　适用于医院信息系统（HIS）和部门系统的关键特性

章条和列项	关键特性	医院信息系统（HIS）的部门系统	部门系统的设备
7.1	可标识的信息		
7.1.1	可标识的个人或组织信息的交换		
7.1.2	可标识的参与方		
a)	作为健康记录主体的示例：		
1)	个体的医疗护理主体；	适用	未定
2)	个体医疗保健专业人员、医疗护理提供者；	适用	不适用
3)	健康记录内容的各创作者：作者、抄写员和校验员；	适用	不适用
4)	各组织，包括：提供者、健康计划成员；	未定	不适用
5)	各业务单位，包括：部门、服务、专业；	适用	不适用
6)	其他，包括：近亲、紧急联系人、支付保证人。	未定	不适用
b)	作为参与医疗保健服务的提供、实施和完成的一方，并且其相关行为影响健康记录的示例：		
1)	个体执业医师/医疗护理提供者；	适用	不适用
2)	组织；	不适用	不适用
3)	业务单位。	不适用	不适用
c)	作为参与健康记录的初定、修订、管理和使用的一方，并且其相关行为影响健康记录的示例：		
1)	个体医疗保健专业人员、医疗护理提供者；	适用	不适用
2)	个体作者、抄写员和校对员；	适用	不适用
3)	组织；	不适用	不适用
4)	业务单位。	不适用	不适用
7.2	架构基础		
7.2.1	概要		
7.2.2	架构的构成		

表 A.2（续）

章条和列项	关键特性	医院信息系统(HIS)的部门系统	部门系统的设备
a)	数据定义：	适用	适用
1)	健康记录及其子集；	适用(子集)	(适用)
2)	数据组：数据集、模板；	适用	适用
3)	属性：数据元素；	适用	适用
4)	标识符；	适用	适用
5)	业务对象、关系；	未定	未定
6)	版本。		
b)	信息模型：		
1)	业务类(对象)；	适用	(适用)
2)	主体域；	适用	(适用)
3)	主体类(即状态类)；	适用	(适用)
4)	属性、标识符；	适用	适用
5)	类、属性之间的关系；	适用	适用
6)	词汇表、编码、分类；	适用	适用
7)	审计；	未定	未定
8)	版本。		
c)	业务操作(过程)模式：		
1)	参与者(包括责任方和代理)；	适用	(适用，设备)
2)	行为(包括负有责任的行为)；	适用	未定
3)	状态、状态/变换；	适用	未定
4)	工作流；	未定	未定
5)	审计。	未定	未定
d)	信息流模型：		
1)	端对端：	适用	适用
——	起源点(服务点/医疗护理点)至使用点；	适用	适用
——	前端至后端至第三方；	适用	未定
2)	管理、信任链；	未定	不适用
3)	审计。	未定	不适用
e)	应用互操作模型：		
1)	应用角色；	适用	适用
2)	应用交互：作为发送器或接收器；	适用	适用
——	触发事件；	适用	适用
——	主动提供的更新；	适用	适用
——	请求/响应；	适用	适用

表 A.2（续）

章条和列项	关键特性	医院信息系统(HIS)的部门系统	部门系统的设备
——	接收确认；	适用	未定
3)	应用间的关系：	适用	未定
——	点对点交互作用模型：配对的发送器、接收器角色；	未定	未定
——	相互依赖性；	未定	未定
4)	应用绑定：	未定	未定
——	API：紧耦合，传递的参数，授权控制；	适用	适用
——	消息：松耦合(例如，ASTM，DICOM，EDI/EDIFACT，HL7，MIB)；	适用	适用
——	中介交换(例如，通过接口引擎、集线器)：	适用	未定
i)	沿途排队、存储和转发；	未定	不适用
ii)	数据组的、属性的沿途译码、转换；	适用	不适用
iii)	阶段Ⅰ确认信息：中介器至发送器；		
iv)	阶段Ⅱ确认信息：接收器至中介器；		
v)	端对端确认信息：接收器至发送器；		
vi)	阶段Ⅰ线程的消息顺序：发送器至中介器；		
vii)	阶段Ⅱ线程的消息顺序：中介器至接收器；		
viii)	端对端线程的消息顺序：发送器至接收器；		
——	安全性、访问控制；	适用	适用
——	审计；	未定	未定
——	时钟同步；	适用	适用
——	数据同步；	适用	未定
——	事务处理、多步提交(至同步数据存储)；	未定	未定
——	数据定义；	适用	适用
——	主文件；	适用	未定
——	主注册表；	未定	未定
5)	版本。		
f)	安全、访问控制模型；		未定
1)	访问控制；	适用	未定
2)	分类：针对信息、功能；	适用	未定
3)	许可证：针对用户、角色；	适用	不适用
4)	安全策略域；	适用	不适用
5)	鉴别：用户、数据来源、数据验证、数据发送/接收；	适用	不适用
6)	抗抵赖；	未定	不适用
7)	数字签名；	适用	不适用
8)	审计。	未定	不适用

表 A.2（续）

章条和列项	关键特性	医院信息系统(HIS)的部门系统	部门系统的设备
g)	可审计模型(整合到安全、访问控制模型)：		
1)	责任方/责任代理；	未定	未定
2)	负责的行为。	未定	未定
h)	词汇表模型：	未定	适用
1)	词汇表域；	未定	适用
2)	编码、分类法及其版本。	适用	适用
7.3	主文件		
7.3.1	概要		
a)	同步、跨 2-n 个主文件：	适用	不适用
1)	在最初应用点绑定；	适用	不适用
2)	动态，实时；	适用	不适用
3)	个体定义实例；	适用	不适用
4)	2-n 定义实例；	适用	不适用
5)	所有定义实例。	适用	不适用
b)	使用匹配的标识符和/或特性来查找/匹配定义实例；	适用	不适用
c)	更新定义实例，包括标识符和/或特性，且包括初定、修订/转换等行为；	适用	不适用
d)	验证定义实例；	适用	不适用
e)	激活/去活定义实例；	适用	不适用
f)	列出定义实例的审计跟踪；	适用	不适用
g)	更新定义实例的审计跟踪，包括对访问、初定、修订/转换、验证、传输、接收的动作；	未定	不适用
h)	启用主文件事务处理、多步提交：命令、打开/锁定、更新、关闭/解锁；	适用	不适用
i)	把定义记录存档。		
7.3.2	主文件：数据定义		
a)	健康记录及其子集：	适用	
1)	个人健康记录：针对医疗护理主体、健康计划成员；	适用	不适用
2)	群体健康记录；	不适用	不适用
3)	业务(操作)记录：针对组织、业务单位；	不适用	不适用
4)	个人服务记录：对于个体医疗保健专业人员、医疗护理提供者。	适用	不适用
b)	数据组(数据集、模板)：	适用	未定
1)	命名、标识符；	适用	适用
2)	准确用法；	适用	适用
3)	(其中包含的)聚合属性；	适用	适用
4)	在数据组层次上，用于保证准确性、语境、一致性、可比性、持续性、完整性和相关性的措施和规则。	未定	不适用

表 A.2（续）

章条和列项	关键特性	医院信息系统(HIS)的部门系统	部门系统的设备
c)	属性(数据元素)：	适用	适用
1)	命名、标识符；	适用	适用
2)	准确用法；	适用	适用
3)	数据类型、格式；	适用	适用
4)	分类、编码方案及其版本；	适用	适用
5)	范围；	适用	适用
6)	在属性层次上，用于保证语境中数据(属性)的相互关系、准确性、一致性、可比性、持续性、完整性和相关性的措施和规则。	未定	不适用
d)	业务类(对象)：	适用	适用
1)	命名、标识符；	适用	适用
2)	准确用法；	适用	适用
3)	与其他业务对象的关系；	适用	适用
4)	(其中包含的)聚合属性；	适用	适用
5)	在类别层次上，用于保证准确性、语境、一致性、可比性、持续性、完整性和相关性的措施和规则。	未定	不适用
7.3.3	主文件：语境集/模板定义	未定	不适用
a)	责任性语境；	未定	不适用
b)	数据完整性语境；	未定	不适用
c)	临床语境；	适用	不适用
d)	操作语境。	适用	不适用
7.3.4	主文件：功能定义	适用	不适用
	信息访问、管理和处理功能。		
7.3.5	主文件：安全类别定义	适用	不适用
a)	信息的类别，用于信息的聚合或单元：		
1)	健康记录及其子集；	适用	未定
2)	数据组(数据集)；	适用	未定
3)	属性(数据元素)。	适用	未定
b)	信息的访问许可：例如，访问/使用、初定、修订/转换、验证、复制、公开、传输、接收；	适用	未定
c)	功能的分类：例如，用于信息访问、管理和操作功能，用于已安装的防火墙；	适用	未定
d)	功能的访问许可：例如，访问、处理。	适用	未定
7.3.6	主文件：安全许可定义		
a)	对责任医疗保健方的许可：个人、组织、业务单位；	适用	不适用
b)	对责任医疗保健角色的许可。	适用	不适用
7.3.7	主文件：安全策略域定义		不适用

表 A.2（续）

章条和列项	关键特性	医院信息系统(HIS)的部门系统	部门系统的设备
	安全策略域：组织范围内，按业务单位(如部门、服务、专业)。	适用	未定
7.3.8	主文件：预约、预约集定义	适用	不适用
7.3.9	主文件：保健服务、服务事件定义	未定	不适用
7.3.10	主文件：协议定义	未定	不适用
7.3.11	主文件：决策支持规则的定义	未定	不适用
7.3.12	主文件：设备和场所的定义	未定	不适用
7.3.13	主文件：资源定义	适用	不适用
7.3.14	主文件：费用和成本定义	适用	不适用
7.4	主注册表		
7.4.1	主注册表：责任医疗保健方		
a)	同步、跨 2-n 注册表：	适用	不适用
1)	在初始应用点绑定；	适用	不适用
2)	动态、实时；	适用	不适用
3)	个体参与方实例；	适用	不适用
4)	2-n 参与方实例；	未定	不适用
5)	注册表中所有各方实例。	未定	不适用
b)	使用标识符和/或特性查找/匹配参与方实例；	未定	不适用
c)	更新参与方实例，其标识符和/或特性，包括初定、修订/转换等行为；	未定	不适用
d)	验证参与方实例；	未定	不适用
e)	激活/去活参与方实例；	未定	不适用
f)	启用/禁用参与方的安全许可：用于信息和功能的访问；	未定	不适用
g)	合并/分解参与方实例；	未定	不适用
h)	列出参与方实例的审计追踪明细；	未定	不适用
i)	更新参与方实例的审计追踪，包括对访问、初定、修订/转换、验证、激活/去活、启用/禁用安全许可、合并/分解、传输、接收等行为；	未定	不适用
j)	启用事物处理、多步提交：命令、打开/锁定、更新、关闭/解锁；	适用	不适用
k)	将参与方实例归档。		
7.4.2	责任医疗保健角色		
——	保健服务的提供、执行和/或完成；	适用	不适用
——	健康记录的初定、修订、管理和使用。	适用	不适用
a)	同步、跨 2-n 注册表：	适用	不适用
1)	在初始应用点绑定；	适用	不适用
2)	动态、实时；	适用	不适用
3)	个体角色实例；	适用	不适用

表 A.2（续）

章条和列项	关键特性	医院信息系统(HIS)的部门系统	部门系统的设备
4)	2-n 角色实例；	适用	不适用
5)	注册表中所有角色实例。	未定	不适用
b)	使用标识符和/或特性，查找/匹配角色实例；	未定	不适用
c)	更新角色实例，包括对初定、修订/转换等行为中其标识符和/或特性；	未定	不适用
d)	验证角色实例；	未定	不适用
e)	激活/去活角色实例；	未定	不适用
f)	启用/禁用作用的安全许可：用于信息和功能的访问；	未定	不适用
g)	合并/分解角色实例；	未定	不适用
h)	列出角色实例的审计追踪；	未定	不适用
i)	更新角色实例的审计追踪，包括对访问、初定、修订/转换、验证、激活/去活、启用/禁用安全许可、合并/分解、传输、接收等行为；	未定	不适用
j)	用事务处理、多步提交：命令、打开/锁定、更新、关闭/解锁；	未定	不适用
k)	将角色实例归档。		
7.4.3	责任医疗保健代理		
a)	同步、跨 2-n 注册表；	适用	适用
1)	在初始应用点绑定；	适用	适用
2)	动态、实时；	适用	适用
3)	个体代理实例；	适用	适用
4)	2-n 代理实例；	未定	未定
5)	注册表中所有代理实例。	未定	未定
b)	使用标识符和/或特性，查找/匹配代理实例；	未定	未定
c)	更新代理实例，并且包括对初定、修订/转换等行为中其标识符和/或特性；	未定	未定
d)	验证代理实例；	未定	未定
e)	激活/去活代理实例；	适用	适用
f)	列出代理实例的审计追踪；	未定	未定
g)	更新参与方实例的审计追踪，包括对访问、初定、修订/转换、验证、激活/去活、传输、接收等行为；	未定	未定
h)	启用事物处理、多步提交：命令、打开/锁定、更新、关闭/解锁；	未定	未定
i)	将代理实例归档。		
7.4.4	医疗护理主体(人)		
a)	同步、跨 2-n 注册表：	适用	不适用
1)	在初始应用点绑定；	适用	不适用
2)	动态、实时；	适用	不适用
3)	个体人员实例；	适用	不适用

表 A.2（续）

章条和列项	关键特性	医院信息系统(HIS)的部门系统	部门系统的设备
4)	2-n 人员实例；	未定	不适用
5)	注册表中所有人员实例。	未定	不适用
b)	使用标识符和/或特性，查找/匹配人员实例；	适用	不适用
c)	更新人员实例，包括初定、修订/转换等行为中其标识符和/或特性；	适用	不适用
d)	验证人员实例；	适用	不适用
e)	合并/分解人员实例；	未定	不适用
f)	连接/断开就诊人员实例；	未定	不适用
g)	将人员实例与另一个人员实例连接/断开；		
h)	启用/禁用角色的安全许可：用于访问信息、访问职能；		
i)	列出人员实例的审计追踪明细；	未定	不适用
j)	更新人员实例的审计追踪，包括对访问、初定、修订/转换、验证、合并/分解、连接/断开、连接/断开人员、启用/禁用安全许可、合并/分解、传输、接收等行为；	适用	不适用
k)	启用事物处理、多步提交：命令、打开/锁定、更新、关闭/解锁；	未定	不适用
l)	将人员实例归档。		
7.4.5	本地标识符分配		
——	医疗护理主体/健康计划成员的 ID：例如，医疗记录编号；	适用	不适用
——	医疗保健专业人员 ID：例如，执照、证书的编号；	适用	不适用
——	职工、用户的 ID；	适用	不适用
——	就诊、偶发事件 ID；	适用	不适用
——	财务账户 ID；	未定	不适用
——	业务单位 ID：例如，部门、服务、专业 ID；		
——	场所 ID；	适用	未定
——	保健服务 ID：例如，操作 ID；		
——	器械、属性标签/ID；	适用	未定
——	本地产品 ID。	未定	未定
7.5	电子记录		
7.5.1	个人健康记录	（未定）	
a)	同步、跨 2-n 健康记录系统：	（适用）	不适用
1)	在初始应用点绑定；	（适用）	不适用
2)	动态、实时；	（适用）	不适用
3)	个人健康记录；	（适用）	不适用
4)	2-n 个人健康记录；	不适用	不适用
5)	所有个人健康记录。	不适用	不适用

表 A.2（续）

章条和列项	关键特性	医院信息系统(HIS)的部门系统	部门系统的设备
b)	更新个人健康记录交换的审计追踪：访问、修订/转换、传输、接收；	未定	不适用
c)	根据机密等级、安全许可和数据定义启动交换；	（适用）	不适用
d)	启用事物处理、多步提交：命令、打开/锁定、更新、关闭/解锁；	（适用）	不适用
e)	将个人健康记录归档；		
f)	启用多媒体记录：文本、音频、视频、图像/图形、波形、二进制。	未定(视频)	未定
7.5.2	群体健康记录		
a)	同步群体健康记录、跨 2-n 健康记录系统：	不适用	不适用
1)	在初始应用点绑定；	不适用	不适用
2)	动态、实时；	不适用	不适用
b)	更新群体健康记录交换的审计追踪：访问、修订/转换、传输、接收；	不适用	不适用
c)	基于机密等级、安全许可和数据定义启动交换；	不适用	不适用
d)	启用事物处理、多步提交：命令、打开/锁定、更新、关闭/解锁；	不适用	不适用
e)	将群体健康状况归档；		
f)	启用多媒体记录：文本、音频、视频、图像/图形、波形、二进制。	未定(视频)	未定
7.5.3	业务(操作)记录		不适用
a)	同步业务报告、跨 2-n 档案系统：	未定	不适用
1)	在初始应用点绑定；	未定	不适用
2)	动态、实时；	未定	不适用
b)	更新业务档案交换的审计追踪：访问、修订/转换、传输、接收；	未定	不适用
c)	基于机密等级、安全许可和数据定义启动交换；	未定	不适用
d)	启用事务处理、多步提交、命令、打开/锁定、更新、关闭/解锁；	未定	不适用
e)	将业务记录归档；		
f)	启用多媒体记录：文本、音频、视频、图像/图形、波形、二进制。	未定(视频)	未定
7.5.4	个人医疗保健专业人员服务记录	不适用	不适用
a)	同步个人服务记录、跨 2-n 记录系统：	不适用	不适用
1)	在初始应用点绑定；	不适用	不适用
2)	动态、实时。	不适用	不适用
b)	更新个人服务记录交换的审计追踪：访问、修订/转换、传输、接收；	不适用	不适用
c)	基于机密等级、安全许可和数据定义启动交换；	不适用	不适用
d)	启用事务处理、多步提交：命令、打开/锁定、更新、关闭/解锁；	不适用	不适用
e)	将个人服务记录归档；		
f)	启用多媒体记录：文本、音频、视频、图像/图形、波形、二进制。	未定(视频)	未定
7.6	记录年表、持续性、完整性		
7.6.1	事件的时间排序		

表 A.2（续）

章条和列项	关键特性	医院信息系统(HIS)的部门系统	部门系统的设备
a)	个人健康记录；	适用	不适用
b)	群体健康记录；	不适用	不适用
c)	业务(操作)记录；	未定	不适用
d)	个人医疗保健专业人员服务记录。	不适用	不适用
7.6.2	事件时间线		
a)	预期的(未来)：预定的事件，尚未进行；	适用	不适用
b)	并发的(现在)：正在进行中的事件，尚未完成；	适用	不适用
c)	回顾的(既往)：已完成(或被取销)的事件，处于终点状态。	适用	不适用
7.6.3	历史快照	(适用)	不适用
7.6.4	持续性、完整性		
a)	完整性指标：用于健康记录及其子集，用于数据组(即数据集)，属性(即数据元素)；	未定	不适用
b)	缺口分析。	未定	不适用
7.7	鉴别、抗抵赖服务		
7.7.1	用户鉴别	适用	未定
7.7.2	数据来源鉴别	适用	适用
7.7.3	验证鉴别	适用	不适用
7.7.4	数据交换鉴别	适用	不适用
7.7.5	抗抵赖服务	未定	不适用
7.8	数字签名、公钥基础设施		
7.8.1	数字签名	适用	不适用
7.8.2	公钥基础设施(PKI)	未定	
7.9	审计		
7.9.1	审计跟踪		
a)	医疗保健服务，特别是医疗服务事件的准备、执行和/或完成：作为医疗保健专业人员和医疗护理提供者；	适用	不适用
b)	健康记录内容的访问和使用；	适用	不适用
c)	健康记录内容的初定或修定：作为作者、抄写员；	适用	不适用
d)	健康记录内容的验证；	适用	不适用
e)	健康记录内容的复制；	适用	不适用
f)	健康记录内容的公开、传送或者接收；	适用	不适用
g)	健康记录内容的转换；	未定	不适用
h)	提供的第三方保管协议，并进行密封。		
7.9.2	审计复核	适用	不适用
7.10	永久性、持续性、不可消除性		

表 A.2(续)

章条和列项	关键特性	医院信息系统(HIS)的部门系统	部门系统的设备
a)	健康记录及其子集、数据组和属性的保存;	适用	不适用
b)	记录内容的不可消除性,保持与原始资料相同;	适用	不适用
c)	正式修订过程,保存既往内容;	适用	不适用
d)	数据状态的保存:原始内容以及经过每一次修订的内容(仅作为附加内容)。	适用	不适用
7.11	联机事务处理(OLTP)		
7.11.1	紧耦合的联机事务处理服务	未定	不适用
7.11.2	多步提交	未定	不适用
7.12	联机分析处理(OLAP)	未定	不适用
7.13	容错		
7.13.1	冗余通信架构	(适用)	不适用
7.13.2	无效/失效检测	适用	未定
7.13.3	有效/重启检测	适用	未定
7.13.4	故障时间和反应慢时等候	未定	不适用
7.13.5	恢复	适用	未定
7.14	数据同步		
a)	在最初绑定点;	适用	未定
b)	在重启动时;	适用	未定
c)	在正常工作状态下持续进行。	适用	未定
7.15	时间同步		
a)	在最初绑定点;	适用	适用
b)	在重启动时;	适用	适用
c)	在正常工作状态下,周期性间隔进行。	适用	未定
7.16	可信的端对端信息流		
7.16.1	概要	适用	
a)	一个或多个交换点:即应用软件/设备间的接口;	适用	适用
b)	一个或多个转换点:例如在某处,记录内容被从一种编码/分类法转换为另一种;	未定	不适用
c)	一个或多个汇聚点:例如在某处,可能发生数据聚集、导出或摘要。	未定	不适用
7.16.2	端对端记录审计		
a)	保健服务事件(特别适用能够初始化信息流的真实世界触发事件)的准备、执行和/或完成;	适用	不适用
b)	健康记录内容或信息的访问和使用;	适用	不适用
c)	健康记录或信息的初定或修订;	适用	不适用
d)	健康记录或信息的验证;	未定	不适用

表 A.2（续）

章条和列项	关键特性	医院信息系统(HIS)的部门系统	部门系统的设备
e)	健康记录或信息的复制；	适用	不适用
f)	健康记录或信息的公开、传送或接收；	适用	不适用
g)	健康记录或信息的转换；	未定	不适用
h)	健康记录或信息(即静态数据)的管理；	未定	不适用
i)	防火墙安装。		
7.16.3	信任链审计	未定	不适用
7.16.4	语境集、模板		不适用
a)	责任语境、描述：人物、事件、时间、地点、原因、方式；	适用	不适用
b)	数据完整性语境，描述信息/数据的规则、措施指示符：		
1)	准确性；	未定	不适用
2)	语境；	未定	不适用
3)	可比性、一致性；	未定	不适用
4)	持续性、完整性；	未定	不适用
5)	相关性。	未定	不适用
c)	临床语境、描述：		
1)	理论依据；	未定	不适用
2)	临床参数；	适用	不适用
3)	临床语境和条件；	适用	不适用
4)	确保持续性和完全性的措施(如临床服务事件的)；	未定	不适用
5)	确保一致性的措施(如用医疗护理/实践的标准)；	未定	不适用
6)	执行措施；	未定	不适用
7)	质量指标；	未定	不适用
8)	结果指标。	适用	不适用
d)	操作语境，描述：		
1)	分配、部署；	适用	不适用
2)	指定的责任；	适用	不适用
3)	资源利用(例如，对于人员、时间、设备、器械、辅助材料)；	适用	未定
4)	费用；	未定	不适用
5)	生产率。	未定	不适用
7.17	公布、输出		
7.17.1	公布授权、范围、目的		
a)	医疗护理主体同意(授权)信息发布；	未定	不适用
b)	适于公开信息的范围；	未定	不适用

表 A.2（续）

章条和列项	关键特性	医院信息系统(HIS)的部门系统	部门系统的设备
c)	来源于谁；	未定	不适用
d)	向谁公布；	未定	不适用
e)	为何目的；	未定	不适用
f)	持续多长时间。	未定	不适用
7.17.2	受控公开跟踪		
a)	公开，传送审计；	适用	不适用
b)	接受审计。	适用	不适用
7.17.3	公开标识	未定	不适用
7.17.4	去标识、别名		不适用
a)	个人、组织机构、业务单位的标识符；	未定	不适用
b)	人员人口统计数据和特征；	未定	不适用
c)	与下列事项有关的敏感/受保护的信息：		不适用
1)	个体医疗护理主体；	未定	不适用
2)	个体医疗保健专业人员、医疗护理提供者；	未定	不适用
3)	组织、业务单位。	未定	不适用
7.18	预期的服务		
7.18.1	医疗护理主体日程表		
a)	跨多个医疗护理学科业务单位(部门、服务、专业)的综合日程表；	不适用	不适用
b)	包含所有管辖地及就诊类别的综合日程表：住院患者、急诊、门诊、长期医疗护理、家庭医疗护理；	不适用	不适用
c)	基于时间线的，包括即将发生的临床服务事件；	适用	不适用
d)	健康、预防和随访事件；	不适用	不适用
e)	由医疗保健专业人员的命令、命令集启动；	适用	不适用
f)	由医疗保健专业人员的医嘱、医嘱套启动；	未定	不适用
g)	用药策略、用药事件。	适用	不适用
7.18.2	指定的责任		
a)	对具体的个体医疗保健专业人员的指定；	适用	不适用
b)	对一个医疗保健组的指定；	适用	不适用
c)	对一个医疗保健角色的指定。	适用	不适用
7.18.3	医疗保健专业人员日程表		
a)	基于时间线的，包括即将发生的事件；	适用	不适用
b)	指定的责任；	未定	不适用
c)	基于业务和临床规则。	不适用	不适用
7.18.4	资源安排日程表		

表 A.2（续）

章条和列项	关键特性	医院信息系统（HIS）的部门系统	部门系统的设备
a）	基于业务和临床规则；	不适用	不适用
b）	资源因素：		不适用
1）	设备、场所；	不适用	不适用
2）	人力资源因素；	不适用	不适用
3）	时间资源因素；	不适用	不适用
4）	设备资源因素；	不适用	不适用
5）	供应资源因素。	不适用	不适用
c）	复审选项：		
1）	由个体医疗护理主体；	不适用	不适用
2）	由个体医疗保健专业人员；	不适用	不适用
3）	由医疗保健组或角色；	不适用	不适用
4）	跨/由组织或者业务单位：部门、服务、专业；	不适用	不适用
5）	由资源：器械、场所、设备、时间槽。	不适用	不适用
7.18.5	规划		
a）	关于资源分配、部署的优化规划；	不适用	不适用
b）	成本的优化规划；	不适用	不适用
c）	基于业务和临床规则。	不适用	不适用
7.19	工作流		
7.19.1	概要		
a）	实时、交互的工作流管理；	未定	不适用
b）	共享的工作流管理：		不适用
1）	在联合的医疗保健专业人员、组之间；	不适用	不适用
2）	跨学科和业务单位及在学科和业务单位中；	不适用	不适用
3）	跨多个管辖地及就诊类别：住院患者、急诊、门诊、长期医疗护理、家庭医疗护理。	不适用	不适用
c）	基于预期进度的紧密整合：医疗护理主体、医疗保健专业人员、资源；	不适用	不适用
d）	临界资源的分配和部署：器材、场所、人员、设备、辅助材料、时间等；	不适用	不适用
e）	工作流服务：		
1）	启动、分配：	未定	不适用
2）	配置、部署（资源）；	未定	不适用
3）	条件；	未定	不适用
4）	阶段、顺序、路径；	未定	不适用
5）	跟踪、检查点、状态；	未定	不适用
6）	完成。	未定	不适用
f）	启动：		

表 A.2（续）

章条和列项	关键特性	医院信息系统(HIS)的部门系统	部门系统的设备
1)	通过命令、命令集；	未定	不适用
2)	通过协议：例如，医疗护理计划、关键路径。	未定	不适用
g)	线程：		
1)	单线程工作流：按序排列的任务；	未定	不适用
2)	多线程工作流：并发的任务。	未定	不适用
h)	相互依赖性：紧耦合的任务；	未定	不适用
i)	基于业务和临床实践规则。	未定	不适用
7.19.2	持续性、完整性		
a)	完整性度量；	不适用	不适用
b)	持续性监测，从开始直到完成；	未定	不适用
c)	缺口分析。	未定	不适用
7.20	并发状态、记录		
7.20.1	医疗护理主体并发状态		
——	当前健康状态；	适用	不适用
——	当前的问题、症状、诊断；	适用	不适用
——	即将发生事件的个人日程表；	(适用)	不适用
——	进行中的事件，当前状态；	适用	不适用
——	当前以问题为导向的偶发事件，活动的问题清单、里程碑、状态；	未定	不适用
——	当前的协议(例如，医疗护理计划、关键路径)：状态、里程碑、变化；	未定	不适用
——	当前的就诊；	不适用	不适用
——	当前的医疗护理的器材、场所；		
——	当前的药物治疗；	适用	不适用
——	当前的诊断、结果、状态；	适用	不适用
——	当前治疗的干预措施、结果、状态；		
——	目前分配的医疗保健专业人员、医疗护理提供者。	未定	不适用
7.20.2	并发的医疗保健专业人员的状态	未定	不适用
7.21	回顾状况、记录		
7.21.1	医疗护理主体回顾记录	适用	
——	既往健康状态；	适用	不适用
——	既往问题、症状、诊断；	适用	不适用
——	已完成或删除(处于终点状态)的事件；	适用	不适用
——	既往的面向问题的偶发事件；	适用	不适用
——	既往协议(例如，医疗护理计划、关键路径)：里程碑、变化；	未定	不适用
——	既往的就诊；		

表 A.2（续）

章条和列项	关键特性	医院信息系统(HIS)的部门系统	部门系统的设备
——	既往医疗护理的器材、场所；		
——	既往药物治疗；	适用	不适用
——	既往的诊断、结果；	适用	不适用
——	既往的治疗干预措施、结果；		
——	以前指定的医疗保健专业人员、医疗护理提供者。	适用	不适用
7.22	个人医疗保健专业人员服务		
7.22.1	个人医疗保健专业人员门户		
a)	担负的责任、未完成的工作列表：个人和/或附属的医疗保健组；	未定	不适用
b)	活动项(例如，需要签字的项目)；	未定	不适用
c)	通知、提示、报警、提醒信号；	适用	不适用
d)	电子邮件功能；	不适用	不适用
e)	自上次访问以来重大的、未复审的事件(例如，新的紧急结果)；	未定	不适用
f)	基于个体化的准则。	未定	不适用
7.22.2	个体化功能		不适用
——	健康记录及其子集的视图；	适用	不适用
——	命令、命令集；	适用	不适用
——	协议；	适用	不适用
——	决策支持、决策代理。	适用	不适用
7.23	数据完整性		
a)	在数据粒度不同层次上的统一的数据定义：	适用	适用
1)	公用数据注册(例如，USHIK 美国医疗卫生信息知识库)；	(未定)	适用
2)	健康记录及其子集；	适用	未定
3)	数据组(即数据集)；	适用	适用
4)	属性(即数据元素)。	适用	适用
b)	准确度、语境、一致性、可比性、持续性、完整性及相关性的措施和指标；	未定	不适用
c)	系统的、统一的数据采集；	适用	不适用
d)	连贯的、结构化的内容；	适用	未定
e)	连贯的词汇表、编码和分类。	适用	适用
7.24	协议：医疗护理计划、关键路径		
7.24.1	协议基础	未定	
7.24.2	协议管理	未定	
a)	协议状况的即时、交互式审查：由个体医疗护理主体(患者、医疗计划成员)；	未定	不适用
b)	协议变动的实时监视；	未定	不适用

表 A.2（续）

章条和列项	关键特性	医院信息系统(HIS)的部门系统	部门系统的设备
c)	协议撤销、变动许可。	未定	不适用
7.25	问题列表		
a)	当前的问题列表的即时、交互式审查：由个体医疗护理主体(患者、健康计划成员)；	适用	不适用
b)	当前问题的定义、状况、里程碑；	适用	不适用
c)	按照相应协议的当前问题：医疗护理计划、关键路径；	未定	不适用
d)	按照指定责任的当前问题；	未定	不适用
e)	既往问题的回顾：问题、里程碑、最终决定/状态。	适用	不适用
7.26	决策支持		
a)	实时、并发的决策支持；		
1)	在服务/医疗护理点；	未定	不适用
2)	在临床服务事件的完成点：例如，结果、干预措施、观察。	未定	不适用
b)	回顾性决策支持：例如，数据仓库技术；	未定	不适用
c)	基于：		
1)	业务和临床实践规则；	适用	不适用
2)	实践指导原则、医疗护理标准；	适用	不适用
3)	协议；	适用	不适用
4)	执行措施；	未定	不适用
5)	质量指标；		
6)	结果指标；	适用	不适用
7)	成本参数。	未定	不适用
d)	对下列事项的检查：		
1)	重复/冗余的临床服务；	未定	不适用
2)	冲突和干扰。	未定	不适用
e)	因前提条件采取的行为：	未定	
1)	启动通知、提示、报警、提醒信号；	适用	不适用
2)	启动命令、命令集；	未定	不适用
3)	启动、修改协议；	未定	不适用
4)	启动、取消、暂缓临床服务事件。	未定	不适用
f)	将基于决策支持的行为与健康记录链接。	未定	不适用
7.27	监视、测量和分析		
7.27.1	测量和指标		
	临床方面的定义、规则、措施和指标，包括：		
——	持续性、完整性：关于医疗保健或操作记录，关于工作流和医疗保健交付过程；	未定	不适用

表 A.2（续）

章条和列项	关键特性	医院信息系统(HIS)的部门系统	部门系统的设备
——	顺应性：例如，与实践/服务的标准；	未定	不适用
——	执行、效力；	未定	不适用
——	质量、质量改进；	未定	不适用
——	结果；	未定	不适用
——	协议、变更。	未定	不适用
	操作方面的定义、规则、测量和指标，包括：		
——	分配、部署；	未定	不适用
——	指定的责任；	未定	不适用
——	资源利用：器材、场所、人员、设备、辅助材料、时间；	未定	不适用
——	成本；		不适用
——	生产率、工作量。	未定	未定
7.27.2	流行病学监测	未定	不适用
7.28	通信基础设施		
a)	实时的即时信息传输：例如，从起源点（服务/医疗护理点）到使用点；	适用	适用
b)	通知、提示、报警、提醒信号；	适用	未定
c)	电子邮件功能；	未定	不适用
d)	电话交换功能；	未定	不适用
e)	文件交换功能；	适用	不适用
f)	接收的肯定应答：由个体医疗保健专业人员、医疗护理提供者。	未定	不适用
7.29	多人连接		不适用
——	近亲、家属成员；	未定	不适用
——	母亲/子女；	未定	不适用
——	多胎产，包括顺序；	未定	不适用
——	供体/受体；		
——	支付担保人、被保人；	不适用	不适用
——	参保的、捐款人、健康计划成员；	不适用	不适用
——	紧急联系人。	适用	不适用
7.30	医疗保健专业人员——医疗护理主体连接	未定	不适用
7.31	本地化、本地权限		
a)	安全性、访问控制：	适用	
1)	安全策略、策略域；	适用	未定
2)	分类：针对功能、信息；	适用	未定
3)	许可：针对使用者、功用。	适用	未定

表 A.2(续)

章条和列项	关键特性	医院信息系统(HIS)的部门系统	部门系统的设备
b)	标识符;	适用	未定
c)	责任医疗保健方、代理;	适用	未定
d)	责任医疗保健角色;	适用	未定
e)	责任医疗保健组;	适用	未定
f)	数据定义:健康记录及其子集、数据组和属性;	适用	未定
g)	语境集、模板;	适用	未定
h)	业务和临床实践的规则;	适用	不适用
i)	医疗准则、医疗护理的标准;	适用	不适用
j)	命令、命令集;	适用	不适用
k)	服务、服务事件;	适用	未定
l)	工作流;	未定	不适用
m)	协议:医疗护理计划、关键路径;	未定	不适用
n)	决策支持规则、条件、动作;	未定	不适用
o)	设备、场所;	适用	未定
p)	费用、成本;	未定	不适用
q)	监视、标准和分折:规则、措施和指标等。	未定	未定
7.32	用户环境		
——	生产;	未定	未定
——	试验、开发;	未定	未定
——	教育、培训。	未定	未定
7.33	版本管理		
——	应用、组件或设备软件;	适用	
——	词汇表:代码集、分类法;	适用	适用
——	主定义文件;	适用	未定
——	API 标准;	适用	未定
——	消息、EDI 标准:例如,ASTM、CEN、DICOM、EDI/EDIFACT、HL7、MIB;	适用	未定
——	网络和通信标准。	未定	适用
7.34	应用间的相互操作性		
7.34.2	应用角色	未定	适用
7.34.3	应用的相互作用		适用
a)	触发事件;	适用	适用
b)	主动提供的更新;	适用	适用
c)	请求/响应;	适用	适用
d)	接收确认。	适用	适用

表 A.2(续)

章条和列项	关键特性	医院信息系统(HIS)的部门系统	部门系统的设备
7.34.4	应用间的关系	未定	
a)	点对点交互作用模型:配对的发送器/接收器;	适用	适用
b)	相互依赖性。	未定	未定
7.34.5	应用间的服务		
a)	API:紧耦合,传递的参数,授权控制;	适用	
b)	信息:松耦合(例如,ASTM,DICOM,EDI/EDIFACT,HL7,MIB);	适用	适用
c)	中介信息的交换(例如,通过接口引擎、集线器):	适用	适用
1)	沿途排队、存储和转发;	未定	不适用
2)	沿途转换、变形:数据组的、属性的;	适用	不适用
3)	阶段Ⅰ确认信息:中介器至发送器;	未定	未定
4)	阶段Ⅱ确认信息:接收器至中介器;	未定	未定
5)	端对端确认信息:接收器至发送器;	适用	适用
6)	阶段Ⅰ线程的信息顺序:发送器至中介器;	未定	未定
7)	阶段Ⅱ线程的信息顺序:中介器至接收器;	未定	未定
8)	端对端线程的信息顺序:发送器至接收器。	未定	未定
d)	安全性、访问控制;	适用	未定
e)	审计;	适用	未定
f)	时钟同步;	适用	适用
g)	数据同步;	适用	未定
h)	事务处理,多步提交(至同步数据存储);	适用	不适用
i)	数据定义;	适用	适用
j)	主文件;	适用	未定
k)	主注册表。	适用	未定
7.35	改变规模(可伸缩性)	适用	不适用
7.36	验证	适用	适用

附　录　B
（资料性附录）
开放分布式处理的参考模型(RM-ODP)观点

B.1　概述

引自国家标准 GB/T 18714.1—2002《信息技术　开放分布式处理　参考模型　第 1 部分:概述》(ISO/IEC 10746-1:1998,IDT)。

6　ODP 标准化

6.2　实现

6.2.2　观点规范

(对于系统的)某一个观点是这样的一个抽象,它是针对某一关心面(集合)所产生的整个系统的一个规范。选择了五个观点,它们既简单也完整,且覆盖了体系结构设计方面所有的域。这五个观点是:

- 企业观点:关注的是支配一个机构内某具体系统的活动的目标、业务范围和经营策略,该系统则是此机构的一个部分。
- 信息观点:关注的是系统处理的信息的种类和这些信息在使用和解释方面存在的约束。
- 计算观点:关注的是将系统的功能分解为对象的集合(它们通过界面交互)——这就使得系统成为分布的。
- 工程观点:关注的是支持系统分布所需的基础设施。
- 技术观点:关注的是支持系统分布的技术的选择。

对于每一个观点,有一个相关联的观点语言,它被用于从此观点来表达系统的规范。对象建模概念为这些观点语言提供了公共的基础,并且能够识别不同观点规范之间的关系和表明不同观点的系统表示间存在着对应性。

附 录 C
（资料性附录）
开放分布式处理的参考模型（RM-ODP）的企业观点

C.1 概述

引自ISO/IEC FCD 15414《信息技术 开放分布式处理 参考模型 企业观点》。

5 概述和动机

在诸多用来理解、准许和规定组织范围内的系统的建模方法和途径中，它们是其中一部分。这些途径的多数被分为不同类别，通常被称为分析或者要求细则。它们能够有效地洞察考虑中的组织和支持它的系统要求，但很多都缺乏正式说明所要求的严谨性、一致性和完整性。本建议/国际标准的一个主要目的是提供一个方法，这个方法把常用的概念和潜在的RM-ODP模型框架的方法的原则联系在一起。

企业的语言代码提供了词汇表和构想，以便在该系统的利益相关者有意义的方面详细说明开放分布式处理系统的用途、范围和策略。企业的技术要求描述与其互相作用的环境内的系统性状。这样的环境可以是一个技术环境（例如，服务组件的软件、硬件环境），也可以是一个社会组织或业务组织（例如，一组合作的公司，公司内的一个特殊的服务机构）。

企业语言代码定义了代表ODP系统预期的性状的必要的概念。它定义了使用这些概念产生企业技术要求的结构化规章。

开放ODP的企业技术要求是一个该系统和一个较大的环境的抽象概念，开放分布式处理系统形成了其中的一部分，它用该环境（技术的、组织的）目的、范围和策略的语境描述了与确定期待该系统做什么相关的那些方面。它明确地包含了影响ODP系统行为的环境的这些方面——发现环境限制及其使用和管理规则。

企业技术要求的一个重要的目标是支持ODP系统的潜在客户和该系统的提供者之间的一个协议（例如，作为合同的供应系统的一部分）。双方均应能书写、阅读和讨论这样一个规范，客户应当确定他们将得到的该系统预期的性能，且提供者明确所提供的系统应当实现性能。因此，对于同一个系统，企业技术要求可能需要考虑两种类型阐述。一种阐述可能需要提供用户理解的技术要求的观点。第二种阐述可能需要更直接地涉及其实现。这两种类型的阐述都表明了他们对该系统的关心。

标准的企业语言代码的动机是支持技术要求的标准化技术。这将改善信息交流并且从而有助于理解。

附 录 D
(资料性附录)
远程计算——开放分布式处理(RC-ODP)体系架构——企业语言

D.1 概述

引自国家标准 GB/T 18714.1—2002《信息技术 开放分布式处理 参考模型 第1部分:概述》(ISO/IEC 10746-1:1998,IDT)。

8 体系结构

8.2 企业语言[1)]

企业语言在企业运行的环境中引入表示ODP系统所必需的基本概念。企业规范的目的在于表达所感兴趣的系统的目的和策略约束。为了达到这一目的,系统由企业对象**社团**(它就代表着企业)内的一个或多个企业对象和这些对象所涉及到的角色来表示。例如,这些角色表示系统所处理信息的用户、属主和提供者。创建一个单独的观点来运送这方面的信息,将系统目标集的规范从实现系统的方法中分离了开来。

企业语言中的一个关键思想是合约,它联接了社团中各种角色的执行者,并表达了它们的相互责任。合约可以表达共同的目标和社团中各角色有所区别的责任。例如,一个公司和它的顾客,或一个政府机构和它的客户,他们就是以某种方式在一个企业中相关联。

在适合的地方,企业规范也表达着资源的所有权与商品和服务的支付责任,以识别诸如支持系统的基础设施内的记账机制和安全机制上的约束。

企业规范定义了支配所指定社团行为的策略。这些策略决定了组成那些社团的企业对象的动作,关心责任的安排和执行(如请求递交;进行递交),以及动作的允许和禁止(例如,访问系统设施的授权和拒绝)。

1) 本条只引用部分。

参 考 文 献

[1] ISO/IEC TR 10000-1, Information technology—Framework and taxonomy of International Standardized Profiles—Part 1: General principles and documentation framework

[2] ISO/IEC Directives, Part 3, Rules for the structure and drafting of International Standards, 1997

[3] ISO 10241, International terminology standards—Preparation and layout

[4] ISO 31(all parts), Quantities and units

[5] IEC 27(all parts), Letter symbols to be used in electrical technology

[6] ISO 1000, SI units and recommendations for the use of their multiples and of certain other units

[7] ISO 690, Documentation—Bibliographic references—Content, form and structure Information Technology Security Evaluation Criteria. Published by the European Commission Version 1.3, 1992

[8] ISO/IEC 15414, Reference Model—Open Distributed Processing—Enterprise Viewpoint ISO/NIST, Common Criteria v2.0, ISO, US National Institute for Standards and Technology, 1999

[9] AHA, Toward a National Health Information Infrastructure: Report of the Work Group on Computerization of Patient Records(to the Secretary of the US Department of Health and Human Services, American Hospital Association, 1993

[10] ASTM E1384, Standard Guide for Description for Content and Structure of the Computer-Based Patient Record, ASTM Subcommittee E31.19, 1996

[11] ASTM E1762, Guide for Electronic Authentication of Health Care Information, ASTM Subcommittee E31.20, 1995

[12] ASTM E1769, Guide for Properties of Electronic Health Records and Record Systems, ASTM Subcommittee E31.12, 1995

[13] CEN ENV 1613:1995, Medical Informatics—Messages for Exchange of Laboratory Information

[14] CEN ENV 12265:1996, Medical Informatics—Electronic Health Record Architecture15

[15] CEN ENV 12443:1996, Medical Informatics—Healthcare information framework

[16] CEN ENV 13606:1999, Health Informatics—Electronic Healthcare Record Communication—Parts 1-4

[17] CEN N98-106r1:1998, DRAFT—Safety and Security Related Software Quality Standards for Healthcare

[18] CIHI, Roadmap Initiative, Canadian Institute for Health Information, Statistics Canada, 1998

[19] CPRI, Guidelines for Managing Information Security Programs at Organizations Using Computer-Based Patient Record Systems, Computer-based Patient Record Institute, 1996

[20] CPRI, Description of the Computer-based Patient Record and Computer-based Patient Record Systems, Computer-based Patient Record Institute, 1995

[21] CPRI, Guidelines for Establishing Information Security Policies at Organizations Using

Computer-based Patient Records,Computer-based Patient Record Institute,1995

[22] CPRI,Guidelines for Information Security Education Programs at Organizations Using Computer-based Patient Records,Computer-based Patient Record Institute,1995

[23] DHHS,Internet Security Policy,U. S. Department of Health and Human Services,Health Care Financing Administration,1998

[24] DOD,Trusted System Criteria (The Orange Book), U. S. Department of Defense, 1985/1992

[25] DOD,Glossary of Computer Security Terms,U. S. Department of Defense,1988

[26] DOD,Military Health System—Minimum Essential Security Requirements,U. S. Department of Defense,1998

[27] DOD/VA/IHS,Government Computer-based Patient Record(GCPR)—Statement of Objectives,U. S. Departments of Defense and Veterans Affairs,Indian Health Service,1998

[28] HL7,Health Level 7 Secure Transactions Special Interest Group,Health Level Seven,1998

[29] HIPAA,Security and Electronic Signature Standards; Proposed Rule,US Department of Health and Human Services,Health Care Financing Administration,1998

[30] HIPAA,Standards for Privacy of Individually Identifiable Health Information; Proposed Rule,US Department of Health and Human Services,Health Care Financing Administration,1999

[31] IOM,The Computer-based Patient Record—An Essential Technology for Health Care,US Institute of Medicine,1991/1997

[32] IOM,Health Data in the Information Age—Use,Disclosure and Privacy,US Institute of Medicine,1994

[33] JCAHO,Accreditation Standards for Healthcare Organizations,Joint Commission for the Accreditation of Healthcare Organizations,1999

[34] MEDSEC,Draft Standard—High Level Security Policies for Health Care Establishments, European Commission,Directorate General III,Health Care Security and Privacy in the Information Society,1998

[35] NEHRT,A Health Information Network for Australia,Australian National Electronic Health Records Taskforce,2000

[36] NCQA,Health Plan Employer Data and Information Set v3.0(HEDIS),National Committee for Quality Assurance,1998-2000

[37] NCVHS,Core Health Data Elements,U. S. Department of Health and Human Services, National Council on Vital and Health Statistics,1996

[38] NHS,Information for Health—An Information Strategy for the Modern NHS,U. K. National Health Service,1998

[39] NRC,Computers at Risk—Safe Computing in the Information Age,US National Research Council,1991

[40] OMG,Object Management Group Publications 1997,Chapter 15,Object Management Group,1997

[41] OTA,US Office of Technology Assessment,1993

[42] U. S. Public Law 93-579: Federal Privacy Act of 1974

[43] U. S. Public Law 104-191: Health Insurance Portability and Accountability Act of 1996 (HIPAA)

[44] WEDI, Strategic National Implementation Plan(SNIP), Work Group for Electronic Data Interchange, 2000

ICS 35.240.20
A 14

GB

中华人民共和国国家标准

GB/T 28624—2012

组织机构代码数字档案管理与技术规范

Management and technical specification for digital archives of organization code registration

2012-07-31 发布 2012-11-01 实施

中华人民共和国国家质量监督检验检疫总局
中国国家标准化管理委员会 发布

前　　言

本标准按照 GB/T 1.1—2009 给出的规则起草。

请注意本文件的某些内容可能涉及专利。本文件的发布机构不承担识别这些专利的责任。

本标准由全国组织机构代码管理中心提出。

本标准由全国组织机构代码管理中心归口。

本标准由全国组织机构代码管理中心起草。

本标准主要起草人:张冬青、袁亚光、刘佳、吴乐情、田瑞兴、刘凯锋、孙斌斌。

组织机构代码数字档案管理与技术规范

1 范围

本标准规定了组织机构代码数字档案的形成、上报、接收、隔离、审核、修改、存储、备份、迁移与转换、保管、利用和统计等管理及技术的具体要求。

本标准适用于各级组织机构代码管理机构对组织机构代码数字档案的管理以及政府部门、社会各行业对组织机构代码数字档案信息的查询应用。

2 规范性引用文件

下列文件对于本文件的应用是必不可少的，凡是注日期的引用文件，仅注日期的版本适用于本文件。凡是不注日期的引用文件，其最新版本(包括所有的修改单)适用于本文件。

GB/T 15418—2009 档案分类标引规则

GB/T 18894—2002 电子文件归档与管理规范

DA/T 1—2000 档案工作基本术语

DA/T 18—1999 档案著录规则

DA/T 19—1999 档案主题标引规则

DA/T 31—2005 纸质档案数字化技术规范

DA/T 48—2009 基于XML的电子文件封装规范

3 术语与定义

GB/T 18894—2002、DA/T 1—2000、DA/T 31—2005、DA/T 48—2009界定的以及下列术语和定义适用于本文件。为了便于使用，以下重复列出了GB/T 18894—2002、DA/T 1—2000、DA/T 31—2005、DA/T 48—2009中的某些术语与定义。

3.1

档案 archives

国家机构、社会组织或个人在社会活动中直接形成的有价值的各种形式的历史记录。

[DA/T 1—2000，定义2.1]

3.2

组织机构代码 organization code

根据GB 11714—1997的编码规则，赋予每一个依法成立的组织机构在全国范围内惟一的、始终不变的识别标识码。

3.3

组织机构代码档案 archives of organization code registration

各级组织机构代码管理机构在办理组织机构代码登记中直接形成的有保存价值的各种文字、图表等不同形式的历史记录。

3.4

组织机构代码纸质档案 paper-based archives of organization code registration

各级组织机构代码管理机构在办理组织机构代码登记中形成的有保存价值的、以纸质形式存在的历史记录。

3.5

数字化 digitization

用计算机技术将模拟信号转换为数字信号的处理过程。

[DA/T 31—2005,定义 3.1]

3.6

组织机构代码纸质档案数字化 digitization of paper-based archives of organization code registration

采用扫描仪或数码相机等数码设备对组织机构代码纸质档案进行数字化加工,将其转化为存储在磁带、磁盘、光盘等载体上并能被计算机识别的数字图像或数字文本的处理过程。

3.7

组织机构代码数字档案 digital archives of organization code registration

各级组织机构代码管理机构在组织机构代码登记中形成、接收、查验的并用数字化设备转化,以数码形式记录于磁带、磁盘、光盘等载体,依赖计算机系统阅读、处理并可在通信网络上传输的档案。

3.8

著录 description

对档案内容和形式特征等进行分析、选择和记录的过程。

[DA/T 1—2000,定义 6.5]

3.9

封装 encapsulation

将电子文件及其元数据按指定结构打包的过程。

[DA/T 48—2009,定义 3.1]

3.10

迁移 migration

指将源系统中的电子文件向目的系统进行转移存储的方法与过程。

[GB/T 18894—2002,定义 3.11]

3.11

转换 conversion

将数字档案从一种格式或版本转变成另一种格式或版本的方法与过程。

3.12

保管 custody

维护档案完整与安全的活动。

[DA/T 1—2000,定义 8.1]

3.13

载体 medium

可将信息记录于其上或其中的物质材料。

[DA/T 1—2000,定义 8.8]

3.14

档案装具 archives container

用于存放档案的器具,包括档案柜、档案架、档案盒等。

[DA/T 1—2000,定义 8.6]

3.15

耐久性 durability

档案记录材料在保存和使用情况下保持其原有物理强度和化学稳定性的程度。

[DA/T 1—2000,定义 8.9]

3.16

利用 access and use

利用者以阅览、复制、摘录等方式使用档案的活动。

[DA/T 1—2000,定义 7.1]

3.17

统计 statistics

对反映和说明档案及档案工作现象的数量特征进行搜集、整理和分析的活动。

[DA/T 1—2000,定义 9.1]

4 数字化

4.1 数字化方式

各级组织机构代码管理机构可采用扫描仪、数码相机等方式对纸质档案进行数字化处理。

4.2 数字化范围

4.2.1 在申请登记中应对下列文件进行数字化:

——申领组织机构代码证基本信息登记表(以下简称"代码申请表");

——组织机构的批准成立文件,包括企业法人营业执照或营业执照、事业单位法人登记证书、机关单位的批准设立文件、社会团体法人登记证书及其他组织机构批准设立或核准登记的文件;

——法定代表人(负责人)身份证件及经办人身份证件;

——代码申请表校对表(可选项)。

分支机构办理组织机构代码申请登记时,还应对其隶属机构的组织机构代码证书进行数字化。外资企业办理组织机构代码申请登记时,还应对外商投资企业批准证书进行数字化。

4.2.2 在年度验证登记中应对下列文件进行数字化:

——代码申请表或代码申请表校对表;

——组织机构的批准成立文件,包括企业法人营业执照或营业执照、事业单位法人登记证书、机关单位的批准设立文件、社会团体法人登记证书及其他组织机构批准设立或核准登记的文件(机关单位批准设立文件与前一份档案中的批准设立文件相同时除外);

——法定代表人(负责人)身份证件(与前一份档案中的法定代表人、负责人身份证件相同时除外);

——经办人身份证件(与前一份档案中的经办人身份证件相同时除外)。

机构年度验证信息与机构基本信息(如机构名称)不在同一页面时,还应对机构年度验证信息所在的页面进行数字化。

4.2.3 在变更登记中应对下列文件进行数字化:

a) 在迁出组织机构代码业务中应对下列文件进行数字化:

——组织机构代码管理机构出具的迁址证明(要求填写代码申请表的代码管理机构还须对代码申请表进行数字化);

——变更后的组织机构批准成立文件,包括企业法人营业执照或营业执照、事业单位法人登记证书、机关单位的批准设立文件、社会团体法人登记证书及其他组织机构批准设立或核准登记的文件;

——经办人身份证件(与前一份档案中的经办人身份证件相同时除外)。

b) 在迁入组织机构代码业务中应对下列文件进行数字化:

——代码申请表;

——变更后的组织机构批准成立文件，包括企业法人营业执照或营业执照、事业单位法人登记证书、机关单位的批准设立文件、社会团体法人登记证书及其他组织机构批准设立或核准登记的文件；
——法定代表人（负责人）身份证件及经办人身份证件；
——组织机构代码管理机构出具的迁址证明。

c） 迁址之外的其他变更登记应对下列文件进行数字化：
——代码申请表；
——变更后的组织机构批准成立文件，包括企业法人营业执照或营业执照、事业单位法人登记证书、机关单位的批准设立文件、社会团体法人登记证书及其他组织机构批准设立或核准登记的文件；
——有关部门核准变更的文件或证明（可选项）；
——法定代表人（负责人）身份证件（与前一份档案中的法定代表人身份证件相同时除外）；
——经办人身份证件（与前一份档案中的经办人身份证件相同时除外）；
——代码申请表校对表（可选项）。

组织机构的名称发生变更时，有变更文件的，应对变更文件进行数字化；组织机构的法定代表人（负责人）发生变更时，有变更文件的，应对变更文件进行数字化。

4.2.4 在换证登记中应对下列文件进行数字化：
——代码申请表；
——组织机构的批准成立文件，包括企业法人营业执照或营业执照、事业单位法人登记证书、机关单位的批准设立文件、社会团体法人登记证书及其他组织机构批准设立或核准登记的文件；
——法定代表人（负责人）身份证件及经办人身份证件；
——原组织机构代码证书（可选项）；
——代码申请表校对表（可选项）。

4.2.5 在补证登记中应对下列文件进行数字化：
——代码申请表；
——组织机构的批准成立文件，包括企业法人营业执照或营业执照、事业单位法人登记证书、机关单位的批准设立文件、社会团体法人登记证书及其他组织机构批准设立或核准登记的文件（与前一份档案中的组织机构批准成立文件相同时除外）；
——法定代表人（负责人）身份证件（与前一份档案中的法定代表人、负责人身份证件相同时除外）；
——经办人身份证件（与前一份档案中的经办人身份证件相同时除外）；
——单位证明；
——组织机构代码证书遗失作废公告（因代码证损毁而补领的除外）；
——代码申请表校对表（可选项）。

4.2.6 在注销登记中应对下列文件进行数字化：
——组织机构代码注销申报表；
——有关部门核准的注销文件或证明；
——经办人身份证件。

4.2.7 以上登记业务中的一些特殊情况：
——机构批准成立文件名称与机构基本信息不在同一页面时，还应对机构批准成立文件名称所在的页面进行数字化；
——法定代表人（负责人）、经办人身份证件是中华人民共和国第二代居民身份证时，正反面都应数字化；法定代表人（负责人）、经办人身份证件是中华人民共和国第一代居民身份证时，只对身份证正面进行数字化；

——多种登记同时发生时，应对各种登记中要求提交的所有文件进行数字化；
——以上未列明的登记业务应按照相关政策要求对采集的所有档案文件进行数字化。

4.3 数字化时间

各级组织机构代码管理机构应在办理登记业务的同时对组织机构代码纸质档案进行数字化。

4.4 数字化前的整理要求

数字化前，应根据数字化对象的状况，按下列步骤对数字化对象进行适当整理，确保数字化质量：

——组织机构代码纸质档案载体一般为A4幅面纸张。
——按照4.2所列范围将数字化对象收集齐全，并依4.2的顺序排列，应避免将不同组织机构的文件混淆在一起。
——已装订的组织机构代码纸质档案，应拆除装订物。拆除装订物时应注意保护组织机构代码纸质档案不受损害，同时保证组织机构代码纸质档案平整，没有折痕。

4.5 数字化要求

4.5.1 图像文件格式

组织机构代码数字档案(以下简称为数字档案)图像应采用多页TIFF文件格式保存(TIFF全称Tagged Image File Format，标签图像文件格式)。

4.5.2 图像色彩模式

4.5.2.1 数字档案图像可采用黑白二值、灰度、彩色三种模式保存。黑白二值图像的色彩深度应为1；灰度图像的色彩深度应为8；彩色模式的色彩深度应为24。

4.5.2.2 对档案原件数字化应采用彩色图像模式保存。

4.5.2.3 对清晰的档案复印件数字化可采用黑白二值图像、灰度图像或彩色图像模式保存；对清晰度差的档案复印件数字化形成的数字档案应采用灰度图像或彩色图像模式保存。

4.5.3 图像分辨率

4.5.3.1 数字档案图像的分辨率原则上以图像清晰、完整、不影响图像的利用效果为准。

4.5.3.2 黑白二值图像的水平和垂直分辨率均不应低于200 DPI；灰度和彩色图像的水平和垂直分辨率不应低于150 DPI。

4.5.3.3 特殊情况下，如文字偏小、密集、清晰度较差等，应适当提高分辨率。

4.5.4 图像压缩

4.5.4.1 数字档案图像应进行压缩处理，压缩可采用有损压缩或无损压缩的方式，压缩方式的选择原则上保证在图像内容清晰的基础上减小容量。

4.5.4.2 压缩技术应符合国际通用的静态图像压缩标准。黑白二值图像可采用JBIG(Joint Bi-level Image Experts Group，联合二值图像专家组)系列或CCITT Group(Comite Consultatif Telephonique Telegraphique Group，国际电报和电话咨询委员会)系列压缩标准；灰度图像和彩色图像可采用JPEG(Joint Photographic Experts Group，联合图像专家小组)系列压缩标准。

4.5.4.3 黑白二值图像经压缩后单页不应大于100 KB；灰度图像经压缩后单页不应大于150 KB；彩色图像经压缩后单页不应大于250 KB。

4.5.5 图像规范要求

数字档案图像应符合如下要求：

——清晰：图像正文在原始尺寸或比原始尺寸小的情况下要清晰，能被识认，不能过黑、过浅。

——页面图像完整：数字档案图像不仅应包含有效区域部分，还应包含页眉、页脚等部分。

——页面信息准确、完整：代码申请表、组织机构批准成立文件、身份证件及其他文件上的信息内容必须完全一致，且填写完整，特别是组织机构代码相关管理制度规定的必填项及档案著录中的登记类型、登记日期等。

——齐全：每份数字档案都应包含4.2中要求数字化的文件。

——逐页对应：不应将两页或两页以上数字档案存放在同一图像中，也不应将一页数字档案拆分到两个图像中。但对第二代居民身份证进行数字化时应将其正反面以同一方向合并于同一图像中。

——端正：图像在视窗里保持端正，不能倾斜，不能扭曲。

——黑边、灰边、白边宽度：图像四周不能有宽于0.5 cm的黑边、灰边或白边。

——居中：页面内容居中显示。

5 整理

5.1 分类

5.1.1 根据登记业务状态对数字档案分类

5.1.1.1 按照业务登记的状态，可将数字档案类型分为申请、年度验证、迁出、迁入、变更、补证、换证、注销等，详细内容参见附录A。

5.1.1.2 多种业务同时发生时，数字档案类型按以下优先顺序选择：迁入、换证、变更(组织机构批准成立文件上登记信息的变更)、迁出、年度验证、补证、变更(组织机构批准成立文件登记信息之外的变更)。

5.1.2 根据文件性质对数字档案分类

5.1.2.1 根据纸质档案的文件性质，每份数字档案中的页面可分为申领表、批准文件、身份证件、其他文件四类。详细内容参见附录B。

5.1.2.2 每份数字档案内的页面应按照申领表、批准文件、身份证件、其他文件的先后次序进行排序。

5.2 著录

整理人员应参照GB/T 15418—2009、DA/T 18—1999、DA/T 19—1999相关要求对每份数字档案进行著录。

5.3 建立机读目录数据库

整理人员应将著录信息录入计算机形成机读目录信息，建立机读目录数据库。机读目录信息明细参见附录C。

6 上报

6.1 上报范围

各级组织机构代码管理机构应将采集完整的数字档案图像与机读目录信息上报给相应的接收单位。

6.2 上报时间

6.2.1 各级组织机构代码管理机构应实时上报数字档案。

6.2.2 新生成的数字档案应在登记业务发生后的五个工作日内上报到国家级组织机构代码管理机构。

6.2.3 经国家级组织机构代码管理机构审核不合格并予以返回的数字档案，应在不合格数字档案返回后五个工作日内修改为合格数字档案，上报到国家级组织机构代码管理机构。

6.3 上报方式

6.3.1 地市和县级组织机构代码管理机构应将日常登记中形成的数字档案通过内网专线或互联网上报到省级组织机构代码管理机构；省级组织机构代码管理机构负责接收地市和县级组织机构代码管理机构上报的数字档案，并通过内网专线统一上报到国家级组织机构代码管理机构。

6.3.2 各级组织机构代码管理机构应采取措施确保数字档案上报的安全性。在上报数字档案时，应将数字档案图像与机读目录信息封装、加密。封装过程应符合 XML 技术标准；加密算法的选择应遵循以下原则：

——安全性原则：加密后的数字档案在不知道密钥和加密算法的情况下不可解密。

——高效性原则：加密和解密过程应不影响数字档案的上报与接收速度。

——先进性原则：加密技术应在当今国际上保持先进性。

7 接收

7.1 数字档案接收单位应派专人负责接收工作，并采取相关措施确保数字档案在接收过程中的安全。

7.2 接收完成后，接收负责人应立即与上报单位核对上报数量，查漏补缺。数字档案在接收服务器上停留时间不应超过 24 h。

8 隔离

数字档案接收单位应将接收到的数字档案单独存放于隔离存储区，利用病毒库最新的杀毒软件进行查杀，保证所接收的数字档案无病毒和木马。

9 审核

9.1 审核范围

9.1.1 各级组织机构代码管理机构均应派专人负责数字档案审核工作。

9.1.2 国家级组织机构代码管理机构应审核省级组织机构代码管理机构上报的数字档案；省级组织机构代码管理机构应审核管辖范围内的市、县级组织机构代码管理机构上报的数字档案；市、县级组织机构代码管理机构应审核在本机构形成的数字档案。

9.2 审核内容

数字档案应审核的内容应包括：

——数字档案是否齐全；

——数字档案内容是否合法有效；

——图像质量是否合格；

——机读目录信息是否完整、准确；

——信息是否与相应的数字档案图像相符；

——排序是否正确。

9.3 审核方式

9.3.1 数字档案的审核工作可采取全部审核或抽样审核的方式，审核完成应实时记录审核对象的质量合格率。

9.3.2 本标准推荐采取全部审核的方式。

9.3.3 采取抽样审核方式的，抽样算法应遵循随机原则。抽样比例应根据审核对象的质量合格率确定并有所区分。质量合格率较高的审核对象对应的抽样比例可以较低，但最低不能低于5%；质量合格率较低的审核对象对应的抽样比例应较高，针对问题尤其严重的审核对象应进行全部审核。抽样比例应以周或月为周期，定期按照上一周期各审核对象的质量合格率进行相应调整。

9.4 数字档案问题类型

根据数字档案审核的内容，常见的数字档案问题主要分为档案文件问题、图像问题、机读目录信息问题三大类，常见的问题类型参见附录D。

10 修改

10.1 修改原则

各级组织机构代码管理机构应在审核过程中对可修改的问题数字档案（如机读目录信息问题、可处理的图像问题等）及时进行修改；对于不可修改的问题数字档案（如档案文件问题、无法处理的图像问题等），应将其返回该数字档案形成单位，重新数字化。

10.2 修改方法

10.2.1 对于机读目录信息错误的问题，应根据数字档案图像修改其机读目录信息。例如，根据申领表上的相关日期修改登记日期错误的档案，根据申领表上的申办状态修改档案分类错误的档案，根据申领表上的机构类型和批准文件内容修改机构批准文件标识错误的档案。

10.2.2 对于黑边、灰边、白边、倾斜、没有居中等可处理的图像问题，应利用数字档案采集软件和处理软件中的图像处理功能进行修改。

10.2.3 对于批准文件不合格等批准文件问题和图像不清晰、图像残缺、缺页、黑边或灰边过大影响图像完整性等无法处理的图像问题，应重新数字化为合格的数字档案并替换原问题数字档案；除此之外的其他问题数字档案，不应以重新数字化的方式修改。

11 存储

11.1 存储内容

国家级组织机构代码管理机构应存储全国范围内依法成立的组织机构的数字档案相关信息，具体内容包括：

——数字档案图像文件；

——机读目录信息上报载体文件；

——存储数字档案机读目录信息的数据库；

——所使用的与数字档案相关软件的安装文件及可执行文件；

——自行组织开发的数字档案相关软件的源代码。

省级组织机构代码管理机构应存储其管理范围内数字档案相关信息，具体内容包括：

——数字档案图像文件；

——存储数字档案机读目录信息的数据库；

——与数字档案相关的软件安装文件及可执行文件；

——自行组织开发的数字档案相关软件的源代码。

11.2 存储方式

国家级组织机构代码管理机构和省级组织机构代码管理机构应采用在线存储的方式保存数字档案，可选择直接连接存储(Direct Attached Storage，简称 DAS)、网络附属存储(Network Attached Storage，简称 NAS)、存储区域网络(Storage Area Network，简称 SAN)等存储架构中的一种或几种构建自身所需的存储体系。

11.3 存储介质

11.3.1 国家级组织机构代码管理机构应采用高性能磁盘阵列作为存储介质；省级组织机构代码管理机构应采用磁盘阵列或服务器磁盘作为存储介质。

11.3.2 数字档案存储磁盘应采用 RAID 数据保护技术，RAID 安全性要求应不低于 RAID5 级。

11.4 存储网络环境

11.4.1 国家级组织机构代码管理机构和省级组织机构代码管理机构应将数字档案存储于内网中，并与互联网物理隔离。

11.4.2 内网与互联网间的数据交换通过移动存储介质拷贝。

12 备份

12.1 备份内容

国家级组织机构代码管理机构和省级组织机构代码管理机构应对数字档案相关存储内容以及相关系统软件环境进行备份，备份的内容应采取近线、离线相结合的方式存储。

12.2 备份方式

12.2.1 数据业务量多、局域网压力大的组织机构代码管理机构应采取 LAN-Free 或 Server-Free 的备份方式。

12.2.2 数据业务量少、局域网压力小的组织机构代码管理机构可采取 LAN 备份方式。

12.3 备份介质

数字档案可采用虚拟带库、物理磁带库、光盘库作为近线备份设备，采用磁盘、磁带、光盘作为离线备份介质。

12.4 备份策略

国家级组织机构代码管理机构与省级组织机构代码管理机构应采取完全备份、增量备份、差分备份结合的方式进行及时、合理的备份。备份策略的制定应遵循以下三个原则：

——成功率原则：完全备份、增量备份、差分备份任务应在设定的备份周期内成功完成。

——时效性原则：备份内容的时效性应尽量与存储内容保持一致，滞后不应超过 3 日。

——可恢复原则：备份的内容应保证可以 100%恢复，并且恢复周期应尽量缩短。

12.5 容灾

12.5.1 国家级组织机构代码管理机构和省级组织机构代码管理机构应建设数据容灾或应用容灾系统。

12.5.2 对数字档案应至少做到一级容灾备份，即离线的备份介质应在异地保存。备份介质封面上应做好标签，以便查找和管理。国家级组织机构代码管理机构备份标签内容包括省级组织机构代码管理机构名称、数据的时间跨度、数据量；省级组织机构代码管理机构备份标签内容包括地市和县级组织机构代码管理机构名称、数据的时间跨度、数据量。

12.6 恢复

12.6.1 恢复内容应与备份内容完全一致。

12.6.2 恢复过程应尽量简化，恢复到最新的备份状态所经历的完全、增量、差分备份集恢复步骤不应超过 10 个。

12.6.3 恢复平均速率应不低于备份平均速率的 1/3。

12.6.4 备份集应保证可灵活选择全部恢复或部分恢复。

13 迁移与转换

13.1 各级组织机构代码管理机构在更新数字档案软硬件系统时，应及时将在原系统中形成、保存的数字档案迁入到新系统中，并保证数字档案的完整、可读。

13.2 自行研发数字档案软件的组织机构代码管理机构，应保证本机构形成的数字档案达到第 4 章中的要求。如数字档案与第 4 章中要求不一致，相关组织机构代码管理机构应将数字档案转换成第 4 章要求的格式，并保证数字档案的完整、可读。

14 保管

14.1 各级组织机构代码管理机构应指定专人负责数字档案的保管工作，并不断加强机房管理和相关系统建设，确保数字档案的安全、完整和长期可用。

14.2 各级组织机构代码管理机构数字档案保管人员应定期检查数字档案相关设备运行情况，每周更新用于数字档案的电脑、小型机、服务器及其他相关设备中的杀毒软件，查杀病毒，并对检查结果进行备案。

14.3 存储数字档案的载体，如磁带、光盘等，应保管在空气清洁、配备温湿度调控设备的库房中，库房的温度应控制在 14 ℃～24 ℃之间，湿度应控制在 45%～60%之间，每昼夜温湿度波动范围分别为±2 ℃和±5%。存储数字档案的载体应远离磁场源，如变压器、电动机等，或将其存放在抗磁装具内。避免光线对光盘的直射。

14.4 磁带宜每半年或一年以正常速度绕带一次。

14.5 各级组织机构代码管理机构每年应对磁带或光盘进行抽检，抽检方式遵循随机性原则，抽检比率不低于 20%。发现信息丢失、失真等问题时，应及时恢复信息，不可恢复时，应重新采集。磁带和光盘应 5 年内全部更新一次。

14.6 各级组织机构代码管理机构每年应对数字档案的读取、处理设备的更新情况进行一次检查登记。设备环境更新时应确认库存载体与新设备的兼容性；如不兼容，应进行数字档案的载体转换工作，原载体保留时间不少于 3 年。

14.7 各级组织机构代码管理机构应尽量减少对磁带或光盘的利用，利用过程中，应戴上洁净的白色棉质薄手套，以防污染磁带或光盘，损害盘体。

14.8 刻录好的磁带或光盘应先装入洁净的、表面光滑且耐久性好的档案装具，并直立摆放，禁止将磁带或光盘叠放。

15 利用

15.1 在不损害国家安全，不侵犯其他组织和个人合法权益的情况下，各级组织机构代码管理机构应积极为组织机构代码各类信息系统提供信息支持，并依法向政府各部门和社会进行开放。

15.2 国家行政机关、司法机关在从事执法、司法活动中需要利用数字档案时，各级组织机构代码管理机构应予以积极配合。

15.3 数字档案的封存载体不应外借。未经组织机构代码管理机构批准，任何单位或人员不得擅自复制数字档案。

15.4 各级组织机构代码管理机构通过互联网向社会提供数字档案利用时，应将数字档案转换成符合国家有关规定的格式，并嵌入国家级组织机构代码管理机构统一制作的电子标识。

16 统计

各级组织机构代码管理机构应定期对数字档案的上报、接收、保管和利用等情况进行统计。统计的内容应包括：

——上报数量：数字档案上报单位应以日、周、月、年为周期统计上报数字档案的数量。

——接收数量：数字档案接收单位应以日、周、月、年为周期统计接收数字档案的数量。

——质量合格率：各级组织机构代码管理机构应以日、周、月、年为周期对数字档案的审核质量合格率进行统计。

——上报及时性：数字档案接收单位应以周、月、年为周期对数字档案上报的频度、自登记业务开始到接收到数字档案的所用时间等反映上报及时性情况的指标进行统计。

——档案类型：各级组织机构代码管理机构应以月、年为周期对数字档案对应的业务类型、机构类型等指标进行统计。

——问题类型：国家级组织机构代码管理机构和省级组织机构代码管理机构应以日、周、月、年为周期对数字档案审核过程中产生的问题数字档案类型进行统计。

——利用情况：各级组织机构代码管理机构应以日、周、月、年为周期对数字档案的利用范围、利用类型、访问量等指标进行统计。

附　录　A
（资料性附录）
根据业务登记状态对数字档案的分类

表 A.1 给出了标准中数字档案根据不同的登记范畴对应的业务类型。

表 A.1　根据业务登记状态对数字档案的分类

数字档案的业务类型	登记范畴
申请	赋予组织机构代码，颁发代码证书
年度验证	验证组织机构登记信息的有效性、完整性等
迁出	因组织机构的机构批准部门变化而将其代码迁出原代码管理机构
迁入	因组织机构的机构批准部门变化而将其代码迁入新代码管理机构
变更	变更登记中除迁址外的业务
补证	因代码证书遗失、损毁，补发新的证书
换证	因代码证书或组织机构批准成立文件到期而更换代码证书
注销	收回已依法终止组织机构的代码及代码证书
其他	其他未列明的情况

附 录 B
（资料性附录）
根据档案文件性质对数字档案的分类

表B.1给出了标准中每份数字档案内的图像文件根据对应的纸质档案文件性质的分类。

表B.1 根据档案文件性质对数字档案的分类

代号	数字档案的文件类型		纸质档案的文件类型
1	申领表	申领表	代码申请表；组织机构代码注销申报表；组织机构代码预赋码通知单；代码申请表校对表（档案中无代码申请表时）；组织机构代码管理机构出具的迁址证明（档案中无代码申请表的迁出业务时）
2	批准文件	企业批准文件	企业法人营业执照；营业执照；个人独资企业营业执照；合伙企业营业执照；外国（地区）企业常驻代表机构登记证；外商投资企业批准证书；工商行政管理部门核准企业开业、变更、注销的文件或证明
		事业单位批准文件	事业单位法人登记证书；县级以上（含县级）各级政府、党委批准事业单位设立的文件；县级以上（含县级）各级政府、党委或机构编制部门核准事业单位变更、注销的文件或证明
		社会团体批准文件	社会团体法人登记证书；社会团体分支（代表）机构登记证书；工会法人资格证书；中央机构编制部门核准其直接管理的21个群众团体设立、变更、注销的文件；民政部门核准社会团体变更、注销的文件或证明
		机关批准文件	国务院、国务院办公厅、中央编办核准机关单位设立、变更、注销的文件；县级以上（含县级）政府、政府办公厅、编办核准机关单位设立、变更、注销的文件；机关法定代表人或负责人任命文件
		其他组织机构批准文件	民办非企业单位登记证书；基金会法人登记证书；宗教活动场所登记证；外国律师事务所驻华代表处执业许可证；外国驻华新闻机构证；个体工商户营业执照；农民专业合作社法人营业执照；村委会、居委会的批准成立文件；其他未列明机构的批准成立文件；有关部门核准其他机构变更、注销的文件或证明
3	身份证件	法定代表人身份证件	一般公民的居民身份证；军人的军官证、士兵证、文职证、离休证、退休证（或身份证）；港澳人士的港澳通行证；台湾人士的台胞证；外籍人士的护照；公安部门出具的关于法定代表人的身份证明（证明上须有姓名、性别、住址、身份证号、照片等信息）
		经办人身份证件	一般公民的居民身份证；军人的军官证、士兵证、文职证、离休证、退休证（或身份证）；港澳人士的港澳通行证；台湾人士的台胞证；外籍人士的护照；公安部门出具的关于经办人的身份证明（证明上须有姓名、性别、住址、身份证号、照片等信息）

表 B.1（续）

代号	数字档案的文件类型		纸质档案的文件类型
4	其他文件	其他文件	单位证明；组织机构代码证书遗失作废公告；组织机构授权经办人办理登记的证明；组织机构代码证书；代码申请表校对表（档案中已有代码申请表时）；组织机构代码管理机构出具的迁址证明（迁入业务或档案中已有代码申请表的迁出业务时）

附 录 C
（资料性附录）
数字档案机读目录信息明细

表C.1给出了标准中数字档案机读目录信息及含义的明细。

表C.1 数字档案机读目录信息明细

机读目录信息名称	机读目录信息含义
机构代码	申请代码登记的组织机构的组织机构代码
机构名称	组织机构的全称，应与批准文件及申领表上名称一致
业务类型	依据不同的登记形成的每份数字档案的业务类别
登记日期	组织机构代码登记业务发生的日期。赋值规则："YYYY-MM-DD"。例：2006-01-06
录档日期	数字档案形成日期，赋值规则："YYYY-MM-DD"。例：2006-01-06
是否公开	组织机构代码登记信息及数字档案能否对外公开
惟一标识符	采用GUID(Globally unique identifier，全球惟一标识符)格式，它是由网卡上的标识数字(每个网卡都有惟一的标识号)以及CPU时钟的惟一数字生成的一个16字节的二进制值。惟一标识符命名规则为"××××××××-××××-××××-××××-××××××××××××"，其中每个×是0～9或A～F范围内的一个十六进制的数字
档案页数	档案页面数量，以数值显示
图像文件名	档案图像名称，命名规则：惟一标识符＋文件扩展名
导出时间	数字档案导出日期，命名规则："YYYY-MM-DD"。例：2006-01-06
机构类型	按照GB/T 20091—2006《组织机构类型》的规定填写的登记单位所属的机构类型和代码号
法定代表人	登记单位批准设立文件上法定代表人(负责人)的姓名及身份证件号码，机构批准设立文件上的法定代表人(负责人)的姓名须与法定代表人(负责人)有效身份证件上的姓名完全一致
经营行业	按照GB/T 4754—2011《国民经济行业分类》的规定填写的登记单位所属的类别和代码
经济类型	即企业登记注册类型，按照国统办字〔2008〕105号《国家统计局办公室关于印发〈企业登记注册类型对照表〉的通知》的规定填写的登记单位所属登记注册类别和代码
注册日期	登记单位批准设立文件上的成立日期
主管机构代码	登记单位上一级主管部门的组织机构代码
批准机构代码	1. 企业应为核准登记该企业的工商局的组织机构代码； 2. 事业单位应为核准其登记的机构编制部门的组织机构代码； 3. 社会团体应为核准其登记的民政部门的组织机构代码； 4. 机关应为批准其成立的机构编制部门的组织机构代码； 5. 其他组织机构应为国家认可的批准登记机关的组织机构代码
行政区划	按照GB/T 2260—2007《中华人民共和国行政区划代码》的规定，与登记单位机构地址对应的行政区划名称和代码

表 C.1（续）

机读目录信息名称	机读目录信息含义
邮政编码	与登记单位机构地址相对应的邮政编码
电话号码	登记单位的固定电话或移动电话，固定电话按照区号-号码的方式，如有分机，按照区号-号码-分机号的方式
代码证起始日期	组织机构代码证书有效期的起始日期
代码证作废日期	组织机构代码证书有效期的截止日期
办证机构代码	各级组织机构代码管理机构的识别编号
职工人数	登记单位职工的总数
年检日期	登记单位办理年度验证业务的日期
批准文号或注册号	1. 企业应为营业执照上的注册号； 2. 事业单位应为事业单位法人证书上的登记号； 3. 社会团体应为社团登记证上的登记号； 4. 机关应为批准成立文件上的文号； 5. 其他组织机构应为相关批准文件上的文号或证书的登记号
迁址标志	标记登记单位是否办理迁入或迁出业务
主管机构名称	登记单位上一级主管部门的单位名称
批准机构名称	1. 企业应为核准登记该企业的工商局的名称； 2. 事业单位应为核准其登记的机构编制部门的名称； 3. 社会团体应为核准其登记的民政部门的名称； 4. 机关应为批准其成立的机构编制部门的名称； 5. 其他组织机构应为国家认可的批准登记机关的名称
重复标记	是否与前一份数字档案有相同的文件页
是否涉密	登记单位是否是涉密机构或有涉密信息，如涉密需国家保密机构出具涉密证明文件
备注	其他需要补充或说明的事项
页号	数字档案每页的编号
一级页面类型	数字档案页面类型，分为申领表、批准文件、身份证件、其他文件四类
二级页面类型	数字档案每页的标识类型。批准文件类可详细分为企业批准文件、事业单位批准文件、社会团体批准文件、机关批准文件和其他组织机构批准文件；身份证件类可详细分为法定代表人身份证件和经办人身份证件

附 录 D
（资料性附录）
数字档案问题类型及常见问题举例

表 D.1 给出了标准中数字档案机读目录信息及含义的明细。

表 D.1 数字档案问题类型及常见问题举例

问题类型		常见问题举例
档案文件问题	批准文件不合格	1. 批准文件上无公章； 2. 批准文件上公章无效； 3. 不是相关批准登记机关的批准文件； 4. 批文与机构成立不相关
	缺页问题	1. 缺少申领表； 2. 缺少批准文件； 3. 缺少法定代表人身份证件； 4. 申领表不全； 5. 批准文件不全
	其他档案文件问题	1. 申领表上法定代表人身份证号和身份证件上不一致； 2. 申领表上法定代表人姓名和批准证书上不一致； 3. 申领表上的经办人身份证号和经办人身份证件上不一致； 4. 申领表的机构名称与批准文件上不一致； 5. 申领表的其他登记信息与批准文件上不一致
图像问题	图像不清晰	图像内容信息无法识别
	图像黑边、倾斜	图像倾斜或有较大的黑边、灰边、白边
	图像混合	不同文件被混合到同一图像中
	图像残缺	图像内容信息残缺
	其他图像问题	图像打不开等
机读目录信息问题	登记日期错误	申领表上的登记日期和机读目录信息中登记日期不一致
	档案分类错误	申领表上的档案类型和机读目录信息中的档案类型不一致
	申领表页面类型错误	申领表页面类型标识错误
	批准证书页面类型错误	批准证书页面类型标识错误
	身份证件页面类型错误	法定代表人或经办人身份证件页面类型标识错误
	其他文件页面类型错误	其他文件页面类型标识错误
	其他机读目录信息问题	1. 档案页面没有标识； 2. 机读目录信息与数字档案内容不一致

参 考 文 献

[1] GB/T 20091—2006 组织机构类型
[2] GB/T 4754—2011 国民经济行业分类
[3] 国统办字〔2008〕105号《国家统计局办公室关于印发〈企业登记注册类型对照表〉的通知》
[4] GB/T 2260—2007 中华人民共和国行政区划代码